从零开始学数控编程与操作

徐衡 编著

·北京·

内容简介

《从零开始学数控编程与操作》结合数控加工实例，精讲数控编程、机加工工艺基础、数控机床操作技能等知识，可操作性和实用性强，利于读者自学；在数控机床操作技能中增加了数控加工工艺守则、数控机床的维护保养等岗位知识，提升数控操作工岗位能力和职业操守；介绍了数控操作工应会的几个实用数控系统操作方法，如手动数控数据备份与恢复、手动设置机床参数、数控机床与 PC 计算机通信等，扩展数控从业人员的知识面和操作技能。本书内容注重实践环节，兼顾理论知识，力求做到理论联系实际，着眼于应用。

本书既适合初学者学习，又是数控加工人员提升岗位能力的参考书，可作为职业院校机械制造专业数控技术、机电技术等课程的学习参考书，还可作为数控加工岗位培训教材或自学用书。

图书在版编目（CIP）数据

从零开始学数控编程与操作/徐衡编著. —北京：化学工业出版社，2020.10（2025.3重印）

ISBN 978-7-122-37425-7

Ⅰ.①从… Ⅱ.①徐… Ⅲ.①数控机床-程序设计②数控机床-操作 Ⅳ.①TG659

中国版本图书馆 CIP 数据核字（2020）第 135820 号

责任编辑：王 烨 项 潋　　装帧设计：刘丽华

责任校对：张雨彤

出版发行：化学工业出版社（北京市东城区青年湖南街 13 号 邮政编码 100011）

印 装：大厂回族自治县聚鑫印刷有限责任公司

787mm×1092mm 1/16 印张 21¼ 字数 511 千字 2025年 3 月北京第 1 版第10次印刷

购书咨询：010-64518888　　售后服务：010-64518899

网 址：http://www.cip.com.cn

凡购买本书，如有缺损质量问题，本社销售中心负责调换。

定 价：79.80 元

前言

随着数控加工技术在机械制造业中的广泛应用，社会需要大批既掌握数控编程知识，又具有数控机床操作能力的人才。本书是为有志学习数控加工的初学者、数控机床操作工、数控编程程序员及学习数控加工的学生编写的。数控加工具有较强的实用性，本书以数控加工的应用为目的，基于目前企业中广泛使用的FANUC数控系统，介绍数控机床加工中的手工编程、数控机床操作、工艺参数的选择、典型加工实例、数控系统实用操作、数控机床维护保养、实用数控系统操作等知识。

本书依据数控加工职业资格标准，旨在培养具备编制程序、操作数控机床和对设备进行维护保养能力的实用型数控加工人才。本书内容注重实践环节，兼顾理论知识，力求做到理论联系实际，着眼于应用。本书有三个特点。

一是结合数控加工实例，精讲数控编程、机加工工艺基础、数控机床操作技能等知识，可操作性和实用性强，利于读者自学。

二是在数控机床操作技能中增加了数控加工工艺守则、数控机床的维护保养等岗位知识，提升数控技工岗位能力和职业操守。

三是介绍了数控操作工应会的几个实用数控系统操作方法，如手动数控数据备份与恢复、手动设置机床参数、数控机床与PC计算机通信等，扩展数控从业人员的知识面和操作技能。

本书属于实用型技术书籍，书中内容由浅入深，既满足初学者的学习需要，又是数控加工人员提升岗位能力的参考书。本书可作为职业院校机械制造专业数控技术、机电技术等课程的学习参考书，还可作为数控加工岗位培训教材或自学用书。

由于时间及水平所限，书中难免存在不足之处，欢迎读者批评指正。

编著者

目录

第7章 FANUC系统数控镗铣加工程序编制 / 177

第1章 数控车削基础

1.1 数控车床入门

1.1.1 数控车床与数控系统

数控车床是由加工程序控制的自动化加工设备，用于加工轴、套类等回转体类零件。数控车床由三个部分组成，即数控系统、伺服驱动系统和机床本体（光机），如图 1-1 所示。

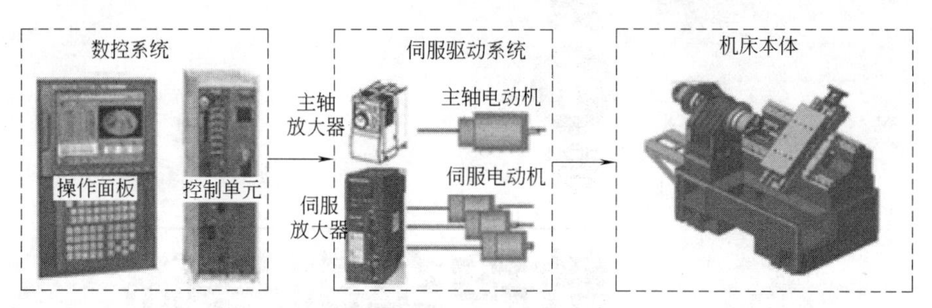

图 1-1 数控车床的组成

数控系统是数控机床的智能指挥系统，由专用的计算机组成，称为 *CNC* 系统。目前我国数控机床常采用的数控系统有 FANUC 数控系统（如 F0/F00/F0*i* Mate 系列和 FANUC 0*i* 系列）、西门子系统、华中理工大学的华中系统、中科院沈阳计算机所的蓝天 1 号系统、北京航天机床数控集团的航天一型系统等。

伺服驱动系统是机床的动力装置，它把数控装置发来的各种动作指令，转化成机床移动部件的运动。伺服系统由伺服放大单元和伺服电动机组成。

机床本体也称作数控机床光机，是数控机床的机械部分。

1.1.2 数控机床加工过程

数控机床加工过程如下（图 1-2）。

① 对加工对象（零件图样）进行工艺分析，确定切削加工过程。

② 根据加工过程用规定代码编写零件加工程序。

③ 把加工程序输入数控装置，经过数控系统处理，发出指令，将零件程序转化为对机床的控制动作，控制机床切削加工。

④ 加工出符合要求的零件。

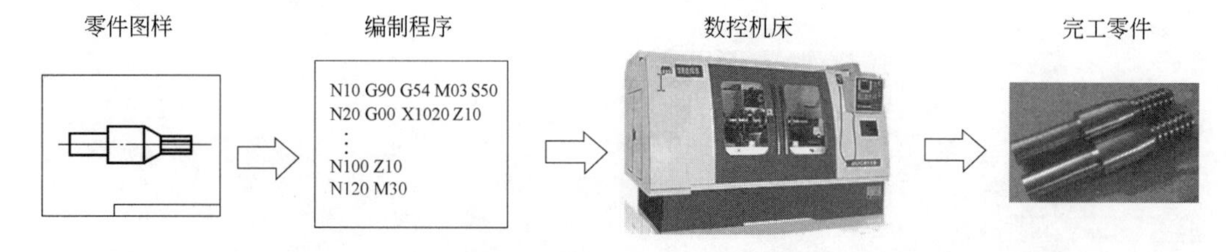

图 1-2 数控机床加工过程

1.1.3 零件加工程序

数控机床的加工是由零件加工程序控制的，数控装置把加工程序转化为数控机床的控制动作。加工程序由一系列数控编程指令组成。为使零件加工程序通用化，实现不同数控系统程序数据的互换，数控程序的格式有一系列国际标准，即国际标准化组织规定的代码，称为 ISO 标准代码。我国关于数控程序的国家标准与国际标准基本一致。

编制程序是数控加工中的重要环节，有两种编程方法：手工编程和自动编程。手工编程是由人工依据程序指令编制加工程序，自动编程是利用专用编程软件，由计算机生成零件加工程序。手工编程知识是数控加工行业从业人员必备的基础知识。本书阐述手工编程知识。

1.1.4 数控机床坐标系

加工程序中根据坐标系记录的刀具运动轨迹，数控坐标系分为数控机床坐标系和工件坐标系，其中数控机床坐标系是生产厂家在数控机床上设定的坐标系，工件坐标系又称为编程坐标系，是编制零件程序时使用的坐标系。

数控机床坐标系的坐标轴和运动方向规定已标准化，我国相应的标准与 ISO 国际标准等效，其基本规定如下。

(1) 刀具相对工件运动的原则——工件相对静止，刀具运动

标准规定工件静止，刀具运动，刀具远离工件方向为坐标轴正向。由于规定工件是静止的，零件程序中记录的走刀路线是刀具运动的路线，这样编程人员不用考虑机床上是工件运动，还是刀具运动，只要依据零件图样，就可确定刀具的走刀路线。

(2) 机床坐标系的规定

机床坐标系采用右手笛卡儿直角坐标系。数控机床刀具直线进给的坐标轴用字母 X、Y、Z 表示，常称基本坐标轴 X、Y、Z，三轴关系用右手定则确定，如图 1-3 (a) 所示，即图中大拇指的指向为 X 轴正方向，食指的指向为 Y 轴正方向，中指的指向为 Z 轴正方向。

刀具绕 X、Y、Z 轴圆周进给坐标轴分别用 A、B、C 表示。根据右手螺旋定则，如图 1-3 (b) 所示，以大拇指指向 $+X$ ($+Y$ 或 $+Z$) 方向，则其余四指指向为圆周进给正向 $+A$ ($+B$ 或 $+C$)。

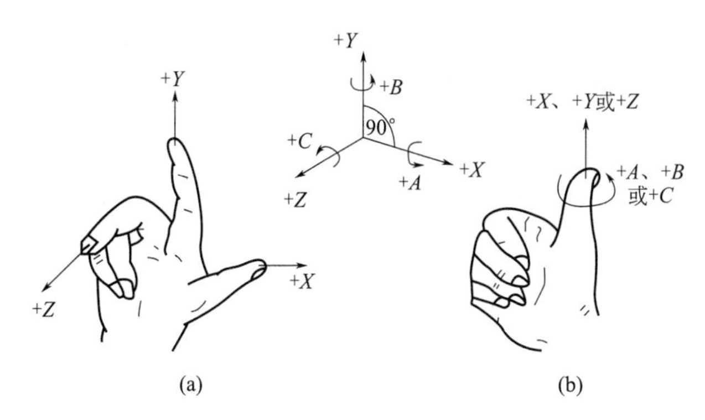

图 1-3 数控机床的坐标系

(3) 机床坐标轴的规定

数控机床坐标系的坐标轴与机床导轨平行。判断数控机床坐标轴的顺序是首先定 Z 轴，然后定 X 轴，最后根据右手法则定 Y 轴。刀具运动时坐标轴符号规定如下。

① Z 轴。数控机床的 Z 轴与机床主轴平行，刀具远离工件的方向为 Z 轴正向。对于钻加工，刀具钻入工件方向为 Z 轴的负方向，退出工件的方向为 Z 轴的正方向。

② X 轴。X 轴一般是水平的，平行于工件装夹面，对于工件回转类机床（如车床、磨床），X 轴在水平面内且垂直于工件旋转轴线，安装在横向滑座上的刀具离开工件的方向为 X 轴正向。

③ Y 轴。根据 X 轴和 Z 轴，按右手定则确定 Y 轴的正方向。

④ A、B、C 坐标轴。A、B、C 是旋转坐标轴，其旋转轴线分别平行于 X、Y、Z 坐标轴，旋转运动正向，按右手螺旋定则确定，如图 1-3（b）所示。

（4）工件运动时坐标轴的符号（附加坐标）

上述进给运动坐标轴符号指的是刀具运动，如果数控机床上进给运动是工件运动（刀具静止），这时在机床上表示工件运动的坐标轴符号为：在相应的坐标轴字母上加撇，即 X、Y、Z、A、B、C 轴分别表示为 X'、Y'、Z'、A'、B'、C'。带撇字母表示工件做进给运动，按相对运动的关系，显然工件运动的正方向与刀具运动的正方向相反，即：

$$+X=-X',+Y=-Y',+Z=-Z'$$
$$+A=-A',+B=-B',+C=-C'$$

例如数控车床坐标系中 C'轴，如图 1-4 所示。

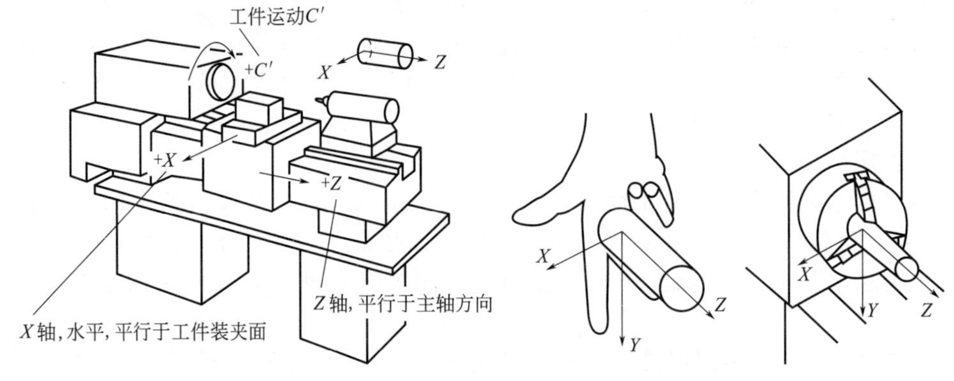

图 1-4　车床坐标系中 X 轴、Z 轴、C'轴

综上所述，数控车床通常控制两个直线轴：刀具直线运动的 Z 轴和 X 轴，如图 1-4 所示。车削中心机床可控制三个轴，即在控制 X、Z 轴基础上还控制主轴旋转（C 轴），如图 1-4 所示 C'轴。车床旋转轴（C 轴）是工件回转运动，所以图 1-4 中的 C 轴标注符号为 C'。

1.2 数控车削常用刀具

1.2.1 刀具材料

刀具材料主要是指刀具切削部分的材料。刀具材料是影响加工表面质量、切削效率、刀具寿命的基本因素。生产中使用的刀具材料有高速钢、硬质合金、超硬材料（如陶瓷、金刚石、立方碳化硼）等。

（1）高速钢

高速钢是含有较多的钨、铬、钼、钒等合金元素的高合金工具钢。高速钢具有较高的硬度（热处理硬度可达 63～66HRC）和耐热性（600～650℃），切削碳钢时的切削速度一般不高于 50～60m/min。高速钢具有较好的工艺性，可以制造刃形复杂的刀具，如钻头、丝锥、特种车刀等。高速钢刀具可加工碳钢、合金钢、有色金属、铸铁等多种材料。常用的高速钢有 W18Gr4V、W6Mo5Gr4V2 等。

（2）硬质合金

硬质合金的硬度高达 89～93HRA，能耐 850～1000℃的高温，具有良好的耐磨性，切削速度可达 100～300m/min，可加工包括淬火钢在内的多种材料，因此获得广泛应用。但是硬质合金抗弯强度低、冲击韧性差，工艺性差，较难加工，不易做成形状复杂的整体刀具。在实际使用中，一般将硬质合金刀片焊接或机械夹固在刀体上使用。

常用的硬质合金有钨钴类（YG 类）、钨钛钴类（YT 类）和钨钛钽（铌）钴硬质合金（YW 类）3 类。

① 钨钴类硬质合金（YG 类）。YG 类硬质合金常用的牌号中，YG3 和 YG8 常用于粗加工，YG6 常用于精加工等。YG 类硬质合金的抗弯强度和冲击韧性较好，不易崩刃，适宜切削切屑呈崩碎状态的铸铁等脆性材料，切削有色金属及合金的效果也较好。

② 钨钛钴类硬质合金（YT 类）。YT 类硬质合金常用的牌号中，YT5 常用于粗加工，YT15、YT30 常用于精加工。由于 YT 类硬质合金的抗弯强度和冲击韧性较差，适用于切削切屑呈带状的普通碳钢及合金钢等塑性材料。

③ 钨钛钽（铌）钴类硬质合金（YW 类）。YW 类硬质合金具有较好的综合切削性能。常用的牌号有 YW1、YW2 等。YW 类硬质合金主要用于加工不锈钢、耐热钢、高锰钢，也适用于加工普通碳钢和铸铁，因此称为通用型硬质合金。

国际标准化组织［ISO 513—1975（E）］规定，将切削加工用硬质合金分为三大类，分别用 K、P、M 表示。

• K 类适用于加工短切屑的黑色金属、有色金属和非金属材料，相当于我国的 YG 类硬质合金，外包装用红色标志。

• P 类适用于加工长切屑的黑色金属，相当于我国的 YT 类硬质合金，外包装用蓝色标志。

• M 类适用于加工长、短切屑的黑色金属和有色金属，相当于我国的 YW 类硬质合金，外包装用黄色标志。

（3）超硬材料

① 陶瓷。它有很高的硬度和耐磨性，硬度达 78HRC，耐热性高达 1200℃，化学性能稳定，故能承受较高的切削速度。但陶瓷材料的最大弱点是抗弯强度低，冲击韧性差，主要用于钢、铸铁、有色金属、高硬度材料及大件和高精度零件的精加工。

② 立方氮化硼（CBN）。它具有仅次于金刚石的硬度和耐磨性，硬度可达 8000～9000HV，耐热高达 1400℃，化学稳定性好，与铁族元素亲和力小，但强度低，焊接性差，主要用于淬硬钢、冷硬铸铁、高温合金和一些难加工材料的加工。

③ 金刚石。金刚石是目前已知的最硬物质，其硬度接近 10000HV，是硬质合金的 80～120 倍，但韧性差。金刚石刀具可用于加工非金属及有色金属材料。金刚石刀具不能用于加工黑色金属，因为黑色金属中的某些元素会腐蚀金刚石，从而导致刀具快速磨损。金刚石刀具更多地应用于高速精加工及半精加工中。

1.2.2 常用刀具分类

数控车床上用于车削加工的刀具称为数控车刀。车刀类型较多，按照刀具材料可分为高速钢刀具、硬质合金刀具、涂层刀具及非金属材料刀具等。按照车刀切削刃形状可分为尖形车刀、圆弧形车刀和成形车刀等。按刀片与刀体固定方式可分为焊接式和机夹式两种。按用途不同可分为外圆车刀、端面车刀、切断刀、孔车刀、螺纹车刀以及成形车刀等，如图 1-5 所示。

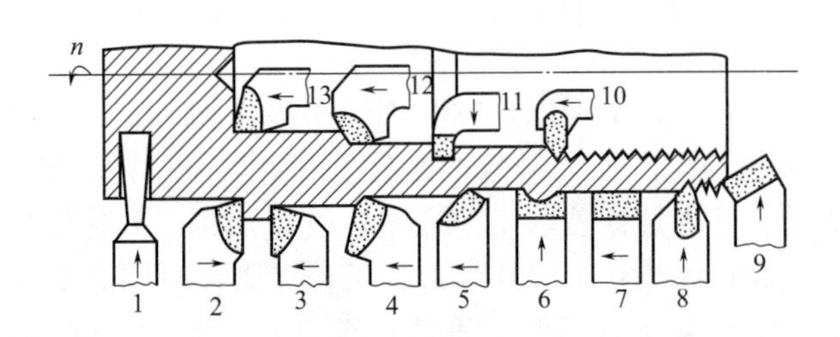

图 1-5　车刀种类

1—切断刀；2—90°左偏刀；3—90°右偏刀；4—弯头车刀；5—直头车刀；6—成形车刀；
7—宽刃车刀；8—外螺纹车刀；9—端面车刀；10—内螺纹车刀；
11—内槽车刀；12—通孔车刀；13—盲孔车刀

外圆车刀用于车削工件外圆、台阶、倒角、端面等。切断刀（切槽刀）用于切断工件或切工件槽；车孔刀用于车削工件孔；螺纹车刀用于车螺纹。数控车刀应用如图 1-6 所示。

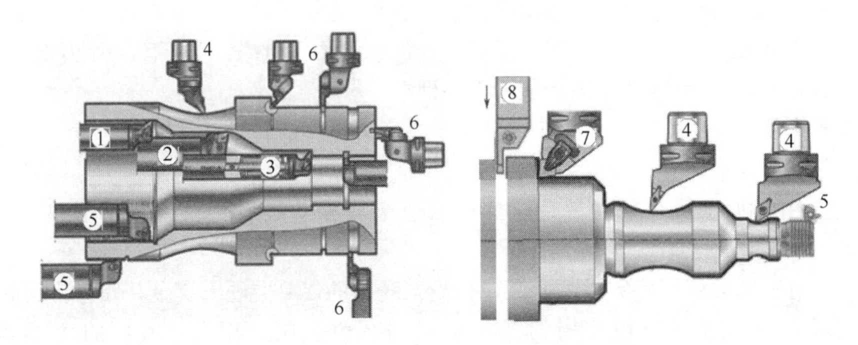

图 1-6　数控车刀应用

1，2—车通孔刀；3—车盲孔刀；4—车外圆尖刀；5—内、外螺纹刀；
6—车槽刀；7—90°外圆车刀；8—切断刀

由于机械夹固式可转位车刀适合数控加工要求，可充分发挥数控加工的优势，因此，数控车削大量使用机夹式可转位车刀。机夹式可转位车刀组成如图 1-7 所示。机夹式可转位车刀的优点是刀片磨损后刀体不用重新装夹对刀，将刀片转过一个角度，新的切削刃到达切削位置，夹紧后即可继续切削，节省刀具调整时间，使用方便，提高了生产效率。机夹刀具已标准化，尺寸稳定，刀杆、刀槽的制造精度高。切削刃不重磨，有利于使用涂层刀片，延长了刀具的使用寿命。机夹式可转位车刀类型和使用刀片如表 1-1 所示。

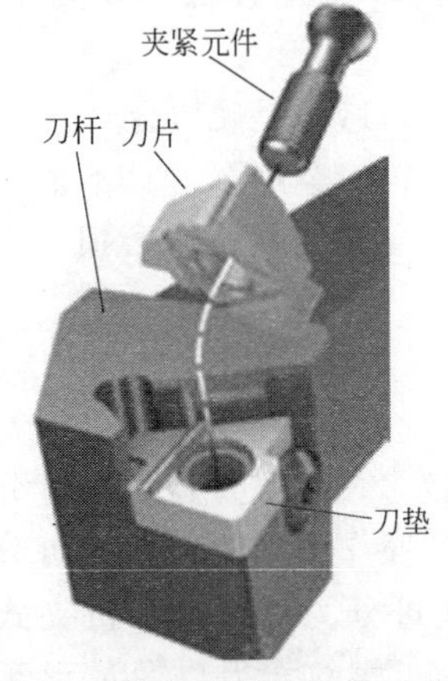

图 1-7　机夹式可转位车刀组成

数控车刀按切削刃形状可分为尖形车刀、圆弧形车刀和成形车刀三类。

① 尖形车刀。尖形车刀的特征是切削刃为直线，由直线型的主、副切削刃构成。尖形车刀有 90°外圆车刀、90°孔车刀、左、右端面车刀、切断（切槽）刀以及刀刃倒棱很小的外圆和孔车刀。数控编程时通常以该车刀的刀尖为刀位点。

表 1-1　机夹式可转位车刀类型和使用刀片

类型	使用刀片	主偏角
外圆车刀	TN、FN、WN、SN、PiN、RN、TP、SP	45°、50°、60°、75°、90°
孔车刀	SN，TN、SP，WN、DN、CN	45°、60°、75°、90°、91°、93°、95°、107.5°
切槽刀	QB 型及非标刀片	
仿形车刀	CN、DN、VN	93°、107.5°
螺纹车刀	L 型及非标刀片	
端面车刀	TN、Sly	90°、45°、75°
切断刀	QB	

用尖形车刀加工，零件的轮廓形状由车刀的刀尖或其直线型主切削刃移动后得到。尖形车刀车削加工成形原理与另两类车刀是不同的。

尖形车刀几何参数（主要是几何角度）的选择方法与普通车削时基本相同，但需考虑数控加工的特点（如加工路线、加工干涉等），并兼顾刀尖的强度。

② 圆弧形车刀。圆弧形车刀的特征是切削刃为圆弧形。该车刀圆弧刃上每一点都是圆弧形车刀的刀尖，因此，刀位点不在圆弧上，而在该圆弧的圆心上。

当某些尖形车刀或成形车刀（如螺纹车刀）的刀尖具有一定的圆弧形状，并进行刀尖半径圆弧补偿，可作为圆弧形车刀使用。圆弧形车刀可用于车削工件内、外表面，特别适合于车削各种光滑连接（凹形）的成形面。选择车刀圆弧半径时应考虑两点：一是车刀切削刃的圆弧半径应小于或等于零件凹形轮廓上的最小曲率半径，以免发生加工干涉；二是该半径不宜选择太小，否则不但制造困难，还会因刀具强度弱或刀体散热能力差而降低车刀使用寿命。

③ 成形车刀。成形车刀俗称样板车刀，其加工零件的轮廓形状完全由车刀刀刃的形状和尺寸决定。数控车削加工中，常见的成形车刀有小半径圆弧车刀、非矩形槽车刀和螺纹车刀等。当车刀刀尖的圆弧半径与零件上最小的凹形圆弧半径相同，且加工程序中无此圆弧程序段时，例如加工半径为 0.2mm 的轮廓，属于成形车刀性质。

在数控加工中，应尽量少用或不用成形车刀，当确有必要选用时，则应在工艺准备文件或加工程序单上进行详细说明。

1.2.3　数控车刀选择

实际生产中，数控车刀主要根据数控车床回转刀架上的刀具安装尺寸、工件材料、加工类型、加工要求及加工条件从刀具样本中查表确定。机夹可转位车刀刀片的选择要点如下。

（1）刀片材质的选择

车刀刀片的材料主要有高速钢、硬质合金、涂层硬质合金、陶瓷、立方氮化硼和金刚石等。其中应用最多的是硬质合金和涂层硬质合金。选择刀片材质，主要依据被加工工件的材料、被加工表面的精度、表面质量要求、切削载荷的大小以及切削过程中有无冲击和振动等。

（2）刀片尺寸的选择

刀片尺寸的大小取决于有效切削刃长度 L。有效切削刃长度与背吃刀量、车刀的主偏角有关，使用时可查阅有关刀具手册。

（3）刀片形状的选择

刀片形状主要依据被加工工件的表面形状、切削方法、刀具寿命和刀片的转位次数等因素选择。常见可转位车刀刀片及角度如图 1-8 所示。

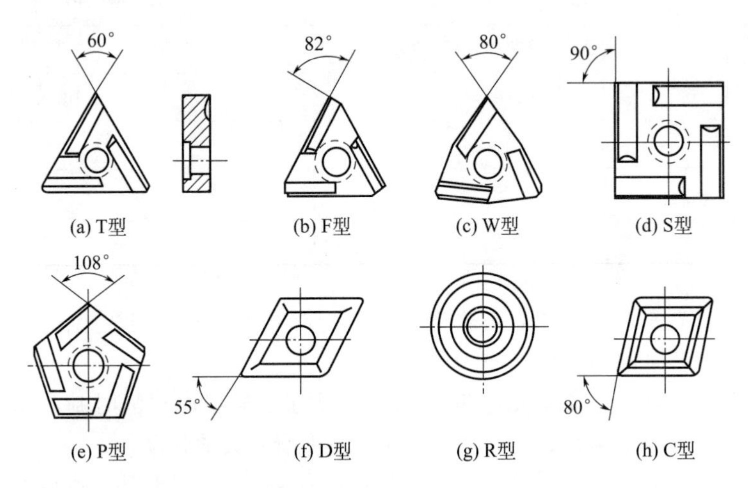

图 1-8　常见可转位车刀刀片及角度

正三角形刀片可用于主偏角为 60°或 90°的外圆车刀、端面车刀和孔车刀。由于此刀片刀尖角小、强度差、耐用度低，故只宜用较小的切削用量。

正方形刀片的刀尖角为 90°，比正三角形的 60°要大，因此其强度和散热性能均有所提高。该种刀片通用性较好，主要用于主偏角为 45°、60°、75°等的外圆车刀、端面车刀和车孔刀。

正五边形刀片的刀尖角为 108°，其强度、耐用度高，散热面积大。但切削时径向力大，只宜在加工系统刚性较好的情况下使用。

菱形刀片和圆形刀片主要用于成形表面和圆弧表面的加工，其形状及尺寸可结合加工对象参照国家标准来选定。

1.2.4　数控车床切削用量选择

切削用量包括主轴转速（切削速度）、切削深度（背吃刀量）、进给量。对于不同的加工方法，需要选择不同的切削用量，并编入数控程序中。

合理选择切削用量的原则是：粗加工时，以提高生产率为主，但也应考虑经济性和加工成本；半精加工和精加工时，应在保证加工质量的前提下，兼顾切削效率、经济性和加工成本。具体数值应根据机床说明书、切削手册，并结合经验而定。

（1）切削深度 a_p（mm）

在机床动力足够（经机床动力校核确定）和工艺系统刚度许可的条件下，粗加工切削深度（背吃刀量）应尽可能大，以便提高生产率，可以选择切削深度等于加工余量，即粗车深度等于粗车余量，半精车深度等于半精车余量。在数控机床上，精加工余量选择可小于普通机床，一般取 0.2～0.5mm。

（2）主轴转速 n（r/min）

主轴转速根据允许的切削速度 v_c（m/min）选取。主轴转速 n 计算公式：

$$n=1000\frac{v_c}{\pi d}\quad (r/min)$$

式中　v_c——切削速度，由刀具的耐用度决定，m/min；

　　　d——工件或刀具直径，mm。

切削速度数据可在机床说明书中或工艺手册中查取。表1-2为硬质合金外圆车刀切削速度推荐值。

表1-2　硬质合金外圆车刀切削速度推荐值

工件材料	热处理状态	a_p=0.3～2mm	a_p=2～6mm	a_p=6～10mm
		f=0.08～0.3mm/r	f=0.3～0.6mm/r	f=0.6～1mm/r
		v_c/(m/min)		
低碳钢	热轧	140～180	100～120	70～90
中碳钢	热轧	130～160	90～110	60～80
	调质	100～130	70～90	50～70
合金结构钢	热轧	100～130	70～90	50～70
	调质	80～110	50～70	40～60
工具钢	退火	90～120	60～80	50～70
灰铸铁	<190HBW	90～120	60～80	50～70
	190～225HBW	80～110	50～70	40～60
高锰钢			10～20	
铜及铜合金		200～250	120～180	90～120
铝及铝合金		300～600	200～400	150～200
铸铝合金		100～180	80～150	60～100

注：切削钢及灰铸铁时刀具耐用度约为60min。

（3）进给速度F（进给量f）

进给速度（进给量）是数控机床切削用量中的重要参数。进给速度包括纵向进给速度和横向进给速度，其值按下式计算：

$$F=Sf$$

式中　F——进给速度，mm/min；

　　　f——进给量，mm/r；

　　　S——工件或刀具的转速，r/min。

进给速度根据零件的加工精度和表面粗糙度，以及刀具、工件的材料性质选取。当加工精度高、表面粗糙度小时，进给速度数值应选小些，一般在20～50mm/min范围内选取。粗车时最大进给量则受机床刚度和进给系统的性能限制，一般取为0.3～0.8mm/r，精车时常取0.1～0.3mm/r，切断时常取0.05～0.2mm/r。表1-3为硬质合金车刀粗车外圆及端面的进给量参考值，表1-4为按表面粗糙度选择进给量的参考值，供选用参考。

表 1-3 硬质合金车刀粗车外圆及端面进给量参考值

工件材料	车刀刀杆尺寸 $B \times H$/mm	工件直径 $d_{大}$/mm	背吃刀量 a_p/mm				
			≤3	＞3～5	＞5～8	＞8～12	＞12
			进给量 f/(mm/r)				
碳素结构钢 合金结构钢 耐热钢	16×25	20	0.3～0.4	—	—	—	—
		40	0.4～0.5	0.3～0.4	—	—	—
		60	0.5～0.7	0.4～0.6	0.3～0.5	—	—
		100	0.6～0.9	0.5～0.7	0.5～0.6	0.4～0.5	—
		400	0.8～1.2	0.7～1.0	0.6～0.8	0.5～0.6	—
	20×30 25×25	20	0.3～0.4	—	—	—	—
		40	0.4～0.5	0.3～0.4	—	—	—
		60	0.5～0.7	0.5～0.7	0.4～0.6	—	—
		100	0.8～1.0	0.7～0.9	0.5～0.7	0.4～0.7	—
		400	1.2～1.4	1.0～1.2	0.8～1.0	0.6～0.9	0.4～0.6
铸铁 铜合金	16×25	40	0.4～0.5	—	—	—	—
		60	0.5～0.8	0.5～0.8	0.4～0.6	—	—
		100	0.8～1.2	0.7～1.0	0.6～0.8	0.5～0.7	—
		400	1.0～1.4	1.0～1.2	0.8～1.0	0.6～0.8	—
	20×30 25×25	40	0.4～0.5	—	—	—	—
		60	0.5～0.9	0.5～0.8	0.4～0.7	—	—
		100	0.9～1.3	0.8～1.2	0.7～1.0	0.5～0.8	—
		400	1.2～1.8	1.2～1.6	1.0～1.3	0.9～1.1	0.7～0.9

注：1. 加工断续表面及有冲击的工件时，表内进给量应乘系数 $k=0.75 \sim 0.85$。

2. 在无外皮加工时，表内进给量应乘系数 $k=1.1$。

3. 加工耐热钢及其合金时，进给量不大于 1mm/r。

4. 加工淬硬钢时，进给量应减小。当钢的硬度为 44～56HRC 时，乘以系数 $k=0.8$；当钢的硬度为 57～62HRC 时，乘以系数 $k=0.5$。

表 1-4 按表面粗糙度选择进给量参考值

工件材料	表面粗糙度 Ra/μm	切削速度范围 v_c/(m/min)	刀尖圆弧半径 r_c/mm		
			0.5	1.0	2.0
			进给量 f/(mm/r)		
铸铁	＞5～10	不限	0.25～0.40	0.40～0.50	0.50～0.60
青铜	＞2.5～5		0.15～0.25	0.25～0.40	0.40～0.60
铝合金	＞1.25～2.5		0.10～0.15	0.15～0.20	0.20～0.35
碳钢 合金钢	＞5～10	＜50	0.30～0.50	0.45～0.60	0.55～0.70
		＞50	0.40～0.55	0.55～0.65	0.65～0.70
	＞2.5～5	＜50	0.18～0.25	0.25～0.30	0.30～0.40
		＞50	0.25～0.30	0.30～0.35	0.30～0.50
	＞1.25～2.5	＜50	0.10～0.15	0.11～0.15	0.15～0.22
		50～100	0.11～0.16	0.16～0.25	0.25～0.35
		＞100	0.16～0.20	0.20～0.25	0.25～0.35

1.3　数控车床上装夹工艺装备

1.3.1　车刀装夹要点

数控车床刀具安装正确与否，直接影响车削能否顺利进行，也关系到零件的加工质量。安装刀具要点如下。

（1）车刀悬伸应尽量短

车刀安装悬伸过长会造成刀杆刚度明显下降，特别是加工内孔时更加明显，一般刀杆悬伸长度为刀杆厚度的1～1.5倍。

（2）车刀刀尖高度应与机床回转轴线等高

在垂直面上安装车刀时车刀刀尖高度应与机床回转轴线等高，如图1-9（a）所示。刀尖安装过高，使刀具实际后角减小，后刀面与工件接触面积增大，加剧了刀具的磨损，如图1-9（b）所示。刀尖安装过低，使车刀实际前角减小，同样不能顺利切削，如图1-9（c）所示。

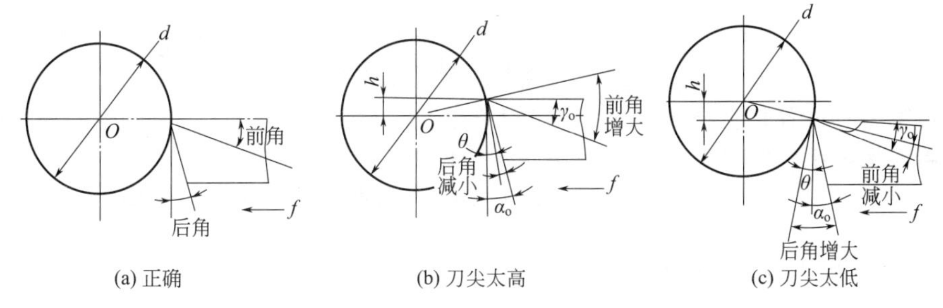

图1-9　车刀刀尖安装高度

车刀刀尖对准工件中心的方法如下。

① 目测法。移动床鞍和中滑板，使刀尖靠近工件，目测刀尖与工件中心的高度差，选用相应厚度的垫片垫在刀柄下面。垫片必须平整，数量尽可能少，垫片安放时要与刀架面齐。

② 顶尖对准法。使车刀刀尖靠近尾座顶尖中心，根据刀尖与顶尖中心的高度差调整刀尖高度，刀尖应略高于顶尖中心0.2～0.3mm，因为当螺钉紧固时，车刀会被压低，紧固后刀尖的高度就基本与顶尖的高度一致。

③ 测量刀尖高度法。用钢直尺将正确的刀尖高度量出，并记下读数，以后装刀时就以此读数来测量刀尖高度，进行装刀。另一种方法是将刀尖高度正确的车刀连垫片一起卸下，用游标卡尺量出高度尺寸，记下读数，以后装刀时只要测量车刀刀尖至垫片的高度，读数符合要求即可装刀。

装刀操作时先目测大致调整刀尖至中心，再利用尾座顶尖高度或用测量刀尖高度的方法将车刀装至中心。

上述三种方法装刀均有一定误差，在一般情况下可以使用，但如车端面、圆锥等要求车刀必须严格对准工件中心时，就要用试车端面的方法进行精确找正。

（3）车刀刀杆中心线应与机床进给方向垂直或平行

在水平面上安装车刀时车刀刀杆中心线应与工件进给方向垂直或平行，如图1-10（a）所示。刀杆偏斜会使刀具的工作主偏角、副偏角发生变化，如图1-10（b）和图1-10（c）

所示。在车削螺纹时刀杆偏斜使工件的牙型角变化，出现废品。

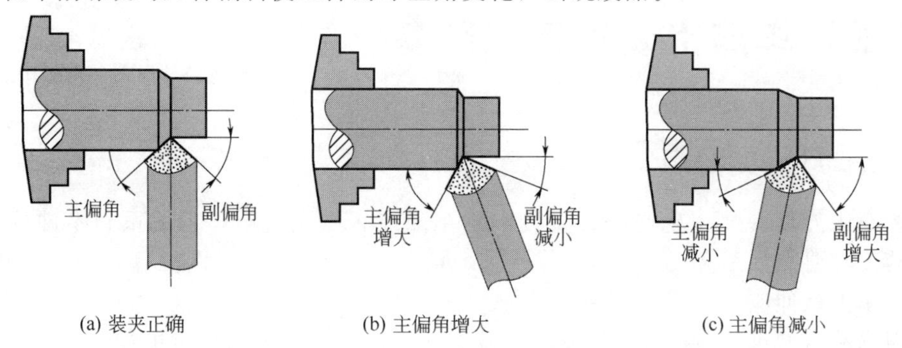

(a) 装夹正确　(b) 主偏角增大　(c) 主偏角减小

图 1-10　车刀刀杆中心线安装位置

（4）车刀的紧固

车刀紧固前要目测检查刀柄中心与工件轴线是否垂直，如不符要求，要转动车刀进行调整，位置正确后，先用手拧紧刀架螺钉，然后再使用专用刀架扳手将前、后两个螺钉轮换逐个拧紧。注意刀架扳手不允许加套管，以防损坏螺钉。

1.3.2　外圆车刀的装夹操作

安装车刀前须将刀架装刀面和车刀刀柄底面擦干净。外圆车刀装夹操作步骤如下。

① 将刀具放置在刀架上，使刀尖高度与主轴中心高度基本一致。

② 观察刀具位置是否合理，包括刀架上的位置、车刀伸出长度、刀杆中心线角度等。

③ 用刀架扳手旋紧刀架螺钉（切忌用套管加力），固定好车刀。

④ 必要时采用端面试切削，并根据情况调整刀尖高度，使之对正主轴中心。

1.3.3　切断刀的装夹操作

安装车刀前须将刀架装刀面和车刀刀柄底面擦干净。切断刀装夹操作步骤如下。

① 将刀具放置在刀架上，采用尾座顶尖法和测量法进行安装。

② 观察刀具位置是否合理，包括刀架上的位置、车刀伸出长度、刀头摆放角度等。

③ 用刀架扳手旋紧刀架螺钉，固定好车刀。

1.3.4　尾座工具的安装

尾座上常用的工具有中心钻、钻头、顶尖、锥柄工具。安装时应注意：

① 观察工具锥柄锥度是否与尾座套筒锥孔规格相同，将工具装入尾座套筒内。

② 尾座安装的刀具悬伸不宜过长。

③ 尾座上的刀具避免与刀架上的刀具产生干涉。

④ 车床的顶尖的轴线应与工件的轴线对中。

⑤ 将尾座刀具推到靠近工件处，锁紧尾座。

1.4　数控车削中工件的定位与装夹

1.4.1　车削中工件的定位

车削的零件大多数为回转体类，由于数控车削编程和加工的特点，通常工件径向定位后要保证工件坐标系 Z 轴与机床主轴轴线同轴，可采用通用夹具装夹工件，如三爪自动定心卡盘、顶尖等。

如果工件加工表面中心线与工件上某轴线有偏心（如曲轴），则必须采用偏心卡盘、偏心顶尖或专用夹具装夹，使加工表面中心线位于机床主轴回转轴线上，这时偏心卡盘、偏心顶尖或专用夹具的定位中心线应是工件上某轴线，定位中心线到主轴回转中心线的距离等于加工表面中心线与工件某轴线偏心距离，这时工件坐标系 Z 轴是加工表面中心线。

为了充分发挥数控车床的高速度、高精度和自动化的特点，必须有相应的数控夹具与之配合。数控车床夹具除了使用通用三爪自定心卡盘、顶尖等，还常使用自动化的液压、电动和气动卡盘与顶尖等。

1.4.2　定位基准的选择

（1）基准重合原则

选用设计基准（工序基准）作为工件的定位基准，称为基准重合，即定位基准与设计基准重合。数控加工应使设计基准、定位基准、编程原点三者统一，这是最优方案。因为当加工面的设计基准与定位基准不重合，且加工面与工序基准不在一次安装中同时加工出来时，将产生基准不重合误差。

（2）基准统一原则

基准统一指在多个工序或多次安装中，选用同一个定位基准。基准统一有利于保证工件加工的位置精度。

（3）便于装夹原则

所选择的定位基准应能保证定位准确、可靠，定位、夹紧机构简单，敞开性好，操作方便，能加工尽可能多的表面。

（4）便于对刀原则

定位基准应便于对刀操作。如果所选定位基准通过对刀建立工件坐标系，影响对刀的方便性，有时甚至无法对刀，应考虑重新设定工件坐标系。

1.4.3　工件的装夹

（1）用三爪自定心卡盘装夹工件

三爪自定心卡盘能自动定心，一般不需找正，装夹工件方便、省时，但夹紧力较小，所以适用于装夹外形规则的中、小型工件。三爪自定心卡盘的卡爪可采用正爪或反爪两种安装形式，反爪安装用来装夹直径较大的工件。数控车床多采用气动或液动卡盘，如图 1-11 所示，通过调整液压缸的压力，可改变卡盘的夹紧力，以满足夹持各种薄壁和易变形工件的特殊需要。用三爪自定心卡盘装夹精加工表面（精基准），可使用软爪夹持工件，

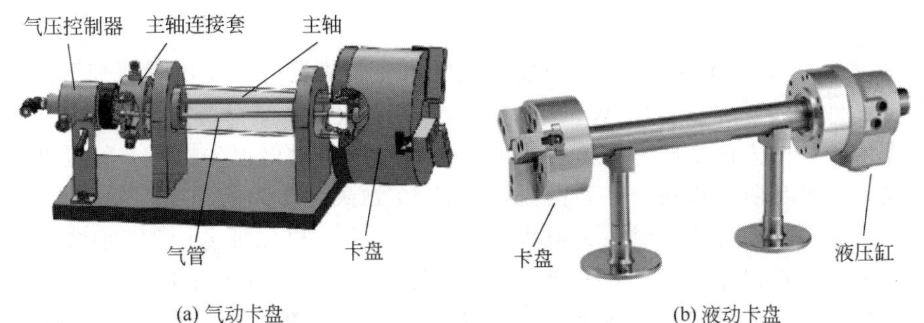

(a) 气动卡盘　　(b) 液动卡盘

图 1-11　自动卡盘

软爪弧面由操作者随机配制，可获较高的定位精度。采用三爪自定心卡盘夹持较长轴类工件时还可使用尾座顶尖支持工件（一夹一顶的安装方式）。为减少细长轴加工时的受力变形、提高加工精度，以及在加工带孔轴类工件内孔时，还可使用数控自动定心中心架。

① 装夹工件。三爪自定心卡盘张开卡爪（张开量大于工件直径），把工件安放在卡盘内，在加工需要的情况下尽量减少工件伸出长度。装夹工件时，右手持稳工件，使工件轴线与卡爪保持平行，脚踏卡盘开关将卡爪夹紧，如图 1-12（a）所示。

② 检查工件的径向跳动。三爪自定心卡盘能自动定心，采用毛坯面装夹一般不必找正，但当装夹长度较短而伸出长度较长时，远端因重力等作用，会“下垂”，远端同轴度很差，需要找正；当三爪自定心卡盘使用时间较长，已失去应有精度，而工件的加工精度要求又较高时，也需要找正。通常在离卡盘最远处的跳动量最大，跳动量若大于加工余量，也必须找正后再加工。找正的方法如图 1-12（b）所示，先轻夹工件，将划针尖靠近工件轴端外圆，慢速转动卡盘，右手移动划线盘，使针尖与外圆的最高点刚好未接触到。然后目测外圆与划针尖之间的间隙变化，当出现最大间隙时，用锤子将工件轻轻向划针方向敲击，要求间隙约缩小 1/2。然后再重复检查和找正，直至跳动量小于加工余量时为止。操作熟练时可用目测法进行找正，找正后夹紧工件。

夹持盘类零件，虽然靠近卡盘夹紧端，同心度较高，但是端面跳动（垂直度）会很大，也需要找正。

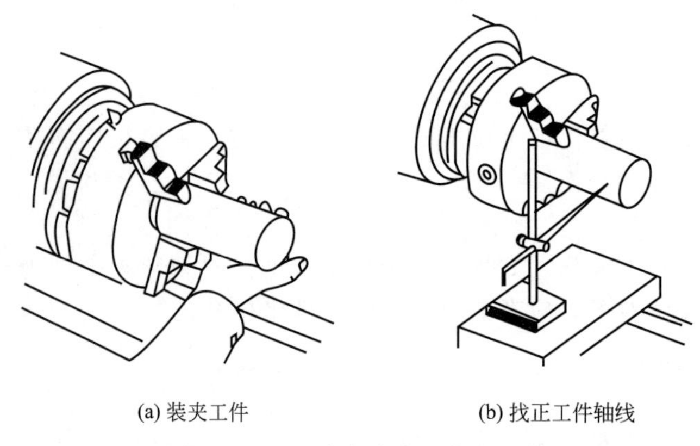

(a) 装夹工件　　(b) 找正工件轴线

图 1-12　三爪卡盘自定心装夹工件

（2）用两顶尖间装夹工件

对于长度尺寸较大或加工部位较多的轴类工件，为保证装夹时的装夹精度，可用两顶尖装夹。两顶尖装夹工件方便，不需找正，装夹精度高，但必须先在工件的两端面钻出中心孔。

① 所需工艺装备

a. 前顶尖。前顶尖有两种，一种是将顶尖插入主轴锥孔内，使用时须卸下卡盘，换上拨盘来带动工件旋转，如图 1-13（a）所示，前顶尖每次安装时都要把主轴孔和顶尖锥柄擦干净。卸下前顶尖的方法是用一根棒料从主轴孔后稍用力顶出顶尖。另一种是在三爪自定心卡盘上夹一根带台阶的棒料，然后把棒料车成 60°顶尖，作为前顶尖，如图 1-13（b）所示。这种顶尖拆下后，再使用时，必须将锥面重车一刀，以保证 60°圆锥轴线与主轴旋转轴线同轴。采用三爪自定心卡盘装夹顶尖，卡盘还起到了拨盘带动工件旋转的作用。

数控车床常用拨齿顶尖作为前顶尖，拨齿用于传递转矩。拨齿顶尖结构如图 1-14 所示。壳体 1 可通过标准变径套或直接与车床主轴孔连接，壳体内装有用于坯件定心的顶尖

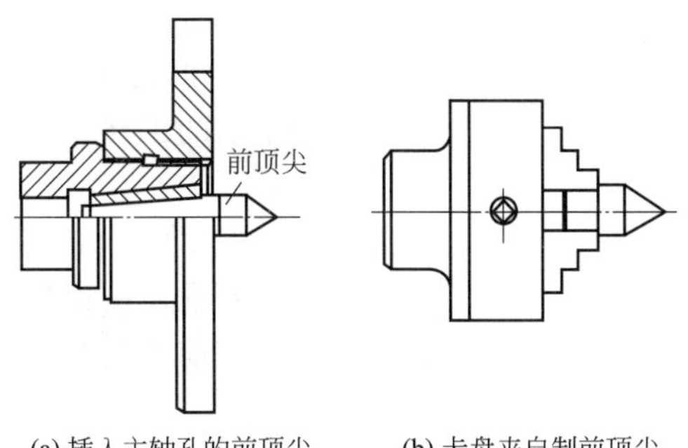

(a) 插入主轴孔的前顶尖　(b) 卡盘夹自制前顶尖

图 1-13　前顶尖

2，拨齿套 5 通过螺钉 4 与壳体连接，常采用此夹具加工 ϕ10～60mm 直径的轴类零件。

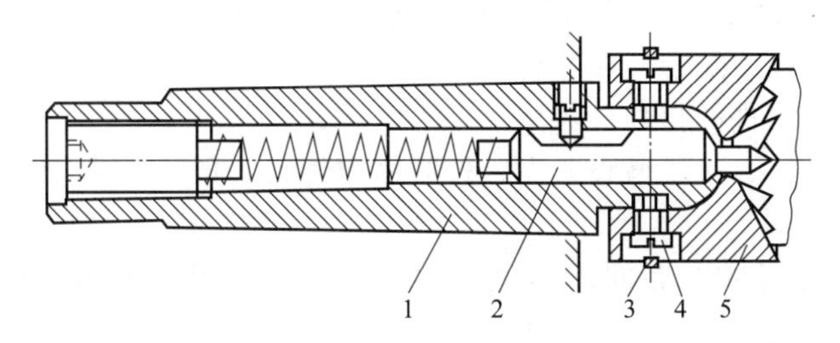

图 1-14　拨齿顶尖结构

1—壳体；2—顶尖；3—止退环；4—螺钉；5—拨齿套

b. 后顶尖。后顶尖也有两种，一种是固定顶尖，如图 1-15（a）所示。使用时固定顶尖不转动，因此与中心孔产生滑动摩擦，需要在工件中心孔内加润滑脂，适用于低速车削加工精度要求较高的工件。另一种是回转顶尖，如图 1-15（b）所示，在工作中回转顶尖与工件中心孔一起转动，适用于高速切削，在加工中广泛使用。

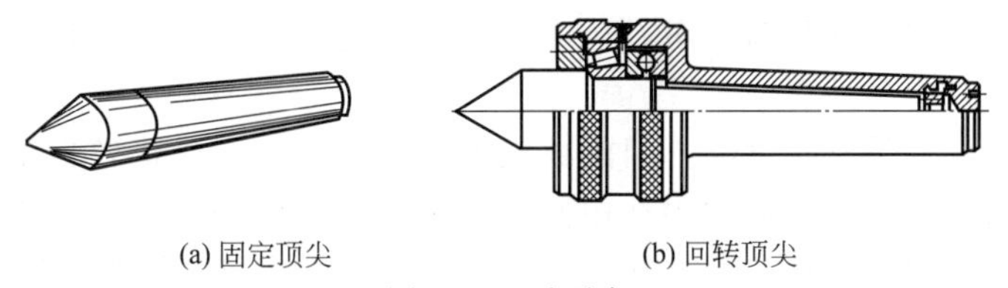

(a) 固定顶尖　(b) 回转顶尖

图 1-15　后顶尖

后顶尖安装前，必须把顶尖锥柄和尾座套筒的锥孔擦干净。安装时用力插入，使锥面紧密结合。拆卸后顶尖时，可移动尾座套筒，由丝杠前端将后顶尖顶出。

c. 夹头。夹头分为鸡心夹头和对分夹头，在两顶尖装夹时用于给工件传递转矩，如图 1-16 所示。

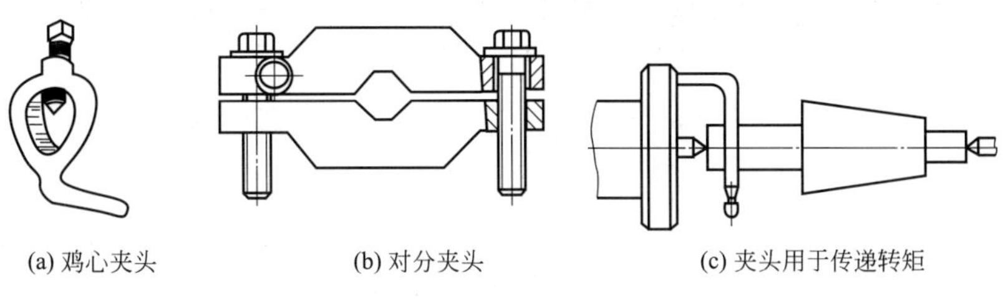

(a) 鸡心夹头　(b) 对分夹头　(c) 夹头用于传递转矩

图 1-16　夹头

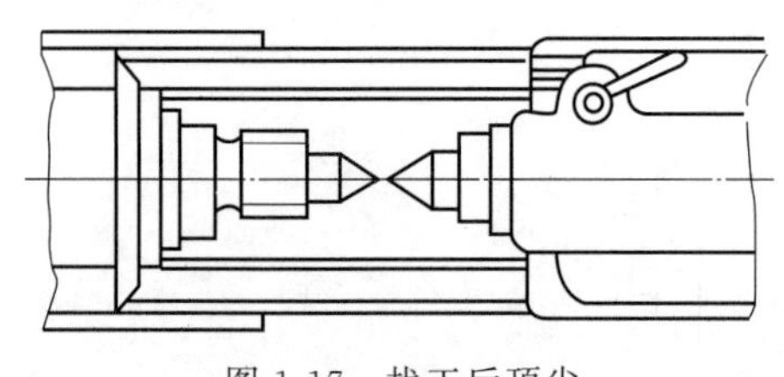
图 1-17　找正后顶尖

② 两顶尖装夹工件时注意事项

a. 前、后顶尖的连线应与车床主轴回转轴线同轴，否则车出的工件会产生锥度误差。

找正后顶尖：在机床上安装两顶尖后要检查后顶尖是否对准主轴中心，检查方法如图 1-17 所示，以前顶尖为基准使后顶尖与前顶尖轻微接触，目测后顶尖是否与前顶尖对准，如有偏移，要调整尾座的横向位置找正。

b. 尾座套筒在不影响车刀切削的前提下，伸出长度应尽量短些，以增加刚性、减少振动。

c. 中心孔应形状正确，表面粗糙度值小。轴向精确定位时，中心孔倒角可加工成准确的圆弧形倒角，并以该圆弧形倒角与顶尖锥面的切线为轴向定位基准定位。

d. 两顶尖与中心孔的配合应松紧合适。

③ 两顶尖间装夹工件的操作步骤

a. 在工件一端外圆上安装鸡心夹头，拧紧固定螺钉，如后顶尖用固定顶尖，应在中心孔内加润滑油。

b. 移动尾座，套筒尽可能伸出短些，前、后顶尖之间距离接近工件长度时将尾座锁紧。

c. 装夹工件。将有鸡心夹头一端装在前顶尖上，手持稳工件，移动尾座，当工件中心孔与后顶尖靠近时，要使工件中心孔对准后顶尖，使顶尖进入中心孔将工件顶住。

d. 移动刀架，使车刀刀尖离工件端面 5～10mm，如刀架碰到尾座则应松开尾座重新调整套筒的伸出长度。

e. 调整工件的顶紧程度。左手转动工件，右手调整尾座套筒，使工件顶紧程度合适，达到既能转动又无轴向间隙，然后锁紧尾座套筒。

f. 锁紧鸡心夹头的固定螺钉，如工件装夹面是已加工表面，要在工件与螺钉间垫铜片以防夹伤表面。前顶尖用卡盘装夹时，还应注意鸡心夹头的拨杆不可碰卡盘面。

（3）一夹一顶装夹工件

用两顶尖装夹工件虽然精度高，但刚性较差。因此，车削质量较大工件时一端用卡盘夹住，另一端用后顶尖支撑，后顶尖选用回转顶尖，即一夹一顶装夹。为了防止工件由于切削力的作用而产生轴向位移，可以在主轴孔中安装限位装置，如图 1-18（a）所示，也可以在工件上车一段 10～15mm 长的台阶圆用作限位，如图 1-18（b）所示。一夹一顶装夹工件比较安全，能承受较大的轴向切削力，安装刚性好，轴向定位准确，所以应用比较广泛。其操作要点如下。

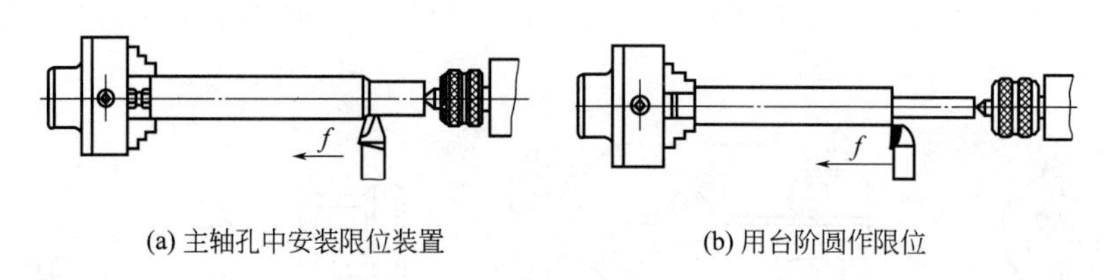

(a) 主轴孔中安装限位装置　(b) 用台阶圆作限位

图 1-18　一夹一顶装夹工件

① 在棒料工件的一端车端面、钻中心孔。工件的总长及另一端中心孔均不用车。

② 装夹时顶尖不能过紧或过松，要求用手转动工件时回转顶尖随之一起转动。然后将

工件夹紧，尾座套筒锁紧。

（4）使用中心架

① 中心架结构。一夹一顶车外圆，调头车端面、钻中心孔时，须使用中心架作支承，中心架结构如图 1-19 所示。图中主体通过压板和螺母紧固在床面上，上盖和主体用销子作活动连接，在装卸工件时，上盖可以打开和扣合，并用螺母固定。支承爪的移动可用螺母来调整，以适应不同直径的工件，并用螺钉固定。

② 在中心架上车端面、钻中心孔的方法

a. 工件的装夹。在工件已加工表面上垫铜片，用三爪自定心卡盘夹住，夹持长度为 15～20mm。由于工件伸出长度较长，轴线会产生歪斜，应通过找正，使工件的轴线与主轴的轴线基本一致。

b. 将尾座与床鞍移向机床导轨的尾端。将中心架置于机床导轨上，调整支承爪开度，使其大于工件直径。

c. 打开上盖，将中心架移向工件轴端处，在不影响车削的情况下尽可能支承在工件轴端，位置确定后将中心架固定。

d. 对正工件轴线，调整中心架下面靠近操作者的支承爪，当与工件靠近时，转动卡盘，目测工件转动时外圆与支承爪间的间隙是否保持一致，如间隙忽大忽小，应轻轻敲击外圆，使其向间隙宽的一边移动直至间隙达到基本一致为止。如果工件同轴度要求较高时，需用百分表找正工件的上素线和侧素线。

e. 开动机床，主轴转速为 150～200r/min。在工件运转时，调整支承爪与工件的接触程度，当支承爪与工件表面相接触时，旋动支承爪的手指会有轻微的接触感觉，当手指感觉到时即用紧固螺钉将支承爪紧固。然后用同样的方法调整下面的另一支承爪。下面两支承爪位置固定后，将中心架上盖扣合，并用螺母紧固。最后调整上盖上的支承爪。支承爪与工件间的接触表面要加油润滑。

f. 车端面至工件总长尺寸。

g. 工件在中心架上钻中心孔，工件安装如图 1-20 所示。在试钻时若发现工件中心不对，应松开中心架支承爪，重新调整，直至中心位置正确为止。

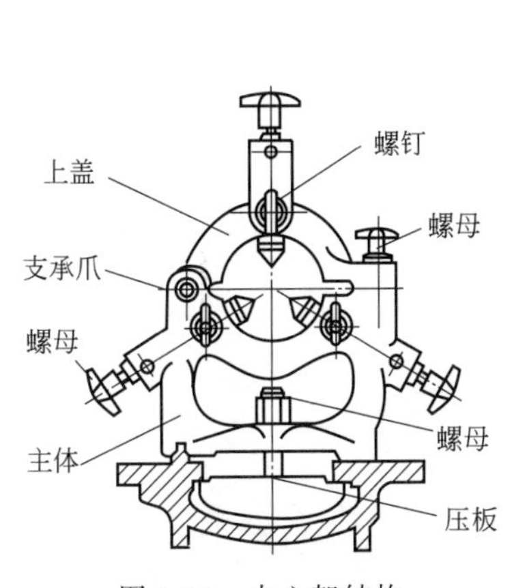

图 1-19　中心架结构

图 1-20　在中心架上钻中心孔

③ 数控自动定心中心架。为提高加工效率数控车床常采用数控自定心中心架。数控自定心中心架外形如图 1-21（a）所示。该中心架采用自动控制，作为机床附件提供。中心架通过安装架与机床导轨相连［图 1-21（b）］，工作时由主机发信号，通过液压或气压驱动

使其夹紧或松开。其润滑则采用中心润滑系统。

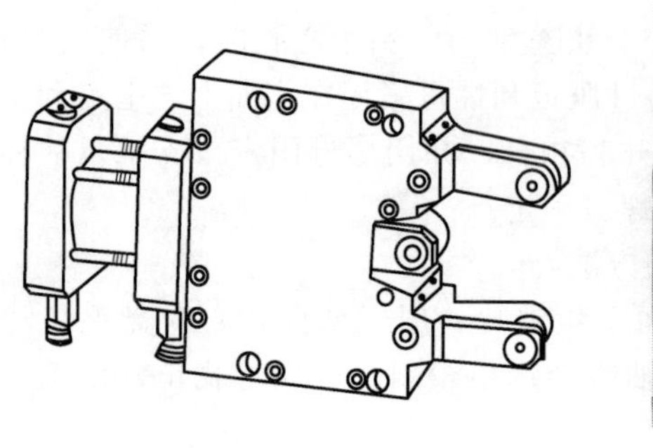

(a) 外形

(b) 在机床上的位置

图 1-21　数控自定心中心架

（5）用双三爪自定心卡盘装夹

对于精度要求高、变形要求小的细长轴类零件可采用双主轴驱动式数控车床加工，机床两主轴轴线同轴、转动同步，零件两端同时分别由三爪自定心卡盘装夹并带动旋转，这样可以减小切削加工时切削力矩引起的工件扭转变形。

第2章 数控车削程序的编制

2.1 FANUC 系统数控编程基础

2.1.1 编制零件加工程序过程

编制零件加工程序是把数控加工中所需要的工艺信息和刀具轨迹编入程序中。编制零件加工程序过程如图 2-1 所示，简述如下。

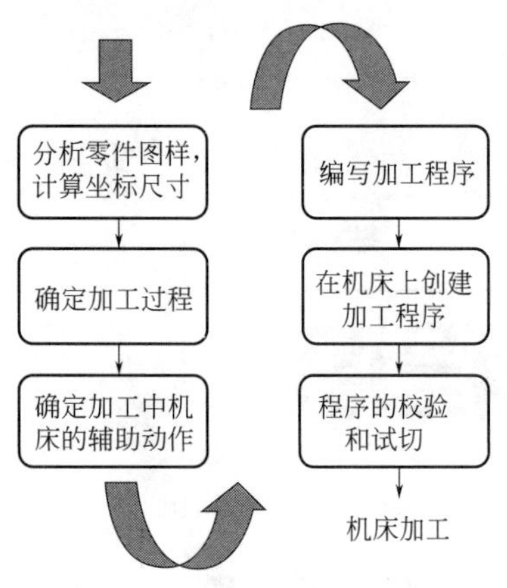

图 2-1 编制零件加工程序过程

（1）分析零件图样，计算坐标尺寸

数控加工前，应认真分析零件图样，注意以下几点。

① 明确加工任务。确认零件的几何形状、尺寸和技术要求，本工序加工表面和加工质量的要求。

② 确定工件零点，画出工件坐标系。

③ 计算可能缺少的坐标尺寸。

a. 标注尺寸的换算。当零件图中标注尺寸与编程使用的尺寸数据不一致时，需要经过换算求解编程的尺寸数据。例如图 2-2 所示小轴，零件图中 A 点位置是以左端面为基准标注，编程时工件坐标系以轴的右端面为 Z 轴原点，编程坐标系中 A 点的 Z 轴尺寸不能用 $Z=10\text{mm}$，需要进行尺寸换算，换算后 A 点 Z 坐标值为 $Z=-50.0\text{mm}$。

b. 基点计算。基点是指构成工件轮廓的不同几何要素之间的交点或切点，如直线与直线的交点、直线与圆弧的交点或切点、圆弧与圆弧的交点或切点等。例如图 2-3 所示凸轮，图中 A、B、C、D 点是凸轮的基点。确定工件坐标系后，可用几何方法计算出基点坐标。也可以借助 CAD/CAM 软件，画出工件的几何图形，通过软件查询功能，查出所需的基点坐标，如图 2-3 中的凸轮，用 CAD 软件 1∶1 画出凸轮图形，在图上可查询基点坐标：A（X0，Y75），B（X0，Y−30），C（X−7.5，Y29.407），D（X0，Y38.73）。

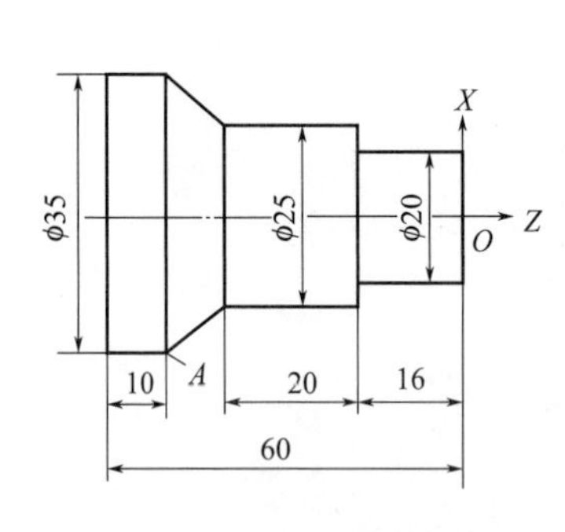

图 2-2 A 点编程尺寸换算

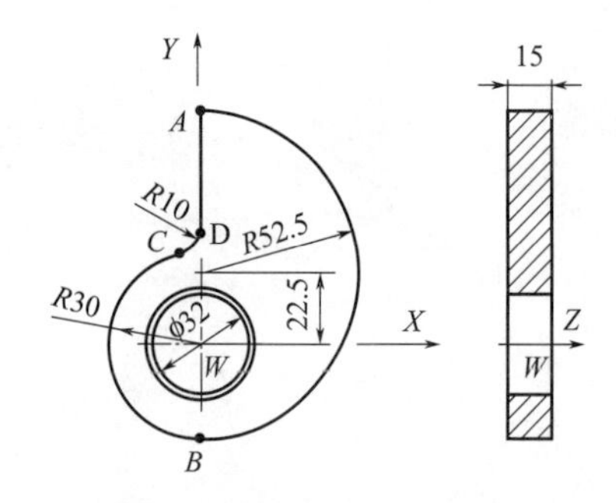

图 2-3 变速凸轮基点

c. 节点计算。一般数控系统只具备直线和圆弧插补功能，对直线和圆弧以外的复杂曲线，如椭圆线、阿基米德螺旋线等，只能用直线或圆弧逼近，具体方法是将复杂轮廓曲线按允许误差分割成若干小段，再用直线或圆弧逼近这些小段，逼近线段的交点称为节点。节点越密，轮廓曲线的逼近程度越高。人工计算节点很困难，此类情况通常采用自动编程，本书不介绍自动编程。

（2）确定加工过程

① 确定工件的加工表面，确定各表面加工的顺序。

② 在机床上装夹工件的方法。

③ 根据工件加工表面，选择对应的切削刀具，确定切削参数。确定对刀点和换刀点。

④ 确定每一切削过程中的走刀路线，加工中是否需要零点偏移、旋转、镜像等。

⑤ 工件上需要重复加工的部位，是否需要存放到一个子程序中。在其他零件程序或者子程序库中是否有当前工件可以使用的部件轮廓。

⑥ 编制加工操作顺序

（3）确定加工中机床的辅助动作

辅助动作指在刀具不切削时为辅助切削过程所需做的动作，如刀具定位时快速移动，换刀，定位到工作平面，检测工件时机床的空运行，开关主轴，开或闭冷却液，调用刀具数据，进刀，刀具轨迹补偿，返回到轮廓，离开轮廓快速提刀等。

（4）编写加工程序

根据走刀路线、工艺参数及刀具等数据，按 FANUC 数控系统的指令代码和程序段格式编写加工程序。把加工中的每个步骤编为一个加工程序段（或多个程序段），把所有单个的步骤汇成一个零件加工程序。

（5）在机床上创建加工程序

可在机床上操作数控系统键盘输入加工程序，此外还可以采用存储盘拷贝或通信等手段输入程序。单台数控机床通过 V24 接口与计算机连接，通过在计算机上的通信软件与数控机床进行数据传输，把计算机中的数控程序传输到数控系统。已实现联网的数控机床，还可采用网络通信传输程序。

（6）程序的校验和试切

创建程序后首先通过程序的空运行和试切削，检验程序是否有误，加工精度是否符合要求。如果不能达到要求，找出原因，采取相应措施进行更改。最后形成正确的加工程序。

2.1.2 FANUC 系统数控程序组成

数控加工程序单如图 2-4 所示。加工程序是由各种字符（英文字母和数字）组合而成的，数控系统通过字符的编码识别字符。国际通用的数控程序字符编码有两种，即 EIA 码（美国电子工业协会）和 ISO 码（国际标准化协会）。FANUC 数控系统能够自动识别这两种字符编码。不同的字符组合定义了各种数控指令。程序中各指令的含义和书写指令的排列顺序称为程序格式。FANUC 系统数控程序格式基本上采用国际标准。数控程序记录在数控加工程序单上，可存储在数控系统中，也可存储在存储介质上。

数控加工程序单中显示了组成加工程序的各部分，现解释如下。

（1）纸带开始

纸带开始 ISO 代码用符号“%”；表示 NC 程序文件开始的符号，当程序使用个人计算机输入时不需要标记符号。此符号标记不在屏幕上显示，但是如果文件输出，此标记符号自动输出在文件的开头。

文件中在程序之前的文件头为引导部分，即引导区，包括程序文件的标题等。当文件读入数控装置时，引导部分被跳过，引导部分由“%”开始，由“;”结束。

（2）程序部分

① 程序号。程序号用于检索程序，如图 2-4 中的字符“O0250”。程序号命名规定为：字母“O”后跟四位数字。通过程序号可以把一个数控程序作为子程序调用。

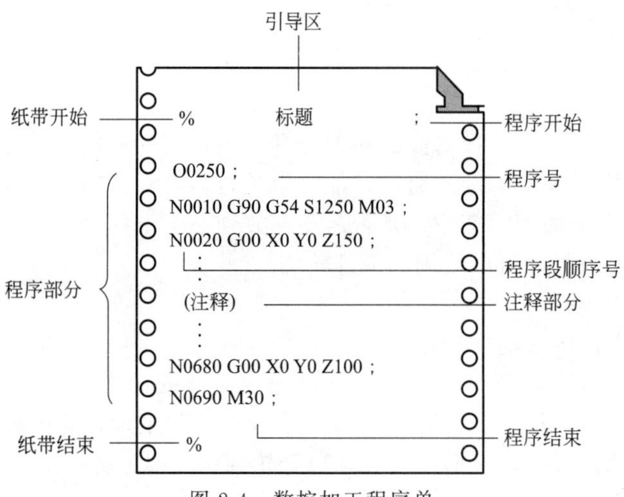

图 2-4　数控加工程序单

② 加工程序。数控加工程序是分行书写的，程序中，每一行称为一个程序段。程序由一系列的程序段组成。“;”表示一个程序段结束，相当于普通计算机按回车键，称为 EOB 代码。

③程序段、指令、地址。每一程序段包含了执行一个加工工步的数据。程序段由若干个指令（也称为字）组成，如图 2-5 所示。

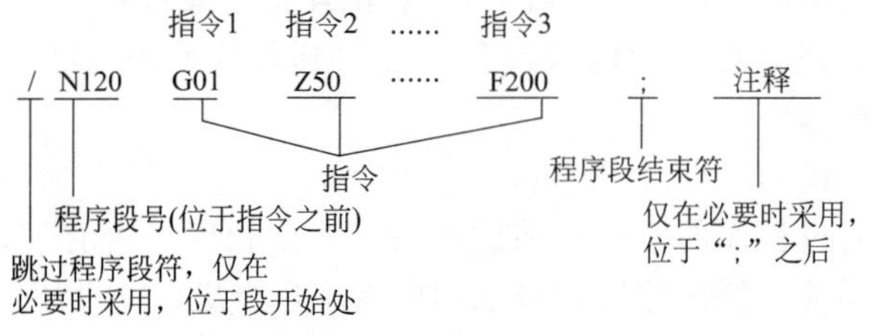

图 2-5　程序段组成

指令（字）是数控程序中的基本信息单元，代表机床的一个位置或一个动作。指令由英文字母和若干个数字组成，其中英文字母称为地址，例如指令“X-20.1”的组成：

地址　数值
X -20.1

各种地址码（英文字母）代表不同功能，FANUC 系统加工程序使用的地址码及其功能如表 2-1 所示。指令中的数字分为带符号和不带符号两种，带符号的数字用于定义尺寸，如指令“X-20.1”；不带符号的数字用于定义各指令的含义，如准备功能字的 G00、G01 等。

表 2-1　数控程序地址码及其功能

功能	地址	含义
程序号	O	给程序指定程序号
顺序号	N	程序段的顺序号
准备	G	指定移动方式（直线、圆弧等）
尺寸字	X、Y、Z、U、V、W、A、B、C	坐标轴移动指令
	I、J、K	圆弧中心的坐标
	R	圆弧半径
进给速度	F	指定每分钟进给速度或每转进给速度

续表

功能	地址	含义
主轴转速	S	指定主轴转速
刀具	T	刀号
辅助	M	机床上的开/关控制
	B	指定工作台分度等
偏置号	D、H	刀具偏置号地址
暂停	P、X	暂停时间
程序号指定	P	子程序号
重复次数	P	子程序重复次数
参数	P、Q	固定循环参数

④ 为了使加工程序更便于理解，可以为程序段加上注释，括号“（）”中内容或分号“;”后的内容为注释文字。

⑤ 程序结束指令 M30（或 M02）。程序中的最后一个程序段必须含有程序结束指令。

（3）纸带结束

表示程序文件结束的符号。纸带结束符号“%”放置在数控（NC）程序文件的末尾，用自动编程系统输入程序时，不需要输入“%”。标记“%”在屏幕上不显示，但是当文件输出时，标记自动输出在文件的末尾。

2.1.3 程序段格式

一个程序段是一个由数控装置执行的指令行。完整程序段的内容包括：刀具动作方式、刀具轨迹（准备功能 G）、移动目标（终点坐标值 X、Y、Z）、进给速度（进给功能指令 F）、切削速度（主轴转速功能指令 S）、刀具号（刀具功能 T）、刀补号（地址 D、H）、机床辅助动作（辅助功能 M）等。程序段格式是指一个程序段中各种指令的书写规则，包括指令排列顺序等。FANUC 系统的程序段格式如图 2-6 所示。程序段中的各种指令说明如下。

图 2-6 程序段格式

① N××——顺序号。由地址“N”和后面的数字组成，用作标识程序段运行顺序。书写程序时建议按升序书写程序段号。为减少代码输入和少占内存，在 FANUC 系统的数控程序中，顺序号不是必需的，也不要求数值有连续性，系统能够自动按照程序段排列先后顺序运行程序。

跳过任选程序段符号“/”。对于不是每次程序运行都需要执行的程序段（如加工中测量或调整时，需要停止运行程序的程序段，该段不是每次程序运行都需要执行），在不需执行时可以选择跳过。方法是在程序段号码前加跳段符号“/”（斜线），同时在机床操作面板上接通“跳段开关”，使“/”有效，程序运行中就可以跳过标有“/”的程序段。如果面板上的“跳段开关”断开，则跳段符号“/”无效，有“/”符号程序段有效。程序中

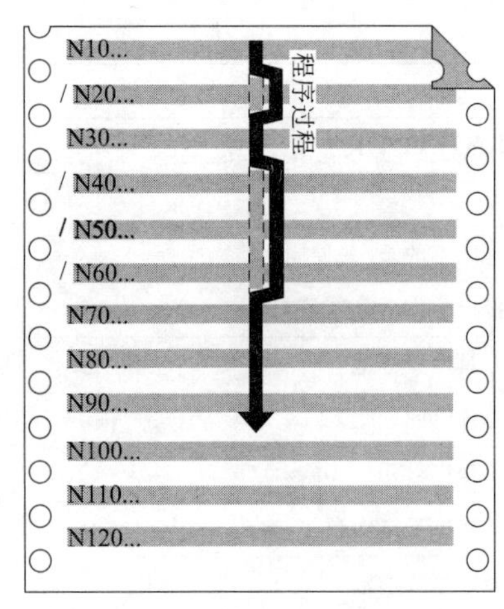

图 2-7　跳过程序段

允许连续跳过几个程序段，如图 2-7 所示，图中跳过的程序段有 N20，并连续跳过 N40、N50、N60 程序段。所跳过程序段中的指令不执行，程序从其后的程序段继续执行。

② G××——准备。由“G”和两位数字组成，用来规定刀具和工件的相对运动轨迹、机床坐标系、坐标平面、刀具补偿、坐标偏置等多种加工操作。

③ X、Y、Z、A、B、C、I、J、K 等——坐标指令。由坐标地址符（英文字母）及数字组成，例如“X-25.102”，其中字母表示坐标轴，字母后面的数值表示刀具在该坐标轴上移动（或转动）后的坐标值。

④ F×××——进给速度。用于给定切削时刀具的进给速度。进给速度单位可以用 G98/G99 指定，G98 指定的刀具进给速度单位是每分钟进给量（mm/min），G99 指定的单位是主轴每转刀具的进给量（mm/r）。数控车床开机后默认的状态是 G99，即进给速度单位是“mm/r”，例如车床开机后指令“F0.2”，表示刀具的进给速度为 0.2mm/r。

当数控系统工作在 G01、G02、G03 方式下编程的 F 一直有效，直到被新的 F 值所取代。而工作在 G00 方式下快速定位的速度是各轴的最高速度，与所编 F 无关。借助操作面板上的倍率按键，F 值可在一定范围内进行倍率修调。

⑤ S×××——主轴转速。用以控制主轴转速，其后的数值表示主轴转速，单位为“r/min”，例如“S900”，表示主轴转速为 900 r/min。S 是模态指令，S 功能只有在主轴转速可连续调节时有效。

⑥ T××××——刀具，用于选刀。由字母“T”加四位数字组成，其中前两位数值表示选择的刀具号，后两位数字表示刀具补偿号（存储刀具补偿值的地址）。

⑦ H××（或 D××）——刀具补偿号地址，由字母“H”（或“D”）加两位数字组成。用于存放刀具长度或半径补偿值。

⑧ M××——辅助。简称 M 代码，由字母“M”加两位数字表示，用于控制零件程序的走向和机床各种辅助功能的开关动作。通常在一个程序段中仅能指定一个 M 代码。在某些情况下可以最多指定三个 M 代码。代码对应的机床功能由机床制造厂决定。常用的 M 代码及其功能见表 2-2。

表 2-2　常用 M 代码及其功能（部分）

代码	功能说明	代码	功能说明
M00	程序暂停	M06	换刀
M01	选择停止	M08	切削液打开
M02	程序结束	M09	切削液停止
M03	主轴正转启动	M30	程序结束并返回
M04	主轴反转启动	M98	调用子程序
M05	主轴停止转动	M99	子程序结束

⑨“;”——分号是程序段结束符号，表示一个程序段的结束。程序段结束符号位于一个程序段末尾，在用键盘输入程序时，按操作面板上的“EOB”（end of block）键，则“;”号自动添加在程序段末尾，同时程序换行。也有采用“LF”“CR”“*”等符号作为程序段结束符号的。

2.1.4　常用辅助功能 M 代码

表 2-2 为常用 M 代码，M00、M01、M02、M30、M98、M99 指令用于控制零件程序走向，是数控系统内定的辅助功能，不由机床制造厂决定。其余 M 代码用于控制机床各种开关的动作，由 PLC 程序指定，其功能可能因机床制造厂不同而有差异，请读者参考机床说明书。

(1) M00（程序暂停）

功能：M00 指令使正在运行的程序在本段停止运行，同时现场的模态信息全部被保存下来。重新按动程序启动按钮后，可继续执行下一程序段。

应用：该指令用于加工中的停车，以进行某些固定的手动操作，如手动变速、换刀等。

(2) M01（选择停止）

功能：M01 执行过程和 M00 指令相同，不同的是只有按下机床操作面板上的“选择停止”按钮时该指令才有效，否则机床继续执行后面的程序。

应用：该指令常用于加工中的关键尺寸的抽样检查或临时停车。

(3) M02（程序结束）

功能：该指令表示加工程序全部结束。它使主轴、进给、切削液都停止，机床复位。

应用：该指令必须编在最后一个程序段中。

(4) M03（主轴正转启动）、M04（主轴反转启动）、M05（主轴停止转动）

功能：M03、M04 指令可分别使主轴正、反转，它们与同段程序其他指令同时执行。M05 指令使主轴停止转动，在该程序段中其他指令执行完成后才执行主轴停止转动。

(5) M08（切削液打开）；M09（切削液停止）

(6) M30（程序结束并返回）

功能：该指令与 M02 功能相似，不同之处是该指令使程序段执行顺序指针返回到程序开头位置，以便继续执行同一程序，为加工下一个工件做好准备。该指令必须编在最后一个程序段中。

在初学加工中心编程时，对 M00、M01、M02 和 M30 几个 M 代码容易混淆，它们的区别与联系如下。

• M00 为程序暂停指令。程序执行到此进给停止，主轴停转。重新按启动按钮后，可继续执行后面的程序段。主要用于编程者想在加工中使机床暂停（检验工件、调整、排屑等）。

• M01 为程序选择性暂停指令。程序执行时控制面板上“选择停止”按钮处于“ON”状态时此功能才有效，否则该指令无效。执行后的效果与 M00 相同，常用于关键尺寸的检验或临时暂停。

• M02 为主程序结束指令。执行到此指令，进给停止，主轴停止，冷却液关闭。但程序执行光标停在程序末尾。

• M30 为主程序结束并返回指令。功能同 M02，不同之处是，程序执行光标返回程序头位置。

2.1.5　车削程序 G 功能代码

FANUC T 系统 G 代码如表 2-3 所示，表中内容说明三点。

① G代码分为不同的组别，组号在表中“分组”一栏中表示。不同组的G代码能够在同一程序段中指定，同一组号内的代码可以互相取代，如果同一程序段中指定同组G代码，则最后指定的G代码有效。

② G代码分为两类：非模态G代码和模态G代码，表2-3中00组为非模态码，其余组代码为模态码。非模态G代码只在指令它的程序段中有效，例如G04是非模态码，程序段：“G04 P1000”是使刀具进给暂停。程序运行到该指令，刀具进给暂停1s，非模态码G04只在这个段内有效，不影响下一程序段。模态G代码一旦被指令，在系统内存中保存该代码，该代码一直有效，在以后的程序段中使用该代码可以不重写，直到该代码被程序指令取消或被同组代码取代。

③ 表中标有“①”的G代码为系统通电后默认状态，即默认状态。例如“06”组代码G20和G21，其中标有“①”的是G21，则系统通电后自动进入G21状态（公制输入）。如需英制输入，则需指定G20代码，由G20取代G21，系统成为英制输入状态。

表2-3　FANUC T系统G功能及程序段格式（数控车床用）

分组	代码	程序段格式及功能
01	G00①	快速定位：G00 X(U)_ Z(W)_F_;
	G01	直线插补：G01 X(U)_ Z(W)_F_;
	G02 G03	顺圆插补G02 逆圆插补G03　{G02/G03} X(U)_ Z(W)_ {I_ k_/R_} F_;
00	G04	进给暂停G04：G04 X(P)_;其中“X”或“P”的指令值是暂停时间 例：G04 X1.5或G04 P1500——进给暂停1.5s
	G10	改变刀具形状偏移值：G10 P_ Z_ R_ Q_;　“P”＝1000＋几何形状偏移号 改变刀具磨损偏移值：G10 P_ X_ Z_ R_ Q_;　“P”＝磨损偏移号
06	G20 G21①	英制输入 公制输入
00	G27	返回参考点检查
	G28	返回参考点
	G30	返回第二参考点
01	G32	螺纹切削：G32 X(U)_ Z(W)_ F_;　“F”为螺纹导程
07	G40①	取消刀尖半径补偿
	G41	刀尖半径左补偿
	G42	刀尖半径右补偿
00	G50	设定工件坐标系　G50 X_ Z_; 主轴最大转速钳制　G50 S_;
00	G53	机床坐标系选择
14	G54	选择工件坐标系1
	G55	选择工件坐标系2
	G56	选择工件坐标系3
	G57	选择工件坐标系4
	G58	选择工件坐标系5
	G59	选择工件坐标系6

续表

分组	代码	程序段格式及功能
00	G70	精车循环：G70 P_ Q_；
	G71	粗车循环：G71 U_ R_； G71 P_ Q_ U_ W_ F_ S_ T_；
	G72	端面循环：G72 W_ R_； G72 P_ Q_ U_ W_ F_ S_ T_；
	G73	仿形车循环：G73 U_ W_ R_； G73 P_ Q_ U_ W_ F_ S_ T_；
	G76	螺纹切削复合循环：G76 P_ Q_ R_； G76 X(U)_ Z(W)_ R_ P_ Q_ F_；
01	G90	外径或内径切削固定循环：G90 X_ Z_ R_ F_；
	G92	螺纹切削固定循环：G92 X_ Z_ F_；
	G94	端面切削固定循环：G94 X_ Z_ F_；
02	G96 G97①	恒转速控制（m/min）：G96 S_； 取消恒转速：G97；
05	G98 G99①	每分进给（mm/min）　G98…F_ 每转进给（mm/r）　G99…F_

① 该G代码为系统通电后默认状态。
注：1. 本表中00组为非模态码，其余组为模态码。
2. 表中绝对坐标编程时地址码为X和Z；增量编程时地址码为U和W。

2.1.6　数字单位英制与公制的转换

FANUC系统程序中的数值单位可以用G21/G20（表2-3中06组）指定，G21指定采用公制（毫米）输入；G20指定采用英制（英寸）输入。如果程序中不给出G21/G20指令，数控铣床开机后默认的单位是“G21”。G21/G20代码必须编在程序的开头，在设定坐标系之前以单独程序段指定。

2.1.7　小数点编程

一般数控机床数值的最小输入增量单位为0.001mm，小于最小输入增量单位的小数被舍去。当输入数字值是距离、时间或速度时可以使用小数点，称为小数点编程。下面地址可以指定小数点：X，Y，Z，U，V，W，A，B，C，I，J，K，Q，R和F。

FANUC系统程序中，对没写小数点的数值，默认单位是“μm”，如坐标“X200”，表示X值为200μm。如果数值中有小数点，数值单位则是“mm”，如“X0.2”，此坐标值的单位是“mm”，即0.2mm。X0.2与X200等效。

例如，*X*值为+30.012mm，*Y*值为−9.8mm时，以下几种表达方式表示是等效的：

① X30.012 Y-9.8　　单位是mm
② X30012 Y-9800　　单位是μm
③ X30.012 Y-9800　　X值单位是mm，Y值单位是μm

2.2 数控车床坐标系与工件坐标系

2.2.1 机床坐标系

（1）数控车床机床坐标系

数控车床用于加工轴、套类等回转体零件。数控车床导轨形式有两种：水平导轨（图2-8）和斜导轨（图2-9）。水平导轨数控车床采用前置刀架，如图2-8（b）所示，刀架位于主轴前面，与传统卧式车床刀架的布置形式一样，装备四工位电动刀架。普通数控车床通常采用水平导轨，控制2个运动轴：刀具直线运动的 Z 轴和 X 轴，如图2-8（b）所示。刀具离开工件的方向为 X 轴正向。

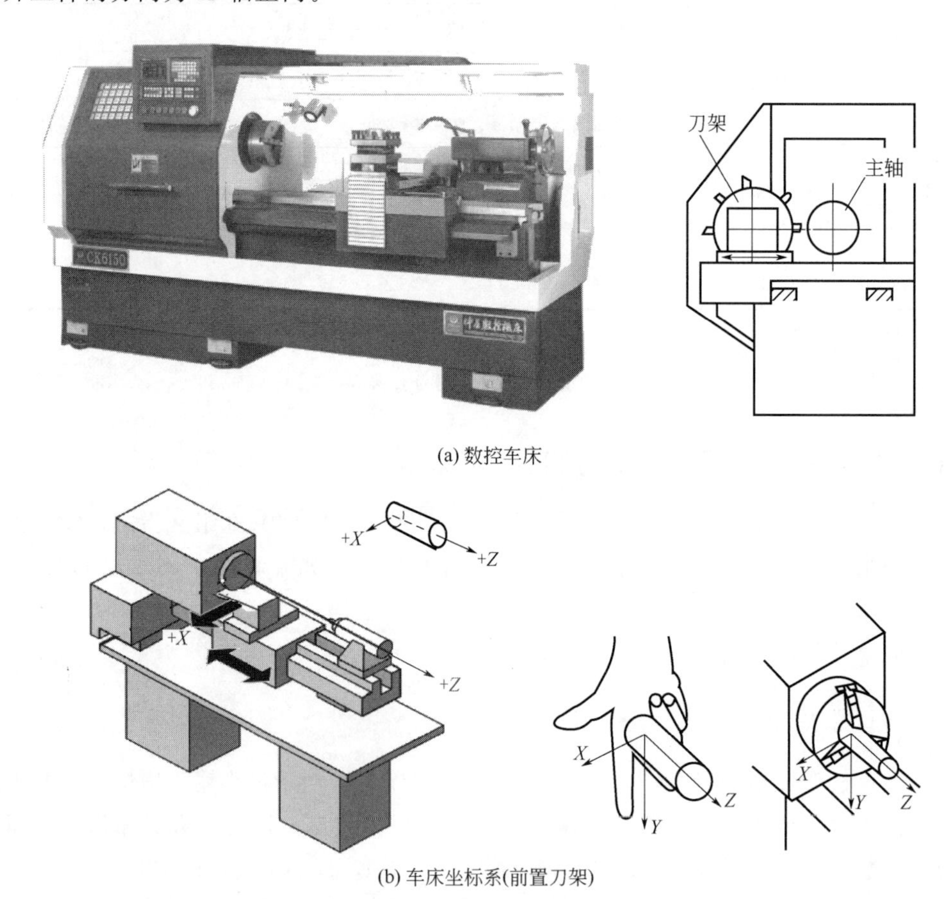

图2-8 数控车床及机床坐标系（水平导轨）

斜导轨车床采用后置刀架，如图2-9（b）所示，刀架位于主轴的后面，刀架导轨位置与正平面倾斜。斜导轨形式便于观察刀具的切削过程，切屑容易排除，后置刀架空间大，可装备多工位回转刀架。数控车削中心机床采用斜导轨，该机床在控制直线运动轴 X、Z 基础上还能控制主轴的旋转运动，即 C 轴功能，由于 C 轴是工件回转（工件装夹在主轴上），所以 C 轴的标注符号为 C'。车削中心控制 X、Z、C' 3个坐标轴，刀具离开工件的方向为 X 轴正向，如图2-9（b）所示。车削中心采用回转刀架，容量大，回转刀架上可配置铣削动力头，增强了车床加工功能，除车削圆柱表面外，还可以进行径向和轴向铣削、曲面铣削以及中心线不在零件回转中心的孔和径向孔的钻削等。

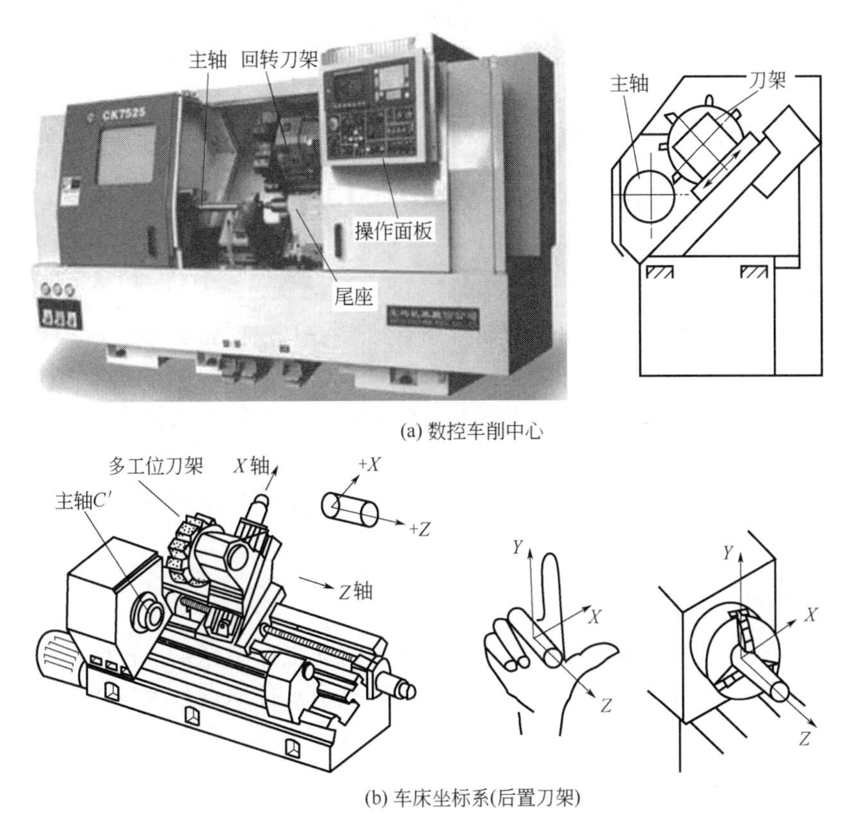

图 2-9　车削中心及机床坐标系（斜导轨）

（2）机床坐标系原点（机床原点）

数控机床坐标系原点是机床上一个固定的点。数控车床的机床原点一般设在主轴前端面与其旋转中心线的交点上，如图 2-10 中的 M 点。机床坐标系原点 M 由机床制造商设定，并且无法改变。

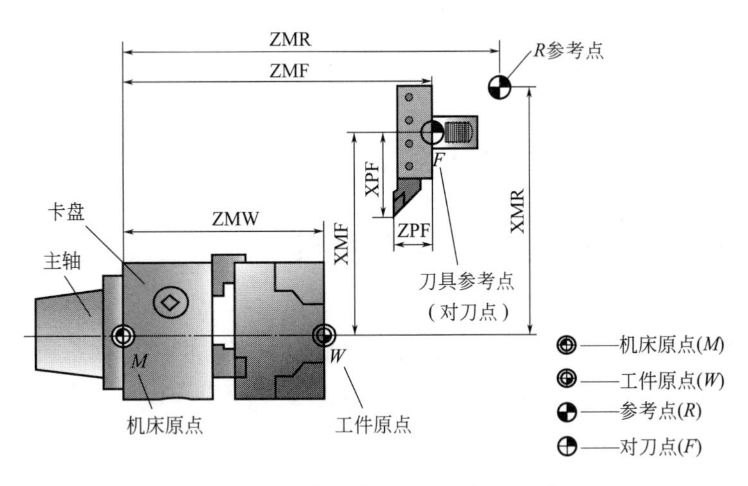

图 2-10　机床原点和工件坐标系原点

（3）机床参考点

机床制造厂对每台机床设置一个基准点，称为机床参考点。机床参考点与机床原点有固定的尺寸关系，通常设在 X、Z 轴的正向极限位置，如图 2-10 中的 R 点。机床开机后，首先进行“回参考点”（或称“回零”）操作，通过回参考点操作在数控系统中建立起机床坐标系。

在以下三种情况下，数控系统会失去对机床参考点的记忆，必须进行返回机床参考点的操作。

① 机床超程报警信号解除后。

② 机床关机以后重新接通电源开关时。

③ 机床解除急停状态后。

数控系统运行中可以通过返回参考点指令 G28 使刀具返回到参考点。

在没有绝对编码器的机床上，接通机床电源后通过手动回参考点操作，建立机床坐标系。在采用绝对编码器为检测元件的机床上，由于数控系统能够记忆绝对原点位置，所以机床开机后即自动建立机床坐标系，并显示出刀具位置坐标，不必进行回参考点操作。

数控机床坐标系是机床的基本坐标系，是其他坐标系和机床内部参考点的出发点。不同数控机床参考点也不同，因生产厂家而异。

2.2.2 工件坐标系

数控程序是根据工件图样编制的，依据工件图确立工件坐标系，程序中的坐标值均以工件坐标系为依据，工件坐标系原点也称为程序原点、工件原点。为操作方便，车削工件原点一般都设在工件轴线与左端面的交点［图 2-11（a）］或轴线与右端面的交点［图 2-11（b）］。

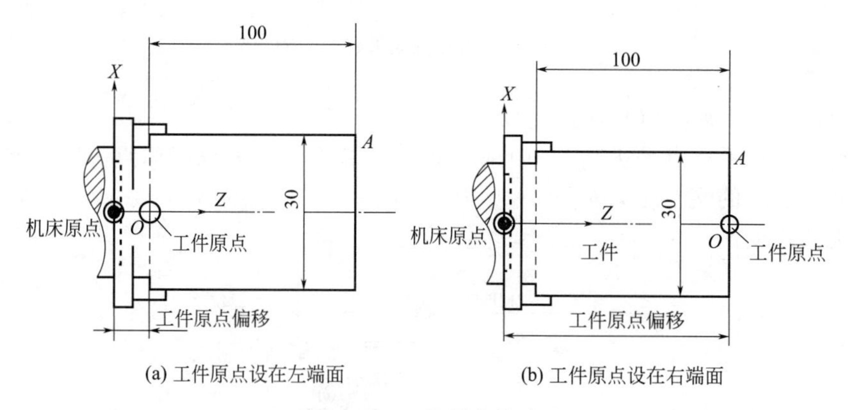

(a) 工件原点设在左端面　(b) 工件原点设在右端面

图 2-11　工件原点偏移

2.2.3 工件坐标系与机床坐标系的关系

（1）工件原点偏移

工件装夹在机床上，工件坐标系原点（程序原点）相对机床坐标系原点的距离（有正负符号）称为工件（程序）原点偏移，如图 2-11 所示，图中还标出了工件（程序）原点偏移距离。

（2）设定工件坐标系

数控系统上电自动启动机床坐标系，刀具按机床坐标系运动，数控程序是按照工件坐标系编制的，为使数控系统按照工件坐标系运行，需要在程序中设定工件坐标系。常用两种设定工件坐标系方法。

① 指令 G54～G59，可以设定六个工件坐标系。

② 指令 G50 设定工件坐标系。

2.2.4 用 G54～G59 设定工件坐标系

用工件原点相对于机床原点的偏移值设定工件坐标系，指令是 G54～G59。

（1）程序原点偏移数据存储地址 G54～G59

数控系统中备有程序原点偏移存储地址 G54～G59。操作数控系统打开车床工件坐标系设定屏面，如图 2-12 所示，图中的“番号”即存储地址 G54～G59，图中的“数据”即工件（程序）原点偏移数值。G54～G59 总计六组地址，可存储六个工件坐标系。

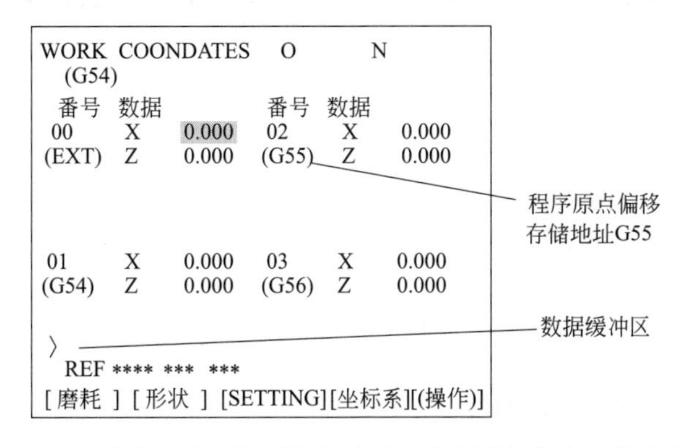

图 2-12　车床工件坐标系设定屏面（程序原点偏移存储地址）

（2）设定工件坐标系指令 G54～G59

存储了原点偏移数据后，在程序中指令 G54～G59 可设定当前工作的工件坐标系，操作步骤如下。

① 装夹工件，须使工件坐标轴与机床导轨（机床坐标轴）方向一致。

② 对刀，测量出工件原点偏移数值，并把偏移数值输入到图 2-12 中地址 G54（或 G55～G59）。

③程序中给出设定工件坐标系指令 G54（或 G55～G59），则系统按给定的工件坐标系运动。

2.2.5 用 G50 设定工件坐标系

用刀具相对工件（程序）原点的偏移值设定工件坐标系，指令是 G50。该指令通过指定刀具相对于程序原点的位置建立工件坐标系。用 G50 建立工件坐标系的程序段格式为：

```
G50 X_ Z_;
```

该程序段中“X _ Z _ ”是刀具在所设定的工件坐标系中的坐标值。

刀具上代表刀具位置的点称为刀位点，在使用 G50 指令前，一般使刀位点定位于加工始点，该加工始点称为对刀点。用 G50 设定工件坐标系的操作步骤如下。

① 把工件装夹在机床上，对刀，移动刀具到对刀点。

② 运行 G50 程序段，建立工件坐标系。

如图 2-13 所示，用 G50 设定工件坐标系。

① 工件坐标系原点设定在工件右端面，刀具定位后刀具位置 P（坐标 $X=300$，$Z=$

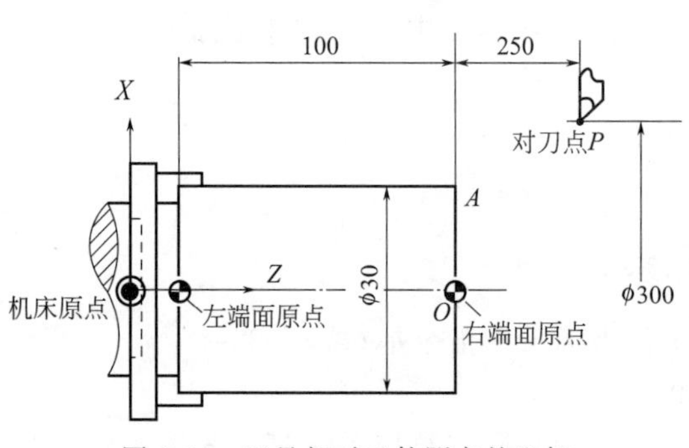

图 2-13　刀具相对工件原点的坐标

250），设定工件坐标系程序段为：

G50 X300.0 Z250.0；

② 工件坐标系原点设定在工件左端面，刀具定位后刀具位置 P（坐标 $X=300$，$Z=350$），设定工件坐标系程序段为：

G50 X300.0 Z350.0；

运行 G50 指令程序段并不使刀具运动，只是改变显示屏幕中刀具位置的坐标值，从而在系统中建立工件坐标系。注意用 G50 建立的工件坐标系在重新启动机床后消失。

2.2.6　G54～G59 设置坐标系和 G50 设置坐标系的区别

用 G54～G59 可以调用加工前已经设定好的坐标系，而 G50 需要在程序中设定的坐标系。用了 G54～G59 就没有必要再使用 G50，否则 G54～G59 会被替换。注意：一旦使用了 G50 设定坐标系，再使用 G54～G59 不起任何作用，除非断电重新启动系统，或接着用 G50 设定所需新的工件坐标系。

使用 G50 的程序结束后，若刀具没有回到原对刀点就再次启动程序，则会改变坐标原点位置，易发生事故，所以要慎用 G50。在实际生产中较少使用 G50 指令，多使用 G54～G59 设定工件坐标系。本书例题基本使用 G54～G59 指令设定工件坐标系。

2.2.7　直径编程与半径编程

车床 X 轴坐标值是工件回转圆的截面尺寸，所以 X 坐标有两种表示方法，即直径编程和半径编程。X 指令值采用圆的直径值，称为直径编程，X 指令值采用圆的半径值，称为半径编程。例如，如图 2-14 所示，在工件坐标系中 B 点和 C 点的坐标值如下。

直径编程：B（$X=20.0$，$Z=-10.0$），C（$X=40.0$，$Z=-45.0$）。

半径编程：B（$X=10.0$，$Z=-10.0$），C（$X=20.0$，$Z=-45.0$）。

FANUC 系统半径编程或直径编程由系统参数 1006 号的第 3 位（DIA）选择决定。半径编程时 X 坐标值符合直角坐标系的表示方法，直径编程时 X 坐标值与回转工件直径尺寸一致，不需要尺寸换算。由于图样上都用直径表示轴类零件的径向尺寸，所以车削一般使用直径编程，本书例题都使用直径编程。

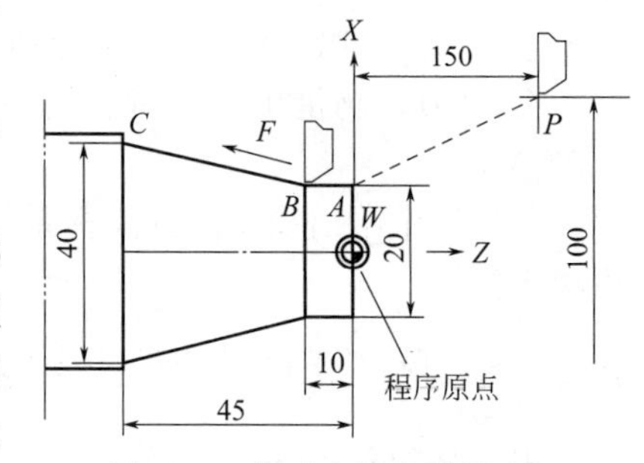

图 2-14　绝对坐标和增量坐标

2.2.8　绝对坐标值与增量坐标值

表示刀具位置的坐标有两种方法，即绝对坐标和增量坐标。绝对坐标值是指相对于坐标系原点的坐标。用地址 X、Z 表示的坐标值为绝对坐标值。

增量坐标值也称相对坐标值，与刀具运动有关，增量坐标值是一个程序段中刀具运动距离，即一个程序段中刀具运动终点相对于起点的增量。用地址 U、W 表示增量坐标值，其中沿 X 轴增量用 U 表示，沿 Z 轴增量用 W 表示。

例如：工件坐标系如图 2-14 所示，刀具从 *P* 点运动到 *A* 点（采用直径编程）。

A 点绝对坐标编程：G00 X20.0 Z0；

A 点增量坐标编程：G00 U-80.0 W-150.0；

在一个程序段中绝对坐标和增量坐标可单独使用，也可以混合使用。如图 2-14 中，刀具从 *B* 点运动到 *C* 点，表示 *C* 点的坐标形式如下。

① *C* 点绝对坐标编程：G01 X40.0 Z-45.0 F200；

② *C* 点增量坐标编程：G01 U20.0 W-35.0 F200；

③ *C* 点 *X* 轴用绝对坐标值，*Z* 轴用增量坐标值的编程：G01 X40.0 W-35.0 F200；

上述三种表示方法效果等同。

2.2.9　指定切削进给速度单位 G98、G99

直线插补（G01）、圆弧插补（G02 G03）等的进给速度是由 F 代码后的数值指令的。进给速度可用两种方式指令。

① 每分进给（G98）。在指定 G98（每分进给方式）后，在 F 后用数值直接指定刀具每分钟的刀具进给量，单位 mm/min。G98 是模态代码，一旦指定 G98，它就一直有效直到指定了 G99（每转进给）。用机床操作面板上的开关可从 0～254%（以 1%为步距）选择每分进给的倍率。

② 每转进给（G99）。在指定了 G99（每转进给方式）后，在 F 之后用数值直接指定主轴每转的刀具进给量，单位 mm/r。G99 是模态代码，一旦指定 G99，它就一直有效直到指定了 G98（每分进给）。用机床操作面板上的开关可从 0～254%（以 1%为步距）选择每转进给的倍率。

2.3　基本编程指令

2.3.1　刀具快速定位指令 G00

G00 指令使刀具从所在点快速移动到目标点，用于使刀具快速定位。程序格式：

```
G00 X(U)_ Z (W)_;
```

程序中不需要指定快速移动速度，程序中的进给率 F 与 G00 不相关，用机床操作面板上的快速移动开关可以调整快速倍率，倍率值为：0、25%、50%、100%。G00 指令可以准确控制刀具到达指定点的定位精度，但不控制刀具移动中轨迹，在程序中用于刀具的空行程，一般用于加工前快速定位或加工后快速退刀。G00 是模态码，可被同组的其他指令 G01、G02、G03 或 G33 功能取代。

例 2-1：如图 2-13 所示，刀具从 *P* 快进到 *A*，分别用绝对坐标方式和增量坐标方式编制程序。

解：

① 工件零点设定在左端面中心处

绝对坐标编程：

```
G54;                设定左端面中心点为程序原点
G00 X30.0 Z100.0;   刀具从 P 快进到 A 点
```

增量坐标编程：

```
G00 U-270.0 W-250.0;                刀具从 P 快进到 A 点
```

② 工件原点设定在右端面中心处

绝对坐标编程：

```
G54;                                设定右端面中心点为程序原点
G00 X30.0 Z0;                       刀具从 P 快进到 A 点
```

增量坐标编程：

```
G00 U-270.0 W-250.0;                刀具从 P 快进到 A 点
```

例 2-2：如图 2-14 所示，工件零点设定在右端面中心处，刀具从 *P* 快进到 *A*，分别用绝对坐标方式和增量坐标方式编制程序。

解：刀具从 *P* 快进到 *A* 点（直径编程）

① 绝对坐标编程：G54 G90 G00 X20.0 Z0;

② 增量坐标编程：G00 U-80.0 W-150.0;

③ *X* 轴绝对坐标编程，*Z* 轴增量坐标编程：G00 X20.0 W-150.0;

上述三种表示方法效果等同。

2.3.2 直线插补指令 G01

G01 指令使刀具以 F 指定的进给速度沿直线移动到指定的位置。程序格式：

```
G01 X(U)_ Z(W)_ F_;
```

G01 可用于刀具沿直线的切削运动。绝对坐标编程采用“X”“Z”，表示刀具运动终点在工件坐标系中的位置。增量坐标编程采用“U”“W”，表示刀具运动终点相对起点的移动距离。“F”码给定刀具沿直线运动的进给速度，“F”是模态码，指定的进给速度一直有效，直到指定新值，因此不必对每个程序段都指定“F”。如果没有指令“F”代码，进给速度被当成 0，刀具不运动。

进给速度的钳制：用 1422 号参数可设定进给速度的上限，如果实际进给速度（用了倍率后）超过指定的上限，就被钳制到上限值。

例 2-3：图 2-15 中零件各表面已完成粗加工，试分别用绝对坐标方式和增量坐标方式编写精车外圆的程序段。走刀路线：*P*→*A*→*B*→*C*→*D*→*E*→*P*。

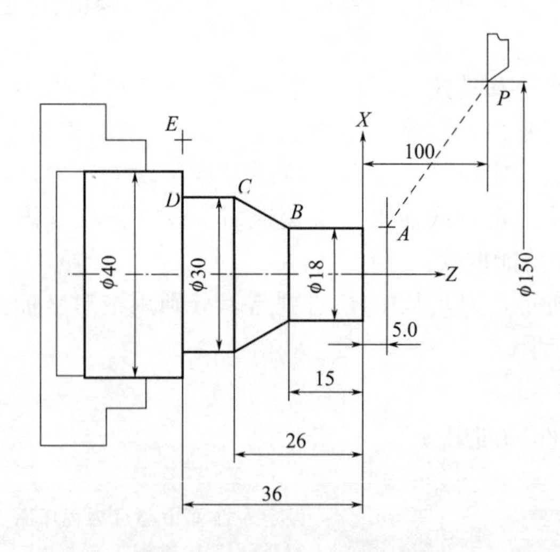

图 2-15　G00、G01 指令练习

解：

① 绝对坐标编程：

```
G54 G00 X150.0 Z100.0;           设定坐标系,快速定位到 P
G00 X18.0 Z5.0;                  快速定位 P→A
G01 X18.0 Z-15.0 F0.2;           切削 A→B,进给速度 200mm/min
G01 X30.0 Z-26 .0;               切削 B→C
G01 Z-36.0;                      切削 C→D
G01 X42.0;                       切出退刀 D→E
G00 X150.0 Z100.0;               快速回到起点 E→P
```

② 增量坐标编程（运动始点 P）：

```
G00 U-132.0 W-95.0;              快速定位 P→A
G01 W-20.0 F0.2;                 切削 A→B,进给速度 200mm/min
G01 U12.0 W-11.0;                切削 B→C
G01 W-10.0;                      切削 C→D
G01 U12.0;                       切削 D→E
G00 U108.0 W136.0;               快速回到起点 E→P
```

③ 绝对坐标和增量坐标混合编程：

```
G54 X150.0 Z100.0;               设定坐标系,快速定位到 P(绝对坐标编程)
G00 X18.0 W-95.0;                快速定位到 A(混合编程)
G01 W-20.0 F0.2;                 切削 A→B,进给速度 200mm/min(增量坐标编程)
G01 X30.0 W-11.0;                切削 B→C(混合编程)
G01 W-10.0;                      切削 C→D
G01 X40.0;                       切削 D→E
G00 X150.0 Z100.0;               快速回到起点 P(绝对坐标)
```

上述三种编程方法效果相同。

例 2-4：如图 2-16 所示工件，试编写车削圆锥面 AB 程序。走刀路线：$P \to A \to B \to P$。

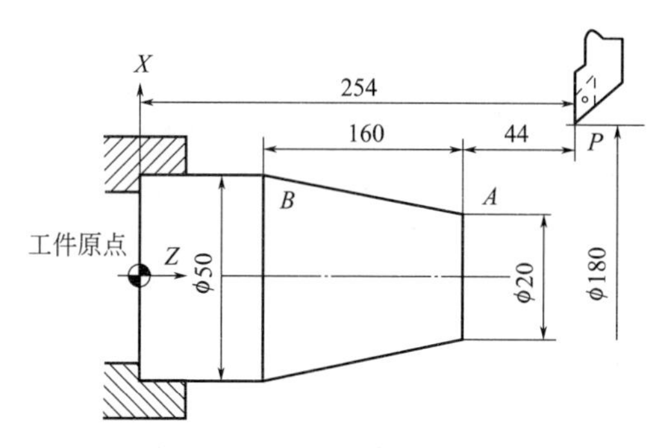

图 2-16　G01 指令编程练习

解：程序如下。

```
O304                             程序名
N10 G50 X180.0 Z254.0;           设定坐标系,工件原点在工件的左端面,如图 2-16 所示
N20 M03 S500;                    启动主轴
N30 G00 X20.0 W-44.0;            定位到 A 点
N40 G01 U30.0 Z50.0 F0.2;        切削 AB
N50 G00 X180.0 Z254.0;           定位到 P 点
N60 M30;                         程序结束
```

2.3.3 圆弧插补指令 G02、G03

指令刀具按顺时针（逆时针）进行圆弧加工用指令 G02（G03）。程序格式：

$\begin{Bmatrix} G02 \\ G03 \end{Bmatrix}$ X(U)_Z(W)_ $\begin{Bmatrix} I\_k\_ \\ R\_ \end{Bmatrix}$ F_;

G02（G03）指令刀具从圆弧起点向圆弧终点进行圆弧插补，沿圆弧的进给速度用 F 指令给定。程序段中各指令含义如下。

G02——顺时针方向圆弧插补（CW）；

G03——逆时针方向圆弧插补（CCW）；

X，*Z*——绝对坐标编程，数值为圆弧终点在工件坐标系中的坐标；

U，*W*——增量坐标编程，数值为圆弧终点相对圆弧起点的位移量；

I，*K*——*X*、*Z* 轴上圆心相对于圆弧起点的增量（圆心的坐标减去圆弧起点的坐标获得的值），注意在直径或半径编程中，*I* 都是半径值；

R——圆弧半径，当圆弧圆心角小于 180°时 *R* 为正值，否则 *R* 为负值，程序段中同时编入 *R* 与 *I*、*K* 时，*R* 有效；

F——沿圆弧轨迹的合成进给速度。

说明如下。

① G02 为顺时针圆弧插补指令，G03 为逆时针圆弧插补指令。圆弧的顺、逆时针方向规定是：朝着与圆弧所在平面垂直的坐标轴的负方向看，刀具沿圆弧顺时针运动为 G02，沿圆弧逆时针运动为 C03。后置刀架车床［图 2-9（b）］刀具在机床上圆弧的顺、逆时针运动方向如图 2-17（a）所示。前置刀架车床［图 2-8（b）］由于 *Y* 轴正向指向纸内，规定观察方向是从纸里向外看确定圆弧的顺、逆时针运动方向，所以正面看如图 2-17（b）所示。为避免出现错误，编程时不用考虑刀架位置，一律按后置刀架［图 2-17（a）］的刀具位置编程，这样不会出错。

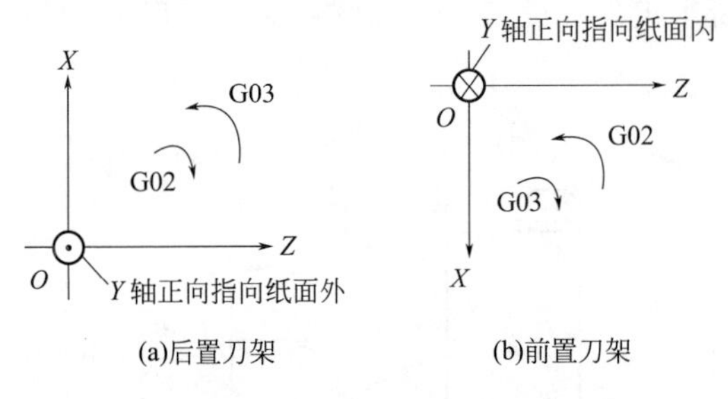

图 2-17　刀具圆弧运动的顺、逆方向

② 采用绝对坐标编程时 *X*、*Z* 为圆弧终点坐标值；采用增量坐标编程时 *U*、*W* 为圆弧终点相对圆弧起点的坐标增量（距离）。

③ *I*、*K* 后面的数值分别是在 *X*、*Z* 轴方向上，圆弧起点到圆心的距离（用半径值表示，与绝对坐标编程和增量坐标编程无关），圆心在起点的正向是正值（+），圆心在起点的负向为负值（−），即 *I*、*K* 为圆弧起点到圆心的矢量分量，如图 2-18 所示（图中 *I*、*K* 都是负值）。*I*、*K* 为零时可以省略。

④ *R* 是圆弧半径，当圆弧所对圆心角为 0°～180°时，*R* 取正值；当圆心角为 180°～360°时，*R* 取负值。

例 2-5：工件如图 2-19 所示，走刀路线为 *P*→*A*→*B*→*C*→*D*，试分别用数据 *R* 和数据 *I*、*K* 编写圆弧程序。

解：

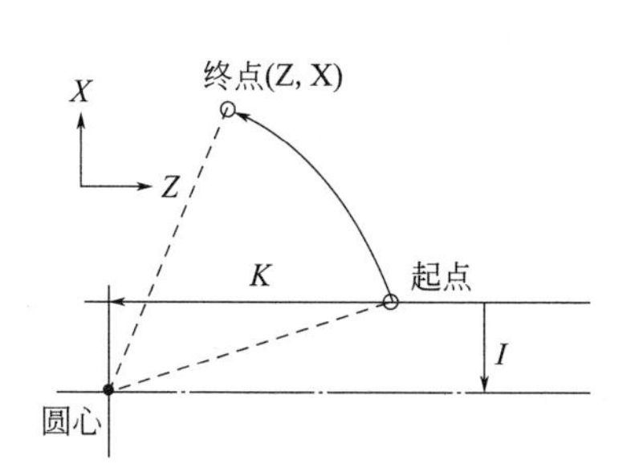

图 2-18 圆弧指令中 I，K 的含义

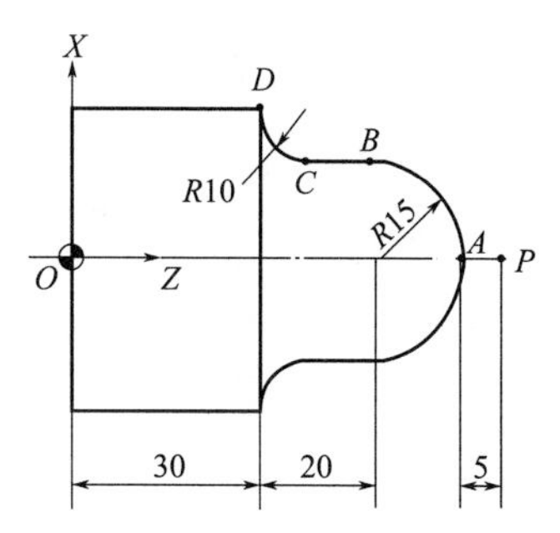

图 2-19 圆弧指令练习

① 用数据 R 编写圆弧程序：

```
N10 G54;                              设定左端面中心点为程序原点
N20 G00 X0 Z70.0;                     快速定位到切入点 P
N30 G01 Z65.0 F0.1;                   切入到 A
N40 G03 X30.0 Z50.0 R15.0 F0.1;       切削弧 AB
N50 G01 Z40.0;                        切削直线 BC
N60 G02 X50.0 Z30.0 R10.0;            切削弧 CD
N70 M02;                              程序结束
```

② 用数据 I、K 编写圆弧程序：

```
N10 G54;                              设定左端面中心点为程序原点
N20 G00 X0 Z70.0;                     快速定位到切入点 P
N30 G01 Z65.0 F0.1;                   切入到 A
N40 G03 X30.0 Z50.0 K-15.0 F0.1;      切削弧 AB(程序中 K=0,可不写)
N50 G01 Z40.0;                        切削直线 BC
N60 G02 X50.0 Z30.0 K10.0;            切削弧 CD(程序中 I=0,可不写)
N70 M02;                              程序结束
```

例 2-6：工件如图 2-20 所示，精车外圆，走刀路线为 $P\rightarrow A\rightarrow B\rightarrow C\rightarrow D\rightarrow E\rightarrow F$，试分别用绝对坐标方式和增量坐标方式编程。

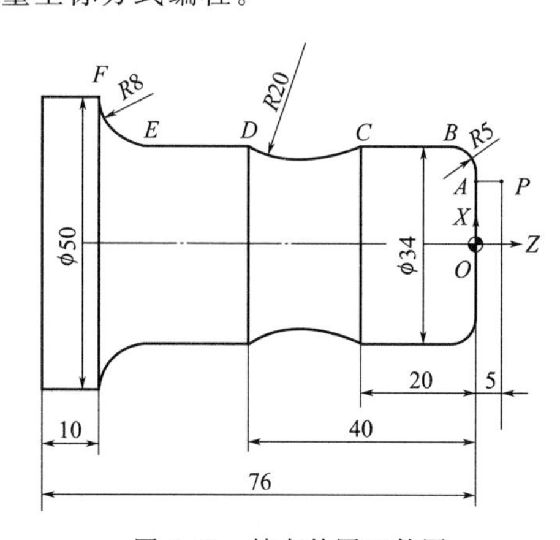

图 2-20 精车外圆工件图

解：精车外圆（走刀一次）程序如下。

① 绝对坐标编程程序：

```
G54                                   设定右端面中心点为程序原点
G00 X24.0 Z5.0;                       快速定位到切入点 P
G01 Z0 F0.1;                          切入到 A
G03 X34.0 Z-5.0 K-5.0(或 R5.0) F0.1;   切削弧 AB
```

```
G01 Z-20.0;                              切削 BC
G02 Z-40.0 R20.0;                        切削弧 CD
G01 Z-58.0;                              切削 DE
G02 X50.0 Z-66.0 I8.0(或 R8.0);          切削弧 EF
M02;                                     程序结束
```

② 增量坐标编程：

```
G54;                                     设定右端面中心点为程序原点
G00 X24 .0 Z5.0;                         快速定位到切入点 P
G01 Z0 F0.1;                             切入到 A
G03 U10.0 W-5.0 K-5.0(或 R5.0) F0.1;     增量坐标编程切削弧 A→B
G01 W-15.0;                              切削 B→C
G02 W-20.0 R20.0;                        切削弧 C→D
G01 W-18.0;                              切削 D→E
G02 U16.0 W-8.0 I8.0(或 R8.0);           切削弧 E→F
M02;                                     程序结束
```

③ 绝对坐标和增量坐标混合编程：

```
G54;                                     设定右端面中心点为程序原点
G00 X24.0 Z5.0                           快速定位到切入点 P;
G01 Z0 F0.1;                             切入到 A
G03 X34.0 W-5.0 K-5.0(或 R5.0)F0.1;      混合编程切削弧 A→B
G01 W-15.0;                              切削 B→C
G02 W-20.0 R20.0;                        切削弧 C→D
G01 W-18.0;                              切削 D→E
G02 X50.0 W-8.0 I8.0(或 R8.0);           切削弧 E→F
M02;                                     程序结束
```

例 2-7：工件如图 2-21 所示，编写精车孔程序。

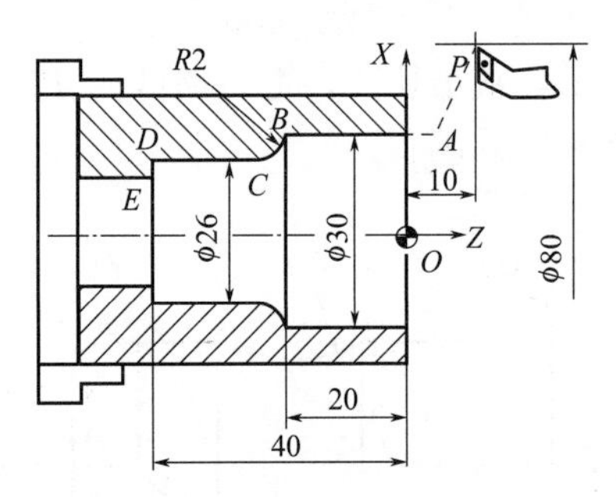

图 2-21　精车孔工件图

解：程序如下。

```
O320                                     程序名
N10 T0101;                               选车刀和刀具补偿
N20 G50 M03 S600;                        选择工件坐标系(原点在右端面),启动主轴
N30 G00 X80.0 Z10.0;                     定位到起始点 P
N40 X30.0 Z3.0;                          定位到切入点 A
N50 G01 Z-20.0 F0.1;                     切削直线 AB
N60 G02 X26.0 Z-22.0 R2.0;               切削圆弧 BC
N70 G01 Z-40.0;                          切削直线 CD
N80 X24.0;                               径向退刀 DE
N90 G00 Z3.0;                            退出工件外
N100 X80 Z10.0;                          返回到始点 P
N110 M30;                                程序结束
```

2.3.4 程序暂停指令 G04

G04 指令用于暂停进给，其指令格式如下。

G04 P_；或 G04 X(U)_；

暂停时间的长短可以通过代码“X（U）”或“P”来指定。其中“P”后面的数字为整数，单位是 ms；“X（U）”后面的数字为带小数点的数，单位为 s。有些机床，“X（U）”后面的数字表示刀具或工件空转的转数。

该指令可以使刀具做短时间的无进给光整加工，在车槽、钻镗孔时使用，也可用于拐角轨迹控制。例如，如图 2-22 所示，用径向进给车削环槽，若径向进给到位后立即退刀，其环槽外形为螺旋面，用暂停指令 G04 可以使工件空转几秒钟，将环形槽外形光整圆，例如欲空转 2.5s 时其程序段为：“G04 X2.5”或“G04 U2.5”或“G04 P2500”。G04 为非模态指令，只在本程序段中才有效。

2.3.5 返回参考点指令

参考点是机床上的固定点，用参数（1240～1243）可在机床坐标系中设定 4 个参考点。返回参考点指令是使刀具移动到该位置，该指令用于回到建立机床坐标系的位置（G28），或用作回到自动换刀点位置（G30）等。

（1）返回到参考点指令（G28、G30）

① 返回第 1 参考点指令 G28，格式如下。

G28 X(U)_ Z(W)_；

第 1 参考点位置由参数 1240 设定。程序段中的“X（U）”“Z（W）”是返回参考点时的中间点坐标，如图 2-22 所示。

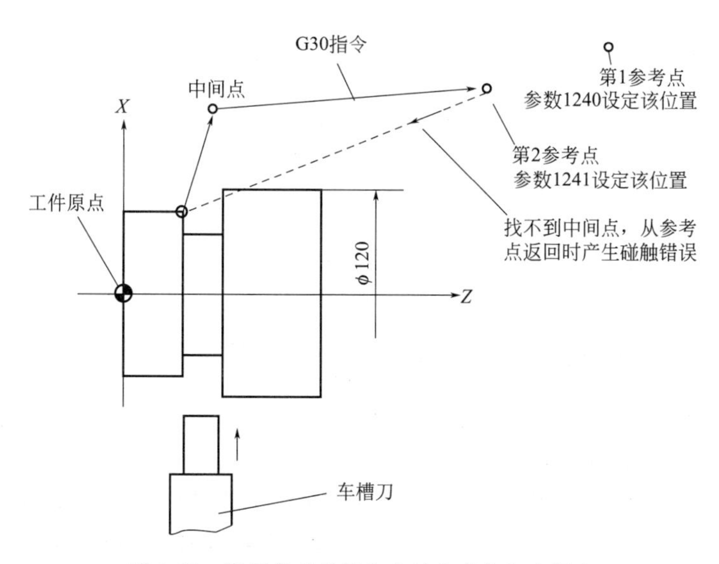

图 2-22　返回参考点指令中的参考点与中间点

② 返回第 2、3、4 参考点指令 G30，格式如下。

G30 P2 X(U)_ Z(W)_；　　返回第 2 参考点(该点位置由参数 1241 设定)，P2 可省略
G30 P3 X(U)_ Z(W)_；　　返回第 3 参考点(该点位置由参数 1242 设定)
G30 P4 X(U)_ Z(W)_；　　返回第 4 参考点(该点位置由参数 1243 设定)

程序段中的“X（U）”“Z（W）”同 G28 指令，是返回参考点时的中间点坐标。

（2）返回参考点检查（G27）

G27 用于检验 X 轴与 Z 轴是否正确返回参考点。指令格式如下。

```
G27 X(U)_ Z(W)_;
```

“X（U）”“Z（W）”为参考点的坐标。执行 G27 指令的前提是机床通电后必须曾经手动返回一次参考点。

（3）从参考点返回（G29）

使刀具由机床参考点经过中间点到达目标点。

指令格式：G29 X_ Z_;

其中，“X”“Z”后面的数值是指刀具的目标点坐标，中间点就是 G28 指令所指定的中间点，刀具经过中间点到达目标点位置。在用 G29 指令之前，必须先用 G28 指令，否则 G29 不知道中间点位置，而发生错误，如图 2-22 所示。

例 2-8： 如图 2-23 所示，刀具运行到 A 点，编程由当前点 A 经过中间点 B 返回到参考点 R，然后再从参考点 R，经由中间点 B，到目标点 C。

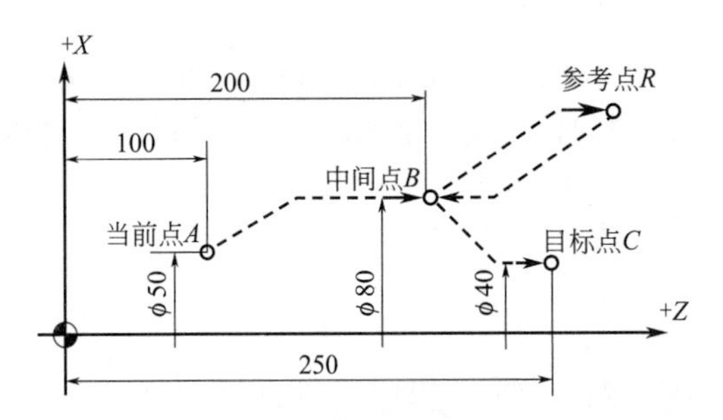

图 2-23 回参考点编程练习

解： 程序如下。

```
O412;                          程序名
N10 G54 T0101;                 选择坐标系,选择 1 号刀
N20 G00 X50.0 Z100.0;          快速移动到 A 点
N30 G28 X80.0 Z200.0;          由 A 点到达中间点 B,再快速到达参考点 R
N40 G29 X40.0 Z250.0;          从参考点 R,经由中间点 B,到达目标点 C
N50 G00 X50.0 Z100.0;          回 A 点
N60 M30;                       程序结束
```

2.3.6 恒表面切削速度控制指令 G96、 G97

主轴回转中在“S”后指定表面速度（刀具与工件间的相对速度）保持恒定，与刀具位置无关，称为恒表面切削速度控制。指令格式如下。

G96 S×××× (恒表面切削速度控制。S 指定值为切削的恒表面切削速度，单位 m/min。)

G50 S×××× (极限主轴转速限定。S 指定值为最大主轴速度，单位 r/min。)

G97 S×××× [取消恒表面切削速度控制。S 指定值为取消恒线速度后，指定的主轴转速（r/min)，如未给出 S 指定值，执行 G96 指令前的主轴转速。]

恒表面切削速度控制指令 G96 是模态代码。指定 G96 指令后程序进入恒表面速度控制方式（G96 方式)，以 S 指定值作为表面速度。在恒表面切削速度控制时，主轴速度若大于“G50 S_ ”(最大主轴转速）中规定的值，就被限定在最大主轴转速。G97 指令取消 G96 方式。

注意：

① 使用恒表面切削速度控制功能，主轴必须能自动变速（如伺服主轴、变频主轴）。

② 为执行恒表面切削速度控制，设定工件坐标系必须使 X 轴（用恒表面切削速度控制的轴）的中心坐标值为 0，如图 2-24 所示。

③ 在指定的快速移动 G00 的程序段中，恒表面切削速度控制不是根据刀具位置的瞬间变化计算表面速度，而是根据该段的终点计算的表面速度实现控制的，因为快速移动时不切削。

例 2-9：零件如图 2-24 所示，已粗车完毕，编写用恒表面切削速度控制功能精车外圆的程序。

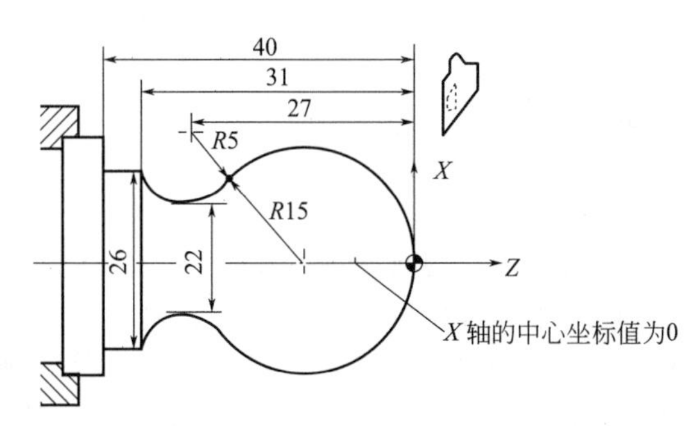

图 2-24　采用恒线速度车削例题

解：程序如下。

```
O528;
N1G54 T0101;                    设立坐标系，选一号刀
N2 G00 X40.0 Z5.0;              移到起始点的位置
N3 M03 S460;                    启动主轴，转速 460r/min
N4 G96 S80;                     恒表面切削速度控制有效，切削速度为 80m/min
N5 G50 S900;                    限定主轴最大转速 900r/min
N6 G00 X0;                      刀定位到中心，转速升高，直到主轴到最大限速 900r/min
N7 G01 Z0 F60.0;                工进接触工件
N8 G03 U24.0 W-24.0 R15.0;      车“R15”圆弧段
N9 G02 X26.0 Z-31.0 R5.0;       车“R5”圆弧段
N10 G01 Z-40.0;                 车“φ26”外圆
N11 X40.0 Z5.0;                 回对刀点
N12 G97 S300;                   取消恒表面切削速度控制功能，设定主轴按 300r/min 旋转
N13 M30;                        主轴停，主程序结束并复位
```

2.4　刀具补偿指令

2.4.1　刀具补偿概念

刀具偏置指实际刀具和编程中的假想刀具（通常称为基准刀具）的偏差，如图 2-25 所示。编程时用假想刀具的位置编程，加工时通过刀具补偿功能，补偿实际刀具与假想刀具的位置差，确保加工中不出现偏差。

刀具补偿功能分为刀具偏置补偿和刀具半径补偿。刀具偏置补偿是刀具位置的补偿，包括刀具几何补偿和刀具磨损补偿，如图 2-26 所示。刀具偏置补偿由刀具的 T 代码指定，刀具的半径补偿由 G40、G41、G42 指定。

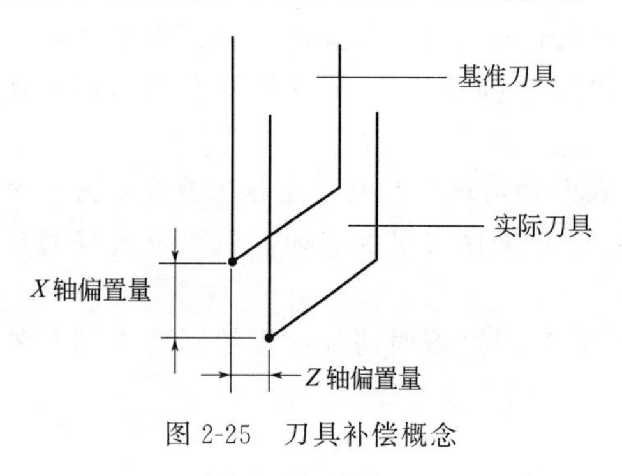

图 2-25　刀具补偿概念

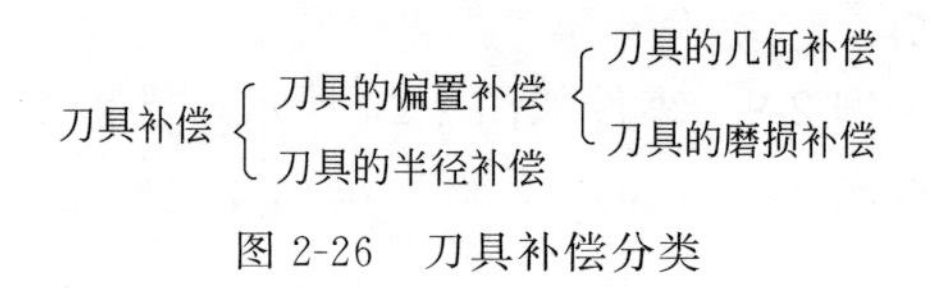

图 2-26　刀具补偿分类

2.4.2　刀具偏置补偿

（1）刀具偏置补偿概念

刀具偏置补偿等于刀具几何补偿与刀具磨损补偿之和，分述如下。

①刀具几何补偿。数控程序中刀具位置是一个点，刀具上代表刀具位置的点称为刀位点，例如车刀的刀位点是刀尖，钻头的刀位点是顶点等。车床编程轨迹是车刀刀尖（刀位点）的运动轨迹，编程时并不知道刀尖位置，通常以刀架中心点代替刀尖位置编程，显然刀具装夹后刀尖点相对于刀架中心有位置偏移，如图 2-27 所示，由 *X* 轴偏移值和 *Z* 轴偏移值组成，这一位置偏移称为刀具的几何偏置。刀具几何补偿存储页面如图 2-28 所示，图中“X”对应 *X* 轴几何偏移值；“Z”对应 *Z* 轴几何偏移值，在该页面上存储刀具几何补偿值。

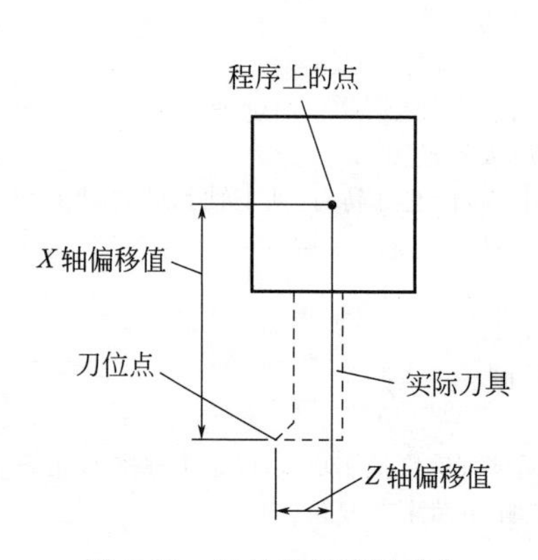

图 2-27　刀具几何偏置概念

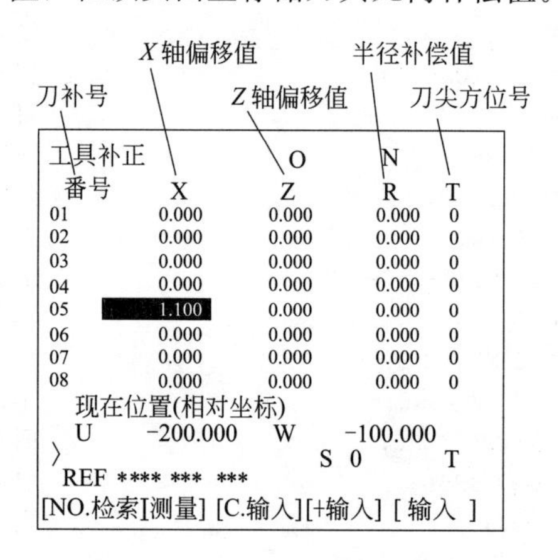

图 2-28　刀具几何补偿存储页面

编程时用刀架中心位置代替刀尖编程，不考虑实际刀具的刀尖位置，以简化编程的工作量。加工前在数控系统中设定各刀具偏置值，加工中通过程序指令对刀具偏置进行补偿。

② 刀具磨损补偿。刀具使用中的磨损，也会产生刀尖的位置偏置，如图 2-29 所示。刀尖的位置偏移由 *X* 轴磨损偏移值和 *Z* 轴磨损偏移值组成。刀具磨损补偿存储页面如图 2-30 所示，图中“X”对应 *X* 轴磨损偏移值；“Z”对应 *Z* 轴磨损偏移值，在该页面上存储刀具磨损补偿值。

一把刀具的偏置补偿是其几何补偿与磨损补偿之和，即图 2-28 中数据与图 2-30 中数据的和。

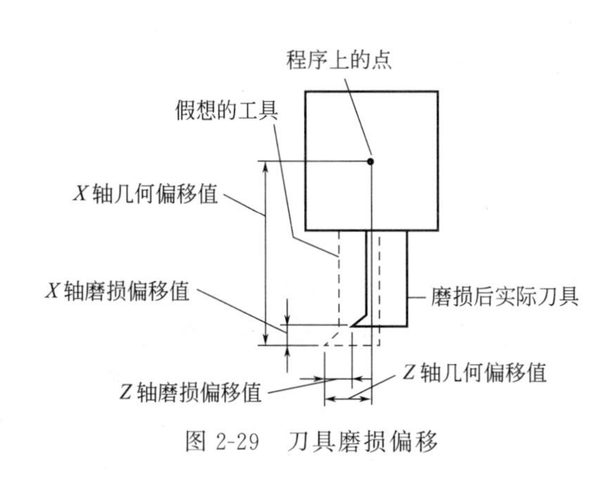

图 2-29　刀具磨损偏移

刀补号　X轴磨损偏移值　Z轴磨损偏移值

工具补正/磨耗　　O　　N

番号	X	Z	R	T
01	0.000	0.000	0.000	0
02	0.000	0.000	0.000	0
03	0.000	0.000	0.000	0
04	0.000	0.000	0.000	0
05	0.000	0.000	0.000	0
06	0.000	0.000	0.000	0
07	0.000	0.000	0.000	0
08	0.000	0.000	0.000	0

现在位置(相对坐标)
U　−200.000　W　−100.000
〉　S　0　T
REF　****　***　***
[磨耗] [形状] [SETTING[坐标系] [(操作)]

图 2-30　刀具磨损补偿存储页面

（2）刀具的偏置补偿指令

FANUC T 系统中刀具补偿由 T 代码指定，程序格式为：“T”加 4 位数字，数字的前两位是刀具号，后两位是补偿号，即：

T×× ××
　　└─ 补偿号
└─ 刀具号

刀具号用于指定所用刀具。补偿号是存储刀具补偿值的地址，用于存储刀具的位置补偿值和刀尖半径补偿值。在图 2-28 和图 2-30 所示页面中标注的番号就是补偿号。同一补偿号（番号）的几何补偿与磨损补偿分别存储在图 2-28 和图 2-30 所示页面，一个补偿号的偏置补偿是其几何补偿与磨损补偿之和。

程序中代码“T××”加补偿号表示开始补偿。补偿号“00”表示补偿值为 0，即取消补偿功能。补偿号可以和刀具号相同，也可以不同，即一把刀具可以对应多个补偿号（值）。例如下述程序先建立刀具偏置补偿，后取消刀具偏置补偿。

程序如下

```
T0203;                          选 02 号刀具,开始刀具偏置补偿(调用补偿号 03 中的偏置值)
G01 X50.0 Z100.0;
Z200.0;
X100.0 Z250.0 T0200;            取消 02 号刀具偏置补偿(补偿号 00 为取消补偿)
M30;
```

（3）刀具的偏置补偿应用

对刀时设定某一把刀为标准刀具，并以标准刀具刀尖位置 A 为依据建立工件坐标系。当其余各非标准刀具转到工作位置时，刀尖位置 B 相对标准刀刀尖位置 A 就会出现偏置 Δx、Δz，如图 2-31 所示。用偏置值 Δx、Δz 对刀具进行补偿，使非标准刀具的刀尖位置由 B 移至位置 A，称为刀具偏置补偿。标准刀偏置值为机床回到机床原点时，工件原点相对于工作位上标准刀刀位点的有向距离。建立刀具补偿后要取消刀具补偿，下述程序中采用刀具偏置补偿，程序如下。

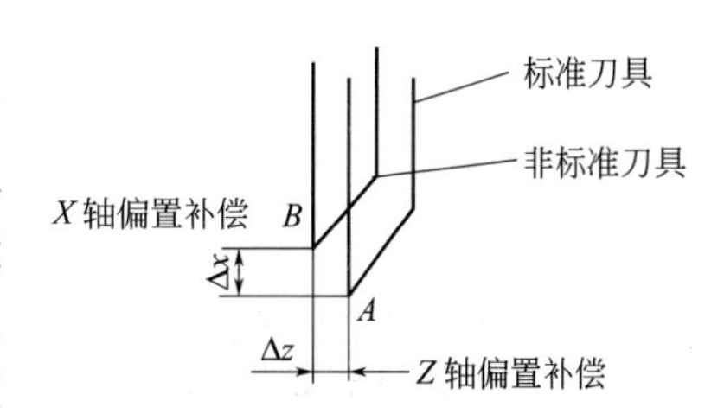

图 2-31　刀具的相对偏置补偿

```
O5432;
G54 G90 G00 X_ Z_;              程序中需要设定工件坐标系
T0101;                          选 01 号刀,调用补偿号 01 中存储的偏置值开始刀具偏置补偿
```

```
…
T0100;                      取消 01 号刀的刀具偏置补偿
T0202;                      选 02 号刀，建立刀具偏置补偿
…
T0200;                      取消 02 号刀的刀具偏置补偿
…
```

设置刀具偏置补偿值操作方法参见本书 4.5.3 节。

(4) 刀具磨损补偿

刀具使用一段时间后磨损，也会使产品尺寸产生误差，因此需要对其进行补偿。磨损补偿值存在同一个补偿号中，如图 2-30 所示。磨损补偿也常用于调整加工余量。

例如，在粗加工时，将“X”输入“0.4”(0.4mm 作为精加工的余量，注意“X”正值是刀尖离开工件方向)，工件粗加工后，实测工件值大于图样尺寸 0.38mm，则相应刀具磨损量为：0.40－0.38＝0.02，在图 2-30 中的“X”下输入“0.02”，自动加工后即可保证工件尺寸。长度出现偏差也可以用刀具磨损量补偿，修改图 2-30 中的“Z”值即可。

2.4.3 刀具半径补偿

(1) 刀具半径补偿用途

编程时常用车刀的刀尖代表刀具的位置，数控车床总是按刀尖对刀，称刀尖为刀位点。为了提高刀具的使用寿命和降低加工工件的表面粗糙度，通常将刀尖磨成半径不大的圆弧（一般圆弧半径 R 在 0.2～1.6mm 之间，球头车刀可达 4mm)，这样实际上刀尖不是一个点，而是一段圆弧，如图 2-32 中的刀尖圆弧半径为 r。由于车刀的刀尖点并不存在，所以称为假想刀尖。为方便操作采用假想刀尖对刀，用假想刀尖为刀位点确定刀具位置，程序中的刀具轨迹就是假想刀尖的轨迹。在加工圆锥面和圆弧面时由于刀尖圆弧的影响，会产生了过切或少切误差，如图 2-32 中画斜线部分，造成实际的刀具轨迹偏离编程轨迹，进而影响到零件的加工精度。采用刀具半径补偿可以改变刀尖圆弧中心的轨迹，如图 2-32 中虚线所示部分，实现相应误差的补偿。

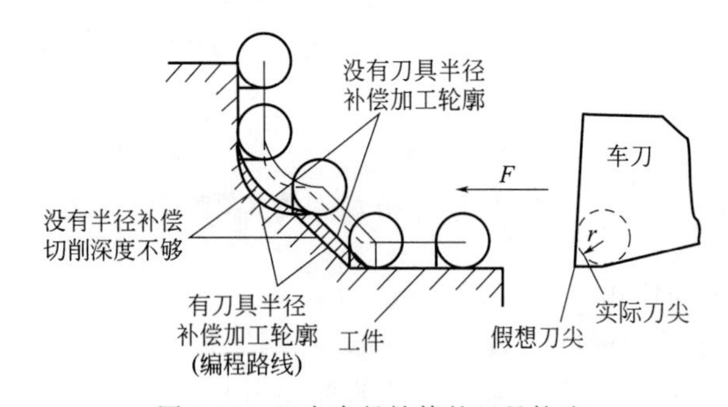

图 2-32　刀尖半径补偿的刀具轨迹

(2) 刀具半径补偿指令

刀具半径补偿程序段格式：

$$\begin{Bmatrix} G41 \\ G42 \\ G40 \end{Bmatrix} \begin{Bmatrix} G00 \\ G01 \end{Bmatrix} X\_\ Z\_ ;$$

程序段中：G41 为左补偿，在刀具前进方向左侧补偿，如图 2-33 所示；G42 为右补偿，在刀具前进方向右侧补偿，如图 2-33 所示；G40 为取消刀具半径补偿；Z、X 为 G00/G01 的参数，建立刀补或取消刀补程序段轨迹的终点。

G40、G41、G42 都是模态代码，可相互注销。

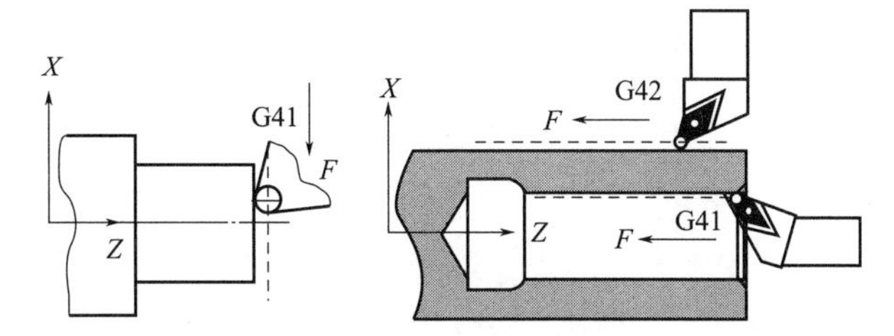

图 2-33　车刀刀尖圆弧半径补偿指令 G41、G42

（3）刀具半径补偿的半径值

G41、G42 程序段中没有半径参数，补偿的半径值存储在刀补号中（T 代码的后两位数），在车床刀具补偿设定的界面中（图 2-28），参数 R 下存储的是半径补偿值。

在该界面上输入刀补数据的操作步骤如下。

a. 光标键移动蓝色亮条到要编辑的选项。

b. 按“Enter”键，蓝色亮条所指刀具数据的颜色和背景都发生变化，同时有一光标在闪烁。

c. 编辑、修改数据。

d. 修改完毕，按“Enter”键确认。

e. 若输入正确，显示界面相应位置将显示修改过的值，否则原值不变。

（4）刀具半径补偿的刀尖方位号

在车床刀具补偿设定的屏面中（图 2-28），每个刀补号包括刀具位置补偿（X、Z）、刀尖半径补偿（R）、假想刀尖方位序号（T），即除了输入刀具位置、刀头圆角半径外，还应输入假想刀尖相对于刀尖圆弧中心的位置。这是因为内、外圆车刀或左、右偏刀的刀尖位置不同，刀具半径补偿需要给定车刀的刀尖方位，用刀尖方位号定义刀具起始位置与工件间的位置关系，同时定义刀具上刀位点与刀尖圆弧中心的位置关系。车刀刀尖方位用 0～9 共十个数字表示，如图 2-34 所示，其中 1～8 表示在 XZ 面上车刀刀尖的位置；0、9 表示在 XY 面上车刀刀尖的位置。G41、G42 程序段中不出现刀尖方位号，刀尖方位号存储在刀补号中，即图 2-28 页面中的参数“T”中。

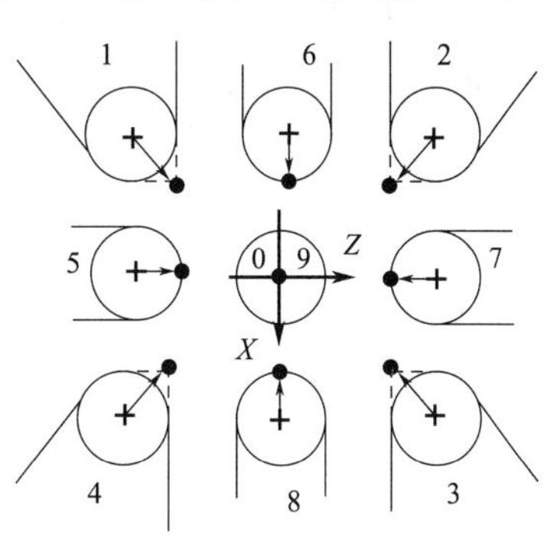

图 2-34　车刀刀尖方位定义

（5）建立刀具半径补偿程序段要求

建立刀具半径补偿程序段必须是直线运动段，即 G41、G42 指令必须与 G00 或 G01 直线运动指令组合，不允许在圆弧轨迹的程序段中建立半径补偿。

在程序中应用了 G41、G42 指令后，必须用 G40 取消补偿，以免重复进行半径补偿产生错误，因此，程序中 G41（或 G42）应与 G40 成对出现。

例 2-10： 图 2-35 所示轴件，已经粗车外圆完毕，要求使用刀具补偿编写精车外圆程序。

解： 使用刀具补偿，精车外圆程序。

程序如下。

```
G54 X100.0 Z80.0;          设定工件原点在右端面，定位到程序始点
T0102 S500 M03;            换刀，建立刀具偏置补偿（刀补号 02）
G00 X100.0 Z80.0;          定位到程序始点
G00 G42 X30.0 Z5.0;        建立刀具半径右补偿（R、T 存在刀补号 02 中）
G01 Z-30.0 F0.15;          车“φ30”外圆
```

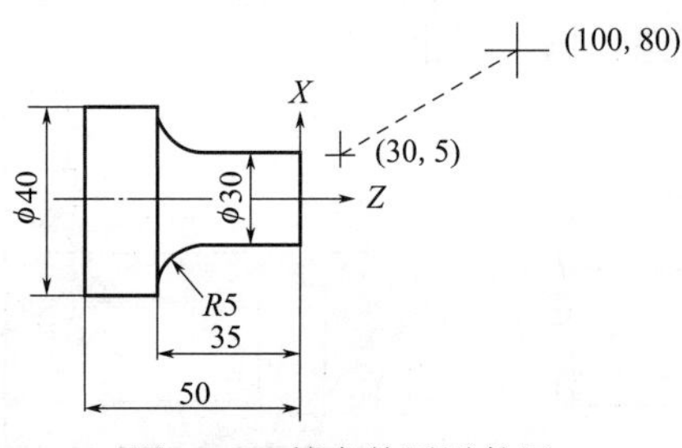

图 2-35　精车外圆零件图

```
G02 X40.0 Z-35.0 R5.0;        车"R5"圆弧面
G01 Z-55.0;                   车"ϕ40"外圆
X45.0;                        退刀
G00 G40 X100.0 Z80.0;         取消刀尖半径补偿,回到程序始点
M30;                          程序结束
```

2.5　循环加工指令

切削循环是用一个含 G 代码的程序段完成几段走刀路线。循环指令可以简化程序，车削循环指令分为固定循环和多重复合循环。固定循环用于完成对加工表面的一次切削，多重复合循环能完成对工件某一加工面多次循环切削。

2.5.1　外圆、内径车削固定循环指令 G90

外圆、内径车削固定循环指令 G90 包括直线切削循环和锥形切削循环。

（1）直线切削循环 G90

车削一次圆柱面，走刀轨迹：*A*→*B*→*C*→*D*→*A*，如图 2-36 所示，4 段路线为：①*AB* 段，刀具由循环起点快速进刀到切削起点（G00）；②*BC* 段，按给定进给速度切削外圆到切削终点（G01）；③*CD* 段，切削退刀（G01）；④*DA* 段，快速返回到循环起点(G00)。从而完成一次切削外圆。用固定循环 G90 指令可以完成这 4 段走刀路线。

直线切削循环程序段格式：`G90 X(U)_ Z(W)_ F_;`

程序段中，*X*，*Z* 为绝对坐标编程时表示切削终点 *C* 的坐标值；*U*，*W* 为增量坐标编程时表示切削终点 *C* 相对循环起点的相对坐标值。

由于“X（U）”“Z（W）”和“R”的数值在固定循环期间是模态的，如果没有重新指令“X（U）”“Z（W）”或“R”，则原来指定的数据有效。当 *Z* 轴移动量没有变化时只要对 *X* 轴指定移动指令，就可以重复固定循环，如图 2-37 所示。当指令了除 G04 以外的非模态 G 代码或指令了 01 组中除 G90、G92、G94 以外的其他 G 代码时这些数据就被清除。

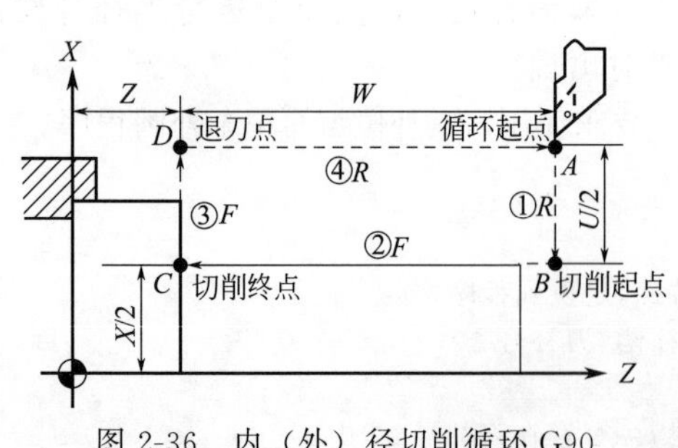

图 2-36　内（外）径切削循环 G90
R—快速移动；*F*—以指定速度 *F* 移动

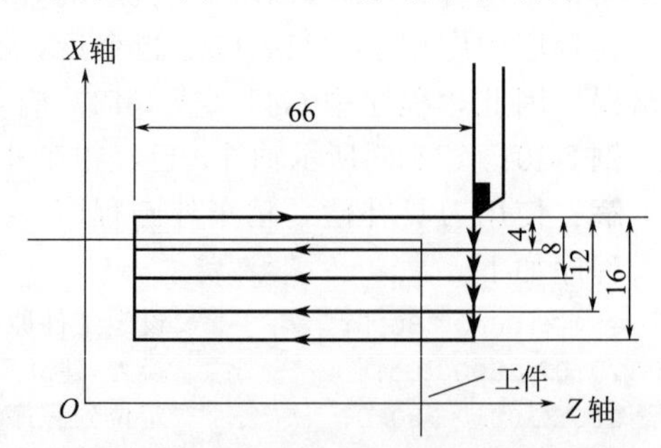

图 2-37　内（外）径切削循环 G90

图 2-37 中的车削固定循环程序如下。

```
N030 G90 U-8.0 W-66.0 F0.4; 直线切削循环第 1 次车削
N031 U-16.0;                第 2 次车削
N032 U-24.0;                第 3 次车削
N033 U-32.0;                第 4 次车削
```

例 2-11： 如图 2-38 所示，毛坯为 ϕ30mm 圆钢，用外圆切削循环指令编程，切削 ϕ20mm 外圆。

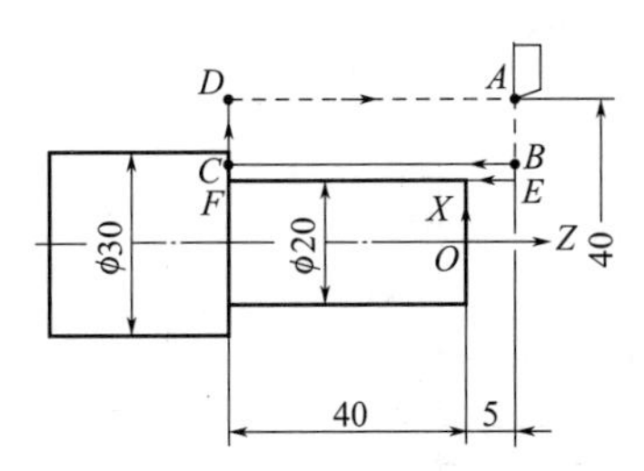

图 2-38　G90 指令切削外圆柱面

解： 用 G90 指令编程，车削圆柱面。切削 2 次，每次切削深度 2.5mm。

程序如下。

```
N05 G54;                    设定右端面中心点为程序原点
N10 G00 X40.0 Z5.0;         快速定位到循环始点 A
N20 G90 X25.0 Z-40.0 F0.15; 第 1 次车削,循环路线 A→B→C→D→A
N30 X20.0;                  第 2 次车削,循环路线 A→E→F→D→A
N40 G00 …;                  其他程序段
```

注意： G90 是属于 01 组的模态码，所以在 N30 程序段中仍有效，执行外圆切削循环加工，在 N40 段中 01 组的 G00 指令取消循环 G90 指令。

（2）锥形切削循环 G90

锥形切削循环是车削一次圆锥面，走刀轨迹如图 2-39 所示，$A \to B \to C \to D \to A$。

程序段格式：G90 X(U)_ Z(W)_ R_ F_;

程序段中，X、Z 为绝对坐标编程时表示切削终点 C 的坐标值；U，W 为增量坐标编程时表示切削终点 C 相对循环起点的相对坐标值；R 为切削起点 B 与切削终点 C 的半径差。其符号为差的符号（无论是绝对值编程还是增量值编程）。

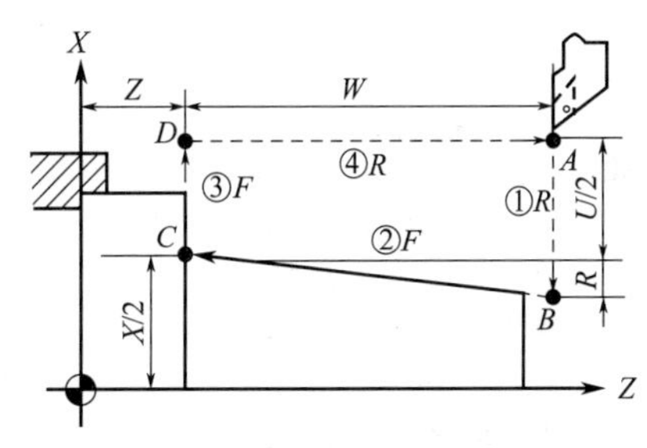

图 2-39　锥形切削循环

在增量编程中地址“U”“W”和“R”后的数值的符号与刀具轨迹之间的关系如图 2-40 所示。

例 2-12： 如图 2-41 所示，粗、精加工简单圆锥零件，用 G90 指令编程。双点画线代表坯件。

解： 程序如下。

```
O3353
N5 G54 X100.0 Z80.0;          设定工件原点在右端面,定位到程序始点
N10 T0101;                    换刀 T0101
N20 G00 X100. Z40. M03 S460;  定位到程序始点(工件原点在右端面中心)
N30 G00 X40. Z5.;             定位到循环起点
N40 G90 X31. Z-50. R-2.2 F100; 粗车圆锥面
N50 G00 X100. Z40.;           回到程序始点
```

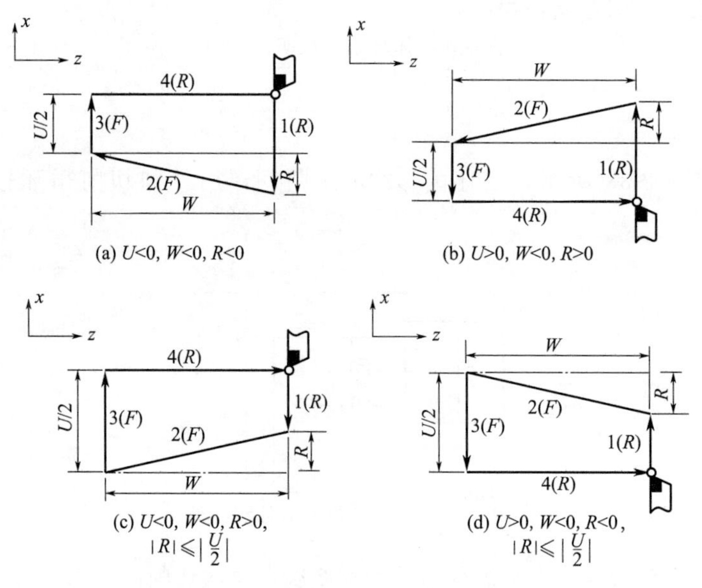

图 2-40 锥形切削循环 G90 中 U 、W 和 R

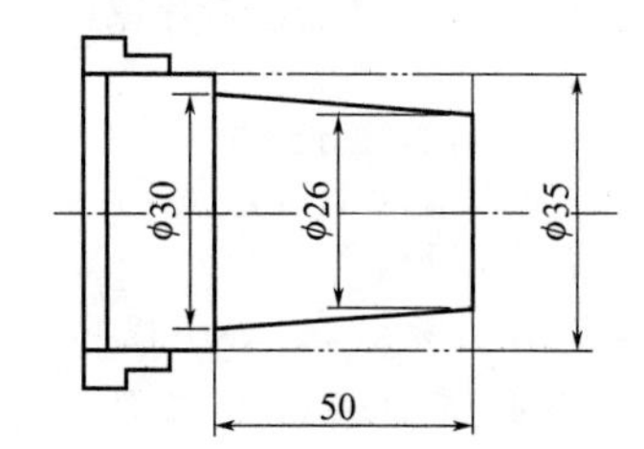

图 2-41 G90 指令切削外圆锥面

```
N60 T0202;                         换刀 T0202
N70 G00 X40. Z5.;                  定位到循环起点
N80 G90 X30. Z-50. R-2.2 F80;      精车圆锥面
N90 G00 X100. Z80.;                回到程序始点
N100 M05;                          主轴停转
N110 M30;                          程序结束
```

例 2-13：零件如图 2-42 所示，双点画线为工件毛坯，编写粗、精车外圆和锥面的程序。

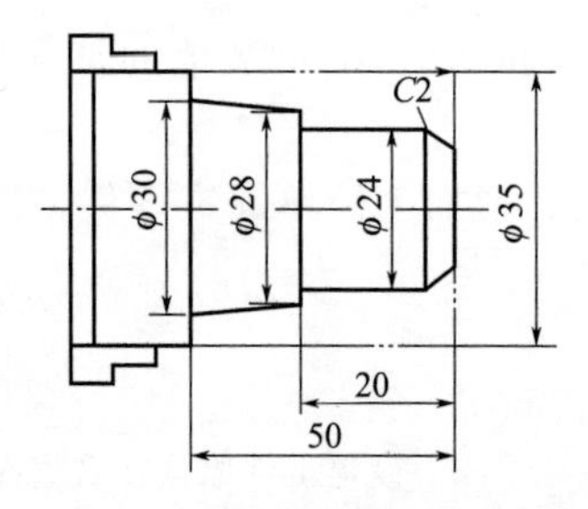

图 2-42 粗、精车外圆和锥面

解：程序如下。

```
O4132;
N10 T0101;                         换刀 T0101
```

```
N20 M03 S460;               启动主轴,转速 460r/min
N30 G00 X100. Z40.;         定位到程序始点
N40 X40. Z3.;               定位到循环起点
N50 G90 X31. Z-50. F100;    粗车圆柱面,到尺寸 φ31mm×50mm
N60 G90 X25. Z-20.;         粗车"φ24"圆柱面,到尺寸 φ25mm×20mm
N70 G90 X29. Z-4. I-7. F100;  粗车"φ28"圆锥面,到尺寸 φ29mm
N80 G00 X100. Z40.;         回到程序始点
N90 T0202;                  换刀 T0202
N100 G00 X100. Z40.;        定位到程序始点
N110 G00 X14. Z3.;          定位到精车始点
N120 G01 X24. Z-2. F80;     倒角"C2"
N130 Z-20.;                 精车"φ24"圆柱面
N140 X28.;                  车台阶面
N150 X30. Z-50.;            精车"φ28"圆锥面
N160 G00 X36.;              快速退刀
N170 X100. Z40.;            回到程序始点
N180 M30;                   程序结束
```

2.5.2 端面车削循环指令 G94

端面车削循环 G94 包括平端面切削循环和锥面切削循环。

（1）平端面切削循环 G94

用 G94 指令切削一次端平面，走刀轨迹如图 2-43 所示，即 $A\to B\to C\to D\to A$。4 段路线为：①AB 段，刀具由循环起点始快速进刀到切削起点；②BC 段，按给定进给速度切削端面到切削终点；③CD 段，工进退刀；④DA 段，快速返回到循环起点。从而完成一次切削端面。用 G94 指令完成这 4 段走刀路线。

程序段格式：G94 X(U)_ Z(W)_ F_;

程序段中，X，Z 为绝对坐标编程时表示切削终点 C 的坐标值；U，W 为增量坐标编程时表示切削终点 C 相对循环起点的相对坐标值。

（2）锥面切削循环 G94

用 G94 指令切削一次圆锥端面，走刀轨迹如图 2-44 所示，即 $A\to B\to C\to D\to A$。

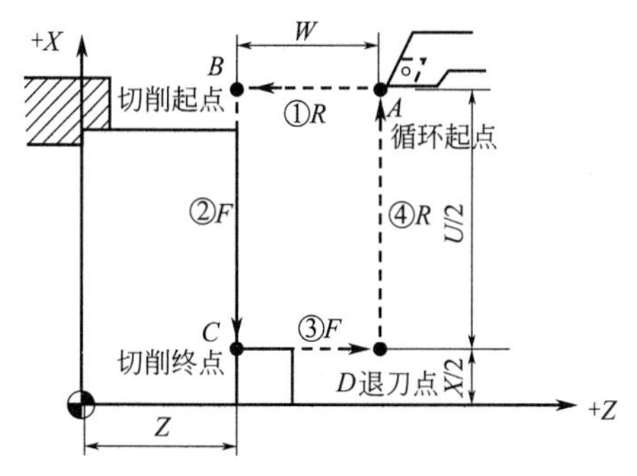

图 2-43 平端面切削循环 G94

X，Z—绝对坐标值；U，W—相对坐标值；R—快速移动；F—以指定速度 F 移动

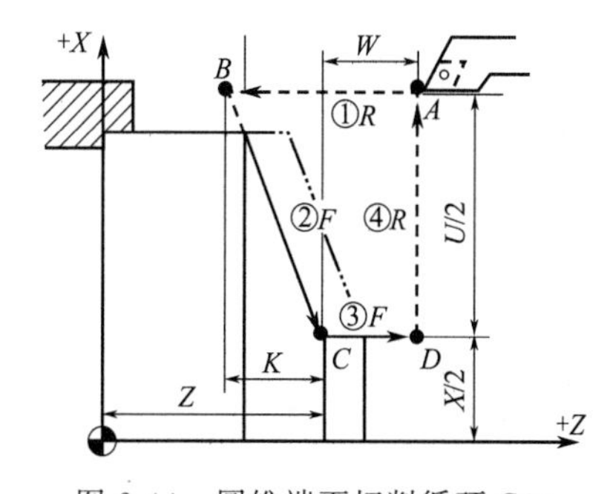

图 2-44 圆锥端面切削循环 G94

程序段格式：G94 X(U)_ Z(W)_ R_ F_;

程序段中，X，Z 为绝对坐标编程时表示切削终点 C 的坐标值；U，W 为增量坐标编程时表示切削终点 C 相对循环起点的相对坐标值，符号如图 2-45 所示；R 为切削起点 B

相对于切削终点 C 的 Z 轴方向的有向距离，符号如图 2-45 所示。

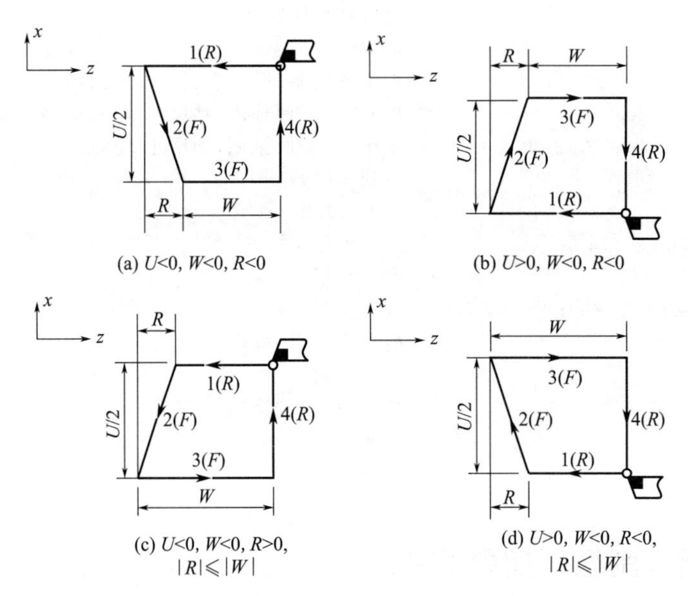

图 2-45　锥面切削循环 G94 中 U 、W 和 R

例 2-14： 零件如图 2-46（a）所示，双点画线为工件毛坯，编写切削工件圆锥端面程序。

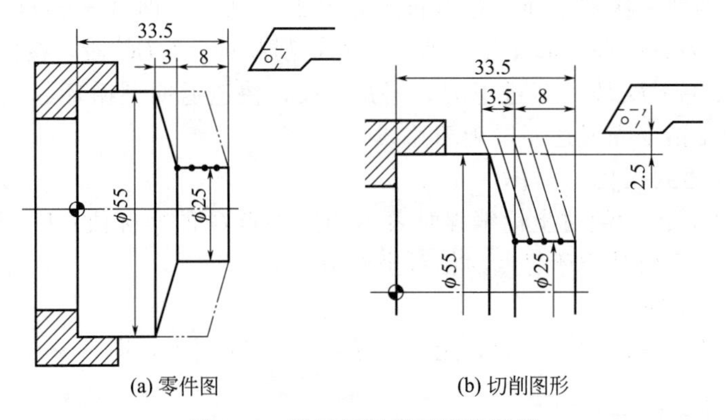

图 2-46　锥面切削循环编程例题

解： 程序如下。

```
O3543;
N10 T0101;                                选一号刀
N20 G00 X60.0 Z45.0;                      快速定位到循环起点
N30 M03 S460;                             主轴正转
N40 G94 X25.0 Z33.5 R-3.5 F100;           切削起点距工件外圆 2.5mm,故"R"值为-3.5,如图 2-46(b)所示
N45 Z31.5;                                每次吃刀均为 2mm
N50 Z29.5;
N60 Z27.5;
N70 Z25.5;                                第 5 次循环切削,吃刀深 2mm
N80 G00 M05;                              取消切削循环,主轴停
N90 M30;                                  主程序结束
```

2.5.3　外圆粗车多重循环指令 G71

固定循环只完成对加工表面的一次切削，多重循环指令能进行多次循环切削，在多重

循环指令的程序中只需写出工件精加工的形状数据，系统自动生成多次粗加工切削轨迹。

（1）粗车多重循环 G71

粗车多重循环指令 G71 完成的切削图形如图 2-47 所示，刀具路线是从 A 到 A'，再到 B 的精加工形状，在指定的区域每次进刀切去 Δd（切深），精车余量为 $\Delta u/2$ 和 Δw。

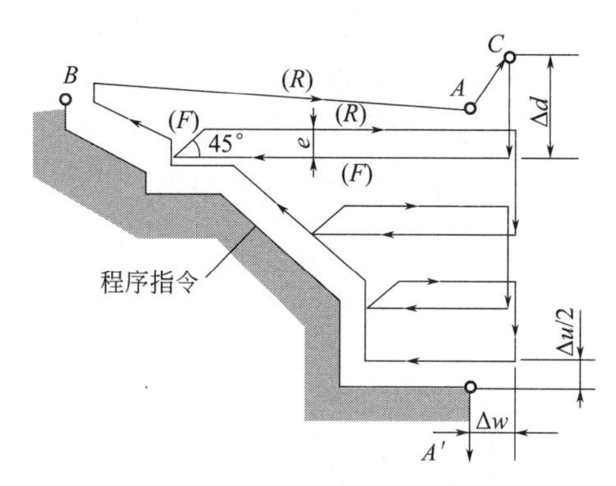

图 2-47　外圆粗加工多重循环 G71

（F）—切削进给；（R）—快速移动

程序格式：G71 U(Δd) R(e)；

G71 P(n_s) Q(n_f) U(Δu) W(Δw) F(f) S(s) T(t)；

其中　Δd——每次切削深度（半径值），无正负号；

e——每次循环后的退刀量（半径值），无正负号；

n_s——精加工程序第一个程序段的段顺序号；

n_f——精加工程序最后一个程序段的段顺序号，从 n_s 到 n_f 程序段为精车路线，即工件精加工的形状数据；

Δu——X 方向的精加工余量，直径值；

Δw——Z 方向的精加工余量；

f，s，t——粗加工时 G71 中编程的 F、S、T 有效，精加工时处于 n_s 到 n_f 程序段之间的 f、s、t 有效，如果没设定，则精加工时按照 G71 中编程 F、S、T 执行。

（2）G71 多重循环功能

① G71 多重循环粗车切削沿平行 Z 轴方向进行，如图 2-47 所示，图中 A 点为循环起点，A'点为精车始点，B 点为精车终点，段顺序号 n_s 至 n_f 之间的程序段是精车路线，即工件精加工的形状数据。

② G71 多重循环切除棒料毛坯大部分加工余量，经过 G71 多重循环切削后，工件尚留有精车余量，即 Δu、Δw。

（3）编程要点

G71 多重循环编程，如图 2-47 所示，要确定图中的循环切削换刀点、循环始点 C、精车始点 A'和切削终点 B 的位置坐标。循环始点 C 的 X、Z 坐标均应位于毛坯尺寸之外。为节省数控机床的辅助工作时间，从换刀点至循环始点 C 使用 G00 快速定位指令，

G71 指令程序段中有两个代码“U”，前一个表示背吃刀量，后一个表示 X 方向的精车余量。在程序段中有“P”“Q”代码，则代码“U”表示 X 方向的精加工余量，反之表示背吃刀量。背吃刀量无负值。

2.5.4　精车循环指令 G70

工件经 G71、G72 或 G73 指令粗车后，尚留有精加工余量 Δu、Δw，如图 2-47 所示，

用 G70 精车循环，可切除精车余量 Δu、Δw，实现精加工。精车循环 G70 程序格式：

程序格式：G70 P(n_s) Q(n_f)；

程序段中　n_s——精加工程序第一个程序段的顺序号；

n_f——精加工程序最后一个程序段的顺序号。

执行精车 G70 时在 G71、G72、G73 程序段中规定的 F、S 和 T 功能无效，n_s 和 n_f 之间指定的 F、S 和 T 有效。当 G70 循环加工结束时刀具返回到起点并读下一个程序段。G70 G71、G72、G73 中 n_s 到 n_f 间的程序段不能调用子程序

例 2-15：零件如图 2-48 所示，毛坯为 ϕ40mm 圆钢，用车削循环指令编程，粗、精车加工。

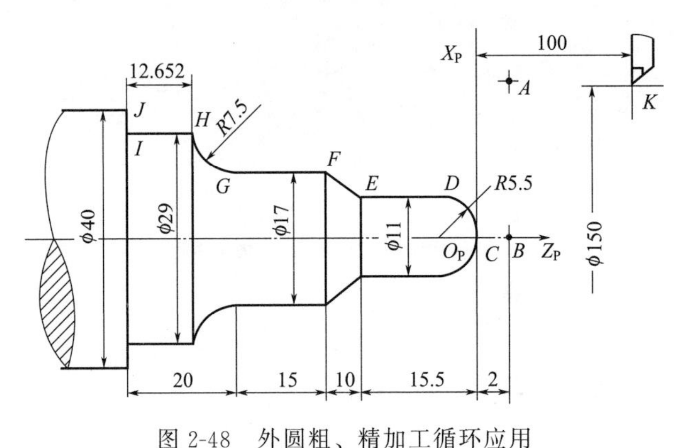

图 2-48　外圆粗、精加工循环应用

解：用 G71、G70 指令粗车和精车外圆程序。

车削程序如下。

```
N005 G54                                   设定工件右端面中心点为程序原点
N010 G00 X150.0 Z100.0 S800 M03 T0202;     快速定位到程序始点 K
N020 G00 X41.0 Z2.0.;                      快速定位到循环始点 A
N030 G71 U2.0 R 1.0;                       粗车循环
N040 G71 P50 Q120 U0.5 W0.2 F0.2;          粗车循环
N050 G00 X0;                               定位到精车切入点 B,精车路线开始段
N055 G01 Z0;                               切入到 C
N060 G03 X11.0 W-5.5 R5.5;                 切弧 CD
N070 G01 W-10.0;                           直线 DE
N080 X17.0 W-10.0;                         直线 EF
N090 W-15.0;                               直线 FG
N100 G02 X29.0 W-7.348 R7.5;               弧 GH
N110 G01 W-12.652;                         直线 HI
N120 X41.0;                                切出,直线 IJ,精车路线结束段
N130 G70 P50 Q120 F0.1;                    精车循环
N140 G00 X150.0 Z100.0;                    回到起始位置
N150 M30;                                  程序结束
```

2.5.5　平端面粗车循环指令 G72

平端面粗车循环 G72 的循环切削路线平行于 X 轴，该循环程序段格式与 G71 完全相同。

G72 U($\underline{\Delta d}$) R($\underline{e}$)；

G72 P($\underline{n_s}$) Q($\underline{n_f}$) U($\underline{\Delta u}$) W($\underline{\Delta w}$) F($\underline{f}$) S($\underline{s}$) T($\underline{t}$)；

程序段中，Δd、e、n_s、n_f、Δu、Δw 的含义与 G71 相同。

如图 2-49 所示，G72 循环加工是由平行 X 轴的轨迹完成的，除此之外，该循环与 G71 完全相同。

例 2-16：零件如图 2-50 所示，毛坯为 ϕ45mm 圆钢，用端面粗车循环指令编程，粗、精车加工。

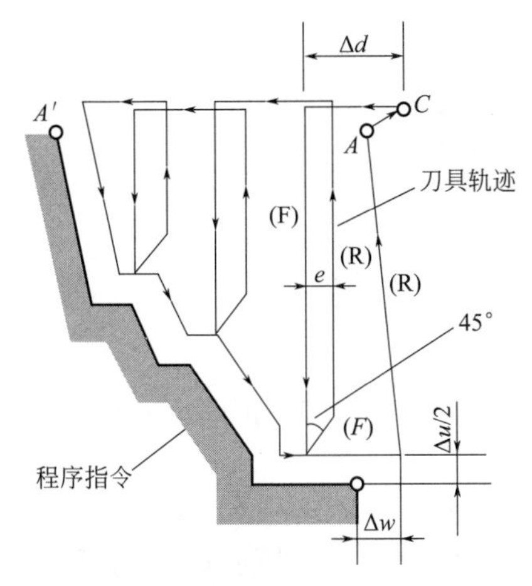

图 2-49　平端面粗车（G72）

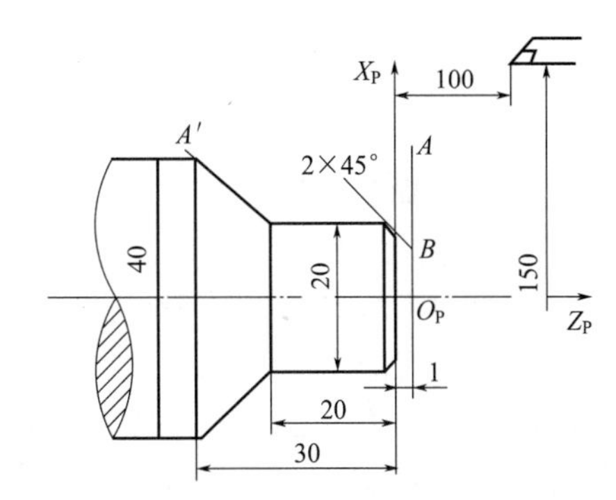

图 2-50　端面粗、精加工循环应用

解：用 G72 与 G70 粗、精车端面和外圆的程序如下。

```
N005 G54 S700 M03 T0303;             设定工件右端面中心点为程序原点
N010 G00 X150.0 Z100.0;              快速定位到程序始点
N020 G00 X41.0 Z1.0;                 定位到循环始点 A
N030 G72 W3.0 R 1.0;                 粗车循环
N040 G72 P050 Q070 U0.4 W0.2 F0.3;   粗车循环
N050 G00 X14.0 Z1.0;                 定位到精车切入点 B(精车开始)
N055 G01 X20.0 Z-2.0 F0.15;          切削,倒角
N060 Z-20.0;                         车圆柱面
N065 X40.0 Z-30.0;                   车锥面
N070 X45.0;                          切出(精车结束)
N080 G70 P50 Q80;                    精车循环
N090 G00 X150.0 Z100.0;              回到起始位置
N100 M30;                            程序结束
```

2.5.6　型车复合循环指令 G73

型车复合循环 G73 在切削工件时刀具轨迹如图 2-51 所示的封闭回路，刀具逐渐进给，使封闭切削回路逐渐向零件最终形状靠近，并最终切削成工件的形状。对铸造、锻造等粗加工中已初步成形的工件，G73 指令可以进行高效率切削。程序格式：

```
G73 U(Δi) W(Δk) R(d);
G73 P(ns) Q(nf) U(Δu) W(Δw) F(f) S(s) T(t);
```

其中　Δi——X 轴方向总退刀量（半径值）；

Δk——Z 轴方向总退刀量；

d——循环次数；

n_s——精加工程序第一个程序段的顺序号；

n_f——精加工程序最后一个程序段的顺序号；

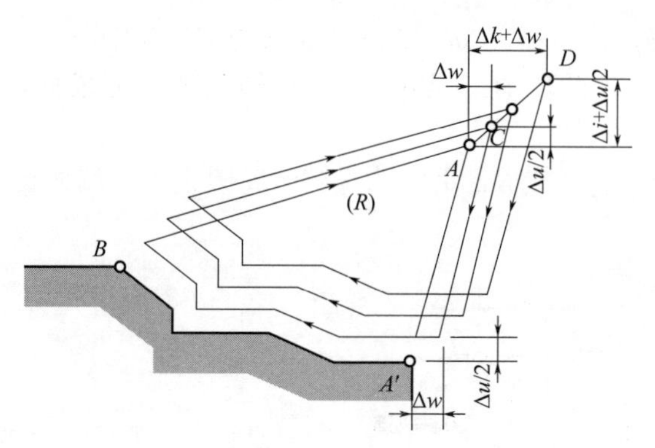

图 2-51 型车复合循环（切削固定形状）

Δu——X 方向的精加工余量（直径值）；

Δw——Z 方向的精加工余量；

f，s，t——粗加工时 G73 程序段中的 F、S、T 地址有效，精加工时处于 n_s 到 n_f 程序段之间的 F、S、T 地址有效。

Δi 和 Δk 是粗加工时总的切削量（粗车余量），粗加工次数为 d，则每次 X 轴和 Z 轴方向的背吃刀量分别为 $\Delta i/d$ 和 $\Delta k/d$。Δi 和 Δk 值的设定与工件的背吃刀量有关。

型车复合循环的特点是刀具轨迹平行于工件的轮廓，适合加工铸造、锻造成形或已经粗车成形的工件，由于此类零件毛坯具有工件的形状，用 G73 指令有利于减少空行程，提高切削效率。

采用型车复合循环 G73 编写程序时，需要确定换刀点、循环始点 D、精车始点 A'、精车终点 B 的坐标位置。图 2-52 中，D 点为循环始点，A'→B 是工件的轮廓线，A→A'→B 为刀具的精加工路线，粗加工时刀具从 A 点后退至 C 点，后退距离分别为 $\Delta i+\Delta u/2$，$\Delta k+\Delta w$，粗加工循环之后自动留出精加工余量 $\Delta u/2$、Δw。顺序号 n_s 至 n_f 之间是精加工程序。

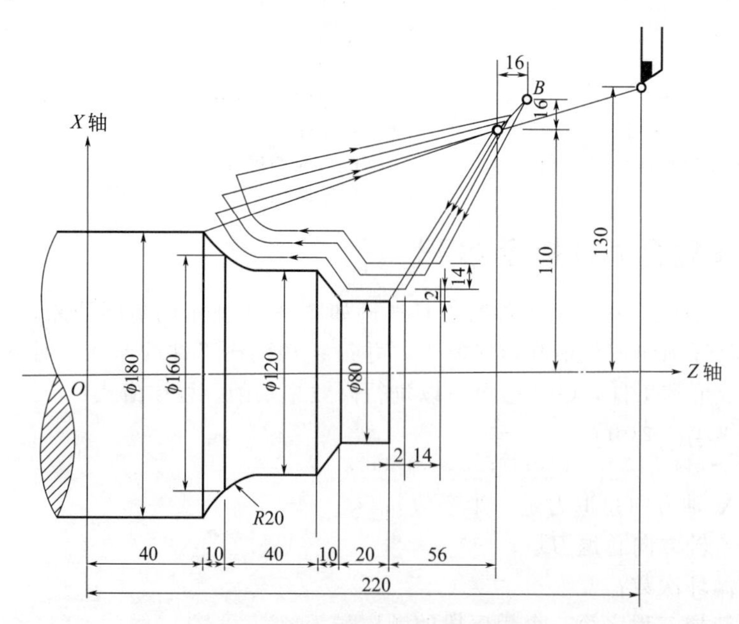

图 2-52 型车复合循环 G73 应用

例 2-17：零件如图 2-52 所示，毛坯为锻件，用型车复合循环指令编程，编制粗、精车加工的程序。

解：用 G73 与 G70 粗、精车锻造毛坯工件。程序如下。

```
N005 G54 S600 M03 T0304;                   设定工件右端面中心点为程序原点
N010 G00 X260.0 Z 220.0;                   快速定位到程序始点
N020 G00 X220.0 Z160.0;                    定位到循环始点 B
N030 G73 U14.0 W14.0 R3.0;                 粗车循环
N040 G73 P050 Q80 U1.0 W0.5 F0.3;          粗车循环
N050 G00 X80.0 W-40.0;                     定位到精车切入点,精车开始
N055 G01 W-20.0 F0.15;                     车圆柱面“φ80”
X120.0-W10.0;                              车锥面
N060 W-20.0;                               车圆柱面“φ120”
N070 G02 X160.0 W-20.0 R20.0;              车圆弧“R20”
N080 G01 X180.0 W-10.0;                    车锥面,精车结束
N090 G70 P50 Q80;                          精车循环
N100 G00 X260.0 Z220.0;                    回到起始位置
N110 M30;                                  程序结束
```

例 2-18：图 2-53 所示零件毛坯为锻件，图中双点画线部分为工件毛坯。编制零件的加工程序，要求设切削起始点在 *A*（60，5），*X* 轴、*Z* 轴方向粗加工余量分别为 3mm、0.9mm，粗加工次数为 3，*X* 轴、*Z* 轴方向精加工余量分别为 0.6mm、0.1mm。

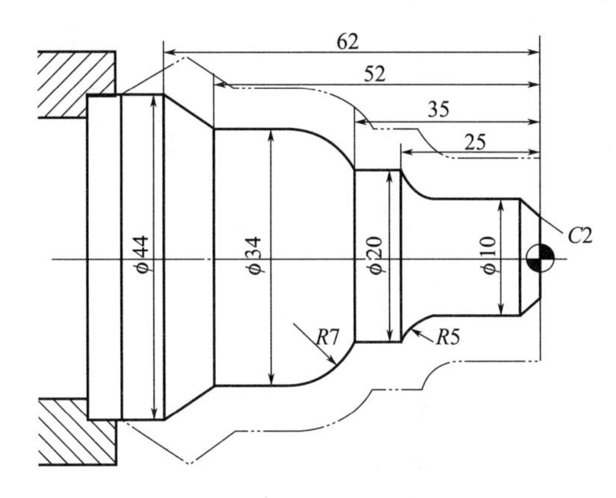

图 2-53　锻件毛坯零件的编程应用

解：程序如下。

```
O550
N10 T0101;                                         设立坐标系,选一号刀
N20 G00 X80. Z80.;                                 定位到程序起点
N30 M03 S800;                                      主轴以 800r/min 正转
N40 G00 X60. Z5.;                                  定位到循环始点
N50 G73 U3. W0.9 R3. P60 Q140 X0.6 Z0.1 F120;      闭环粗切循环加工
N60 G00 X0 Z3.;                                    精加工轮廓开始,到倒角延长线处
N70 G01 U10. Z-2. F80;                             精加工倒角“C2”
N80 Z-20.;                                         精加工“φ10”外圆
N90 G02 U10. W-5. R5.;                             精加工“R5”圆弧
N100 G01 Z-35.;                                    精加工“φ20”外圆
N110 G03 U14. W-7. R7.;                            精加工“R7”圆弧
N120 G01 Z-52.;                                    精加工“φ34”外圆
```

```
N130 U10. W-10.;                精加工锥面
N140 U10.;                      退出已加工表面,精加工轮廓结束
N150 G00 X80. Z80.;             返回程序起点位置
N160 M30;                       主轴停、主程序结束并复位
```

2.6 轴类件的螺纹车削

2.6.1 等螺距螺纹切削指令 G32

G32 指令用于切削等螺距直螺纹、外锥形螺纹和涡形螺纹。程序格式：

G32 X(U)_ Z(W)_ F_;

程序段中：

① 代码“F”表示工件长轴方向的导程，如果 X 轴方向为长轴，F 为半径值。对于圆锥螺纹，如图 2-54 所示，其斜角 α 在 45°以下时，Z 轴方向为长轴；斜角 α 在 45°～90°之间时，X 轴方向为长轴。

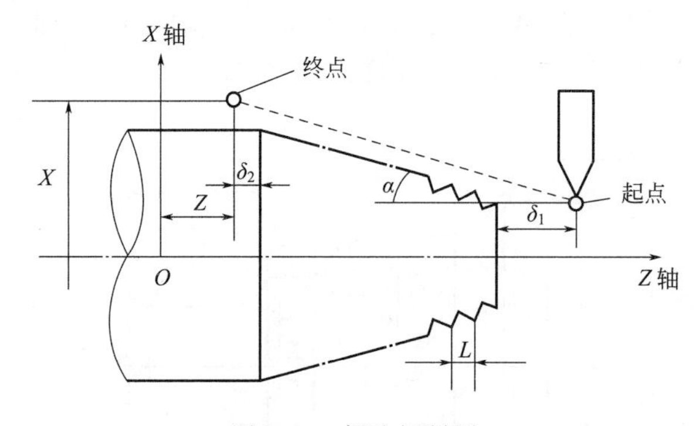

图 2-54　螺纹切削图

②圆柱螺纹切削加工时，代码“X(U)”值可以省略，程序格式为：G32 Z(W)_ F_;

车削螺纹过程中通过位置编码器实时地读取主轴转速，根据螺纹导程自动换算出刀具的每分钟进给量。在主轴上的位置编码器输出一转信号时开始螺纹切削，所以螺纹切削的起始点是固定点，且刀具在工件上的轨迹不变，重复若干次相同走刀轨迹完成螺纹车削。注意在车削螺纹过程中主轴速度必须保持恒定，否则螺纹导程不正确。

螺纹车削加工为成形车削，且切削进给量较大，如果刀具强度较差，一般要求分数次进给加工。常用螺纹切削的切削次数与吃刀量如表 2-4 和表 2-5 所示。

车削螺纹操作注意事项如下。

① 从螺纹粗加工到精加工，主轴的转速必须保持一常数。

② 在没有停止主轴的情况下，停止螺纹的切削将非常危险。因此螺纹切削时进给保持功能无效，如果按下进给保持按键，刀具在加工完螺纹后停止运动。

③ 螺纹加工中不使用恒定表面切削速度控制功能，必须使用 G97。

④ 在螺纹加工轨迹中应设置足够的升速切入距离 δ_1 和降速退刀（切出）距离 δ_2，如图 2-54 所示，以消除伺服滞后造成的螺距误差。

⑤ 在螺纹切削期间进给速度倍率无效，固定在 100%。

⑥ 主轴速度倍率功能在切螺纹时无效，固定在 100%。

表 2-4　常用螺纹切削次数与吃刀量（米制螺纹）　mm

螺距		1.0	1.5	2	2.5	3	3.5	4
牙深（半径量）		0.649	0.974	1.299	1.624	1.949	2.273	2.598
切削次数及吃刀量（直径量）	1次	0.7	0.8	0.9	1.0	1.2	1.5	1.5
	2次	0.4	0.6	0.6	0.7	0.7	0.7	0.8
	3次	0.2	0.4	0.6	0.6	0.6	0.6	0.6
	4次		0.16	0.4	0.4	0.4	0.6	0.6
	5次			0.1	0.4	0.4	0.4	0.4
	6次				0.15	0.4	0.4	0.4
	7次					0.2	0.2	0.4
	8次						0.15	0.3
	9次							0.2

表 2-5　常用螺纹切削次数与吃刀量（英制螺纹）　mm

每英寸牙数		24	18	16	14	12	10	8
牙深（半径量）		0.678	0.904	1.016	1.162	1.355	1.626	2.033
切削次数及吃刀量（直径量）	1次	0.8	0.8	0.8	0.8	0.9	1.0	1.2
	2次	0.4	0.6	0.6	0.6	0.6	0.7	0.7
	3次	0.16	0.3	0.5	0.5	0.6	0.6	0.6
	4次		0.11	0.14	0.3	0.4	0.4	0.5
	5次				0.13	0.21	0.4	0.5
	6次						0.16	0.4
	7次							0.17

例 2-19：如图 2-55 所示，车圆柱螺纹，螺距 4mm，切入距离 $\delta_1=3$mm，切出距离 $\delta_2=1.5$mm，螺纹深度 1mm，切削 2 次。编写程序。

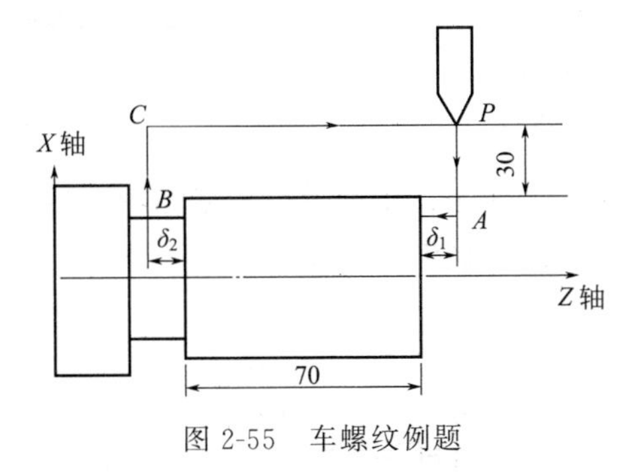

图 2-55　车螺纹例题

解：用 G32 指令车削螺纹程序。

车削程序如下。

```
…
G00 U-62.0;          进刀到循环始点 A
G32 W-74.5 F4.0;     第一次车螺纹,到 B 点
G00 U62.0;           退刀到 C 点
```

```
W74.5;                    返回
U-64.0;                   进刀到循环始点 A
G32 W-74.5;               第二次车螺纹
G00 U64.0;                退刀
W74.5;                    返回
…
```

2.6.2 螺纹切削循环指令 G92

由例 2-19 可以看出，G32 指令车削螺纹，需要进刀、车螺纹、退刀和返回共四段程序，程序长且烦琐。采用螺纹车削循环指令 G92 编程可简化程序，缩短程序的长度。螺纹切削循环指令 G92 的程序格式为：

```
G92 X(U)_ Z(W)_ R_ F_;
```

程序段中，X（U），Z（W）为螺纹终点坐标值；增量坐标编程用 U、W；R 为锥螺纹始点与终点在 X 轴方向的坐标增量（半径值），圆柱螺纹的 R 值为零，可省略；F 为螺纹导程。

G92 指令用于切削圆柱螺纹和锥螺纹，完成走刀一次切削循环。G92 车削螺纹过程分为四步，如图 2-56 所示，车刀从循环始点开始，快速进刀、车削螺纹、退刀、返回到循环始点。图中虚线表示快速移动，实线表示按地址 F 指定的进给速度移动。

车削锥螺纹与车削圆柱螺纹相同，过程也是四步，如图 2-57 所示。

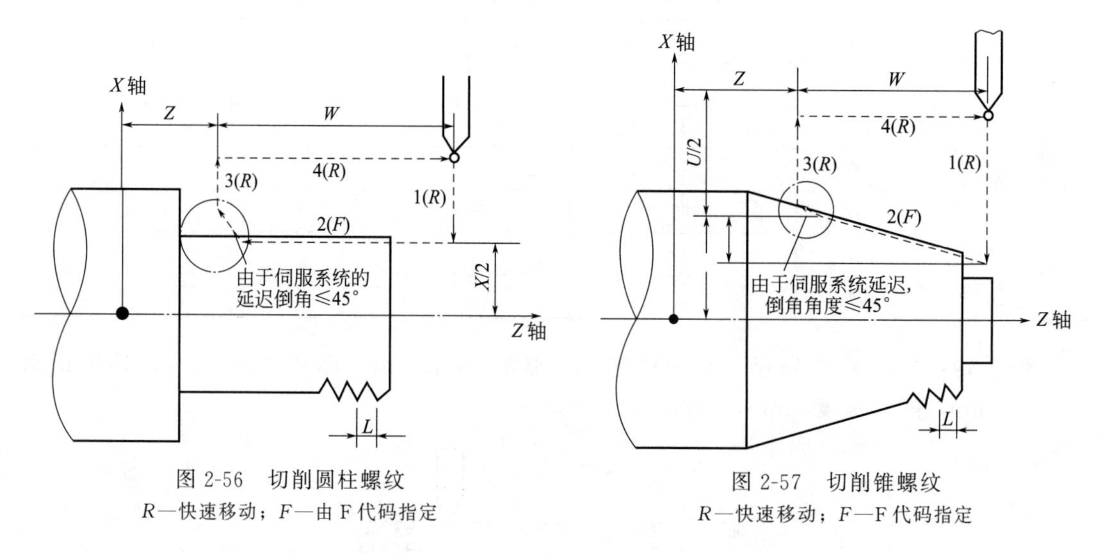

图 2-56 切削圆柱螺纹
R—快速移动；F—由 F 代码指定

图 2-57 切削锥螺纹
R—快速移动；F—F 代码指定

例 2-20：零件尺寸如图 2-58 所示，用螺纹切削循环指令编程，在螺纹牙高方向要求 4 次走刀，车削“M30×1.5”螺纹，试编写程序。

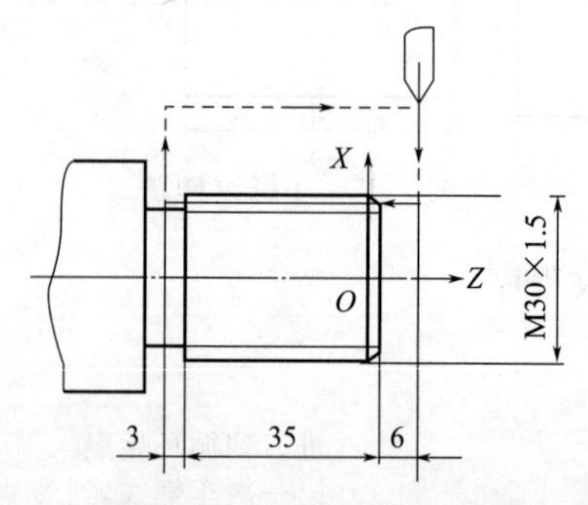

图 2-58 用螺纹切削循环指令车削圆柱螺纹

解：相关计算：外螺纹大径 $D\approx$公称直径$-0.1P$（螺距）

外螺纹小径 $d\approx$公称直径$-1.3P$（螺距）

切入深度 $h\approx0.65P$

由计算得：$D\approx29.985\text{mm}$；$d\approx28.035\text{mm}$；$h\approx0.975\text{mm}$。分 4 次走刀切削，第 1 次 a_p 取 0.8mm，余下每次的背吃刀量递减。

指令 G92 车削螺纹编程，程序如下。

```
G54 G00 X100.0 Z200.0;          设定工件坐标系
G97 S300;
T0101 M03;                      换刀,启动主轴
G00 X35.0 Z6.0                  定位于循环始点
G92 X29.2 Z-38.0 F1.5;          车削螺纹第 1 次走刀
X28.6;                          车削螺纹第 2 次走刀(注:G92 是模态码,仍有效)
X28.2;                          车削螺纹第 3 次走刀
X28.04;                         车削螺纹第 4 次走刀
G00 X100.0 Z200.0;              返回到程序始点(注:G00 取代 G92)
T0100 M05;                      取消刀补
M02;                            程序结束
```

2.6.3 螺纹车削多重（复合）循环指令 G76

例 2-20 程序中螺纹切削采用单一循环指令 G92，由 4 个程序段完成螺纹牙高方向切削，如果采用螺纹多重循环指令，则一个程序段就可完成同样切削。G76 是用于切削螺纹的多重循环指令，程序中只需指定一次 G76，并规定好相关参数，即可完成螺纹切削。螺纹切削多重循环的刀具轨迹如图 2-59（a）所示，图中虚线表示快速进给轨迹，细实线是按给定进给速度的进给轨迹。螺纹切削图形如图 2-59（b）所示。

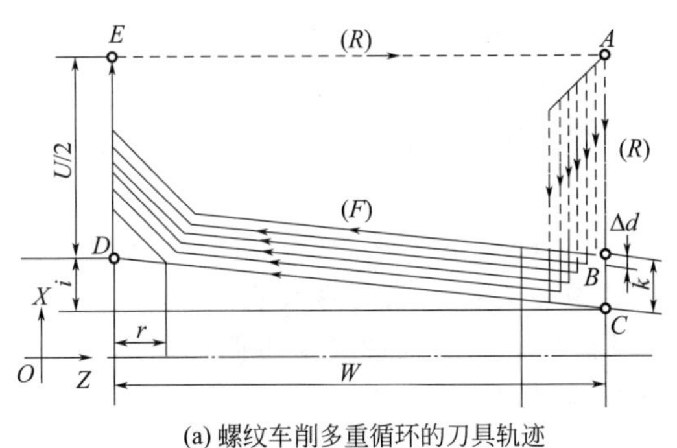

(a) 螺纹车削多重循环的刀具轨迹

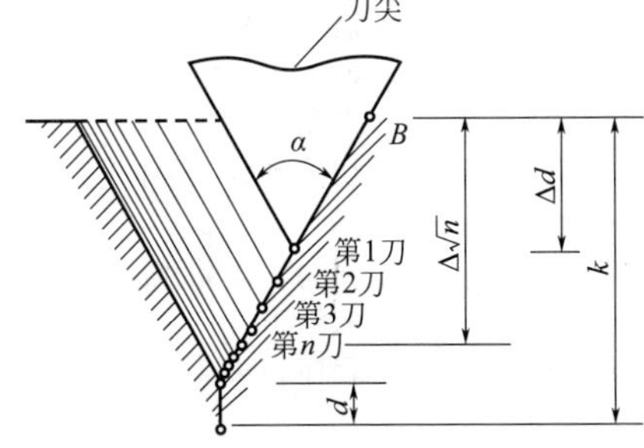

(b) G76螺纹切削图形及其参数

图 2-59　螺纹车削多重循环指令 G76

车削螺纹中在牙高方向需要逐层切入工件，其切入进刀方法分为“直进法”和“斜进法”两种。“直进法”指刀具沿背向（与轴向进给方向垂直）直线逐层切入工件；而“斜进法”指刀具沿与背向成二分之一刀尖角（$\alpha/2$）方向逐层切入工件。如图 2-59（b）所示。

G32、G92 指令采用“直进法”车削螺纹，一般用于车削螺距小于 1.5mm 的螺纹。G76 指令是采用“斜进法”车削螺纹。

G76 指令需用两个程序段，格式是：

```
G76 P(m) (r) (α) Q(Δdmin) R(d);
G76 X(U)_ Z(W)_ R(i) P(k) Q(Δd) F(L);
```

G76 指令程序中所用的参数如图 2-59（a）所示，其含义如下。

m——精加工重复次数，该值是模态的，此值可用 5142 号参数设定，由程序指令改变。

r——斜向退刀时的轴向长度单位数，用两位数从“00”到“99”表示。每 1 个单位长度为 $0.01L$（L 为螺距），从“00”到“99”可以表示的长度是 $0.01L \sim 9.9L$。该长度也称为退尾长度。

α——刀尖角度，可以选择 80°、60°、55°、30°、29°和 0°六种中的一种，由 2 位数规定。

Δd_{min}——最小切深（用半径值指定）。当一次循环运行的切深小于此值时，取此值作为切削深度。

d——精加工余量，该值是模态的，这个值可用 5141 号参数设定，用程序指令改变。

i——螺纹半径差，如果 $i=0$，可以进行普通直螺纹切削。

k——螺纹高，这个值用半径值规定。

Δd——第一刀切削深度（半径值）。

L——螺纹导程（单线螺纹同螺距）。

程序中参数 m、r、和 α 用代码 P 同时指定。格式为：P(m)(r)(a)；

例如，当 $m=2$；$r=20$（退尾长度为：2×螺距）；$\alpha=60°$时。P 地址后的参数是：022060。

注意：G76 指令中不支持“P”“R”或“Q”用小数点输入，在 G76 指令程序段中的“Q”“R”“P”代码后的数值应以无小数点的形式表示。

例 2-21：对例 2-20（图 2-58）用车削螺纹多重循环 G76 指令编程。

解：G76 指令车削螺纹，程序如下。

```
G54 G00 X100.0 Z200.0;              设定工件坐标系
G97 S300 M03;                       启动主轴
T0101;                              换刀
G00 X35.0 Z6.0                      定位于循环始点
G76 P010560 Q160 R160;              切削螺纹,循环走刀 4 次。完成切削
G76 X28.04 Z-38.0 P980 Q800 F1.5;
G00 X100.0 Z200.0;                  回到程序始点
T0100 M05;                          取消刀补
M02;                                程序结束
```

2.6.4 多头螺纹切削

多头螺纹又叫多线螺纹。按螺纹上螺旋槽的多少来分类，有一条螺旋槽的螺纹，称为单头螺纹；有两条以上螺旋槽的螺纹，称为多头螺纹。螺纹上相邻两螺旋槽之间的距离，

称为螺距。沿螺旋槽旋转一周所前进的距离，称为导程。

多头螺纹的编程方法和单头螺纹相似，通常采用改变切削螺纹初始位置或初始角实现切削多头螺纹。

（1）用G32指令切削多头螺纹

指令格式：

```
G32 X(U)_ Z(W)_ F_ Q_;
```

程序段中“Q”用于指令切削螺纹的初始角度，改变切削螺纹初始角，可加工多头螺纹。

注意：

① 起始角不是模态值，每次使用都必须指定，如果不指定系统就默认为是0°。

② 起始角（Q）增量单位是0.001°，不能指定小数点，例如：如果相移角为180°，指令是“Q180000”，不能指定“Q180.00”，不许包含小数点。

③ 可指定的起始角范围在0～360000（以0.001°为单位）之间指定起始角，如果指定了大于“360000”的值要按“360000”（360°）规算。

例如，加工双头螺纹，两螺旋线起始角分别为0°和180°。

车双线螺纹程序如下。

```
…
G00 X40.0;                    在车螺纹始点X向进刀
G32 W-38.0 F4.0 Q0;           车0°车0°始角螺纹，导程4mm
G00 X72.0;                    X退刀
W38.0;                        Z向返回到车螺纹始点
X40.0;                        X向进刀
G32 W-38.0 F4.0 Q180000;      车180°始角螺纹，导程4mm
G00 X72.0;                    X向退刀
W38.0;                        Z向返回到车螺纹始点
…
```

（2）用G92指令切削多头螺纹

螺纹加工循环（直螺纹加工循环）

指令格式：

```
G92 X(U)_ Z(W)_ F_ Q_;
```

程序段中，“F”为螺纹导程；“Q”为螺纹起始角。“Q”用于指令切削螺纹的初始角度，同G32指令一样，改变切削螺纹初始角，可加工多头螺纹。

G92指令是简单螺纹切削循环指令，也可以利用先加工一个单线螺纹，然后根据多头螺纹的结构特性，在 Z 轴方向上移过一个螺距，加工另一个螺纹，从而实现多头螺纹的加工。

（3）用G76指令切削多头螺纹

用G76指令车削多头螺纹，指令总是使用FS10/11纸带格式，G76多重螺纹切削循环指令格式：

```
G76 X(U)_ Z(W)_ I_ K_ D_ F_ A_ P_ Q_;
```

式中 I——螺纹的径向差；

K——螺纹牙顶的高度（半径）；

D——首次切入深度（半径）；

A——刀尖角度（螺纹边缘的角度）；

P——切削方式；

Q——螺纹起始角。

加工螺纹小结：数控机床加工螺纹常用G32、G92和G76三条指令。其中G32指令是单行程切削螺纹，不包括刀具空行程，编程任务重，程序复杂。G92指令实现包括空行程在内的单次螺纹切削循环，使程序大为简化，但通常螺纹要求多次切削。G76指令可以完成多次循环切削，将工件从坯料到成品螺纹一次加工完成，程序简洁，可节省编程时间。

第3章 子程序与宏程序

3.1 子程序与宏程序基础

3.1.1 子程序

（1）子程序的概念

在一个加工程序中，若有几个完全相同的部分程序（即一个零件中有几处形状相同，或刀具运动轨迹相同），可以把这部分程序单独抽出，编成子程序存在存储器中，需要使用时加工程序用一条简单指令即可调出应用，从而简化编程。

（2）子程序的结构

O××××；	子程序号
…	子程序内容
M99；	子程序结束，从子程序返回到主程序，是子程序最后一个程序段

（3）调用子程序指令

调用子程序的指令是：M98 P×××× ××××；

地址“P”后的前1～4位数字为子程序重复调用次数，省略时默认为调用一次。后四位数字（必须4位）为子程序号。即：

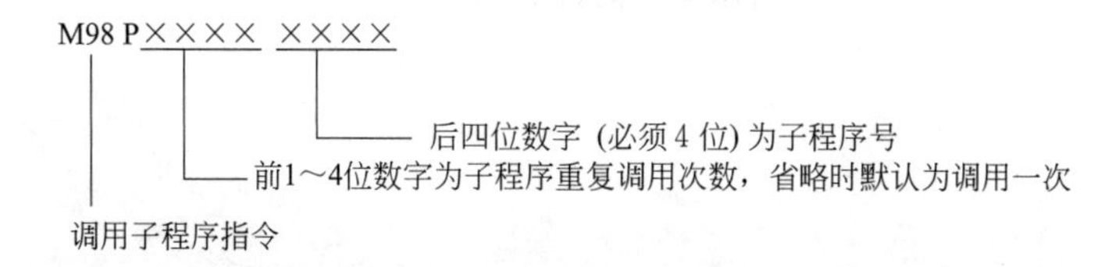

例如：调用子程序指令：

M98 P61020；	调用1020号子程序，重复调用6次（执行6次）
M98 P1020；	调用1020号子程序，调用1次（执行1次）
M98 P5001020；	调用1020号子程序，重复调用500次（执行500次）

允许重复调用子程序最多999次。为与自动编程系统兼容，在子程序中的第1个程序段顺序号——“N××××”，可以用来替代地址“O”后的子程序号，即用子程序中的第1个程序段的顺序号作为子程序号。

主程序调用子程序的执行顺序如图3-1所示。

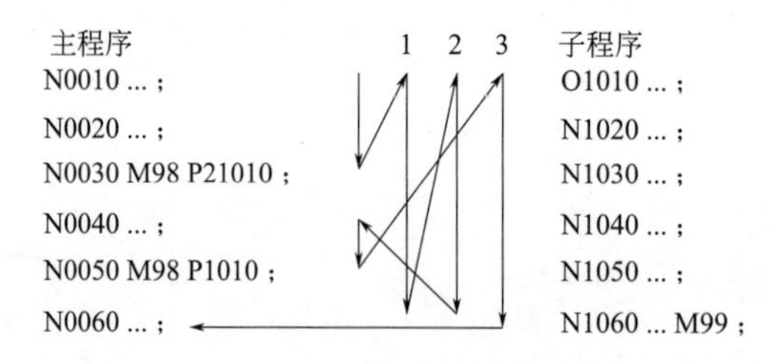

图3-1 主程序调用子程序的执行顺序

子程序可以由主程序调用，被调用的子程序也可以调用另一个子程序，称为子程序嵌套。被主程序调用的子程序称为一级子程序，被一级子程序调用的子程序称为二级子程序，以此类推。子程序调用，可以嵌套4级，如图3-2所示。

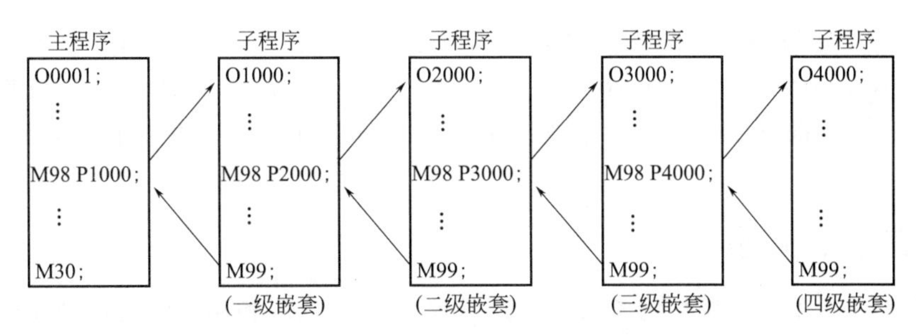

图 3-2　子程序嵌套

(4) 从子程序返回

M99 是子程序结束指令，该指令使执行顺序从子程序返回到主程序中调用子程序段之后的程序段，该指令可以不作为独立的程序段编写，例如：“G00 X100.0 Y100.0 M99;”。

(5) 只使用子程序

调试子程序时，希望能够单独运行子程序，用 MDI 检索到子程序的开头，就可以单独执行子程序。此时如果执行包含 M99 的程序段，则返回到子程序的开头重复执行；如果执行包含“M99 Pn”的程序段，则返回到在子程序中顺序号为 n 的程序段重复执行。要结束这个程序，必须插入包含“/M02”或“/M30”的程序段，并且把任选程序段开关设为断开（OFF），如图 3-3 所示。

图 3-3　单独运行子程序

3.1.2　用户宏程序

宏程序是数控系统厂家面向客户提供的二次开发工具，是数控机床编程的最高级手工方式，合理有效地利用这个工具将极大地提升机床的加工能力。

普通程序中指令和数据均为常量，一个程序只能描述一个几何形状，普通程序不允许使用变量，程序只能按程序段排列的顺序运行。用户宏程序中允许使用常量、变量、算术、逻辑运算和条件转移，所以宏程序能够控制程序运行的流向，实现程序段运行次序的转移和循环功能。宏程序与子程序类似，可以被任一个数控程序调用。编制相同加工操作的程序时，可将相同加工操作编为通用程序，如型腔加工宏程序、固定加工循环宏程序等，加工程序中需要该类加工时只需用一条指令调出用户宏程序，和调用子程序完全一样，如图 3-4 所示。

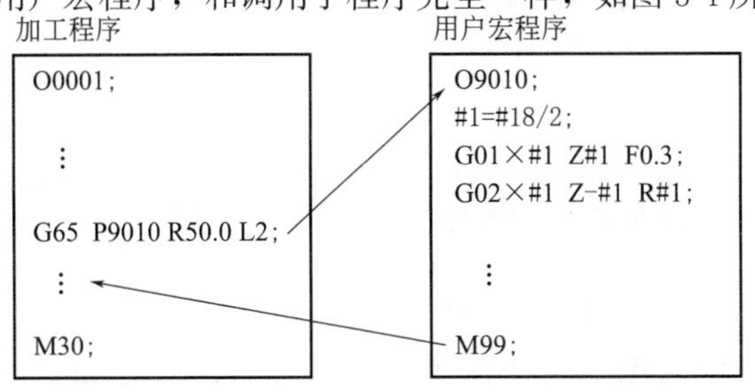

图 3-4　加工程序中调用宏程序

用户宏程序分为 A、B 两类。通常情况下，FANUC 0D 系统采用 A 类宏程序，而 FANUC 0*i* 系统则采用 B 类宏程序。A 类宏程序功能不直观，可读性差，在实际工作中很少使用。由于绝大部分 FANUC 系统支持 B 类宏程序，所以，本书以 B 类宏程序为基础，阐述宏程序知识与应用。

3.1.3 常量、变量

普通程序中指令和数据均为常量，即用数值指定 G 代码和移动距离，例如程序段：

```
G00 X150.0;
```

使用变量的宏程序编写该程序段：

```
N10 #1= 150.0;          #1 是一个变量
N20 G00 X[#1];          #1 是一个变量
```

上述程序中，#1 是变量，N20 程序段中用变量代替了常量（距离 150mm），实际上变量还可以代替刀补号、G 指令编号等数据。用户宏程序中数据可以用常量直接指定，也允许用变量指定。变量值可用程序赋值，或通过 MDI 面板上的操作改变变量的值。变量的使用给程序的设计带来了极大的灵活性。

（1）变量的表示形式

宏程序中，用“#”号后面紧跟 1～4 位数字表示一个变量，如 #1，#50，#101 是变量。其中“#”号是变量符号，数字是变量号。

变量号可以用表达式指定，此时表达式必须放在括号中，例如变量：#［#1＋#2－12］，其中：

```
#[#1+#2-12]
 |└─变量号
 └──变量符号
```

使用变量前，变量必须带有正确的值。如下述宏程序：

```
#1= 25;                 使#1 为 25
G01 X[#1];              表示 G01 X25
#1= 110;                运行过程中可以随时改变#1 的值
G01 X[#1];              表示 G01 X110
```

（2）变量类型

变量根据变量号可以分成以下四种类型。

① 空变量。#0 为空变量，该变量总为空，不能赋值。

② 局部变量。编号 #1～#33 的变量为局部变量，局部变量的作用范围是当前程序（在同一个程序号内），如果在主程序或不同子程序里，出现了相同名称（编号）的局部变量，它们不会相互干扰，值也可以不同。系统断电后，局部变量数据初始化为空。举例如下。

```
O100;
N10 #3= 30;             主程序中变量#3 为 30
M98 P101;               进入子程序后变量#3 不受影响
#4= #3;                 #3 仍为 30,所以#4= 30
M30;
O101;
#4= #3;                 这里的#3 不是主程序中的#3,所以#3= 0(没定义),则:#4= 0
#3= 18;                 这里使#3 的值为 18,不会影响主程序中的#3
M99;
```

③ 公共变量。#100～#199、#500～#999 为公共变量。公共变量在不同的宏程序中意义相同，作用范围是整个零件程序，即不管是主程序还是子程序，只要名称（编号）相同就是同一个变量，带有相同的值，在某个地方修改它的值，所有其他地方都受

影响。当断电时，变量＃100～＃199 被初始化为空，变量＃500～＃999 的数据不会丢失。例：

```
O1100;              主程序号
N10 #120= 30;       使#120 为 30
M98 P101;           进入子程序(注:在子程序 O101 中#120 为 18)
#4= #120;           由子程序 O101 返回,#120 变为 18,所以此时#4= 18
M30;                程序结束
O101;               子程序号
#4= #120;           #120 的值在子程序里也有效,所以#4= 30
#120= 18;           这里使#120= 18,然后返回
M99;                子程序结束
```

④ 系统变量。＃1000 以上的变量为系统变量，系统变量用于读和写 CNC 运行时的各种数据，如刀具的当前位置和补偿值等。系统变量是数控系统内部定义好了的，用户不可以改变它们的用途。系统变量是全局变量，使用时可以直接调用。

（3）变量的引用

① 为了在程序中使用变量，必须在程序中指定变量号的地址，给变量赋值。没指定的变量地址为无效变量。

② 当用表达式指定变量时，必须把表达式放在括号中。例如“G01 X［＃1＋＃2］F＃3”。

③ 被引用变量的值根据地址最小设定单位自动地舍入。例如指令“G00 X＃1”，X 地址最小设定单位为 1/1000mm，当 CNC 把“12.3456”赋值给变量＃1，实际指令值为“G00 X12.346”。

④ 改变引用变量值的符号，要把负号“-”放在“＃”的前面。例如“G00 X-＃1”。

⑤ 当引用未指定的变量时变量及地址字都被忽略，或称没指定的变量为空变量。

例如，当变量＃1 的值是 0，并且变量＃2 的值是空时，“G00 X＃1 Y＃2”的执行结果为“G00 X0”。

注意 “变量的值是 0”和“变量的值是空”是不同的，“变量的值是 0”是指把 0 赋值给某变量，所以该变量的值等于数值 0，而“变量的值是空”指该变量所对应的地址不存在，是无效的变量。

（4）变量值的精度

变量值的精度为 8 位十进制数。

例如，用赋值语句＃1＝9876543210123.456 时，实际上＃1＝9876543200000.000。

用赋值语句＃2＝9876543277777.456 时，实际上＃1＝9876543300000.000。

（5）赋值

把常数或表达式的值送给一个宏变量称为赋值，赋值号为：“＝”。

格式：宏变量 ＝ 常数或表达式。例如：

```
#2 = SQRT[2] * COS[55 * PI/180 ]
#3 =  124.0
#50 =  #3+ 12
```

赋值号后面的表达式里可以包含变量自身，如：＃1＝＃1＋4，该表达式是把＃1 的值与 4 相加，结果赋给＃1。这不是数学中的方程或等式，如果＃1 的值是 2，执行＃1 ＝ ＃1＋4 后，＃1 的值变为 6。

（6）变量限制

程序号、顺序号和任选程序段跳转号不能使用变量，例如在以下方式中不可使用变量：

```
O# 1
```

```
/# 2 G00 X100. 0
N# 3 Z200. 0
```

3.1.4 变量的算术和函数运算

(1) 算术运算符

变量算术运算符："+""-""* ""/"。

(2) 函数

宏程序中的变量可以进行函数运算，函数运算符：SIN（正弦）、COS（余弦）、TAN（正切）、ATAN（反正切 $-\pi/2\sim\pi/2$）、ABS（绝对值）、INT（取整）、SIGN（取符号）、SQRT（开方）、EXP（指数）。

(3) 表达式

用运算符连接起来的常数、宏变量构成表达式。例如：

```
175/SQRT[2] * COS[55 * PI/180];
#3 * 6 GT 14;
```

表达式中用方括号表示运算顺序。宏程序中不用圆括号，规定圆括号中的内容是注释。

(4) 运算符的优先级

运算符优先级顺序依次为：方括号→函数→乘除→加减→条件→逻辑。

宏程序中的变量可以进行算术运算和函数运算，如表 3-1 所示。

表 3-1 算术与函数运算功能

类型	功能	格式	举例	备注
算术运算	加法	#i=#j+#k	#1=#2+#3	常数可以代替变量
	减法	#i=#j-#k	#1=#2-#3	
	乘法	#i=#j * #k	#1=#2 * #3	
	除法	#i=#j * #k	#1=#2/#3	
三角函数运算	正弦	#i=SIN[#j]	#1=SIN[#2]	角度以度指定 35°30′ 表示为"35.5" 常数可以代替变量
	反正弦	#i=ASIN[#j]	#1=ASIN[#2]	
	余弦	#i=COS[#j]	#1=COS[#2]	
	反余弦	#i=ACOS[#j]	#1=ACOS[#2]	
	正切	#i=TAN[#j]	#1=TAN[#2]	
	反正切	#i=ATAN[#j]/[#k]	#1=ATAN[#j]/[#k]	
其他函数运算	平方根	#i=SQRT[#j]	#1=SQRT[#2]	常数可以代替变量
	绝对值	#i=ABS[#j]	#1=ABS[#2]	
	舍入	#i=ROUND[#j]	#1=ROUND[#2]	
	上取整	#i=FIX[#j]	#1=FIX[#2]	
	下取整	#i=FUP[#j]	#1=FUP[#2]	
	自然对数	#i=LN[#j]	#1=LN[#2]	
	指数对数	#i=EXP[#j]	#1=EXP[#2]	
转换运算	BCD 转 BIN	#i=BIN[#j]	#1=BIN[#2]	用于与 PMC 的信号交换
	BIN 转 BCD	#i=BCD[#j]	#1=BCD[#2]	

3.1.5　宏程序语句和 NC 语句

下面的程序段为宏程序语句。

- 包含算术或逻辑运算（=）的程序段。
- 包含控制语句（例如：GOTO，DO，END）的程序段。
- 包含宏程序调用指令（例如：用 G65，G66，G67 或其他 G 代码、M 代码调用宏程序）的程序段。

除了宏程序语句以外的任何程序段都为 NC 语句。

3.1.6　转移和循环

（1）条件运算符

条件运算符用在程序流程控制 IF 和 WHILE 的条件表达式中，作为判断两个表达式大小关系的连接符。条件运算符：

宏程序运算符	EQ	NE	GT	GE	LT	LE
数学意义	=	≠	>	≥	<	≤

注：EQ—equal；NE—not equal；GT—greater than；GE—greater than or equal；LT—less than；LE—less than or equal。

（2）逻辑运算符

在 IF 或 WHILE 语句中，如果有多个条件，用逻辑运算符来连接多个条件。逻辑运算符：

AND（且）：多个条件同时成立才成立；

OR（或）：多个条件只要有一个成立即可；

NOT（非）：取反（如果不是）。

例如：

```
#1 LT 50 AND #1 GT 20        表示:[#1< 50]且[#1> 20]
#3 EQ 8 OR #4 LE 10          表示:[#3= 8]或者[#4≤10]
```

有多个逻辑运算符时，可以用方括号来表示结合顺序，如：

```
NOT[#1 LT 50 AND #1GT 20]  表示:如果不是“#1< 50 且 #1> 20”
```

（3）转移和循环

数控程序一般按程序段排列的先后顺序运行，称为顺序程序结构，在宏程序中使用 GOTO 语句和 IF 语句，可以控制程序运行的流向，实现程序段运行次序的转移和循环功能，称为分支程序结构和循环程序结构。有三种转移和循环指令，即：

① GOTO 语句。无条件转移。

② IF 语句。条件转移，“IF…THEN…”。

③ WHILE 语句。循环语句，当…时循环。

（4）无条件转移（GOTO）

格式：`GOTOn;`

n 为顺序号（1～9999）。

转移到标有顺序号 n 的程序段，当指定 1～9999 以外的顺序号时，出现 P/S 报警 NO.128。

例如：`GOTO6;`

…

语句组：N6 G00 X100；

执行 GOTO6 语句时，转去执行标号为 N6 的程序段。

可用表达式指定顺序号，例如：GOTO #10。

（5）条件转移（IF）

格式：IF[关系表达式] GOTOn；

例如，“IF[#1 GT 210] GOTO2；”。

…

语句组：N2 G00 G91 X10.0；

…

解释：如果变量♯1 的值大于 20，转移执行标号为 N2 的程序段，否则按顺序执行 GOTO2 下面的语句组，如图 3-5 所示。

图 3-5　“IF[关系表达式] GOTOn”语句

（6）条件转移（IF…THEN…）

格式：IF[条件表达式] THEN　　（注：THEN 后只能跟一个语句）

如果条件表达式满足，执行预先定义的宏程序语句，只执行一个宏程序语句。

例如，“IF[#1 EQ #2] THEN #3= 0；”。

当♯1 的值等于♯2 的值时，将 0 赋给变量♯3。

例 3-1：编宏程序，计算自然数 1 到 10 的累加总和，宏程序如下。

```
O6000;                    宏程序名
#1= 0;                    存储和数变量的初值
#2= 1;                    被加数变量的初值
N1 IF[#2 GT 10] GOTO2;    当被加数大于 10 时转移到 N2
#1= #1+ #2;               计算累加和数(该语句为累加器)
#2= #2+ 1;                下一个被加数(该语句为计数器)
GOTO1;                    转到标号 N1 段
N2 M30;                   程序结束
```

（7）循环（WHILE）

格式：WHILE[关系表达式] DOm；(m= 1,2,3)

循环区语句组；

END m；

在 WHILE 后指定一个条件表达式，当指定条件满足时，执行从 DO 到 END 之间的程序，否则转去执行 END 后面的程序段，如图 3-6 所示。DO 后的 m 和 END 后的 m，是指定程序执行范围的标号，m 标号值为 1、2、3，m 若用 1、2、3 以外的值会产生 P/S 报警 NO.126。

例如宏程序：

#1= 5；

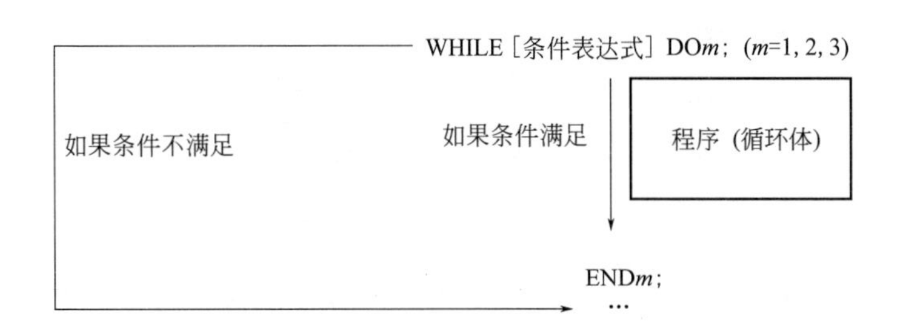

图 3-6　WHILE 语句执行顺序

```
WHILE[#1 LE 30] DO1;
  #1= #1+ 5;
  G00 X#1 Y#1;
END1;
M99;
```

上述宏程序含义：当变量#1 的值小于等于 30 时，执行循环程序，当#1 大于 30 时结束循环返回主程序。

例 3-2：用 WHILE 语句编宏程序，计算自然数 1～10 的累加总和。

宏程序如下。

```
O3000;                  宏程序名
#1= 0;                  存储和数变量的初值
#2= 1;                  被加数变量的初值
WHILE[#2 LE 10] DO1;    当被加数小于 10 时执行循环区程序
#1= #1+ #2;             计算累加和数(该语句称为累加器)
#2= #2+ 1;              下一个被加数(该语句称为计数器)
END1;                   循环区终止
M30;                    程序结束
```

3.1.7　宏程序调用

调用宏程序的方法有：非模态调用（G65）；模态调用（G66、G67）；用 G 代码调用宏程序；用 M 代码调用宏程序；用 M 代码调用子程序；用 T 代码调用子程序。为减轻读者负担，本书只推荐非模态调用（G65）。

（1）宏程序非模态调用 G65

① 调用指令格式：

```
G65 P(p) L(l) (自变量赋值);
```

其中，p 为调用的程序号；l 为重复次数；自变量赋值为传递到宏程序的数据。

宏程序与子程序相同，一个宏程序可被另一个宏程序调用，最多嵌套 4 层。

G65 指令调用以地址 P 指定的用户宏程序，数据自变量能传递到用户宏程序体中，调用过程如图 3-7 所示。

② 宏程序的开始与返回。宏程序的编写格式与子程序相同。其格式为：

```
O0010;(0001～8999 为宏程序号)    程序名
N10…;                          程序指令
…
N30 M99;                       宏程序结束
```

宏程序以程序号开始，以 M99 结束。

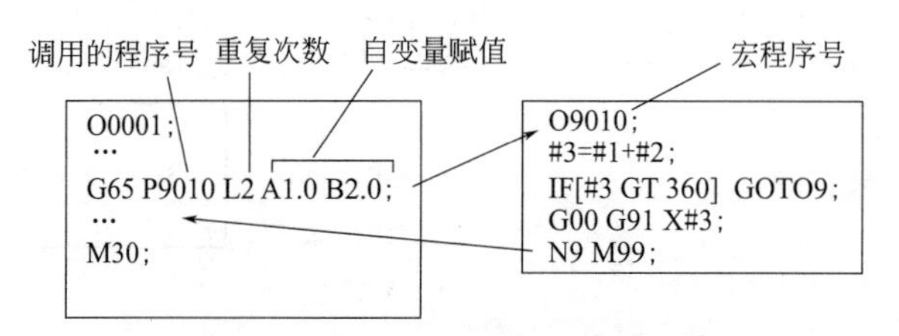

图 3-7 宏程序非模态调用 G65 执行过程

（2）G65 指令说明

① 在 G65 之后用地址 P 指定用户宏程序的程序号。

② 当要求重复时，在地址 L 后指定从 1～9999 的重复次数，省略 L 值时认为 L 等于 1。

③ 使用自变量指定，其值被赋值到相应的局部变量。

（3）自变量指定

可用两种形式的自变量指定。自变量指定Ⅰ使用除了 G、L、O、N 和 P 以外的字母，每个字母指定一次，自变量指定Ⅱ使用 A、B、C 和 I_i、J_i 和 K_i，其下标 $i=1\sim10$，系统根据使用的字母自动决定自变量指定的类型。

① 自变量指定Ⅰ。表 3-2 为自变量指定Ⅰ的自变量与变量的对应关系。

a. 自变量指定Ⅰ中，G、L、O、N、P 不能用，地址 I、J、K 必须按顺序使用，其他地址顺序无要求。

举例：G65 P3000 L2 B4 A5 D6 J7 K8;　　正确（J、K 符合顺序要求）

在宏程序中将会把 4 赋给＃2，把 5 赋给＃1，把 6 赋给＃7，把 7 赋给＃5，把 8 赋给＃6。

举例：G65 P3000 L2 B3 A4 D5 K6 J5;　　不正确（J、K 不符合顺序要求）

b. 需要指定的地址可以省略，对应于省略地址的局部变量设为空。

c. 不需要按字母顺序指定，但应符合字地址的格式。但是 I、J 和 K 需要按字母顺序指定。

表 3-2　自变量指定Ⅰ的变量对应关系

地址（自变量）	变量号	地址（自变量）	变量号	地址（自变量）	变量号
A	＃1	I	＃4	T	＃20
B	＃2	J	＃5	U	＃21
C	＃3	K	＃6	V	＃22
D	＃7	M	＃13	W	＃23
E	＃8	Q	＃17	X	＃24
F	＃9	R	＃18	Y	＃25
H	＃11	S	＃19	Z	＃26

② 自变量指定Ⅱ。表 3-3 为自变量指定Ⅱ的自变量与变量的对应关系。自变量指定Ⅱ中使用 A、B、C 各 1 次，使用 I、J、K 各 10 次。自变量指定Ⅱ用于传递诸如三维坐标值的变量。

表 3-3　自变量指定Ⅱ的变量对应关系

地址（自变量）	变量号	地址（自变量）	变量号	地址（自变量）	变量号
A	#1	K_3	#12	J_7	#23
B	#2	I_4	#13	K_7	#24
C	#3	J_4	#14	I_8	#25
I_1	#4	K_4	#15	J_8	#26
J_1	#5	I_5	#16	K_8	#27
K_1	#6	J_5	#17	I_9	#28
I_2	#7	K_5	#18	J_9	#29
J_2	#8	I_6	#19	K_9	#30
K_2	#9	J_6	#20	I_{10}	#31
I_3	#10	K_6	#21	J_{10}	#32
J_3	#11	I_7	22	K_{10}	#33

注：表中 I、J 、K 的下标用于确定自变量指定的顺序，在实际编程中不写。

③ 自变量指定Ⅰ、Ⅱ的混合。系统能够自动识别自变量指定Ⅰ和自变量指定Ⅱ，并赋给宏程序中相应的变量号。如果自变量指定Ⅰ和自变量指定Ⅱ混合使用，则后指定的自变量类型有效。

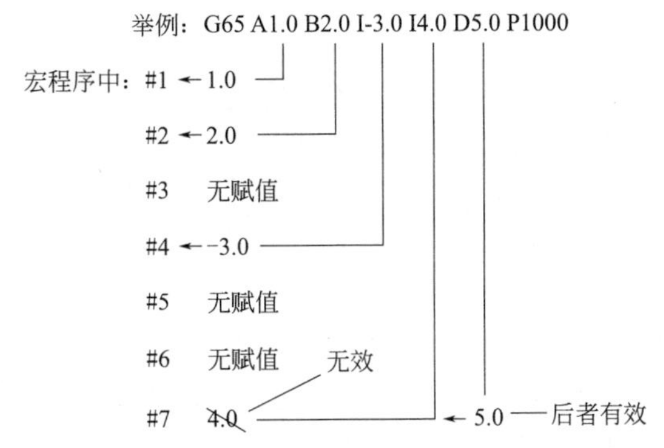

说明：I4.0 为自变量指定Ⅱ，D 为自变量指定Ⅰ，数值 4.0 和 5.0 都赋值给变量 #7，但后者有效，所以变量 #7 中为 5.0，而不是 4.0。

④ 小数点的位置。一个不带小数点的数据在数据传递时，其单位按其地址对应的最小精度解释，因此，不带小数点的数据，其值在传递时有可能根据机床的系统参数设置而被更改。应养成在宏调用参数中使用小数点的好习惯，以保持程序的兼容性。

3.2　数控车削宏程序应用

宏程序允许用变量编程进行数学计算和逻辑运算，所以能够用于非圆曲线（如椭圆、抛物线等）的加工编程，完成普通程序无法实现的特殊功能，例如，用于加工系列零件的宏程序、用于加工椭圆表面的宏程序、用于加工抛物线表面的宏程序等。

3.2.1　加工系列零件宏程序

系列零件指形状相同，加工过程也相同，只是部分尺寸不同的一类零件，例如系列孔系零件等，如果将系列零件中的不同尺寸用宏变量表示，利用宏程序可以编出加工某种系列零件的通用程序。

例 3-3：某系列零件如图 3-8 所示，零件右端面半球球径 R 可在 10～20mm 范围内取系列数据，将球半径 R 用变量＃1 表示，编程原点设在工件右端面中心，毛坯直径 ϕ45mm。从图中可以看出编程所需 B、C 点均与球径 R 相关，零件表面各基点坐标如表 3-4 所示。

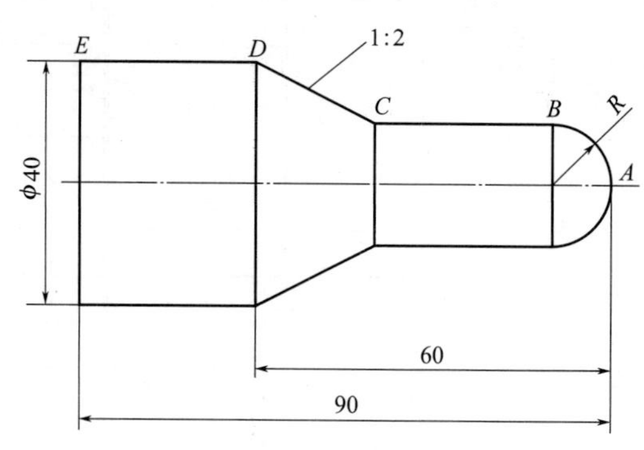

图 3-8　系列零件示例

表 3-4　图 3-8 零件尺寸　　mm

基点	坐标		
	X	Z	Z 坐标宏程序表达式
A	0	0	
B	2R	—R	—＃1
C	2R	—[60—2×(40—2R)]	—[60—2×(40—2×＃1)]
D	40	—60	
E	40	—90	

解：粗车本系列外圆宏程序中设半径 R＝10mm，R 的取值在 10mm＜R＜20mm 范围的相同形状的系列零件，都可以用本程序粗车。

粗车削宏程序如下。

```
O5200;                              宏程序号
T0101 M03 S800;                     换刀,启动主轴
G54 G98 G40;                        设定工件坐标系
G00 X100.0 Z100.0;                  定位于程序起点
G00 X42.0 Z5.0;                     定位于切削起点
G71 U2.0 R1.0;                      切外圆循环,完成粗车
G71 P10 Q20 U0.5 W0 F150.;
N10 G00 X0;                         定位到精车起点(N10～N20 是精车轨迹)
G01 X0 F0.1;                        进刀切削到 A
#1= 10.;                            变量#1 赋值(即半径取值)
G03 X[2 * #1] Z-#1 R#1;             车球面 AB
G01 Z-[60-2 * (40-2 * #1)];         车圆柱面(母线 BC)
G01 X40. Z-60.;                     车圆锥(母线 CD)
N20 G01 Z-90.;                      车圆柱面 DE(精车轨迹结束段)
G00 X100.;                          快速退刀
Z100.;                              回到程序起点
M05;                                主轴停
M30;                                程序结束
```

3.2.2　加工椭圆表面宏程序

编制非圆曲面类的宏程序有两个要点，即建立数学模型和循环体。数学模型由零件轮廓的曲面方程转化而来，用于计算出曲面上每一点的坐标，从而生成刀具轨迹节点。循环体由循环指令和对应的加法器组成，作用是将一组节点顺序连接成刀具轨迹，依次加工成曲面。下面以椭圆曲线为例说明。

（1）椭圆曲线数学知识

椭圆如图3-9所示，数控坐标轴是椭圆的对称轴，原点是对称中心。对称中心叫做椭圆中心。图中，a、b分别为椭圆的长半轴和短半轴的长，椭圆和X轴、Z轴的四个交点叫椭圆顶点。

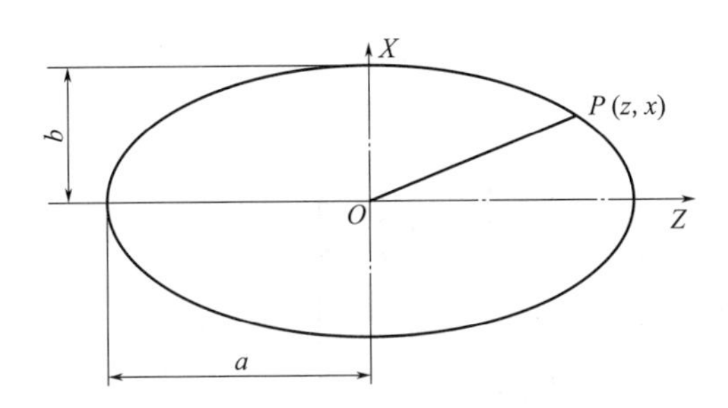

图3-9　ZX坐标轴上的椭圆

图3-9所示坐标系中椭圆标准方程：

$$\frac{Z^2}{a^2}+\frac{X^2}{b^2}=1 \quad (a\text{ 为长半轴的长}, b\text{ 为短半轴的长}, a>b>0)$$

可导出：

$$X=\pm\frac{b}{a}\times\sqrt{a^2-Z^2} \tag{3-1}$$

$$Z=\pm\frac{a}{b}\times\sqrt{b^2-X^2} \tag{3-2}$$

设椭圆上某点P（z，x），在宏程序中设变量＃1为椭圆上P点的Z坐标值，变量＃2为P点的X坐标值，根据公式（3-1），X坐标值的宏程序表达式为：

＃2＝b/a×SQRT[[a×a]－[＃1×＃1]]　（只用正值）　（3-3）

（2）用直线拟合非圆曲线

数控加工椭圆曲线的方法是把椭圆曲线分成若干小段，用直线插补加工曲线上一小段，这些诸多直线段拟合成椭圆曲线。具体作法如图3-10所示，在椭圆曲线上按Z轴每间距小距离（如0.1mm）取一个点。间距越小，拟合精度越高，通常间距可取0.1～0.5mm。

① 先确定曲线上点的Z坐标值。Z轴上每间距0.1mm取一个点，相邻点的Z坐标递减0.1mm，由前一个点P_n（x_n，z_n），计算P_{n+1}（x_{n+1}，z_{n+1}）点的Z坐标关系式：$Z_{n+1}\leftarrow Z_n-0.1$。用变量＃1表示$Z$坐标的宏程序表达式为：＃1＝＃1－0.1。

② 算出曲线上该点的X坐标值。以Z轴坐标（＃1）为自变量，X轴坐标（＃2）为变量，根据表达式（3-3）计算出曲线上该点的X坐标值。

③ 运行程序："G01 X[2＊＃2] Z[＃1];"，完成切割小段直线。

循环体：循环运行上述①～③程序过程，用诸多直线段拟合成规定的椭圆曲线段，如图3-10所示。

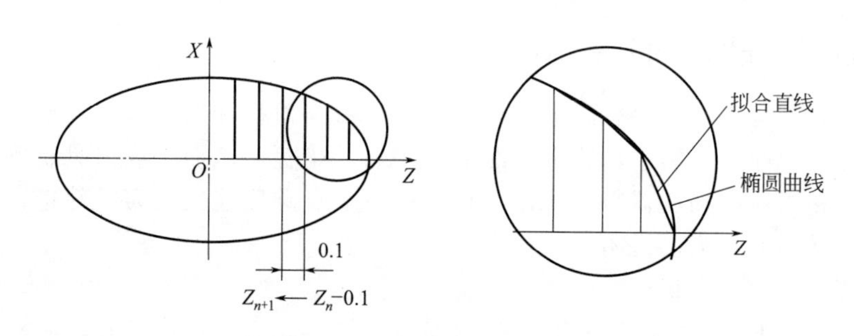

图 3-10 用直线拟合椭圆曲线

例 3-4：车削图 3-11 所示工件，编写宏程序。

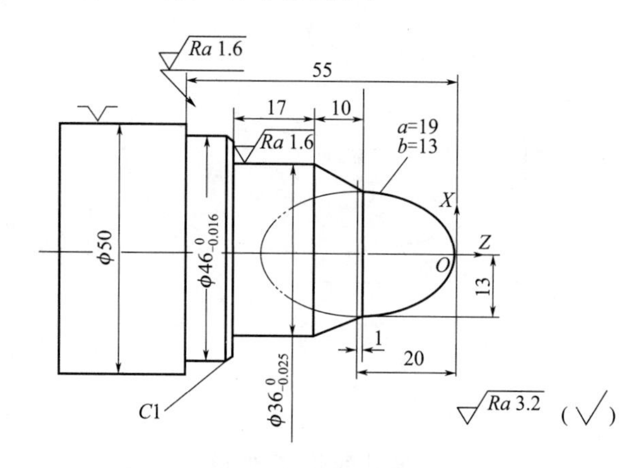

图 3-11 具有椭圆表面的零件

解：♯1 为椭圆曲线公式中的 Z 值，初始值为 19，终值为 0。♯2 为椭圆曲线公式中的 X 值，初始值为 0。图 3-11 所示坐标系与标准方程坐标系（图 3-9）比较，原点沿 Z 轴负向平移 a 距离，所以图 3-11 工件坐标系中某点 Z 坐标值为：（♯1－a）。宏程序变量分配如表 3-5 所示。

表 3-5 宏程序变量分配

坐标	变量	基于标准方程的宏程序表达式	坐标系变换后在图 3-11 中的坐标值
Z	♯1	♯1= ♯1-0.1	♯1－a
X	♯2	♯2= b /a ×SQRT[[a ×a]- [♯1 ×♯1]]	2×♯2（直径值）

图 3-11 右半个椭圆面宏程序组成框图如图 3-12 所示。

宏程序如下。

```
O0600
G54 X100.0 Z100.0;               设定工件原点在右端面,定位到换刀点
T0101 S500 M03;                  换刀,换刀 T01,设定位置补偿,刀补号 01
G99 G97 G21;
G50 S1000;
G96 S120;
G00 X53.0 Z5.0 M08;              定位到循环始点
G73 U21 W1.0 R19.0;              粗车循环
G73 P10 Q20 U0.5 W0.1 F0.2;      N10～N20 为精车轨迹程序段
```

```
N10 G00 X0 S1000;
G42 G01 Z0 F0.08;                         Z 向切入，建立刀具半径有补偿
#1= 19.0;                                 设 Z 变量初值为 19mm
#2= 0;                                    X 变量初值为 0
WHILE [#1 GE 0] DO1;                      Z≥0 运行 DO～END 间程序，Z<0 转到 END 后
#2= 13/19 * SQRT[[19 * 19]-[#1 * #1]]     计算 X 坐标(半径值)
G01 X[2 * #2] Z[#1-19.0] F0.1;            直径编程，用直线拟合椭圆曲线
#1= #1-0.1;                               Z 变量每次按 0.1 递减
END1;                                     循环体结束
X36.0 Z-29.0;                             车锥面
Z-46.0;                                   车直径 φ46mm
X44.0;                                    车台阶面
X46.0 Z-47.0;                             倒角"C1"
Z-55.0;                                   车圆柱 φ46mm
N20 G40 X52.0;                            X 向切出，取消刀具半径补偿
G70 P10 Q20;                              精车循环(取出精车余量)
G00 X100.0 Z100.0;                        返回换刀点
T0100 M05;                                取消刀具位置补偿
M30;                                      程序结束
```

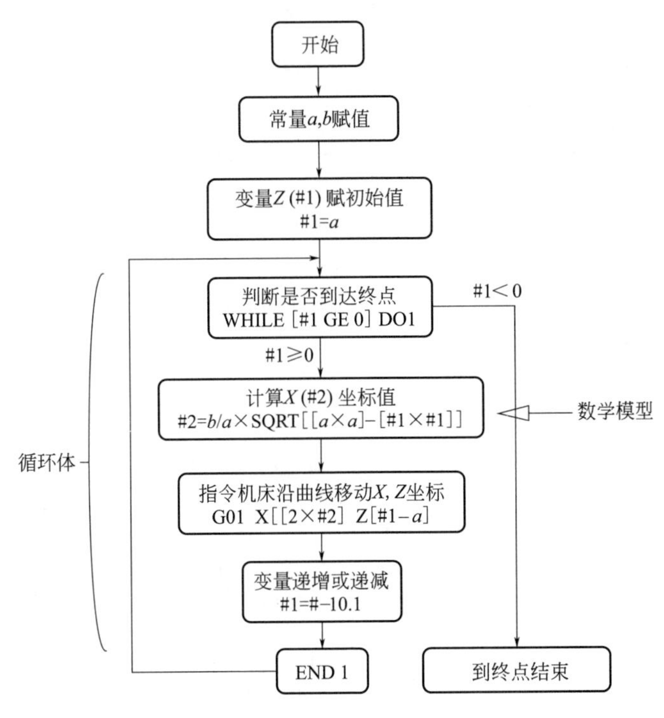

图 3-12　车椭圆宏程序组成框图

例 3-5：车削图 3-13 所示工件，编写宏程序。

解：＃1 为椭圆曲线公式中的 Z 值，初始值为 12.5，终值为－12.5。＃2 为椭圆曲线公式中的 X 值，初始值设为 0，由于是车凹椭圆面，＃2 计算后取负值。图 3-13 所示坐标系与图 3-9 的标准方程坐标系比较，坐标原点沿 X 轴正向平移 20mm 距离，沿 Z 轴负向平移 21mm 距离，所以图 3-13 工件坐标系中椭圆上某点坐标 X：（2×＃2＋40），Z：（＃1－21）。宏程序变量分配如表 3-6 所示。

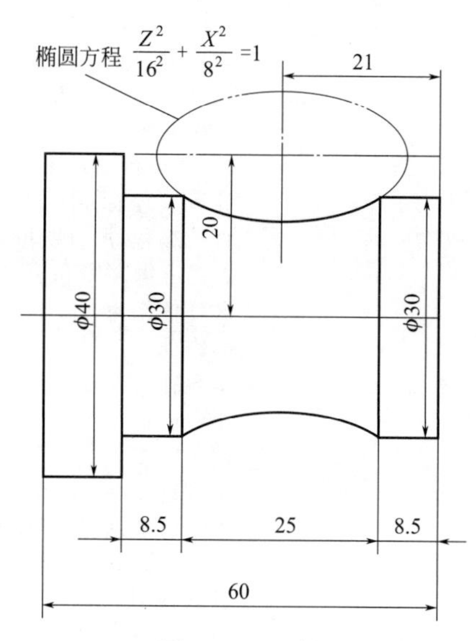

图 3-13　工件

表 3-6　宏程序变量分配

坐标	变量	基于标准方程的宏程序表达式	坐标系变换后图 3-13 中的坐标值
Z	#1	#1= #1-0.5	#1－21
X	#2	#2= b /a×SQRT[[a×a]- [#1 ×#1]]	－[2×#2＋40]（车凹椭圆面，取负值）

程序如下。

```
O0600;
G54 X100.0 Z100.0;                      设定工件原点在右端面,定位到换刀点
T0101 S500 M03;                         换刀,换刀 T01,设定位置补偿,刀补号 01
G99 G97 G21;
G50 S1000;
G96 S120;
G00 X53.0 Z5.0 M08;                     定位到循环始点
G73 U21 W1.0 R19.0;                     粗车循环
G73 P10 Q20 U0.5 W0.1 F0.2;             N10～N20 为精车轨迹程序段
N10 G00 X0 S1000;                       定位
G42 G01 Z0 F0.08;                       Z 向切入,建立刀具半径有补偿
X30.0;                                  车端面
Z-8.5;                                  车直径 φ30mm
#1= 12.5;                               设 Z 变量初值为 12.5mm
#2= 0;                                  X 变量初值为 0
WHILE [#1 GE [-12.5]] DO1;              Z≥-12.5 运行循环体程序,Z<-12.5 转到 END 后
#2= 8/16 * SQRT[[16 * 16]-[#1 * #1]]    计算 X 坐标(半径值)
#2= -[#2]                               车凹椭圆面,取负值
G01 X[2 * #2+40.0] Z[#1-21.0] F0.1;     直径编程,用直线拟合椭圆曲线
#1= #1-0.5;                             Z 变量每次按“0.5”递减
END1;                                   循环体结束
Z-42.0;                                 车直径 φ44mm
X40.0;                                  车台阶面
Z-65.0;                                 车圆柱 φ44mm
N20 G40 X50.0;                          X 向切出,取消刀具半径补偿
```

```
G70 P10 Q20;                      精车循环(取出精车余量)
G00 X100.0 Z100.0;                返回换刀点
M05;                              主轴停
M30;                              程序结束
```

3.2.3　加工抛物线表面宏程序

例 3-6：车削图 3-14 所示工件的抛物线表面，编写宏程序。

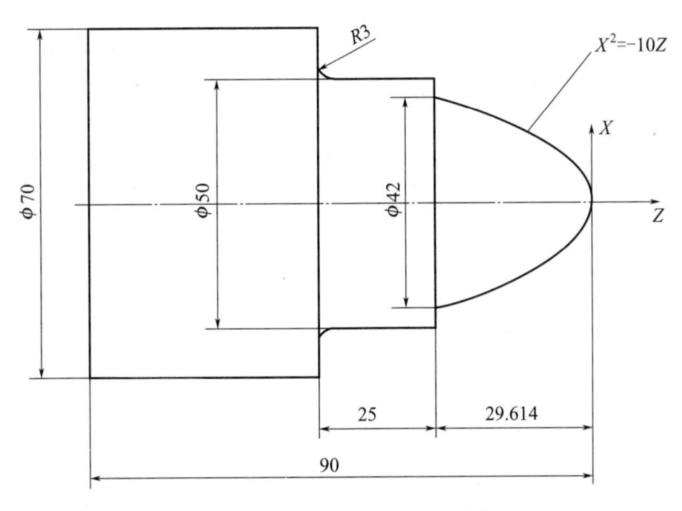

图 3-14　具有抛物线表面零件

解：

(1) 数学模型

如图 3-15 所示，标准抛物线方程：

$$X^2=\pm 2PZ,即\ Z=\pm\frac{X^2}{2P} \tag{3-4}$$

(2) 用直线拟合非圆曲线

数控加工抛物线的方法是把抛物线分成若干小段，用直线插补加工曲线上一小段，这些直线段拟合成抛物线，如图 3-15 所示，在抛物线上按 X 轴每间距小距离（如 1mm）取一个点。间距越小，拟合精度越高。

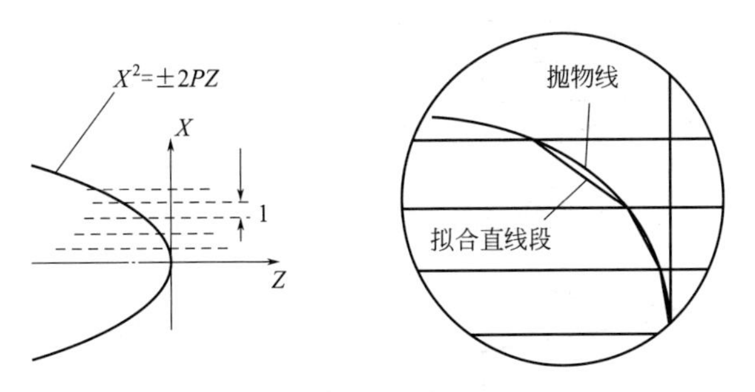

图 3-15　抛物线方程

① 先确定曲线上点的 X 坐标值。X 轴上每间距 1mm 取一个点，相邻点的 X 坐标递增 1mm，由曲线上前一个点 $P_n(x_n,z_n)$，计算下一点 $P_{n+1}(x_{n+1},z_{n+1})$ 的 X 坐标关系式：$X_{n+1}\leftarrow X_n+1$。用变量＃24 表示 X 坐标的宏程序表达式为：＃24＝＃24＋1。

② 算出曲线上该点的 Z 坐标值。以 X 轴坐标（＃24）为自变量，Z 轴坐标（＃26）为变量，根据 $Z=-\frac{X^2}{2P}$［式（3-4）取负值］，宏程序表达式为：＃26＝[＃24×＃24]/＃17，计算出曲线上该点的 Z 坐标值。

③ 执行程序："G01 X[2×＃24] Z＃26 F[＃9];"，切割小段直线。通过循环完成整体抛物线加工。

（3）宏程序变量分配

＃26 为抛物线公式中的 Z 值，初始值为 0。＃24 为抛物线公式中的 X 值，初始值为 0，终点值为 21（＃22/2）。宏程序变量分配如表 3-7 所示。

表 3-7　宏程序变量分配

坐标	变量	基于标准方程的宏程序表达式	图 3-14 中的坐标值
X 终点	＃22		42
常数	＃17	-2P	—10
增量	＃6		1
进给速度	＃9		100
X	＃24	＃24= ＃24+1	＃24＝＃24＋＃6
Z	＃26	$\frac{X^2}{-10}$	＃26＝[＃24×＃24]/＃17

（4）编写宏程序

车抛物线宏程序组成框图如图 3-16 所示。宏程序中 N30～N60 为循环体。

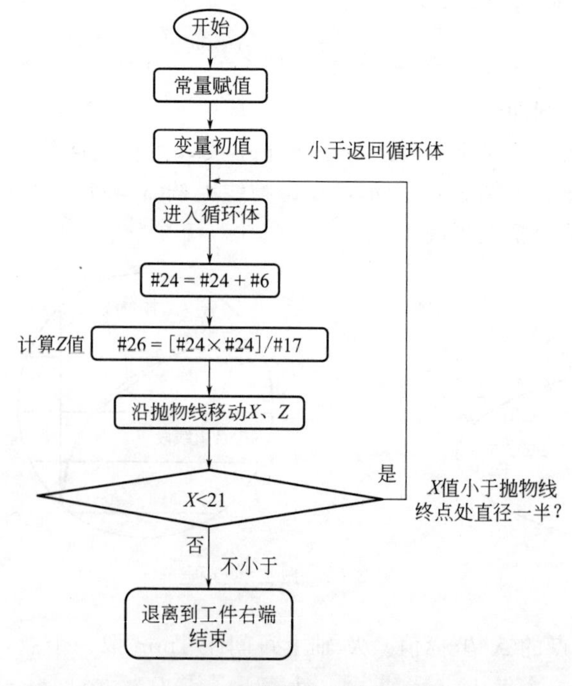

图 3-16　车抛物线宏程序组成框图

宏程序如下。

```
O0523
M03 S800;
G98;
G00 X90. Z100. ;
N10 #24=0;                      抛物线顶点处 X 值
#26=0;                          抛物线顶点处 Z 值
#17= -10. ;                     常量
#22=42. ;                       抛物线开口处直径
#6=1. ;                         每次步进量
#9=100. ;                       进给率
G00 X#24 Z[#26+5.];             定位于加工起点
G01 Z#26 F[2 * #9];             切入工件
N30 #24= #24+#6;                X 向递增
#26= [#24 * #24]/#17;           计算 Z 坐标(Z=X²/-10)
G01 X[2 * #24] Z#26 F#9;        切削小段表面
N60 IF [#24 LT #22/2] GOTO30;   如果 X 值小于开口处直径一半跳转到“30”
G01 X#22 Z#26 F[3 * #9];        退刀
M05;
M30;
```

第4章

FANUC系统数控车床操作

4.1　FANUC 系统数控车床操作设备

4.1.1　安全操作规程

（1）开机前的操作规程

① 穿戴好劳保用品，不要戴手套操作机床。

② 详细阅读机床的使用说明书，在未熟悉机床操作前，切勿随意启动机床，以免发生安全事故。

③ 操作前必须熟知每个按钮的作用以及操作注意事项。

④ 注意机床各个部位警示牌上所警示的内容。

⑤ 按照机床说明书要求加装润滑油、液压油、切削液，接通外接气源。

⑥ 机床周围的工具要摆放整齐，要便于拿放。

⑦ 加工前必须关上机床的防护门。

（2）在加工操作中的操作规程

① 文明生产，精力集中，杜绝酗酒和疲劳操作；禁止打闹、闲谈、睡觉和随意离开岗位。

② 机床在通电状态时，操作者千万不要打开和接触机床上示有闪电符号的、装有强电装置的部位，以防被电伤。

③ 注意检查工件和刀具是否装夹正确、可靠；在刀具装夹完毕后，应当采用手动方式进行试切。

④ 机床运转过程中，不要清除切屑，要避免用手接触机床运动部件。

⑤ 清除切屑时，要使用适当的工具，应当注意不要被切屑划破手脚。

⑥ 要测量工件时，必须在机床停止状态下进行。

⑦ 在打雷时，不要开机床。因为雷击时的瞬时高电压和大电流易冲击机床，可能会烧坏模块或导致数据丢失、改变，造成不必要的损失。

（3）工作结束后的操作规程

① 如实填写好交接班记录，发现问题要及时反映。

② 要打扫干净工作场地，擦拭干净机床，应注意保持机床及控制设备的清洁。

③ 切断系统电源，关好门窗后才能离开。

4.1.2　数控车床操作面板组成

数控车床操作是通过车床上装备的操作面板进行的，FANUC 数控系统有多种型号，不同型号的操作面板结构有一些差别，例如 FANUC 0T 系统和 FANUC 0*i*T 系统数控车床的操作面板如图 4-1 所示。FANUC 0*i*T 系统的 CK6150 车床操作面板如图 4-2 所示。本章介绍 FANUC 0*i*T 数控系统的数控车床操作，读者可采用类比的思路，学习其他型号数控车床的操作。

数控车床的操作面板由上、下两部分组成，上部分是数控系统操作面板（也称为 CRT/MDI 面板）；下部分是机床操作面板，如图 4-1、图 4-2 所示。

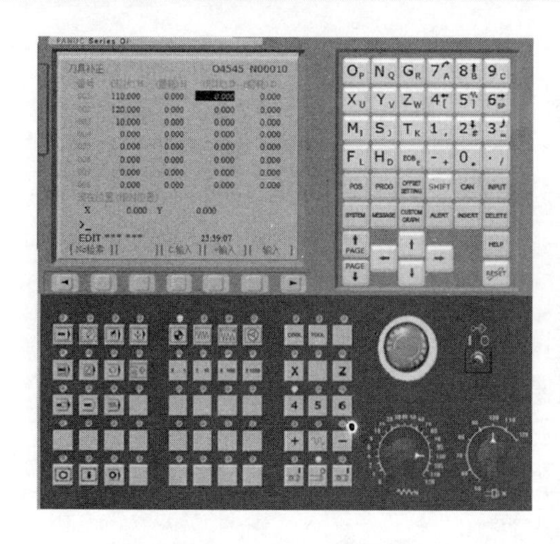

(a)FANUC 0*i*T系统标准车床操作面板

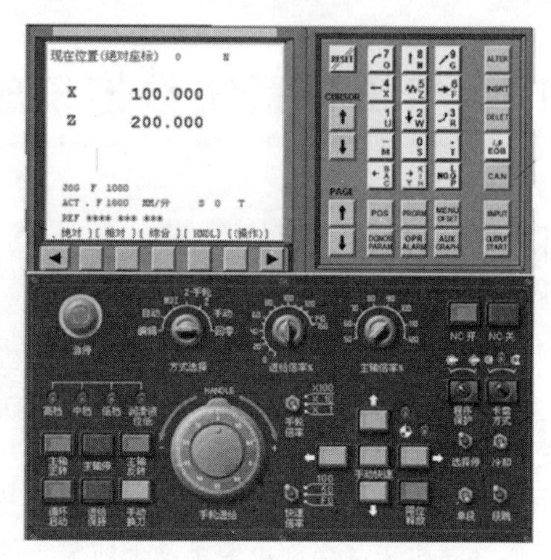

(b)FANUC 0T系统车床操作面板

图 4-1　FANUC 0T 系统车床操作面板

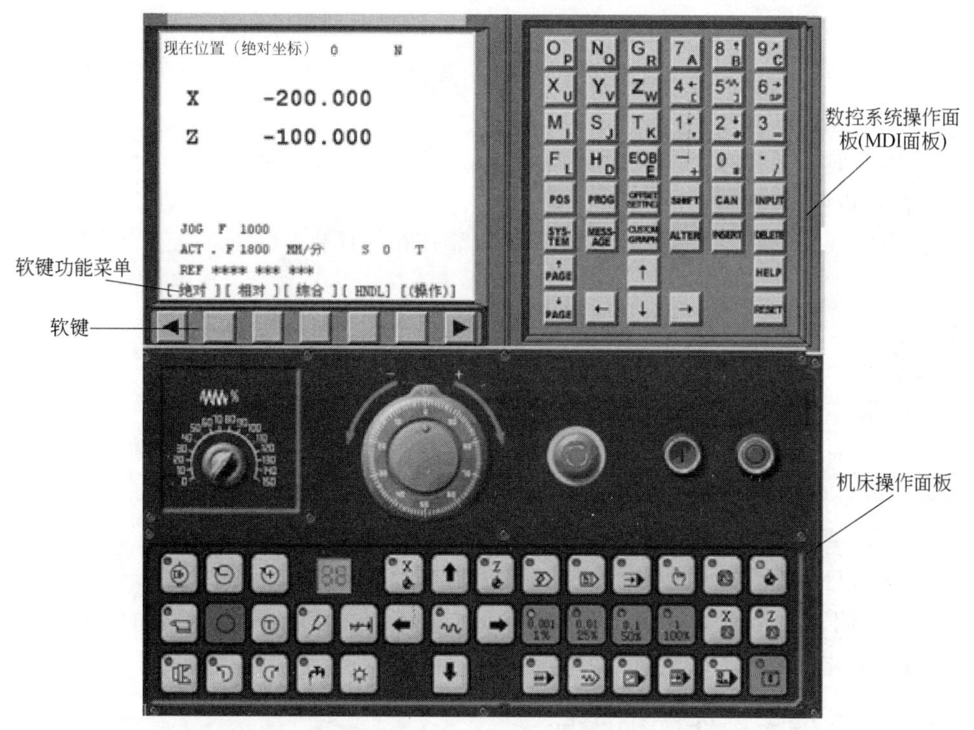

图 4-2　装备 FANUC 0*i*T 系统 CK6150 车床操作面板

4.1.3　数控系统操作面板

车床数控系统面板由显示屏和键盘（MDI）组成，如图 4-2 上半部分所示。键盘（MDI）中各键的名称如图 4-3 所示，各种键的分类、用途及其英文标识如表 4-1 所示。分布在显示屏下面的一行键，称为软键，软键的用途由屏幕上最下一行的软键菜单指示，如图 4-2 所示。在不同的界面下，菜单指示的软键用途不同，软键用途是由功能菜单定义的。

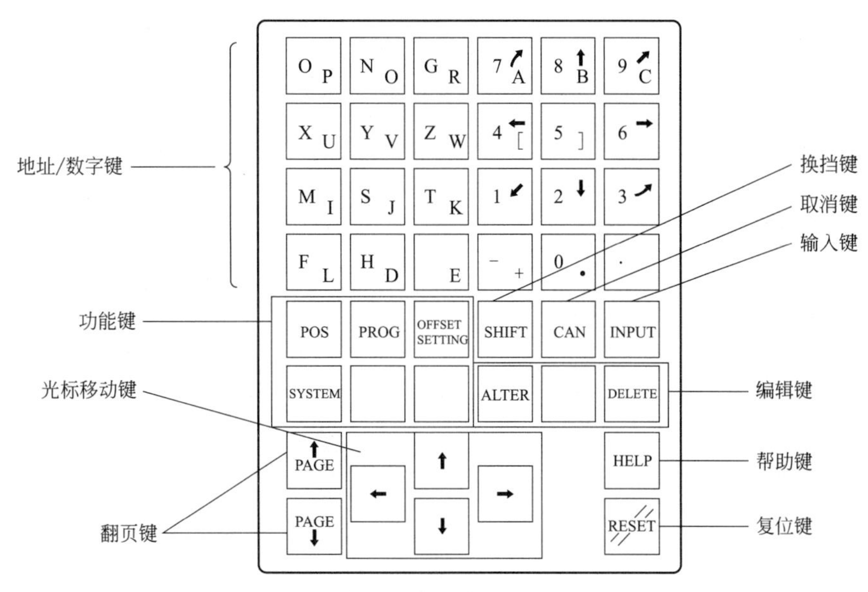

图 4-3　数控系统操作面板上的键盘

表 4-1　数控系统操作面板（MDI）上键的用途

键的标识字符	键名称	键用途
RESET	复位键	用于使 CNC 复位或取消报警等
HELP	帮助键	当对 MDI 键的操作不明白时按下这个键可以获得帮助（帮助功能）
SHIFT	换挡键	在键盘上有些键具有两个功能，按下换挡键可以在这两个功能之间进行切换，当一个键右下角的字母可被输入时就会在屏幕上显示一个特殊的字符 Ê
INPUT	输入键	当按下一个字母键或者数字键时，数据被输入缓存区，并且显示在屏幕上。要将输入缓存区的数据拷贝到偏置寄存器中，必须按下 INPUT 键。这个键与软键上的“INPUT”键是等效的
↑ ← ↓ →	光标移动键	有四个光标移动键。按下此键时，光标按所示方向移动
↑PAGE ↓PAGE	页面变换键	按下此键时，用于在屏幕上选择不同的页面（依据箭头方向，前一页、后一页）
功能键 POS	位置显示键	按下此键，显示刀具位置界面。可以用机床坐标系、工件坐标系、增量坐标及刀具运动中距指定位置的剩下的移动量四种不同的方式显示刀具当前位置
功能键 PROG	程序键	按下此键，在编辑方式下，显示在内存中的程序，可进行程序的编辑、检索及通信；在 MDI 方式，可显示 MDI 数据，执行 MDI 输入的程序；在自动方式可显示运行的程序和指令值进行监控
功能键 OFFSET SETTING	偏置键	按下此键显示偏置/设置 SETTING 界面，如刀具偏置量设置和宏程序变量的设置界面、工件坐标系设定界面、刀具磨损补偿值设定界面等

续表

键的标识字符		键名称	键用途
功能键	SYS-TEM	系统键	按下此键设定和显示运行参数表，这些参数供维修使用，一般禁止改动；显示自诊断数据
	MESS-AGE	信息键	按下此键显示各种信息（报警号页面等）
	CUSTOM GRAPH	图形显示键	按下此键以显示宏程序屏幕和图形显示屏幕（刀具路径图形的显示）
程序编辑键	DELETE	删除键	编辑时用于删除在程序中光标指示位置的字符或程序
	ALTER	替换键	编辑时在程序中光标指示位置替换字符
	INSERT	插入键	编辑时在程序中光标指示位置插入字符
	EOB E	段结束符	按此键则一个程序段结束
	CAN	取消键	按下这个键删除最后一个进入输入缓存区的字符或符号。例如，当输入缓存区字符显示为：> N001 X100 Z_ 当按下 CAN 键时，Z 被取消并且屏幕上显示：> N001 X100_
O P　9 C（总计 24 个）		地址和数字键	输入数字和字母，或其他字符
〔　　〕		软键	软键功能是可变的，根据不同的界面，软键有不同的功能，软键功能的提示显示在屏幕的底端

4.1.4 机床操作面板

机床操作面板上配置了操作机床所用的按键、旋转开关等。按键分为：操作方式选择键、自动运行控制（程序检查）键等。生产厂家不同，机床的类型不同，机床操作面板上开关的配置不同，开关的形式及排列顺序有所差异，但基本功能类似。装备 FAUNC 0*i*T 系统的 CAK6150 型车床机床操作面板如图 4-2 下半部分所示，面板上各键名称如图 4-4 所示，各键的用途如表 4-2 所示。

（1）操作方式选择键（MODE SELECT）

操作者对机床操作时，需要先选择机床的操作方式。FANUC 系统机床的操作方式分为：编辑（EDIT）、自动（AUTO）、手动数据输入（MDI）、手轮（HANDLE）、手动进给（JOG）、回参考点（ZERO）等，如表 4-2 所示。

（2）自动运行控制（程序检查）键

由循环启动键和进给保持键控制程序的自动运行。在编辑程序后，进行加工之前需要进行程序检查，用于检查编程中的刀具轨迹，防止刀具碰撞，避免事故。用于程序检查的键有：机床锁住、空运行、程序段跳过、进给速度倍率、快速移动倍率和单段运行等，详见表 4-2。

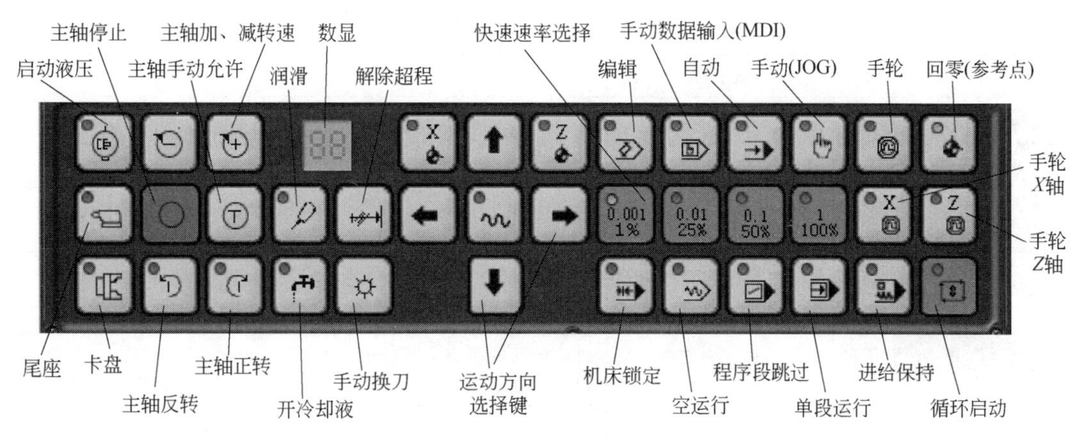

图 4-4　数控车床机床操作面板上各键名称

表 4-2　数控车床机床操作面板上各键的用途

键的标识字符	键名称	键用途
	系统上电（绿色）	打开系统电源
	系统下电（红色）	关闭系统电源
	紧急停止	使机床移动立即停止，并且所有的输出如液压、主轴的转动、冷却液等都会关闭，用于发生紧急情况时的处理
操作方式选择	编辑方式	用于检索、检查、编辑加工程序
操作方式选择	手动数据输入方式（MDI）	从 MDI 键盘上输入一组程序指令，机床根据输入的程序指令运行，这种操作称为 MDI 运行方式。一般在手动输入原点偏置、刀具偏置等机床数据时也采用 MDI 方式
操作方式选择	自动方式	程序存到 CNC 存储器中后机床可以按程序指令运行，该运行操作称为自动运行（或存储器运行）方式 程序选择：通常一个程序用于一种工件，如果存储器中有几个程序，则通过程序号选择所用的加工程序
操作方式选择	手动方式（JOG）	在 JOG 方式下按下运动方向键，刀具沿所示坐标轴的方向移动，抬起按键，进给运动停止（用于手动选刀。主轴起、停、换向等）
操作方式选择 手轮方式	手轮 X 轴	手轮进给方式。选择手轮移动 X 轴
操作方式选择 手轮方式	手轮 Z 轴	手轮进给方式。选择手轮移动 Z 轴
操作方式选择 回零（参考点）方式	X 轴回零	手动返回参考点就是用操作面板上的开关将刀具移动到参考点。刀具到达参考点后回零指示灯亮
操作方式选择 回零（参考点）方式	Z 轴回零	

续表

键的标识字符	键名称	键用途
	手轮	在手轮方式下摇转手轮，刀具按手轮转过的角度移动相应的距离
0.001 1%　0.01 25%　0.1 50%　1 100%	快速速率选择	在手轮方式时，选择手轮进给当量。即手轮每转一格，直线进给运动的距离为：1μm、10μm、100μm 或 1000μm。在手动（JOG）方式时，快速移动倍率选择开关用于选择快速移动速率
自动运行控制	机床锁定	按下机床锁住开关，在自动方式下程序循环启动后刀具不移动，但是显示界面上可以显示刀具的运动位置
	空运行	不装夹工件，按下空运行开关，在自动方式下循环启动后刀具快速进给。用于检查刀具的运动轨迹
	程序段跳过	按下跳过程序段开关，程序运行时跳过开头标有“/”程序段
	单段运行	在单程序段方式中循环启动后，刀具在执行完程序中的一段程序后停止
	进给保持	在程序运行中按下进给保持按键，自动运行暂停。程序暂停后，按下循环启动按钮，程序可以从停止处继续运行
	循环启动	按下循环启动按钮，程序开始自动运行。当完成一个加工程序后自动运行停止
	轴（坐标轴）和运动方向选择键	按运动方向选择开关，机床沿选择的轴（坐标轴）和方向移动 如果按下该开关的同时，按下快速选择开关，刀具快速移动
	进给速率选择	进给倍率用于在操作面板上调整程序中指定的进给速度，此键用于改变程序中指定的进给速度，进行试切削，以便检查程序
	数显	主轴转速挡位显示（左数显管） 当前刀号显示（右数显管）
	润滑	手动方式下，压下该键（键能够自锁），启动润滑泵，其指示灯亮。抬起该键，润滑泵停，指示灯灭
	解除超程	解除超程报警

续表

键的标识字符		键名称	键用途
		手动换刀	手动方式下，每一下该键，刀库转到下一个刀位，用于换刀
		开冷却液	手动开冷却液，进行冷却液的开关操作（键能够自锁）
主轴控制 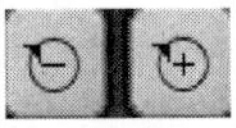		主轴加、减转速	用于在操作面板上调整程序中指定的主轴转速
		主轴停止按键	主轴停止按键
		主轴手动允许	
		主轴正转（键自锁）	
		主轴反转（键自锁）	
		启动液压	启动液压系统
		尾座	移动尾座
		卡盘	控制卡盘夹紧或放松

4.2 数控机床系统显示屏界面

4.2.1 显示屏界面显示的内容

数控系统的显示屏界面是人机对话的工具，机床操作者必须看懂显示屏界面的内容。显示屏界面划分为五个区域，即当前程序信息显示区、数据显示区、数据设定区、CNC运行状态/报警信息显示区和软件菜单显示区。各区域位置分布如图4-5所示。上述5个区域不总是在同一界面中同时出现，而是根据不同功能界面而有所不同。

图4-5所示界面中倒数第二行是CNC状态/报警信息显示区，用于实时显示CNC运行状态，操作者在操作中通过该显示区实时监视CNC的运行。该行有八个位置，如图4-5所示，其显示的状态是：①操作方式状态；②自动运转状态；③自动运转状态；④辅助功能状态；⑤紧急停止或复位状态；⑥报警状态；⑦时间显示；⑧程序编辑状态/运转中的状态。在这八个位置上显示的CNC运行的状态信息，用英文略写字符表示，每种状态下的信息字符及其含义如表4-3所示。

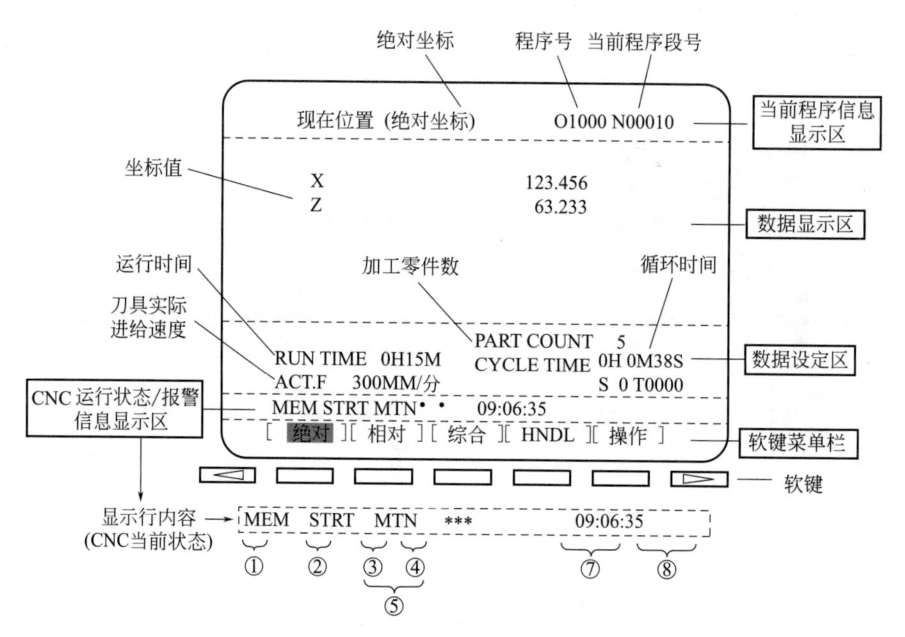

图 4-5 显示屏界面显示区域位置分布

表 4-3 CNC 运行状态/报警信息显示区显示字符的含义

所处位置	系统所处当前状态	显示字符	含义
①	当前系统处于的操作方式	MEM MDI EDIT RMT JOG REF INC HND TJOG TEND	自动方式（存储方式） 手动数据输入/MDI 方式 程序编辑方式 远程方式 手动连续进给 回参考点 增量进给方式＝步进进给（没有手摇脉冲发生器时） 手动手轮进给方式 TEACH IN JOG（JOG 示教方式） TEACH IN HANDLE（手轮示教方式）
②	自动运转状态	STRT HOLD STOP * * *	自动运转起动状态（自动运转程序执行中的状态） 自动运转暂停状态（中断一个程序段的执行，处于停止的状态） 自动运转停止状态（执行完一个程序段，自动运转停止的状态） 其他状态（电源接通时，自动运转结束状态）
③	自动运转状态	MTN DWL * * *	根据程序进行轴移动的状态 执行程序中的暂停指令（G04）的状态 其他状态
④	辅助功能状态	FIN * * *	辅助功能正在执行中的状态、等待完成信号“FIN”的状态 其他状态
⑤（显示③和④的位置）	紧急停止或复位状态	EMG RESET	紧急停止状态 CNC 复位状态（复位信号或 MDI 的“RESET”键接通的状态）
⑥	报警状态	ALM BAT 空白	检测出报警的状态 电池电压低（应该更换了） 其他状态

续表

所处位置	系统所处当前状态	显示字符	含义
⑦	时间显示		时间显示：“时：分：秒”
⑧	程序编辑状态/运转中的状态	入力 出力 SRCH EDIT LSK MBL APC 空白	数据输入中 数据输出中 数据检索中 进行插入、变更等编辑的状态 数据输入时的标记跳跃（读取有效信息）的状态 预读控制（预读多程序段）方式中的状态 不进行编辑的状态

4.2.2 显示屏界面的切换

(1) 六个功能界面的切换

数控系统的操作划分为六类功能，系统执行某一类功能，需要在相应的界面上操作，“功能键”用于切换屏面。键盘上的“功能键”有6个，即位置键、程序键、刀偏/设定键、系统键、信息键以及用户宏或图形显示键，如图4-6所示，可以切换六种显示界面。

(2) 每一功能界面下的子界面

在每一类显示界面中还包含多种子界面，在FANUC操作说明书中称为“章节界面”，用“软键”切换显示各“章节”界面。用于切换章节界面的软键称为章节选择软键；用于选择操作的软键称为操作选择软键，如图4-7所示。软键分布在显示屏下方，中间五个软键用途是可变的，在不同的功能显示界面中，它们具有不同的当前用途，依据界面中最下方显示的软键菜单，可以确定各软键当前用途，如图4-7所示。

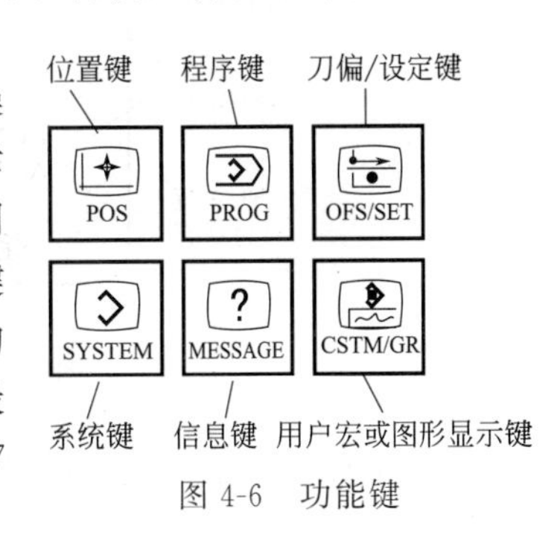

图4-6　功能键

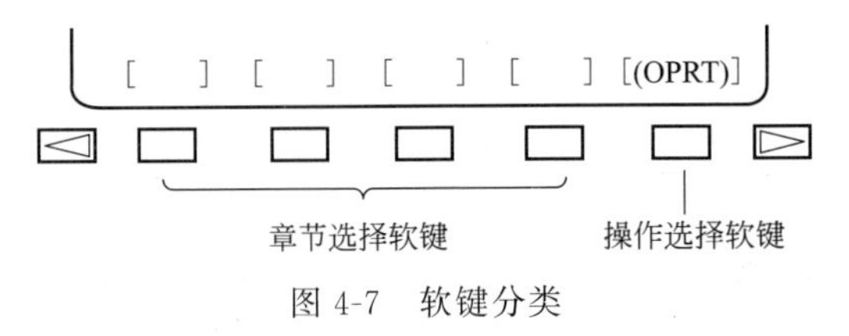

图4-7　软键分类

当章节选择软键菜单超过4个，不能全部显示在界面上，按菜单继续键（下一菜单键），寻找隐藏的菜单。也可按菜单返回键，重新显示章节选择软键菜单，如图4-8所示。

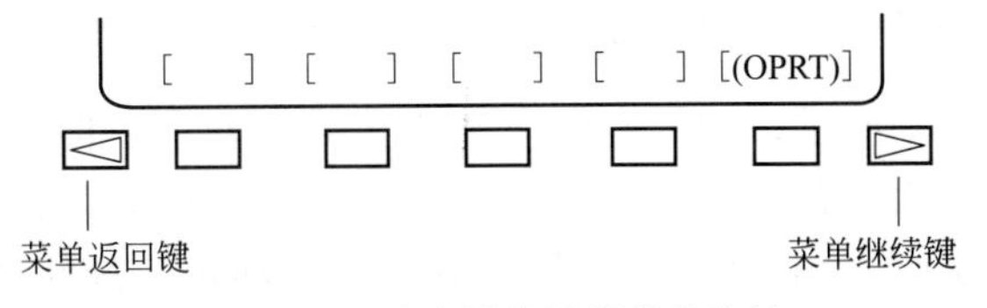

图4-8　显示全部软键菜单的按键

(3) 切换界面操作

综上所述，切换界面操作步骤如下。

① 按下 MDI 面板上的某功能键（图 4-6），打开该功能显示界面，属于该功能涵盖的软键提示在屏幕最下一行显示出来。

② 按其中一个软键，则该软键所规定的界面（章节界面）显示在屏幕上，如果有某个提示菜单没有显示出来，按两端软键，可以扩展显示菜单，显出所需软键菜单。

③ 当所选界面（章节界面）显示后，按“软键”以显示要进行操作的数据。

（4）在显示屏界面上显示刀具的位置

按下程序功能键 POS，显示屏界面切换到显示刀具位置，如图 4-9 所示。刀具位置可用三种方式显示：绝对坐标系；相对坐标系；综合位置。三种方式之间可以通过软键“绝对”“相对”“综合”进行切换。

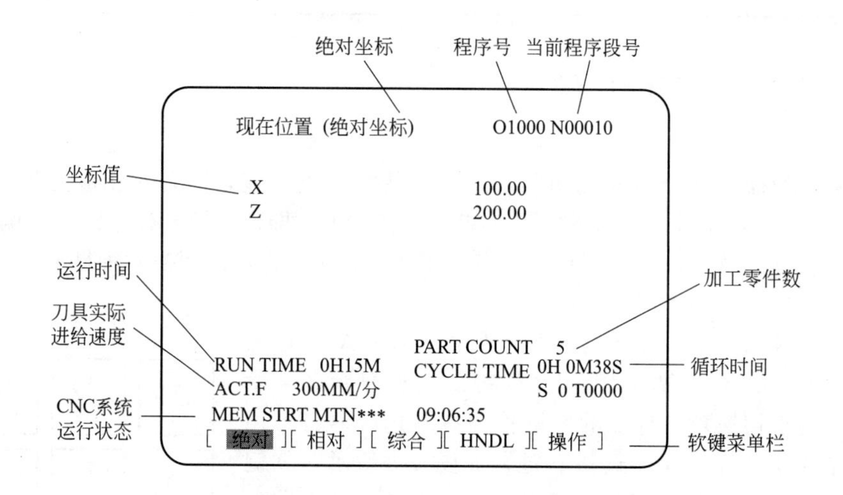

图 4-9　工件坐标系位置显示屏面（绝对坐标）

① 工件坐标系位置显示操作。绝对坐标是用工件坐标系原点表示刀具位置。操作步骤如下。

a. 按功能键 POS。

b. 按软键“绝对”，[绝对] [相对] [综合] [HNDL] [操作]。切换到绝对坐标显示界面，如图 4-9 所示，坐标地址符用 X、Z。显示界面顶部的标题标明“绝对坐标”。

② 相对坐标系位置显示界面。用增量坐标值显示刀具当前位置，操作步骤如下。

a. 按功能键 POS。

b. 按软键“相对”，[绝对] [相对] [综合] [HNDL] [操作]。打开相对坐标系位置显示界面，如图 4-10 所示，坐标地址符用 U、W。界面顶部的标题标明“相对坐标”。

③ 综合位置显示界面。在综合位置界面上用多种方式显示刀具位置，即绝对坐标、相对坐标、机床坐标系的坐标（机械坐标）以及剩余的移动量。打开综合位置显示界面步骤如下。

a. 按功能键 POS。

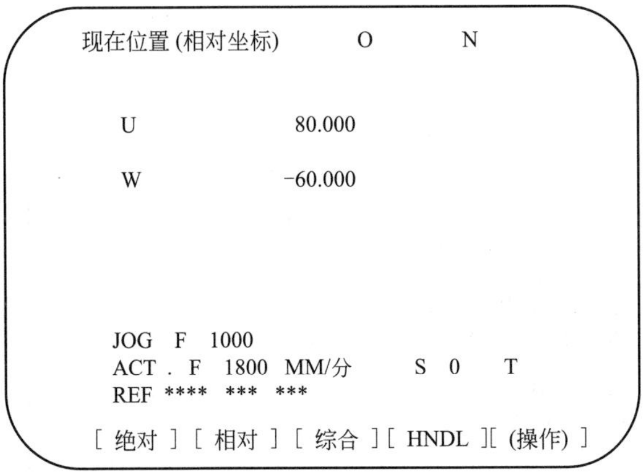

现在位置 (相对坐标)　O　N
U　80.000
W　-60.000
JOG　F　1000
ACT . F　1800　MM/分　S　0　T
REF ****　***　***
[绝对] [相对] [综合] [HNDL][(操作)]

图 4-10　相对坐标系位置显示界面

b. 按软键“综合”，[绝对] [相对] [综合] [HNDL] [操作] ⇧。打开综合坐标系位置显示界面，如图 4-11 所示。

现在位置　O　N
(相对坐标)　(绝对坐标)
U　80.000　X　-200.000
W　-60.000　Z　-100.000
(机械坐标)
X　400.000
Z　910.000
JOG　F　1000
ACT . F　1800　MM/分　S　0　T
REF ****　***　***
[绝对] [相对] [综合] [HNDL][(操作)]

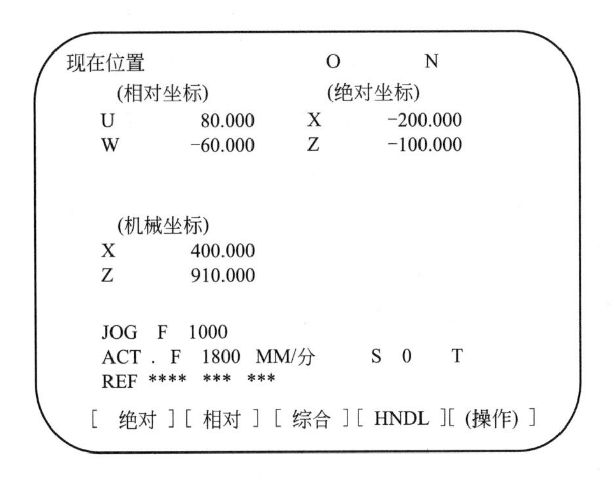

图 4-11　打开综合坐标系位置显示界面

（5）在显示屏界面上显示程序和程序运行中信息

数控机床在 AUTO（自动）方式下按下功能键 PROG，界面显示程序运行中的信息，其子界面包括：运行中程序内容界面；当前程序段界面；下一程序段界面；程序检查界面。操作步骤如下。

① 切换到运行中程序内容界面

a. 按功能键 PROG。

b. 按软键“程式”，[程式] [检规] [现单节] [次单节] [(操作)] ⇧。

显示当前正在运行中的程序，光标位于当前正运行的程序段上，如图 4-12 所示。

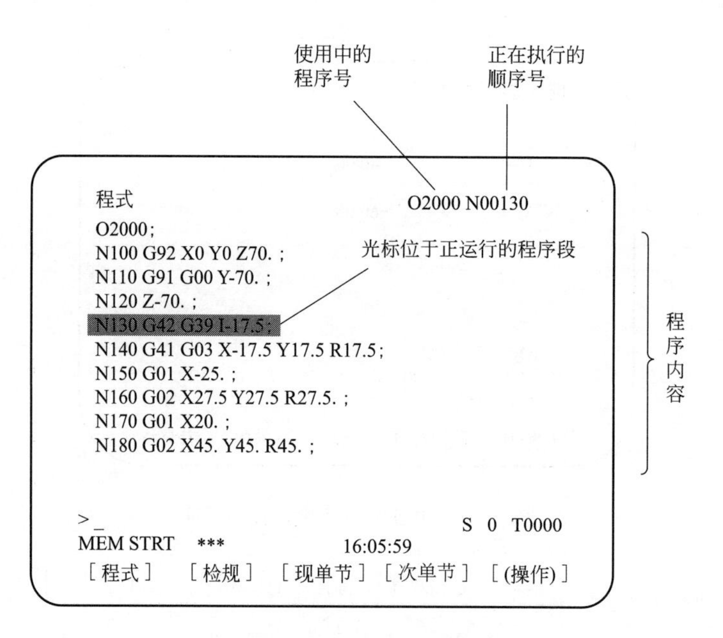

图 4-12 运行中程序内容界面

② 切换到当前程序段屏面。按软键“现单节”，[程式][检规][现单节][次单节][(操作)]。显示当前正在执行的程序段及其模态数据，如图 4-13 所示。

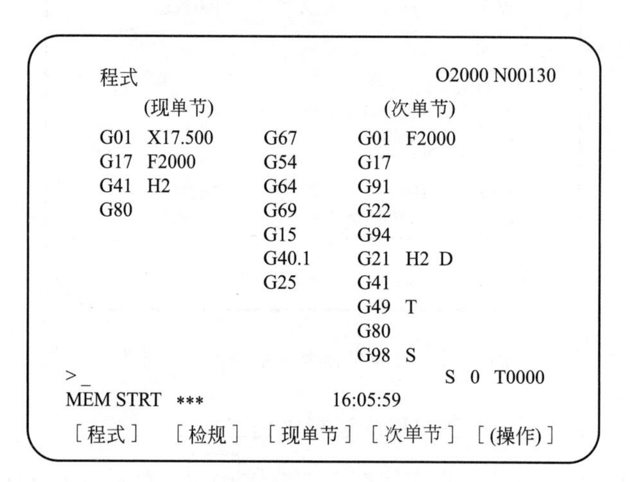

图 4-13 当前执行中的程序段及其模态数据

③ 切换到下一个程序段界面。按软键“次单节”，[程式][检规][现单节][次单节][(操作)]。显示当前正在执行的程序段以及下一个将要执行的程序段，如图 4-14 所示。

④ 切换到程序检查界面。按软键“检规”，[程式][检规][现单节][次单节][(操作)]。显示当前正在执行程序段的刀具位置和模态数据，如图 4-15 所示。

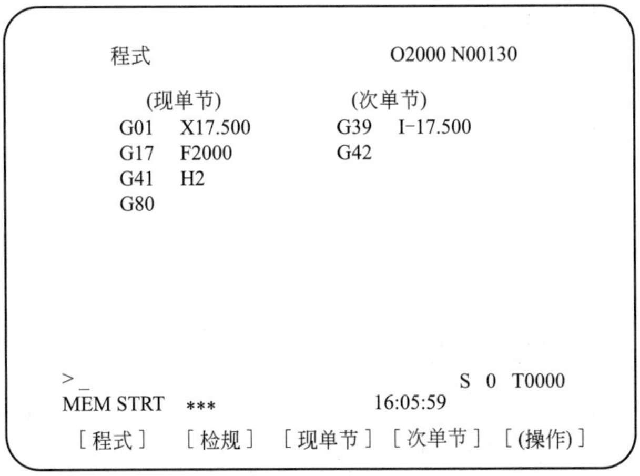

程式　O2000 N00130
(现单节)　(次单节)
G01　X17.500　G39　I−17.500
G17　F2000　G42
G41　H2
G80
>_　S　0　T0000
MEM STRT　***　16:05:59
[程式]　[检规]　[现单节]　[次单节]　[(操作)]

图 4-14　下一个程序段界面

程式　O2000 N00130
O0010;
G92 G90 X100.　Y200.　Z50. ;
G00 X0 Y0 Z0;
G01 Z250.　F1000;
(ABSOLUTE)(DIST TO GO) G00 G94
G80
X　0.000 X　0.000　G17 G21 G98
Y　0.000 Y　0.000　G90 G40 G50
Z　0.000 Z　0.000　G22 G49 G67
B
H　M
T　D
F　S
>_　S　0　T0000
MEM STRT　***　16:05:59
[程式]　[检规]　[现单节]　[次单节]　[(操作)]

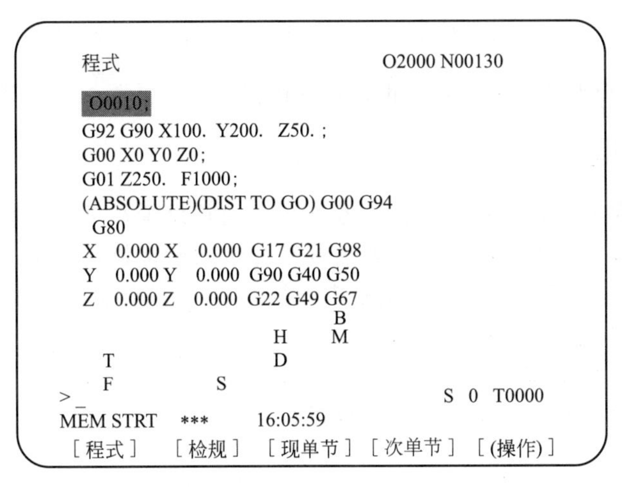

图 4-15　检查程序界面

4.3　手动操作数控车床

本节以CAK6150车床（操作面板如图4-2所示）作为示例，介绍数控车床手动操作方法。

4.3.1　通电操作

打开数控系统电源的步骤如下。

① 检查数控车床的外观是否正常，如检查前门和后门是否关好。

②“急停”按钮处于释放位置。按 键，打开机床电源。

③ 通电后如果系统正常，则会显示刀具位置显示界面，如图4-16所示。显示屏上若有报警应及时予以处理。

④ 检查各控制箱的冷却风扇是否正常运转。

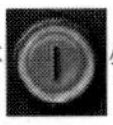

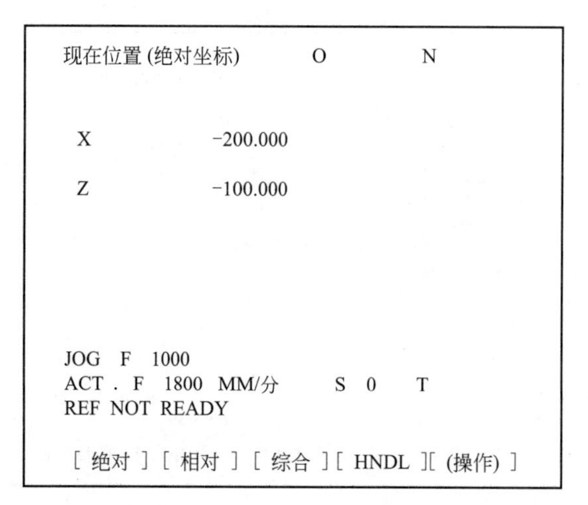

图 4-16　刀具位置显示界面

⑤ 按键，启动液压、气动装置，检查压力表指示是否在所要求的范围内。

⑥ 检查操作面板上的指示灯是否正常，各按钮、开关是否处于正确位置。

4.3.2　手动回零

机床参考点是数控机床上的一个固定基准点，通常设置在正向运动的极限位置。回参考点操作用于设定机床坐标系。机床开机后屏幕显示的坐标值是随机值，回参考点可以使数控系统捕捉到刀具位置，显示刀具在机床坐标系中的坐标值，从而建立起机床坐标系。手动回零操作步骤如表 4-4 所示。

用于检测位置的绝对编码器具有记忆机床零点功能，如果机床装备有绝对编码器，则机床开机后可自动建立机床坐标系，不需要进行回零操作。

表 4-4　手动回零操作步骤

顺序	按键操作	说明
1		机床进入回零方式，屏幕上左下角位置显示的状态为“REF”
2	X	则刀架沿 X 轴正向快速运动，一直到达 X 轴零点位置后，刀架停止，键中的指示灯亮，指示刀架 X 轴正在回零位置
3	Z	则刀架沿 Z 轴正向快速运动，一直到达 Z 轴零点位置后，刀架停止，键中的指示灯亮，指示刀架 Z 轴正在回零位置
4	0.001 1%　0.01 25%　0.1 50%　1 100%	刀架快速运动速率由这些键选择

4.3.3　用按键手动移动刀架（手动连续进给 JOG）

手动按键的使 X、Z 之中任一坐标轴按调定速度进给或快速进给。手动操作一次只能移动一个轴，操作步骤如表 4-5 所示。

表 4-5　用按键手动移动刀架（JOG 方式）操作步骤

顺序	按键操作	说明
1	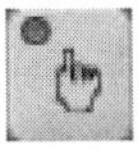	机床进入手动连续方式，屏幕上左下角位置显示的状态为“JOG”
2	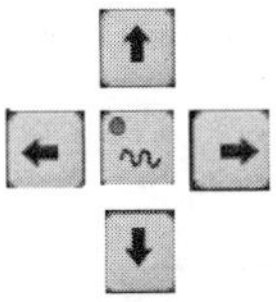	按运动方向选择键，机床沿选择的轴和方向移动
	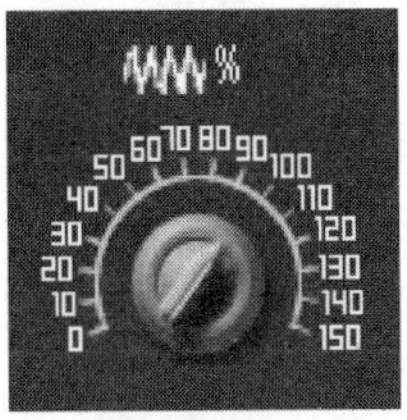	手动运动的进给速度由进给速率选择旋钮选择 可以通过手动操作进给速度的倍率旋钮，调整进给速度
3	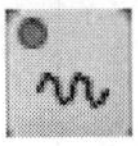	如果按下运动方向键的同时，按下快速选择此键，刀架快速移动。抬起运动方向键，刀架运动停止
4	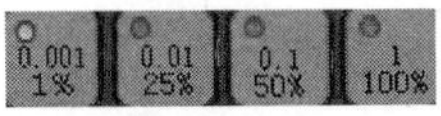 0.001 1%　0.01 25%　0.1 50%　1 100%	在快速移动过程中，快速移动倍率开关有效，刀架快速运动速率由这些键选择

4.3.4　用手轮移动刀架（手摇脉冲发生器 HANDLE 进给）

手摇脉冲发生器又称为手轮，摇动手轮，使 X、Z 等任一坐标轴移动，手轮进给操作步骤如表 4-6 所示。

表 4-6　手轮进给操作步骤

顺序	按键操作	说明
1	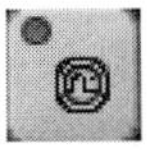	机床进入手轮方式，屏幕上左下角位置显示的状态为“HAND”
2	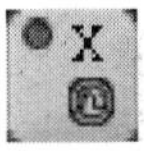 X（或 Z） 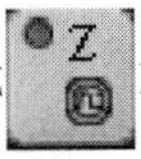	选择用手轮移动 X 轴（或 Z 轴）
3	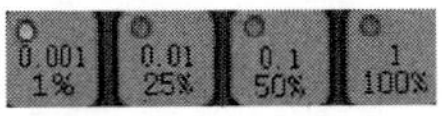 0.001 1%　0.01 25%　0.1 50%　1 100%	选择手轮移动的倍率。选择手轮旋转一个刻度时，刀架运动的直线距离可以是 0.001mm、0.01mm、0.1mm 和 1.0mm
4	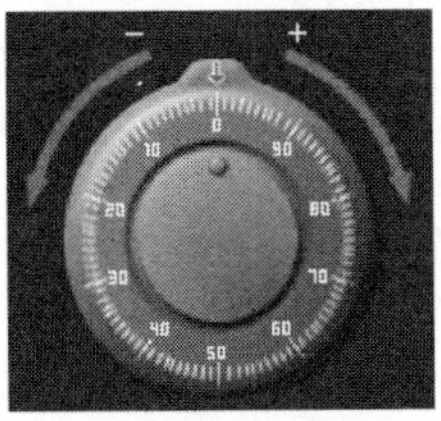	旋转手轮使移动刀具。手轮旋转 360°，刀具移动的距离相当于 100 个刻度的对应值。手轮顺时针（CW）旋转，所移动轴向该轴的“+”坐标方向移动，手摇轮逆时针（CCW）旋转，则移动轴向“－”坐标方向移动

4.3.5 安全操作

安全操作包括急停、超程等各类报警处理。

（1）报警

数控系统对其软、硬件及故障具有自诊断能力，该功能用于监视整个加工过程是否正常，如果工作不正常，系统及时报警，例如刀具运动在 Z 轴超程，报警界面显示出错信息，如图 4-17 所示。报警形式常见有机床自锁（驱动电源切断）、屏幕显示出错信息、报警灯亮、蜂鸣器鸣响等。

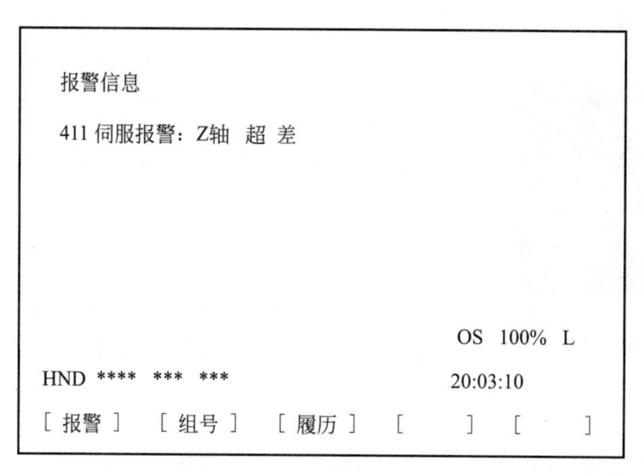

图 4-17 Z 轴超程报警界面

（2）急停

当加工过程出现异常情况时，按机床操作面板上的“急停”钮，机床的各运动部件在移动中紧急停止，数控系统复位。急停按钮按下后会被锁住，不能弹起，通过旋转该按钮，可解锁。急停操作等于切断了系统的电源。

急停处理步骤如表 4-7 所示。

表 4-7 急停处理步骤

顺序	按键操作	说明
1		出现异常情况时，按机床操作面板上的“急停”钮。各运动部件在移动中紧急停止，数控系统复位
2		排除引起急停的故障
3		手动返回参考点操作，重新建立坐标系，如果在换刀动作中按了“急停”钮，还必须用 MDI 方式把换刀机构调整好

（3）超程

在手动、自动加工过程中，若移动的刀具或工作台移动到由机床限位开关设定的行程终点时，刀具减速并最终停止，界面显示出信息“OVER TRAVEL”（超程），如图 4-17 所示。超程时系统报警，同时机床锁住，不能启动。超程报警后处理步骤如表 4-8 所示。

表 4-8 超程报警后处理步骤

顺序	按键操作	说明
1		解除超程报警
2		机床进入手轮方式，屏幕上左下角位置显示的状态为“HAND”
3		用手摇轮使超程轴反向移动适当距离（大于10mm）
4	RESET	按“RESET”键，超程轴原点复位，恢复坐标系统

4.3.6 MDI运行数控程序

采用MDI运行程序，一般用于简单的测试操作。在MDI方式中通过MDI面板可以编制最多10行程序段，并被执行。采用MDI方式运行操作步骤如下。

① 按下MDI方式开关。

② 按MDI操作面板上的功能键PROG，MDI操作界面如图4-18所示。界面中的程序号“O0000”是自动加入的。

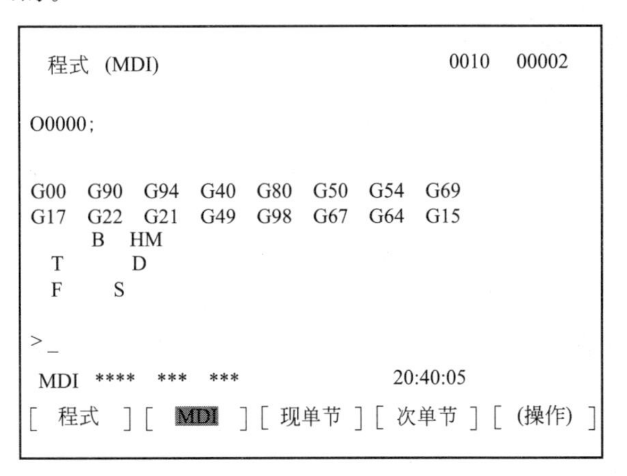

图 4-18 MDI操作界面

③ 用通常的程序编辑操作编制一个要执行的程序，在结束的程序段中加上“M99”用以在程序执行完毕后，将控制返回到程序头。在MDI方式编制程序可以用插入、修改、删除字检索，地址检索和程序检索等操作。

④ 要完全删除在MDI屏面中编制的程序，使用以下的方法。

a. 输入地址 O ，然后按MDI面板上的 DELETE 键。

b. 按 RESET 键。

⑤ 为了启动程序必须将光标移动到程序头，当然从中间点启动执行也可以，按下操作面板上的循环启动按钮，程序启动运行。当执行程序结束指令“M02”或“M30”，或者执行“%”后，程序自动清除并且运行结束。通过指令“M99”控制，自动回到程序的开头。

⑥ 要在中途停止或结束 MDI 操作，按以下步骤进行。

a. 停止 MDI 操作。按下操作面板上的进给暂停开关，进给暂停指示灯亮，循环启动指示灯熄灭，当机床在运动时进给操作减速并停止。当操作面板上的循环启动按钮再次被按下时，机床重新启动运行。

b. 结束 MDI 操作。按下 MDI 面板上的 RESET 键，自动运行结束并进入复位状态。当在机床运动中执行了复位命令后，运动会减速并停止。

4.4 创建、运行车削程序操作

4.4.1 数控加工操作的一般步骤

数控加工操作的一般步骤如下。

① 回机床参考点。使刀具定位在参考点，数控系统得以确认刀具位置，建立起机床坐标系。返回参考点可以手动操作，也可以用返回参考点指令将编程轴自动返回到参考点。

② 找正、安装夹具。夹具在机床上安装完毕，应测量工件原点到机床原点的距离，作为原点偏置输入数控系统。

③ 将刀具装入刀库并检查刀号。

④ 通过对刀设定刀补值。

⑤ 输入刀补值、原点偏置等参数。

⑥ 将程序输入数控系统。

⑦ 机床锁定，检查加工程序，检查程序的语法是否有错误。加工程序空运行，空运行是刀具按快速速率移动而与程序中指令给定的进给速度无关，该功能用来在机床不装工件时检查刀具的运动轨迹。

⑧ Z 轴锁定运行程序，检查刀具运行轨迹是否正确。

⑨ 试切削。程序空运行无法确定加工后工件的加工精度，而通过试切削，可以检查加工工艺和有关切削参数是否合理，调整工件是否满足加工精度要求，加工精度是否能达到零件的设计要求。对于不能加工出合格产品的程序，通过空运行和试切削找到程序和工艺处理中存在的问题，以便进一步改正，直到加工出合格产品。程序空运行和工件试切削两步进行校验，这是调试加工程序的最后两个环节。

⑩ 加工生产和复制程序存储介质。零件的加工程序调试合格后，就可以进行加工生产。对调试合格但又暂时不用的加工程序，可通过存储设备制作程序存储介质，把合格的零件加工程序存储起来，以备以后使用。

4.4.2 创建、运行程序实例

例 4-1：如图 4-19 所示，毛坯为 ϕ30mm×70mm 圆钢，走刀一次，车削外圆，加工部位尺寸为 ϕ25mm×30mm。

(1) 编写加工程序

① 设定工件坐标系。采用对刀点位置设定工件坐标系。走刀路线中的刀具起始位置，

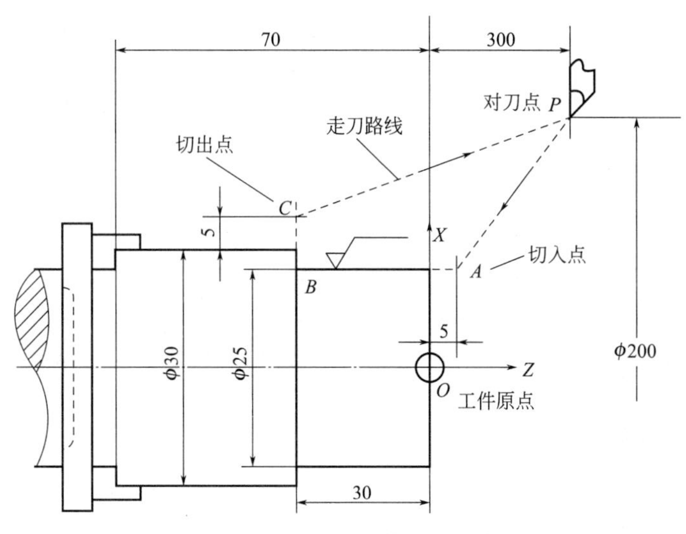

图 4-19 车 ϕ25mm 外圆走刀路线

也称对刀点位置。一般情况下，对刀点是程序中刀具运动的起点，也是加工程序结束时刀具的终止位置。

图 4-19 中工件选工件右端面为工件坐标系原点，采用 G50 指令设定工件坐标系，设定工件坐标系程序段为：

```
G50 X200.0 Z300.0;
```

段中“X200.0”“Z300.0”刀具起始点在 X 轴、Z 轴方向距工件原点的距离。

② 车削走刀路线。车削加工中为避免切入、切出工件时产生毛刺，刀具进刀和退刀应有一定的距离，一般车刀切入位置（切入点）和切出位置（切出点）距工件 3～5mm。车削走刀路线是：开始时刀具采用快速走刀接近工件，到达切入点，然后用切削进给，一直切削到切出点。最后快速返回到对刀点。如图 4-19 中虚线所示。

③ 加工程序。程序如下。

```
O0100                        程序号
N10 G50 X200.0 Z300.0;       刀具位于对刀点 P,设定工件坐标系
N20 S500 M03;                启动主轴
N30 G00 X25.0 Z5.0;          快速接近工件,到 A 点
N40 G01 Z-30.0 F0.15;        切削 AB
N50 X35.0;                   切出(退刀)BC
N60 G00 X200.0 Z300.0;       快速回到对刀点 P
N70 M02;                     程序结束
```

(2) 创建数控程序

用键盘创建、输入数控程序，操作步骤如表 4-9 所示。

表 4-9 用键盘创建、输入数控程序步骤

顺序	按键操作	说明
1		进入“EDIT”方式，屏幕左下角状态显示为：“EDIT”
2	PROG	显示在内存中的程序界面，进行程序的编辑

续表

顺序	按键操作	说明
3	O0100	键入程序号，“O0100”显示在屏幕下方符号“>”的后面（该位置为输入缓冲区） 如键入了错误的字符，按CAN键，可取消在缓冲区中的字符
4	INSERT	把缓冲区中的字符插入到内存，显示在屏幕上
	ALTER	用缓冲区中的字符更改屏幕上光标所在位置的字符
	DELETE	取消屏幕上光标所在位置的字符
5	EOB E	分段输入程序，每程序段后需按此键，换行
6	……	输入程序段的每一个字。显示在缓冲区
	EOB E	键入“;”
	INSERT	缓冲区字符进入内存，如图4-20所示
7		逐步把例4-1程序输入内存，创建程序完成

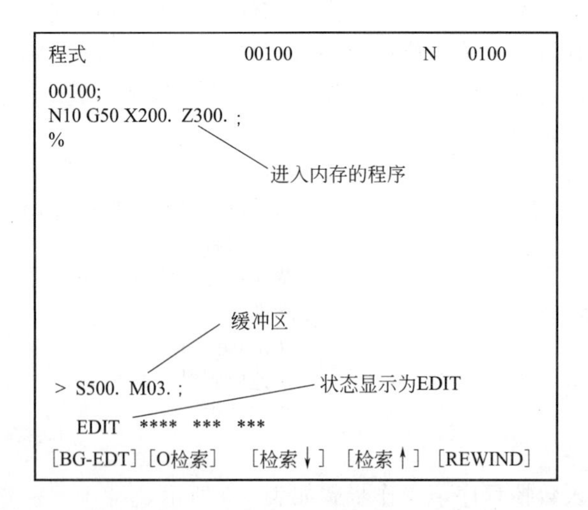

图4-20 用数控系统面板创建程序

(3) 用G50建立工件坐标系的对刀

三爪卡盘装夹ϕ30mm×70mm圆钢，程序中用G50建立工件坐标系，需要进行对刀操作。程序中设定工件坐标系的程序段为：“G50 X200.0 Z300.0;”。

对刀点坐标：$X=200$，$Z=300$。

使刀尖定位于对刀点的对刀操作步骤如表4-10所示。

表 4-10　用 G50 建立坐标系中的对刀操作步骤

顺序	操作	说明	屏幕显示
1	回零操作	建立机床坐标系	
2	装夹工件	毛坯尺寸 ϕ30mm×70mm	
3	手动（JOG）操作，车端面，见光即可	车完端面，车刀沿 X 轴原路退回，Z 轴不动。观测、记下屏幕 Z 轴坐标值（Z=99.565） 若对刀点到端面的距离 300mm，则在机床坐标系中对刀点的 Z 坐标为： Z=99.565+300=399.565	现在位置 (绝对坐标)　O0100　N0100 X　248.140 Z　99.565 JOG　F　150 ACT . F　150　MM/分　S　0　T　1 JOG **** *** *** [绝对] [相对] [综合] [HNDL][(操作)] 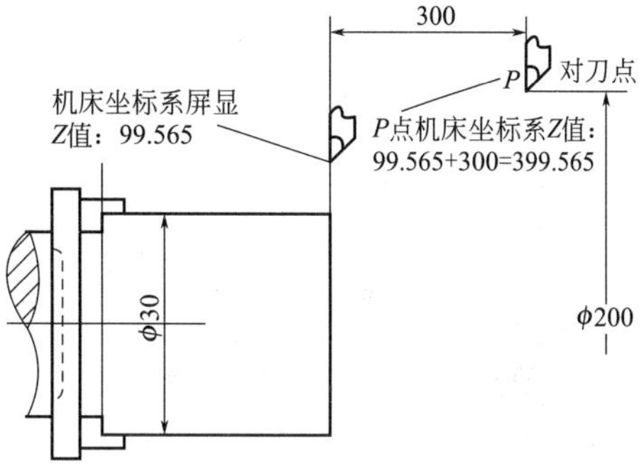 300 P　对刀点 机床坐标系屏显 Z值：99.565 P点机床坐标系Z值： 99.565+300=399.565 φ30 φ200
4	手动（JOG）操作，车外圆	车一段外圆，车刀沿 Z 轴原路退回，X 轴不动。测量所车外圆直径 d=ϕ27.308mm 此刻，对刀点到 d 圆的距离： 200−27.308=172.692 记下屏幕 X 轴坐标值（X=238.37） 若对刀点 X 值为 200mm，则在机床坐标系中对刀点的 X 坐标为： X=238.370+172.692=411.062	现在位置 (绝对坐标)　O0100　N0100 X　238.370 Z　101.985 JOG　F　150 ACT . F　150　MM/分　S　120　T　1 JOG **** *** *** [绝对] [相对] [综合] [HNDL][(操作)] 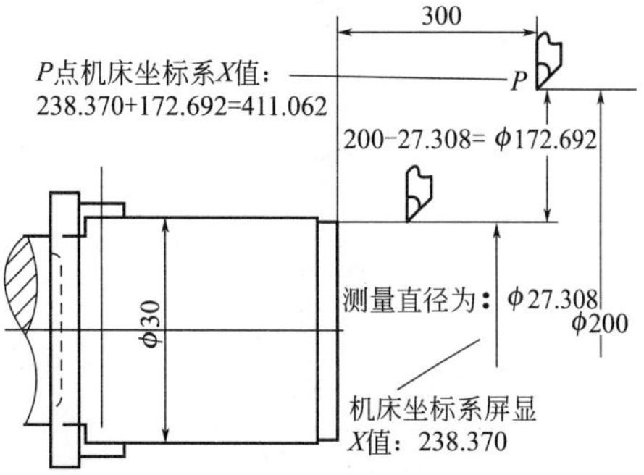 300 P点机床坐标系X值： 238.370+172.692=411.062 P 200−27.308= φ172.692 测量直径为：φ27.308 φ200 φ30 机床坐标系屏显 X值：238.370

续表

顺序	操作	说明	屏幕显示
5	手动（JOG）操作，使刀尖移动到对刀点	屏幕显示：$X=411.062$ $Z=399.565$	现在位置(绝对坐标)　O0100　N0100 X　411.062 Z　399.565 JOG　F　150 ACT．F　150　MM/分　S　0　T　1 JOG ****　***　*** [绝对] [相对] [综合] [HNDL][(操作)]
6	按  [自动] 键，选自动方式，按  [循环启动] 键，运行程序	程序运行程序段：（屏显如右图） G50 X200.0 Z300.0; 建立工件坐标系	程式检视　O0100　N0100 O0100; N10 G50 X200.　Z300.; N20 S500 M03; N30 G00 X25.　Z5.0 ; (绝对坐标)　(余移动量) X　411.062　X　0.000 Z　399.565　Z　0.000 F　150　S 0 M　T　1 >　S　0　T　1 MEM****　***　*** [绝对] [相对] [　] [　] [(操作)]

（4）运行程序（自动加工）

检索并运行“0100”号程序操作过程，如表 4-11 所示。

表 4-11　运行程序操作过程

顺序	按键操作	说明
1	 [自动]	选自动运行方式
2	 PROG	打开程序屏幕
3	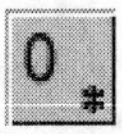 O 数字：0100 [O SRH] 软键	检索程序，从存储的程序中选择“O0100”程序

续表

顺序	按键操作	说明
4		启动自动运行，车削 ϕ25mm，程序运行时按键中指示灯 LED 闪亮，当运行结束时指示灯熄灭
		如中途停止运行，按此键，键内指示灯亮，并且循环启动指示灯熄灭。按下机床操作面板上的循环启动按钮，重新启动机床的自动运行
	RESET	按此键，终止自动运行，并进入复位状态，机床减速直到停止

4.5 存储偏移参数操作

学习要点：在数控加工之前应进行参数设置与调整。需要进行的操作有设定工件坐标系、存储刀具补偿值以及其他一些工作参数。现举例讲解车削参数测量、存储操作步骤。

例 4-2：图 4-21 所示零件，毛坯为圆钢 ϕ45mm×110mm，车端面、车外圆、切断。

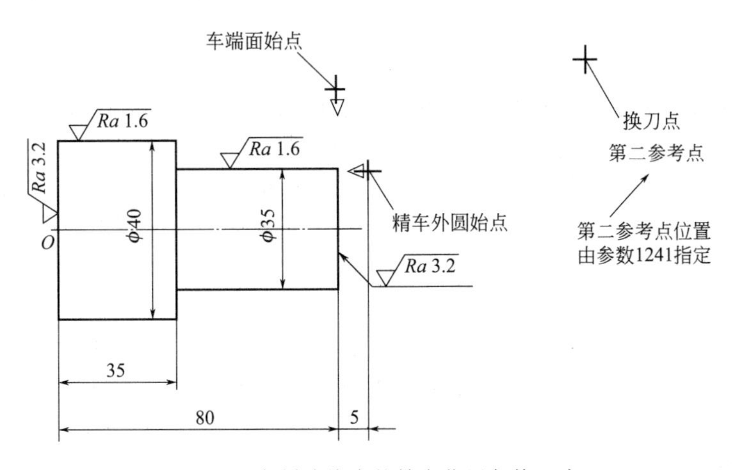

图 4-21　车削路线中的始点位置与换刀点

4.5.1 编制加工程序

(1) 零件分析

零件材料为 45 钢，需要加工端面、外圆，并且切断。毛坯为 ϕ45mm×110mm 的圆钢。车削编程需根据零件图样计算各几何元素的交点，然后按零件的长度确定装夹方法。通常将长度与直径比值小于 4（$L/D<4$）的轴类零件，称为短轴。

(2) 确定工件的装夹方式

短轴可采用三爪卡盘装夹一端进行车削加工。三爪卡盘能自动定心，工件装夹后一般不需要找正，装夹效率高。只限于装夹圆柱形、正三边形、六边形等形状规则的零件。如果工件是精基准表面，为防止夹伤工件表面，可以使用软爪。如果工件伸出卡盘较长，则仍需找正。三爪卡盘上一般有一副正反都可使用的卡爪，各卡爪都有编号，在装配卡爪时应按编号顺序安装。

（3）确定数控加工工序

根据零件的加工要求，粗车端面及外圆用90°硬质合金机夹偏刀；精车外圆使用高速钢90°外圆车刀，以确保加工粗糙度要求；使用切断刀切断。该零件的数控加工工艺过程如表4-12所示。

表4-12 数控加工工序卡

工步号	工步内容	刀具	切削用量		
			背吃刀量/mm	主轴转速/(r/min)	进给速度/(mm/r)
1	车端面	T01		<1500	0.1
2	粗车外圆，留余量0.2mm	T01	2.3	<1500	0.3
3	精车外圆	T02	0.2	<1500	0.1
4	切断，保证总长90mm	T03		300～600	0.05～0.01

（4）工件坐标系原点

编写程序前需要根据工件的情况选择工件原点，*X*轴工件原点设在工件的轴线上。*Z*轴原点的选择一般根据工件的设计基准，选择在工件轴向的右端面上，或选择在工件的左端面上。图4-21所示工件的轴向尺寸基准在工件左端，所以选工件左端面为*Z*轴原点。

（5）换刀点

换刀点是指在多刀加工程序中，设置的一个自动换刀位置。为了防止在换刀时碰撞到工件或夹具，除特殊情况外，其换刀点都设置在被加工工件的外面，并留有一定的安全区。具体的位置应根据工序内容而定。通常可在机床的第二参考点换刀（第二参考点位置由存储在参数1241中的值指定）。这使编程简单，又使完成换刀动作的同时完成了程序回零，防止程序零点漂移。本例在第二参考点换刀。

（6）各工步的始点

在本例编程时还要考虑粗、精车端面的始点和粗、精车削外圆的始点，以及切断的起始点。如果毛坯余量较大，应进行多次走刀粗车，最后进行一次精车，那么每次的车削始点都不相同。

（7）数控程序

其数控车削ϕ35mm外圆采用两次粗车，一次精车，其余表面采用一次粗车，一次精车，粗、精车切削用量选择如表4-12所示。数控程序如下。

```
O2000;                          程序编号“O2000”
N0 G54 G00 X100.0 Z200.0;       设置工件原点在左端面
N10 G30 U0 W0;                  返回第二参考点(换刀点)
N20 G50 S1500 T0101 M08;        最高主轴转速为1500r/min,换01号刀具,M08开冷却液
N30 G96 S50 M03;                指定恒切削速度为50m/min,主轴旋转
N40 G00 X40.20.0 Z85.0;         快速走到外圆粗车始点(40.2,85)
N50 G01 Z-5.0 F0.3;             以进给率0.3mm/r,粗车一次外圆到φ40.2mm
N60 X46.0;                      退刀
N70 G00 Z85.0;                  轴向快速退刀
N80 X35.4;                      进刀
N90 G01 Z35.2 F0.3;             粗车“φ35”外圆到尺寸φ35.4mm
```

```
N100 X42.0;                       车台阶面
N110 G00 Z85.0;                   刀具轴向快速退刀
N120 G30 U0 W0;                   回第二参考点以进行换刀
N130 (Finishing);                 精车开始,括号中为程序说明
N140 G50 S1500 T0202;             限制最高主轴转速为 1500r/min,换 02 号刀
N150 G96 S100;                    指定恒切削速度 100m/min
N160 G00 X35.0 Z90.0;             快速走到外圆精车始点(35,85)
N180 Z35.0;                       精车"φ35.0"外圆到尺寸
N190 X40.0;                       精车台阶
N200 Z-5.0;                       精车"φ40"外圆到尺寸
N210 G00 X50.0;                   退刀
N220 Z80.0;                       刀具快速到车端面始点(50,80)
N225 G96 S30;                     指定恒切削速度 30m/min
N230 G00 X40:0;                   接近工件端面
N240 G01 X-1.0 F0.1;              精车右端面
N250 G00 Z100.0;                  沿 Z 向,轴向退刀
N260 G30 U0 W0;                   返回第二参考点
N265 G50 S1000 T0303;             限制最高主轴转速为 1000r/min,换 03 号刀
N270 G96 S30;                     指定恒切削速度 30m/min
N275 G00 X50.0 Z0;                快速到切断始点(50,0)
N280 G01 X-1.0 F0.1;              切断
N290 G00 X85.0 Z170.0 M05 M09;    返回程序始点
N300 M30;                         程序结束
```

4.5.2 用 G54 指令建立工件坐标系

例 4-2 的程序中采用 G54 指令设定工件坐标系。在机床上装夹工件后，需要设定工件原点的偏移值，G54～G59 原点偏置有两种设定方法：直接输入数据设定和由测量功能设定。

（1）直接输入工件原点偏移值操作步骤

① 按下功能键“OFFSET”。

② 按下章节选择软键“WORK”，显示工件坐标系设定界面。

③ 设定工件原点偏移值的界面有几页，通过按翻页键“PAGE”显示所需的内容。

④ 打开数据保护键以便允许写入。

⑤ 移动光标到需改变的工件原点偏移值处。

⑥ 用数字键输入所需值，显示在缓冲区，然后按下软键“INPUT”，缓冲区中的值被指定为工件原点偏移值。或者用数字键输入所需值，然后按下软键“＋INPUT”，则输入值与原有值相加。

⑦ 重复⑤和⑥以改变其他偏移值。

⑧ 关闭数据保护键以禁止写入。

直接输入例 4-2 中工件原点偏移值，操作步骤如表 4-13 所示。

表 4-13　直接输入工件原点偏移值操作步骤

顺序	操作	说明和操作步骤	屏幕显示
1	回零操作	建立机床坐标系	
2	装夹工件		

续表

顺序	操作	说明和操作步骤	屏幕显示
3	手动（JOG）操作，车端面，见光即可	车完端面，车刀原路退回，Z 轴不动，记下屏幕 Z 轴坐标值（Z=127.658） 工件原点到端面的距离 80mm，所以工件原点在机床坐标系的 Z 坐标为 Z=127.658−80=47.658	现在位置 (绝对坐标)　O　N X　268.820 Z　127.658 JOG　F　200 ACT . F　200　MM/分　S　0　T　1 JOG ****　***　*** [绝对] [相对] [综合] [HNDL] [(操作)] 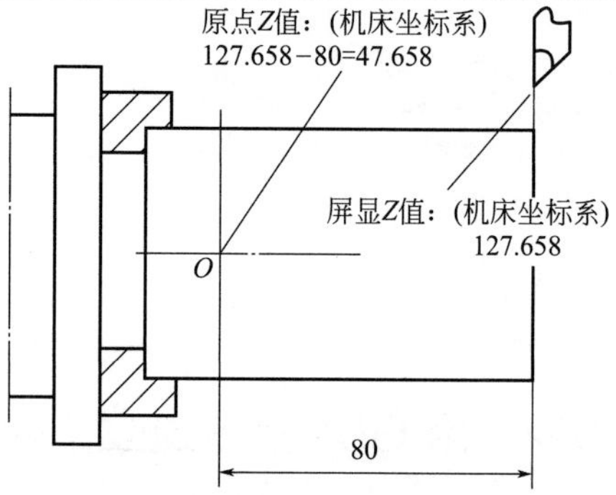 原点Z值：(机床坐标系) 127.658−80=47.658 屏显Z值：(机床坐标系) 127.658 O 80
4	手动（JOG）操作，车外圆	车一段外圆，车刀原路退回，X 轴不动，测量车后外圆直径 d=44.183mm 记下屏幕 X 轴坐标值 X=255.274 工件原点在机床坐标系的 X 坐标为： X=255.274−44.183=211.091	现在位置 (绝对坐标)　O　N X　255.274 136.569 Z JOG　F　200 ACT . F　200　MM/分　S　0　T　1 JOG ****　***　*** [绝对] [相对] [综合] [HNDL] [(操作)] 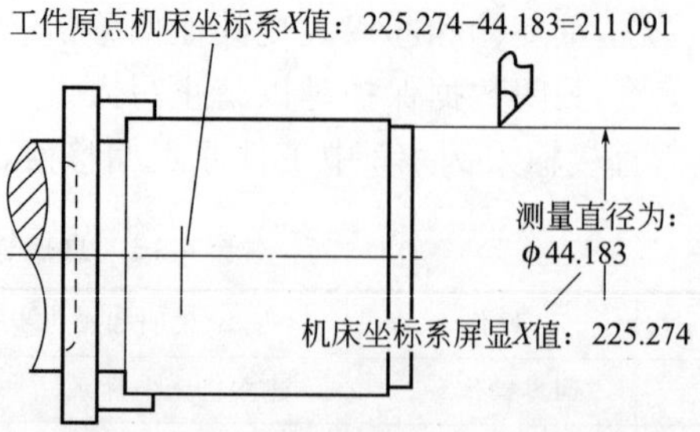 工件原点机床坐标系X值：225.274−44.183=211.091 测量直径为： ϕ44.183 机床坐标系屏显X值：225.274

续表

顺序	操作	说明和操作步骤	屏幕显示
5	进入坐标系设定界面，工件原点偏移值输入G54偏置存储地址中	按 OFFSET SETTING →按软键“坐标系”→光标停在G54“X”处→在缓冲区键入字符“X47.658”→按软键“输入”，则X47.658输入G54偏置内存，如右图所示 同样操作，将Z211.091输入G54 Z偏置内存，如右图所示 操作完成	WORK COONDATES O N (G54) 番号 数据 番号 数据 00 X 0.000 02 X 0.000 (EXT) Z 0.000 (G55) Z 0.000 X轴原点偏置 01 X 47.658 03 X 0.000 (G54) Z 211.091 (G56) Z 0.000 Z轴原点偏置 > JOG **** *** *** [磨耗] [形状] [SETTING] [坐标系] [(操作)]

（2）由测量功能输入工件零点偏移值操作步骤

① 装夹圆柱形工件，手动切削外端面。

② 沿 X 轴移动刀具但不改变 Z 坐标，然后停止主轴。

③ 写入工件端面和编程的工件坐标系原点之间的距离（β）。

a. 按下功能键“OFFSET”。

b. 按下章节选择软键“WORK”，显示工件原点偏移的设定界面。

c. 将光标定位在所需设定的工件原点偏移上（例如“G54 Z”）。

d. 按下所需设定偏移的轴的地址键（本例中为 Z 轴）。

e. 输入（β）值（显示在缓冲区）。然后按下“MEASUR”软键，系统自动计算工件原点偏移值，并指定在“G54 Z”的内存中。

④ 手动切削表面外圆。

⑤ 沿 Z 轴移动刀具，但不改变 X 坐标，然后主轴停止。

⑥ 测量所车削的直径（ϕ），然后按照上述③的步骤操作，在 X 上输入工件原点偏移值（ϕ），并指定在“G54 X”的内存中。

由测量功能设置例4-2中工件原点偏移值，操作步骤如表4-14所示。

表4-14 由测量功能输入工件原点偏移值操作步骤

顺序	操作	说明和操作步骤	屏幕显示
1	回零操作	建立机床坐标系	
2	装夹工件		
3	手动（JOG）操作，车端面，见光即可	车完端面，车刀原路沿 X 向退回，Z 向保持不动 注：工件原点到端面的距离80mm	

续表

顺序	操作	说明和操作步骤	屏幕显示
4	进入坐标系设定界面，工件原点偏移值输入“G54 Z”偏置存储地址中	按OFFSET SETTING→按软键“坐标系”→光标停在“G54 Z”处→在缓冲区键入字符“Z80”→按软键“测量”，则原点偏移值Z211.091显示在“G54 Z”偏置内存，如右图所示	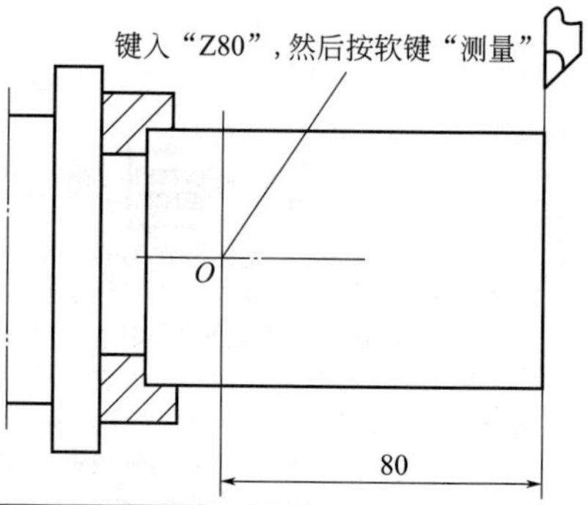 键入“Z80”，然后按软键“测量” O 80 WORK COONDATES　O　N (G54) 番号　数据　番号　数据 00　X　0.000　02　X　0.000 (EXT)　Z　0.000　(G55)　Z　0.000 01　X　0.000　03　X　0.000 (G54)　Z　211.091　(G56)　Z　0.000 > JOG ****　***　*** [NO.检索][测量][　][+输入][输入]
5	手动（JOG）操作，车外圆	车一段外圆，车刀原路退回，X轴不动，测量车后外圆直径$d=\phi$43.542mm	
6	进入坐标系设定界面，工件原点偏移值输入“G54 X”偏置存储地址中	按OFFSET SETTING→按软键“坐标系”→光标停在“G54 X”处→在缓冲区键入字符“X43.542”→按软键“测量”，则原点偏移值“47.658”显示在“G54 X”偏置内存，如右图所示 操作完成	键入“X43.542”，然后按软键“测量” 测量直径为：ϕ43.542 WORK COONDATES　O　N (G54) 番号　数据　番号　数据 00　X　0.000　02　X　0.000 (EXT)　Z　0.000　(G55)　Z　0.000 01　X　47.658　03　X　0.000 (G54)　Z　211.091　(G56)　Z　0.000 > JOG ****　***　*** [NO.检索][测量][　][+输入][输入]

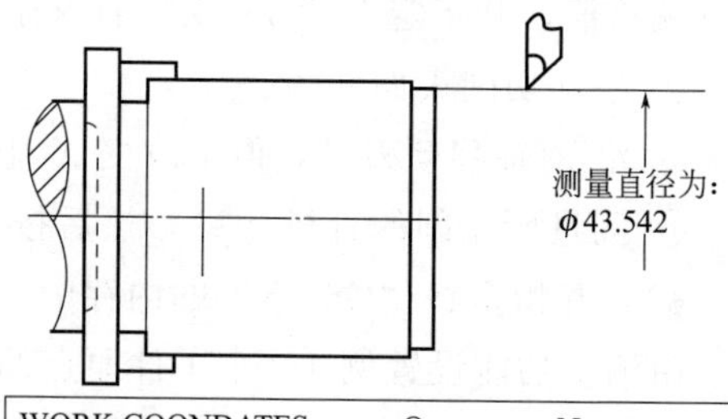

4.5.3　存储刀具偏移值操作

加工程序中刀具轨迹根据零件图样运行，不考虑加工时刀具的位置。加工中常需要几把刀具，不同刀具转到切削位置时刀尖所处位置一定不重合。各刀具的位置偏差称为刀具偏移值。为使处于不同位置的刀具均能正确运行程序，切削加工前通过对刀操作，各个刀具位置偏移值存入相应刀具补偿号中，在加工程序的换刀指令中给出相应的刀具补偿号，系统根据补偿号中的刀偏值，进行位置补偿，使不同位置的刀具均按照程序轨迹运行。

对车刀而言，刀具几何补偿参数指刀尖偏移值（刀具位置补偿）、刀尖半径补偿值和刀尖方位，界面显示如图 4-22 所示，图中“番号”是刀具补偿号；“X”“Z”为刀偏值；“R”为刀尖半径；“T”为刀尖方位号。为方便刀具磨损后微调刀具位置，系统中还设有刀具磨损偏移界面，如图 4-23 所示。同一补偿号出现在两个界面中，两界面中补偿值的代数和是某一补偿号的实际补偿量。

工具补正　　　　O　　　　N

番号	X	Z	R	T
01	0.000	0.000	0.000	0
02	0.000	0.000	0.000	0
03	0.000	0.000	0.000	0
04	0.000	0.000	0.000	0
05	1.100	0.000	0.000	0
06	0.000	0.000	0.000	0
07	0.000	0.000	0.000	0
08	0.000	0.000	0.000	0

现在位置(相对坐标)

U　-200.000　　W　-100.000

>　　S　0　　T

REF ****　***　***

[NO.检索] [测量] [C. 输入] [+输入] [输入]

图 4-22　刀具几何尺寸偏移界面

工具补正/磨耗　　　　O　　　　N

番号	X	Z	R	T
01	0.000	0.000	0.000	0
02	0.000	0.000	0.000	0
03	0.000	0.000	0.000	0
04	0.000	0.000	0.000	0
05	0.000	0.000	0.000	0
06	0.000	0.000	0.000	0
07	0.000	0.000	0.000	0
08	0.000	0.000	0.000	0

现在位置(相对坐标)

U　-200.000　　W　-100.000

>　　S　0　　T

REF ****　***　***

[磨耗] [形状] [SETTING] [坐标系] [(操作)]

图 4-23　刀具磨损偏移界面

刀偏移值的设置过程又称为对刀操作。通过对刀操作，由系统自动计算出刀偏量，存入数控系统。不论用对刀仪对刀还是试切法对刀，都存在一定的对刀误差。当加工后发现工件尺寸不符合要求时，可根据零件实测尺寸进行刀偏量的修改。

（1）设定和显示刀具偏移值和刀尖半径补偿值的步骤

① 按下功能键 OFFSET SETTING。

② 按下软键选择键“OFFSET”或连续按下 PAGE 键，直至显示出刀具补偿界面，如图4-22所示，和刀具磨损偏移界面，如图4-23所示。

③ 用翻页键和光标键移动光标至所需设定或修改的补偿值处，或输入所需设定的补偿号并按下软键“NO. 检索”。

④ 设定补偿值时，输入一个值，并按下软键“INPUT”。改变补偿值时，输入一个值并按下软键“＋INPUT”，于是该值与当前值相加（也可设负值），若按下软键“INPUT”，则输入值替换原有值。

（2）试切法刀具偏移值的直接输入

编程时用刀具上的刀位点代表刀具位置，刀位点一般采用标准刀具的刀尖或转塔中心等，加工时需要将刀具刀位点与加工中实际使用的刀尖位置之间的差值设定为刀偏值，并输入刀偏存储器中。试切法对刀获得的偏移一般存在“几何”补偿参数（图4-2）中。刀具偏移量的直接输入操作步骤如下。

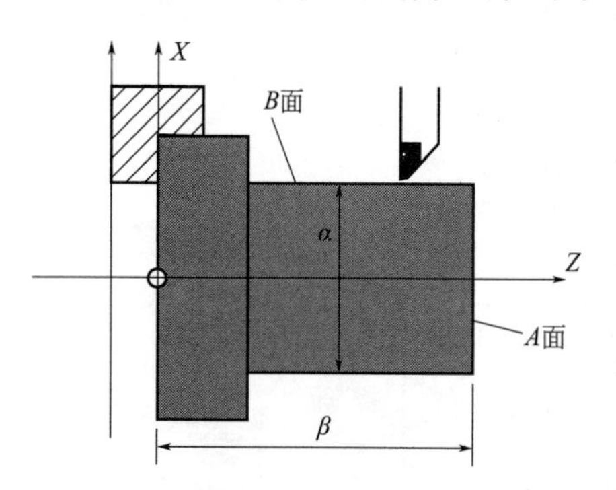

图4-24　刀具偏移量输入操作

① Z 轴偏移量的设定

a. 在手动方式中用一把实际刀具切削表面 A，假定工件坐标系已经设定，如图4-24所示。

b. 在 X 轴方向退回刀具，Z 轴不动，并停止主轴。

c. 测量工件坐标系的零点至面 A 的距离 β，用下述方法将 β 值设为指定刀号的 Z 向测量值。

• 按功能键 OFFSET SETTING 和软键“OFFSET”，显示刀具补偿界面。如果几何补偿值和磨损补偿值需要分别设定，就显示与其相应的界面。

• 将光标移动至欲设定的偏移号处。

• 按地址键Z进行设定。

• 键入实际测量值（β）。

• 按软键“测量”，则测量值与程编的坐标值之间的差值作为偏移量被设入指定的刀偏号

② X 轴偏移量的设定

a. 在手动方式中切削表面 B。

b. Z 轴退回而 X 轴不动，并停止主轴

c. 测量表面 B 的直径（α）。用与上述设定 Z 轴的相同方法，将该测量值设为指定刀号的 X 向测量值。

对所有使用的刀具重复以上步骤，则其刀偏量可自动计算并设定。

例如，当刀具切削表面 B 后，X 坐标值显示为“70.0”，而测量表面 B 的直径 $\alpha=68.9$，光标放在偏移号5处，在缓冲区输入数字“68.9”，按软键“测量”，于是5号刀偏的 X 刀具偏移值为1.100，如图4-22所示。

在刀具几何尺寸补偿界面设定的测量值，所设定的补偿值为几何尺寸补偿值，并且所有的磨损补偿值均被设定为0。如果在刀具磨损补偿界面设定了磨损补偿值，则两界面的代数和为新的补偿值。

4.5.4 多把刀具偏移值设置

设置多把刀具的刀具偏移值常用两种方法：相对刀具偏移补偿和绝对刀具偏移补偿。

（1）相对刀具偏移补偿

相对刀偏移值补偿中所说的“相对”是指选定一把基准刀，用基准刀进行试切对刀，将基准刀的偏移用G50或G54～G59设置，基准刀的刀偏补偿设为零，而将其他刀具相对于基准刀的偏移值设置在各自的刀偏补偿号中。

下面介绍相对刀具补偿法是“基准刀G54～G59＋相对刀偏法”。例4-2中加工需要3把刀，按表4-13或表4-14步骤操作，可以输入工件原点偏移值，设定工件坐标系。设定工件坐标系时使用的刀具T01作为标准刀，基准刀的刀偏补偿为零，把其余刀的刀尖相对标准刀刀尖的距离作为补偿值设置刀偏值，从而完成多把刀具偏移值的输入。针对例4-2题相对刀具偏移补偿设置步骤如表4-15所示。

表4-15 多把刀具偏移值输入步骤（相对刀具偏移补偿）

顺序	操作	说明	屏幕显示
	已完成G54设置	即完成表4-14操作，工件原点在图4-24中所示位置	
1	手动（JOG）操作	将标准刀移动到基准点位置，即右图中P点位置 屏幕显示如右图所示	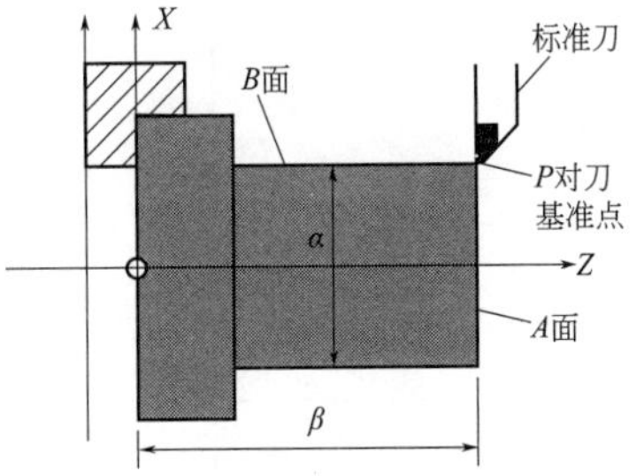 X　标准刀　B面　P对刀基准点　α　Z　A面　β 现在位置(绝对坐标)　O0000　N　0000 X　44.764 Z　80.000 JOG　F　100 ACT．F　420　MM/分　S　0　T　1 MDI ****　***　*** [绝对][相对][综合][HNDL][(操作)]
2	将基准点位置的相对坐标设为零点	依次按下述键或软键： POS “相对”“操作”“起源”	现在位置(绝对坐标)　O　N U　0.000 W　0.000 JOG　F　100 ACT．F　420　MM/分　S　0　T　3 HNDL ****　***　*** [预定][起源][　][元件：0][运动：0]

续表

顺序	操作	说明	屏幕显示
3	换 T02 号刀	手动（JOG）刀具到换刀位置，按换刀键  ，换上 T02 号刀	
4	对刀，手动（JOG）把 2 号刀刀尖移动到基准点位置	T02 号刀对刀，使刀尖位于基准点 *P*，如右图所示 相对坐标显示如右图所示 该相对坐标值就是 2 号刀相对于标准刀（1 号刀）的差值，也就是 2 号刀具补偿值	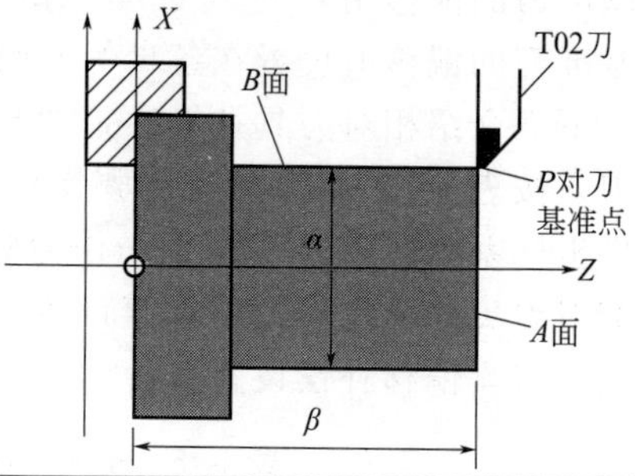 X　T02刀　B面　P对刀基准点　α　Z　A面　β 现在位置 (绝对坐标)　O　N U　-1.250 W　1.092 JOG　F　100 ACT．F　420　MM/分　S　0　T　2 JOG ****　***　*** [绝对]　[相对]　[综合]　[HNDL]　[(操作)]
5	把 2 号刀补偿值存入 02 补偿号存储区	02 补偿号存储数据如右图所示	工具补正　O　N 番号　X　Z　R　T 01　0.000　0.000　0.000　0 02　-1.250　1.092　0.000　0 03　0.000　0.000　0.000　0 04　0.000　0.000　0.000　0 05　0.000　0.000　0.000　0 06　0.000　0.000　0.000　0 07　0.000　0.000　0.000　0 08　0.000　0.000　0.000　0 现在位置(相对坐标) U　0.000　W　0.000 >　S　0　2 HNDL ****　***　*** [NO.检索][测量][C. 输入] [+输入] [输入]
6	重复 3～5 操作，把 3 号刀补偿值输入 03 补偿号存储区 以此类推，存入其他刀补值	03 补偿号存储数据如右图所示	工具补正　O　N 番号　X　Z　R　T 01　0.000　0.000　0.000　0 02　-1.250　1.092　0.000　0 03　1.463　-3.230　0.000　0 04　0.000　0.000　0.000　0 05　0.000　0.000　0.000　0 06　0.000　0.000　0.000　0 07　0.000　0.000　0.000　0 08　0.000　0.000　0.000　0 现在位置(相对坐标) U　1.463　W　-3.230 >　S　0　3 JOG ****　***　*** [NO.检索][测量][C. 输入] [+输入] [输入]

（2）绝对刀具偏移补偿

绝对刀具偏移补偿在机床坐标系下操作，所用的每一把刀具均按照工件坐标系分别单独试切对刀，取得的刀补值存入相应刀补号，每个刀补值不互相关联，互不影响，调整起来相对简单，在实际加工中得到广泛应用。绝对刀具偏移补偿原理是每把刀均通过刀具补偿适合工件坐标系，运行程序时G54～G59工件原点偏移值必须为零，即不用设定工件坐标系操作，当然程序中可以没有G54～G59指令。此法操作简单、快捷，不易出错，数控大赛中常用此法。针对例4-2题绝对刀具偏移补偿设置步骤如表4-16所示。

表4-16　直接输入多把刀具偏移值步骤（绝对刀具偏移补偿）

顺序	操作	说明和操作步骤	屏幕显示
1	回零操作	建立机床坐标系	现在位置(绝对坐标)　O　N X　600.000 Z　1010.000 JOG F 1050 ACT . F 1050 MM/分　S 0　T 1 REF **** *** *** [绝对] [相对] [综合] [HNDL] [(操作)]
2	装夹工件 T01车刀		
3	手动（JOG）操作，车端面，见光即可	车完端面，车刀原路退回，Z轴不动，记下屏幕Z轴坐标值（Z=159.300） Z刀补值为：159.300	现在位置(绝对坐标)　O0000　N0000 X　246.299 Z　159.300 JOG F 1000 ACT . F 4200 MM/分　S 0　T 2 MDI **** *** *** [绝对] [相对] [综合] [HNDL] [(操作)] 屏显Z值：(机床坐标系) 159.300

续表

顺序	操作	说明和操作步骤	屏幕显示
4	手动（JOG）操作，车外圆	车一段外圆，车刀原路退回，X轴不动，测量车后外圆直径 $d=\phi34.994$mm 记下屏幕 X 轴坐标值： （$X=246.299$） 工件原点在机床坐标系的 X 坐标为： $X=246.299-34.994=211.305$ 即刀补值为 211.305	现在位置(绝对坐标)　O0000　N0000 X　246.299 Z　360.350 JOG　F　1000 ACT．F　4200　MM/分　S　0　T　2 MDI　****　***　*** [绝对]　[相对]　[综合]　[HNDL]　[(操作)] 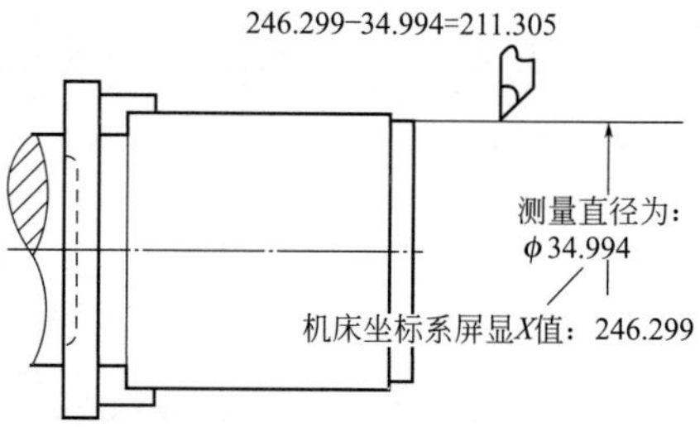 246.299−34.994=211.305 测量直径为： ϕ34.994 机床坐标系屏显X值：246.299
5	进入坐标系设定界面，工件原点偏移值输入“G54”偏置存储地址中	按  OFFSET SETTING →按软键［形状］→光标停在 X 处→在缓冲区键入字符“211.305”→按软键“输入”。则 211.305 输入 01 号偏置 X 内存，如右图所示 同样操作，将 159.300 输入 01 号 Z 偏置内存，如右图所示 01 号偏移补偿操作完成（其刀补值是刀具 T01 在工件原点处机床坐标系的坐标值）	工具补正　O0000　N0000 番号　X　Z　R　T 01　211.305　159.300　0.000　0 02　0.000　0.000　0.000　0 03　0.000　0.000　0.000　0 04　0.000　0.000　0.000　0 05　0.000　0.000　0.000　0 06　0.000　0.000　0.000　0 07　0.000　0.000　0.000　0 08　0.000　0.000　0.000　0 现在位置(相对坐标) U　213.005　W　159.300 >　S　0　2 MDI　****　***　*** [NO.检索]　[测量]　[C.输入]　[+输入]　[输入] 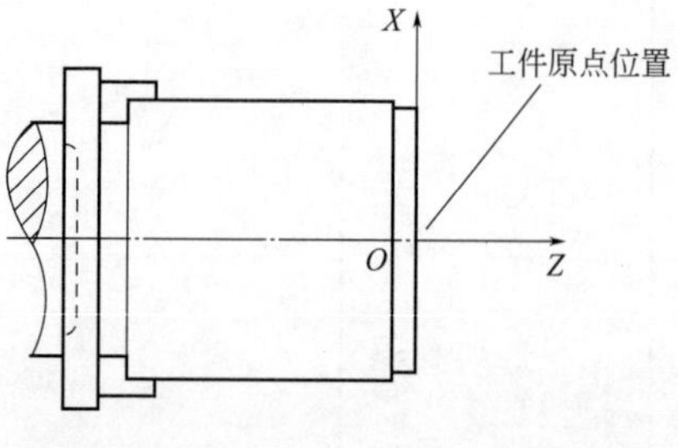 X 工件原点位置 O　Z

续表

顺序	操作	说明和操作步骤	屏幕显示
6	换 T02 车刀		
7	输入 T02 号偏置数据	按工件原点在工件右端面中心点设置刀补。按顺序 3～5 操作，输入 T02 号刀偏移数值（其刀补值是刀具 T02 在工件原点处机床坐标系的坐标值） 同理操作存储其他刀具偏移补偿	工具补正 O0000 N0000 番号 X Z R T 01 211.305 159.300 0.000 0 02 205.421 154.550 0.000 0 03 0.000 0.000 0.000 0 04 0.000 0.000 0.000 0 05 0.000 0.000 0.000 0 06 0.000 0.000 0.000 0 07 0.000 0.000 0.000 0 08 0.000 0.000 0.000 0 现在位置(相对坐标) U 213.005 W 159.300 > S 0 2 MDI **** *** *** [NO.检索] [测量] [C.输入] [+输入] [输入]
8	其他刀具	对刀操作同 T02	

4.6 自动运行

4.6.1 检索数控程序

检索就是从内存中多个程序中找出其中的一个程序。通常一个程序用于一种工件的加工，如果存储器中有几个程序，需要通过程序号检索，选择要用的程序。例如检索例 4-2 程序（O2000）操作步骤如表 4-17 所示。

表 4-17 检索程序操作步骤

顺序	按键	说明
1	或	选择编辑方式，或自动运行方式
2	PROG	显示程序屏面
3	O	输入地址符："O"
4	"0040"	输入要检索的程序号，例如内存中程序"O2000"
5	软键"NO. 检索"	检索程序，检索到的程序号显示在屏幕的右上角
		如果没有找到该程序，屏幕上会出现 P/S 报警 NO. 71（报警号 71 是未检索到指定的程序号）

4.6.2 运行程序

由数控程序控制机床运行称为自动运行。在操作面板上按下自动方式键（键内指示灯亮），系统处于自动运行方式。在自动方式下进行的操作有：启动程序、暂停运行程序、程序进给保持后的再启动等，说明如下。

（1）启动程序——循环启动

在自动方式时，按下循环启动键（键内指示灯亮），自动加工开始。该按键同样适用于MDI运行方式和单段运行方式时的程序启动。

（2）暂停运行程序——进给保持

在程序自动运行过程中，按下进给保持键（键内指示灯亮），程序执行暂停，机床运动轴减速停止。暂停期间，辅助功能M、主轴功能S、刀具功能T保持不变。

（3）程序进给保持后的再启动

在自动运行暂停状态下，按下循环启动键，系统重新启动，从暂停前的状态继续运行。

程序事先存储到系统内存中，选择其中的一个程序，按下机床操作面板上的循环启动按钮，就可以启动该程序，执行自动加工。在运行程序中按下机床操作面板上的进给暂停按钮，当按下面板上的RESET键后，程序自动运行被终止，并且程序复位。

运行例4-2的程序“O2000”的操作过程如表4-18所示。

表4-18 运行程序（自动加工）操作过程

顺序	按键	说明
1	自动方式	选择自动方式
2	检索所需程序	从存储的程序中选择程序，其步骤如表4-17所示
3	循环启动键	启动自动运行，同时循环启动LED闪亮，当自动运行结束时指示灯熄灭
4	进给保持键	程序运行临时中止，当再次按下循环启动按钮后，又重新运行程序。此时进给暂停指示灯LED亮，并且循环启动指示灯熄灭
5	复位键RESET	中途终止自动运行，进入复位状态。在机床移动过程中，执行复位操作时机床会减速直到停止

综上，启动和停止加工程序有三种控制程序运行途径（图4-25）。

① 按下循环启动键，开始自动运行程序。

② 按下进给暂停键，或者复位按钮，自动运行暂停或停止。

③ 在程序运行中用程序停止命令（例如M01指令）中止运行程序；当一个加工过程完成后，用M30指令停止运行程序。

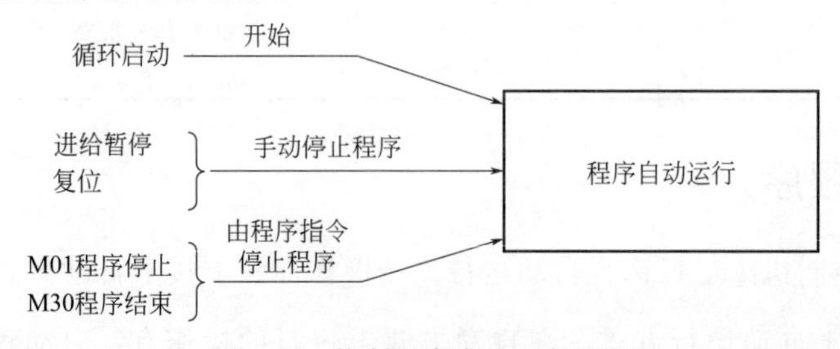

图4-25 控制程序自动运行途径

4.6.3 检查程序

在数控系统中创建程序后，在实际加工之前需要检查程序运转是否正确，用于检查程序的功能如下。

（1）空运行程序

在自动方式下，按下“空运行”键 （键内指示灯亮），CNC处于空运行状态。在空运行状态下运行程序，忽略程序中编制的进给速度，坐标轴以快移速度移动。空运行不做实际切削，目的在于检查程序的走刀路线。在实际切削时应关闭“空运行”功能，否则可能会造成危险。

（2）机床锁住运行程序

机床锁住用于禁止机床坐标轴动作。在自动运行开始前，按下“机床锁住”按键 （键内指示灯亮），再按“循环启动”按键，系统程序开始运行，显示屏上的坐标轴位置信息变化，但不输出伺服轴的移动指令，所以机床进给停止不动。这个功能用于校验程序。在机床锁住运行时应注意以下几点。

① 即便是G28、G29功能，刀具不运动到参考点。

② 机床辅助功能M、S、T仍然有效。

③ 在自动运行过程中，按“机床锁住”按键，机床锁住无效。

④ 在自动运行过程中，只在运行结束时方可解除机床锁住。

⑤ 每次执行此功能后，必须再次进行回参考点操作。

机床锁住用于检查程序。有两类机床锁住，一类是所有轴机床锁住，停止全部轴的移动，另一类是指定轴锁住，仅停止指定轴移动。

（3）进给速度调整

程序中编制的进给速度可通过选择倍率刻度盘的百分值（%）来减小或增加，这个特性用于检查程序。例如当在程序中指定进给速度为100mm/min时，设定倍率刻度为50%，则机床按50mm/min速度移动。在螺纹切削期间倍率无效，并且维持程序指定的进给速度。

改变进给倍率的操作：在自动运行之前或运行中将机床操作面板上进给倍率刻度盘设定到希望的百分值（%）。

（4）单程序段运行

在操作面板上按下“单段”按键 ，系统处于单段运行方式（键内指示灯亮），程序控制将逐段执行。单程序段运行用于检查、调试程序，操作步骤如下。

① 按一下循环启动键 ，系统运行完一个程序段，机床运动轴减速停止，刀具、主轴电动机停止运行。

② 再按一下循环启动键 ，又执行下一程序段，执行完了后又再次停止。

在单程序段运行方式下，适用于自动运行的按键依然有效。

4.6.4 试切削

检查完程序，正式加工前，应进行首件试切，只有试切合格，才能说明程序正确，对刀无误。首件试切时，如程序用G50设置坐标系，需将刀具位置移动到相应的起刀点位置；如用 G54～G59 指令设定坐标系，需将刀具移到不会发生碰撞的位置。

一般用单程序段运行工作方式进行试切。将工作方式选择旋钮打到“单段”方式，同时将进给倍率调低，然后按“循环启动”键，系统执行单程序段运行工作方式。加工时每加工一个程序段，机床停止进给后，都要看下一段要执行的程序，确认无误后再按“循环启动”键，执行下一程序段。要时刻注意刀具的加工状况，观察刀具、工件有无松动，是否有异常的噪声、振动、发热等，观察是否会发生碰撞。加工时，一只手要放在急停按钮附近，一旦出现紧急情况，随时按下按钮。

整个工件加工完毕后，检查工件尺寸，如有错误或超差，应分析检查编程、补偿值设定、对刀等工作环节，有针对性地调整。例如，加工完某零件槽后，发现槽深均浅 0.1mm，应是对刀、设置刀补或设定工件坐标系的偏差，此时可将刀补 Z 值（X）减少 0.1mm 或将工件坐标系原点位置向 Z（X）的负向移动 0.1mm，而不需重新对刀。通常在重新调整后，再加工一遍即可合格。首件加工完毕后，即可进行正式加工。

4.7 加工工艺守则

4.7.1 金属切削加工工艺守则

金属切削加工工艺守则是数控加工操作应遵守的基本规则，数控加工属于金属切削加工，所以数控加工操作者应遵循金属切削加工工艺守则的规定。

（1）加工前的准备

① 操作者接到加工任务后，首先检查加工所需的产品图样、工艺规程和有关的技术资料是否齐全。要看懂、看清这些技术资料，有疑问处应找有关人员问清楚再进行加工。

② 按照工艺规程要求准备好加工所需的工艺装备，对新夹具要先熟悉其使用要求和操作方法。

③ 加工所用的工艺装备应放在规定的位置，不得乱放，更不能放在机床导轨上。

④ 检查所用机床设备，准备所用的各种附件。加工前机床要按规定进行润滑和空运转。

（2）刀具与工件的装夹

① 刀具的装夹。装夹各种刀具前，一定要把刀柄、刀杆、刀套等擦拭干净。刀具装夹后，应该使用对刀装置或试切等方法，检查刀具装夹是否正确。

② 工件的装夹

a. 在机床工作台上安装夹具时要擦净其定位面，并要找正夹具定位面与刀具的相互位置。

b. 工件装夹前应检查工件、垫铁和夹具，其定位面、夹紧面均应擦拭干净，并不得有毛刺。

c. 对不使用专用夹具的工件，装夹时应找正工件。其找正原则是：对划线工件应按线进行找正；对在本工序加工到成品尺寸的表面，其找正精度应小于尺寸和位置公差的三分之一。

d. 夹紧工件时，夹紧力的作用点应通过支承点或支承面。

e. 夹持精加工面和软材质工件时，应垫以软垫，如紫铜皮等。

f. 用压板压紧工件时，压板支承点应略高于被压工件表面，并且压紧螺栓应尽量靠近工件，以保证压紧力。

(3) 加工时的要求

① 加工有公差要求的尺寸时，应尽量按其平均尺寸加工。

② 粗加工时的倒角、倒圆、槽深等都应按精加工余量加大或加深，以保证精加工后达到设计要求。

③ 本工序以后没有去毛刺工序时，本工序产生的毛刺应由本工序去除。

④ 当粗、精加工在同一台机床上进行时，粗加工后一般应松开工件，待其冷却后重新装夹。

⑤ 在切削过程中若机床、刀具、工件系统发出不正常的声音，或加工表面粗糙度突然变大，应立即停车，退刀检查。

⑥ 在批量生产中，加工完第一个工件必须进行首件检查，合格后方能继续加工。在加工过程中操作者必须对工件进行自检。

⑦ 检测工件时，应正确使用测量器具。使用量规、千分尺等必须轻轻地推入或旋入，测量前应调好零位。

(4) 加工后的处理

① 工件在各工序加工后应做到无屑、无水、无脏物，在规定的器具上摆放整齐，以免磕、碰、划伤等。

② 各工序加工完的工件经检查员检查合格后方能转往下道工序。

(5) 其他要求

工艺装备用完后要擦干净（涂好防锈油），放到规定位置或交还工具库。产品图样、工艺规程和所使用的其他技术文件，要保持整洁，严禁涂改。

4.7.2 数控加工工艺守则

数控加工工艺守则是数控加工操作应遵守的基本规则。

(1) 加工前的准备

① 操作者必须根据机床使用说明书熟悉机床的性能、加工范围和精度，并要熟练地掌握机床及其数控装置各部分的作用与操作方法。

② 检查机床各开关、旋钮和手柄是否在正确位置。

③ 启动机床电气部分，按规定进行预热。

④ 开动机床使其空运转，检查各开关、按钮、旋钮和手柄的灵敏度，检查润滑系统是否正常。

⑤ 熟悉被加工工件的加工程序和工件（编程）原点。

(2) 刀具与工件的装夹

① 安放刀具时应注意刀具的使用顺序，刀具的安放位置必须与程序要求的顺序和位置一致。

② 工件的装夹除应牢固可靠外，还应避免工作中刀具与工件或刀具与夹具发生干涉。

(3) 加工时的要求

① 首件加工前，必须经过程序检查（程序空运行）、进给轨迹（进给路线）检查、单程序段试切。首件加工完，必须进行尺寸检查。

② 加工时，必须正确输入加工程序，不得擅自更改程序。

③ 加工过程中，操作者应随时监视显示装置，发现报警信号，应及时停车，排除故障。

④ 工件加工完毕，应妥善保管程序和程序存储介质，以备再用。

第5章 FANUC系统数控车削实例

5.1 轴件数控车削

例 5-1：轴件如图 5-1 所示，车削端面及外轮廓，并切断。毛坯：ϕ45mm 圆钢。

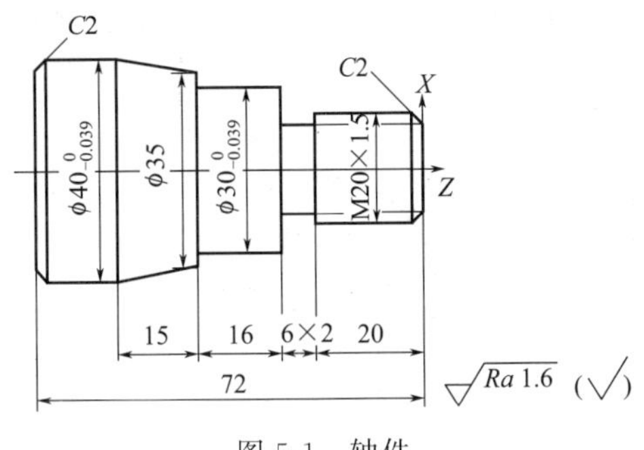

图 5-1 轴件

5.1.1 工艺要点

① 零件分析。该零件表面由圆弧面、圆柱面和螺纹组成，采用数控车床加工。

② 工件坐标系原点。X 轴工件原点设工件的轴线上；Z 轴原点设在右端面。

③ 换刀点。换刀点设在工件坐标系 $X=100$，$Z=200$，X 轴是直径值。

④ 刀具选择。一般应遵循以下原则。

a. 尽量减少刀具数量。

b. 一把刀具装夹后，应完成其所能进行的所有加工部位。

c. 粗、精加工的刀具应分开使用，即使是相同尺寸规格的刀具。

d. 应尽可能利用数控机床的自动换刀功能，以提高生产效率。

本例选用的刀具如表 5-1 所示。

⑤ 倒角。倒角安排在精车工步中，同外圆连续车削成 45°。为使切削连续，把精车始点安排在“C2”倒角的延长线上，倒角是 45°，经计算后的精车外圆始点坐标（$X=10$，$Z=3$）（X 轴是直径值）。

⑥ 工序。车削流程：粗车外圆→精车外圆→车槽→车螺纹→切断，如表 5-1 所示。

表 5-1 车削盘件数控加工工序卡

工步号	工步内容	刀具	切削用量		
			背吃刀量/mm	主轴转速/(r/min)	进给速度/(mm/r)
1	粗车外圆、端面	T01	1.0	<1500	0.3
2	精车外圆	T01	0.2	<1500	0.2
3	车槽	T02		<1500	0.1
4	车螺纹	T03		<1500	
5	切断，保证总长 72mm	T02		<1500	0.1

⑦ 切断。工件完成了外圆切削后需要切断，如果要求工件的切断面上有倒角，如图 5-1 中大端直径端面的倒角“C2”，通常采用切断工件后调头装夹，进行倒角，这样就多了一次装夹，降低了加工效率。本例中提供一种方法，在切断前用切断刀进行倒角，然后切

断，效果很好。加工步骤如下。

a. 在工件的切断处用切断刀先车一适当深度的槽，图 5-2（a）、（b）所示，此槽为准备倒角用，减小了刀尖切断较大直径坯件时的长时间摩擦，同时有利于切断时的排屑。

b. 用切断刀倒角。倒角时刀位点的起、止位置如图 5-2（b）所示。起始点（$X44$，$W4$），终止点（$X36$，$W-4$）。

c. 切断工件。切断时刀的起始位置（$X44$，$Z-72$），路径如图 5-2（c）所示。

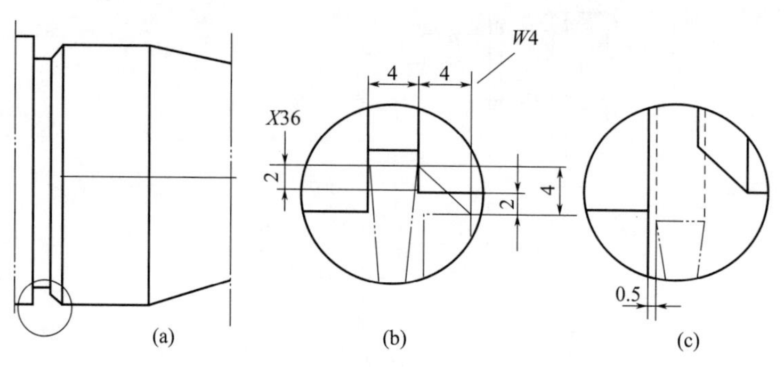

图 5-2　倒角并切断

5.1.2　加工程序

程序如下。

```
O3220;                          程序号
G54 G80 G40 G21;                保险程序段
T0101;                          换 1 号刀,1 号刀补,确定其坐标系,原点在右端面
G50 S1500;                      限制最高主轴转速为 1500r/min
G96 S80 M03                     恒切削速度为 80m/min
G00 X50.0 Z0;                   定位到车端面始点
G01 X-1.0 F0.1;                 车端面
G00 Z10.0;                      轴向退刀 10mm
G00 X47.0 Z5.0;                 定位到外圆粗车始点
G71 U2.0 R1.0;                  粗车外圆循环(留精车余量 0.2mm)
G71 P10 Q20 U0.4 W0.2 F0.2;
N10 G00 X6.0 Z3.0;              定位到精车始点(N10～N20 为精车外圆轨迹)
G01 X20.0 Z-2.0;                倒角
G01 Z-26.0;                     车外圆 φ20mm
X30.0;                          车台阶
Z-42.0;                         车外圆“φ30”
X35.0;                          车台阶面
X40.0 Z-57.0;                   车锥面
Z-73.0;                         车外圆“φ40”
N20 G01 X45.0;                  径向退刀(精车轨迹结束段)
G70 P10 Q20;                    精车循环
G00 X100.0 Z200.0;              快速回到换刀点
T0202 F0.1;                     换切槽刀,刀具补偿,确定其坐标系
G00 X25.0 Z-26.0;               定位到切槽始点
G01 X16.0 F0.08;                切槽(第 1 刀)
G04 P1.0;                       刀停 1s(使槽底光滑)
G00 X25.0;                      快速退刀
Z-23.0;                         横向定位
```

```
G01 X16.0 F0.08;              切槽(扩槽到尺寸)
G04 P1.0;                     刀停 1s(使槽底光滑)
G00 X25.0;                    退刀
G00 X100.0 Z200.0;            快速回到换刀点
T0303;                        换螺纹刀,刀补,确定其坐标系
G97 S300;
G00 X20.0 Z8.0;               定位到车螺纹始点
G92 X19.2 Z-23.0 F1.5;        车螺纹循环,螺纹导程 1.5mm,走刀 1 次
X18.7;                        车螺纹,第 2 次
X18.3;                        车螺纹,第 3 次
X18.05;                       车螺纹,第 4 次
G00 X100.0 Z200.0;            快速回到换刀点
T0202;                        换切槽刀,刀补
G00 X45.0 Z-72.0;             定位到切断始点
G01 X30.0 F0.08;              切槽,槽深 5mm(准备倒角用槽)
G04 P1.0;                     进给暂停 1s(确保槽底光滑)
G00 X44.0;                    径向退刀
Z-68.0;                       切断刀定位到倒角起始位置
G01 X36.0 Z-72.0 F0.05;       倒角
G00 X44.0;                    退刀
Z-72.0;                       定位到切断起点
G01 X-1.0 F0.05;              切断
G04 P1.0;                     进给暂停,为使端面光滑
G00 Z-70.0;                   Z 向退刀 2mm
G00 X50.0;                    X 向退刀
X100.0 Z200.0;                回换刀点
M05;                          主轴停
M30;                          程序结束
```

5.1.3 车削程序的基本内容

车削程序的基本内容如下。

① 保险程序段。开机时系统默认 G 代码（G17、G21、G40、G49、G80、G90 等）被激活，为防止该类代码在程序运行中被更改，导致出错，程序的开始应有保险程序段。

② 刀具由程序起点快速定位到切入点。

③ 进刀，切入工件。

④ 切削。

⑤ 退刀，退出工件。

⑥ 刀具快速返回程序起点，程序开始与结束应在同一位置。

⑦ 程序结束。

此外，还可能包括换刀指令、刀具长度补偿、刀具半径补偿等。上述内容中①～⑦就是编程员分析程序和编制程序的思路。

5.1.4 程序校验和加工尺寸修调

加工前应校对程序，避免输入错误。可以通过模拟运行程序，查看轨迹是否正确。选择一个数控程序，单击控制面板上的“程序校验”软键，这时程序校验软键变亮。单击操作面板上的“循环启动”按钮，即可观察程序的刀具运行轨迹，其中红线表示快速移动的轨迹，绿线表示按给定进给速度移动的轨迹。通过“视图”菜单中的动态旋转、动态放

缩、动态平移等方式可对运行轨迹进行全方位的动态观察。

数控加工过程中可通过暂停程序（M01 功能），测量工件的加工尺寸，根据所测尺寸采取调整精加工余量、对刀偏置等措施，调整加工精度，使零件达到精度要求。

5.2 套类零件车削

例 5-2：车削如图 5-3（a）所示套类零件，其外径为 ϕ54mm，厚度为 16mm。车削时毛坯采用外径为 ϕ56mm 的短圆钢。

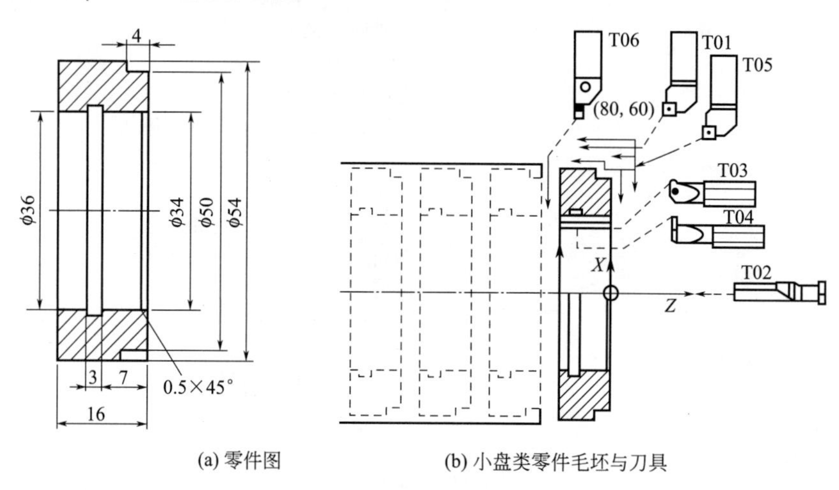

(a) 零件图　　(b) 小盘类零件毛坯与刀具

图 5-3　套类零件的车削

5.2.1 工艺要点

（1）确定工件的装夹方式

用三爪自定心卡盘装夹。这类零件的尺寸较小，厚度较薄，难以在卡盘上直接装夹，为保证装夹可靠，一般采用棒料来进行车削加工，然后切断，如图 5-3（b）所示。

（2）数控加工工序

粗车外表面→钻“ϕ30”孔→车内孔→切内孔槽→精车外表面→切断。工序内容见表 5-2。

表 5-2　数控加工工序卡

工步号	工步内容	刀具	切削用量		
			背吃刀量/mm	主轴转速/(r/min)	进给速度/(mm/r)
1	粗车外圆、端面，留余量 0.3mm	T01	2.6	<1500	0.3
2	钻孔 ϕ30mm，留余量 2mm	T02		<1500	0.2
3	精车孔，到尺寸 ϕ34mm	T03	3	<1500	0.15
4	车槽	T04	3	<1500	0.15
5	精车外圆、端面到尺寸	T05	0.3	<1500	0.15
6	切断，保证总长 16mm	T06		<1500	0.15

（3）工件坐标系原点

X 轴工件原点为工件的轴线；*Z* 轴原点为工件右端面。

（4）换刀点

在第二参考点（由参数1241设定）换刀。

5.2.2 加工程序

程序如下。

```
O0200;                          程序号
N0 G54 G40 G21;                 设置工件原点在右端面,保险程序段
(车削外圆及端面程序)
N2 G30 U0 W0;                   直接回第二参考点
N4 G50 S1500 T0101 M08;         限制最高主轴转速为1500r/min,换01号车刀,开冷却液
N6 G96 S200 M03;                指定恒切削速度为200m/min
N8 G00 X50.6 Z5.0;              快速到外圆粗车始点(50.6,5),
N10 G01 Z-3.7 F0.3;             粗车外圆"φ50"到尺寸φ50.6mm
N12 X54.6;                      台阶粗车
N14 Z-16.0;                     "φ54"外圆粗车到尺寸φ54.6mm
N16 G00 X56.0 Z0.3;             快速退刀到右端面粗车起点
N18 X54.6;                      接近端面粗车起点
N20 G01 X-2.0 F0.2;             右端面粗车
(钻孔程序)
N22 G30 U0 W0;                  回第二参考点
N24 T0202;                      调02号刀,钻头直径φ30mm
N26 G00 X0.Z3.0;                快速走到钻孔起点
N28 G01 Z-20.0 F0.2;            钻孔,深度20mm
N30 G00 Z3.0;                   快速退刀
(车孔程序)
N32 G30 U0 W0;                  回第二参考点
N34 T0303;                      调03号镗刀
N36 G00 X34.0 Z2.0;             车孔始点
N37 G41 G01 Z0 F0.15;           准备车内孔"φ34",刀具半径补偿,左偏
N38 Z-18.0;                     车内孔"φ34"
N40 G40 G00 X0 Z3.0;            快速退刀,取消刀补
(车内槽程序)
N42 G30 U0 W0;                  回第二参考点
N44 T0404;                      换0404号刀,刀宽3mm,刀刃左端为刀位点
N46 G00 X33.0 Z3.0;             刀具快进
N48 Z-10.0;                     槽刀(左端)快速走到点(33,-10)
N50 G01 X36.0 F0.15;            切内槽
N51 G04 P1000;                  槽底停1s,确保槽底光滑
N52 G00 X30.0;                  沿X向快速退刀
N54 Z3.0;                       沿Z向快速退刀
(精车外圆与端面程序)
N56 G30 U0.W0;                  回第二参考点
N58 T0505;                      换05号外圆精车刀
N60 G00 X50.0 Z3.0;             快速走到外圆精车起点
N62 G42 G01 Z1.0;               刀具半径补偿
N64 Z-4.0 F0.1;                 精车"φ50"外圆到尺寸
N66 X54.0;                      精车台阶
```

```
N68 Z-18.0;                              精车"φ54"外圆到尺寸
N70 G40 G00 X58.0 Z0;                    快速走到右端面精车起点,取消刀补
N72 G41 G01 X54.0 F0.1;                  到右端面精车始点,刀补,左偏
N74 X-2.0;                               精车右端面
(切断程序)
N76 G30 U0 W0;                           回第二参考点
N78 T0606;                               调 06 号切断刀,刀具宽度 3mm,刀刃左端为刀位点
N80 G00 X55.0 Z-19.0;                    刀具快速走到切断点
N82 G01 X35.0 F0.06;                     切断
N84 G00 G40 X80.0 Z60.0 M05;             取消刀补,回对刀点
N86 M30;                                 程序结束
```

5.3 孔类零件车削

例 5-3：车削如图 5-4 所示孔类零件，毛坯采用外径为 ϕ62mm×82mm 圆钢。

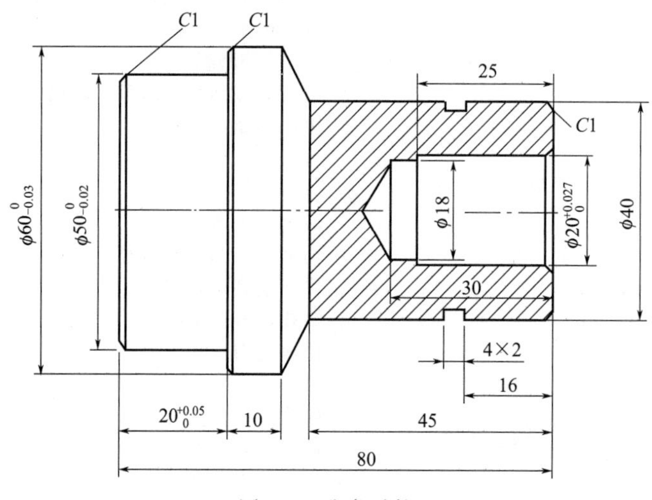

图 5-4　孔类零件

5.3.1 数控加工工艺要点

（1）工件装夹

采用三爪自定心卡盘，分两次装夹。

装夹 1：车削工件右侧外圆，毛坯伸出卡盘 40mm，数控车削工件左侧部分外圆。

装夹 2：工件调头装夹，以加工表面“ϕ50”定位，车削工件右侧外圆。

（2）程序原点

装夹 1 以工件左端面中心点为工件坐标系的原点（即程序原点），调头后的装夹 2 采用右端面中心点为工件坐标系原点。

（3）手动加工部分

手动钻孔 ϕ18mm，手动车削工件端面，确保长度尺寸 80mm，端面用于确定程序原点。

（4）刀具

选用 4 把刀具：外圆车刀、切槽刀、内孔车刀、钻头，数控加工刀具卡如表 5-3 所示。

表 5-3 数控加工刀具卡

刀具	刀尖位置	刀具名称	刀具牌号	刀尖圆弧半径/mm	刀补号	加工位置
T01	3	外圆车刀	MDJNR2020K11	0.4	01（装夹 2 为 05）	外圆及端面
T02	3	切槽刀	QA2020R04	0.2	02	槽
T03	2	内孔车刀	S08H-SCFCR06	0.4	03	内孔

（5）数控车削工序

数控车削工序内容见表 5-4。

表 5-4 数控车削工序卡

单位		2 车间	零件名称		孔类零件		零件编号	零件图号
							6004	5004
装夹	工步	工步内容	刀具		切削用量			备注
			刀具号	刀具牌号	转速/(r/min)	进给速度/(mm/r)	背吃刀量/mm	
装夹 1	三爪卡盘夹圆钢，工件伸出长度 40mm，车削“ϕ50”“ϕ60”外圆							
	1	车削端面	T01	MDJNR2020K11	600	0.2	1	手动车削
	2	粗车“ϕ50”“ϕ60”外圆	T01	MDJNR2020K11	600	0.2	2	
	3	精车“ϕ50”“ϕ60”外圆	T01	MDJNR2020K11	800	0.08	0.5	
装夹 2	调头装夹，以加工表面“ϕ50”定位，加工工件右侧							
	4	车削端面	T01	MDJNR2020K11	600	0.2	1	手动车削
	5	钻孔		麻花钻 ϕ18	300	0.5	0.5	手动
	6	粗车工件左侧外圆	T01	MDJNR2020K11	600	0.2	2	
	7	粗车工件左侧外圆	T01	MDJNR2020K11	800	0.08	0.5	
	8	粗车工件内孔	T03	S08H-SCFCR06	600	0.2	1.5	
	9	精车工件内孔	T03	S08H-SCFCR06	800	0.08	0.5	
	10	切槽	T02	QA2020R04	300	0.1	0.2	

5.3.2 数控车削程序

车削程序分为 2 部分，装夹 1 车削程序为 O2101，装夹 2 车削程序为 O2102。

（1）装夹 1

三爪定心卡盘夹圆钢外圆，毛坯伸出卡盘 40mm。手动车工件端面，见光即可，对刀设置 T01 刀补值（刀补号 01）。数控车外圆“ϕ50”“ϕ60”。

程序如下。

```
O2101;                       程序名
G54 S500 M03;                定义粗车参数，主轴正转 500r/min
```

```
T0101 F0.2;                     选择车刀,刀补,确定其坐标系,粗车进给速度
G00 X64.0 Z2.0;                 定位到粗车循环起点
G71 U2.0 R0.5;                  粗车循环,进刀量、退刀量,精车余量等
G71 P10 Q20 U0.5 W0.2 F0.2;
N10 G00 X0;                     定位到精车始点(N10~N20 程序为精车轮廓)
G01 Z0 F0.08;                   进刀
X48.0;                          车端面
X50.0 Z-1.0;                    倒角 C1
Z-20.0;                         车外圆"φ50"
X58.0;                          车台阶面
X60.0 Z-21.0;                   倒角 C1
Z-30.0;                         车外圆"φ60"
N20 G01 X64.0;                  退刀
G70 P10 Q20;                    精车循环
G00 X100.0 Z200.0;              定位到换刀点
M05;                            主轴停转
M30;                            程序结束
```

(2) 装夹 2

工件调头，三爪卡盘夹“ϕ50”外圆，手动车工件端面，保证长度尺寸 80mm。对刀设置 T01（T01 需重新对刀，刀补号用 05）、T02、T03 刀补值。手动钻孔 ϕ18mm×30mm。

程序如下。

```
O2102;                          程序名
(车外圆)
G55 S500 M03;                   定义粗车参数,主轴正转 500r/min
T0105 F0.2;                     换 T01 车刀,刀补,确定其坐标系,粗车进给速度
G00 X64.0 Z2.0;                 定位到粗车循环起点
G71 U2.0 R1.0;                  粗车循环,进刀量、退刀量、精车余量等
G71 P30 Q40 U0.5 W0.2;
N30 G01 X0 F0.08;               定位到精车始点(N10~N20 程序为精车轮廓)
G01 Z0;                         进刀
X38.0;                          车端面
X40.0 Z-1.0;                    倒角 C1
Z-45.0;                         车外圆"φ40"
X60.0 Z-50.0;                   车锥面
N40 G01 X64.0;                  退刀,精车轮廓结束
G70 P30 Q40;                    精车循环
G00 X100.0 Z200.0;              定位到换刀点
(车孔)
S500 M03;                       定义粗车孔参数,主轴正转 500r/min
T0303 F0.2;                     换孔车刀 T03,刀补,确定其坐标系,粗车进给速度
G00 X16.0 Z2.0;                 定位到粗车循环起点
G71 U1.0 R0.5;                  粗车(孔)循环,进刀量、退刀量、精车余量等
G71 P50 Q60 U-0.5 W0.2;
T0303 F0.08;                    精车孔刀具、刀补,确定其坐标系,进给速度
N50 G00 X22.0;                  定位到精车孔始点(N10~N20 程序为精车轮廓)
G01 Z0;                         进刀
X20.0 Z-1.0;                    倒角 C1
Z-25.0;                         车孔 φ20mm×25mm
N60 G01 X16.0;                  退刀。精车孔轮廓结束
G70 P50 Q60;                    精车循环
G00 Z200.0;                     Z 方向退到换刀点
```

```
X100.0;                         X 方向退到换刀点
(车槽)
S500 M03;                       定义车槽参数,主轴正转 500r/min
T0202 F0.1;                     换车槽刀 T02,刀补,确定其坐标系,车槽进给速度
G00 X50.0 Z-20.0;               定位到车切槽起点
X36.0;                          进刀车槽(刀头宽 4mm)
G04 P1.0;                       暂停 1s,确保槽底光滑
X42.0;                          退刀
G00 X100.0 Z200.0;              定位到换刀点
M05;                            主轴停转
M30;                            程序结束
```

5.3.3　车孔工艺特点

加工零件的内孔时，刀体受力较大，排屑状况不好，选择切削用量时切削深度、进给量要比车外圆小一些。

5.4　槽类件数控车削

例 5-4： 槽类零件如图 5-5 所示，毛坯为 ϕ48mm×82mm 圆钢，数控车加工，编写加工程序。

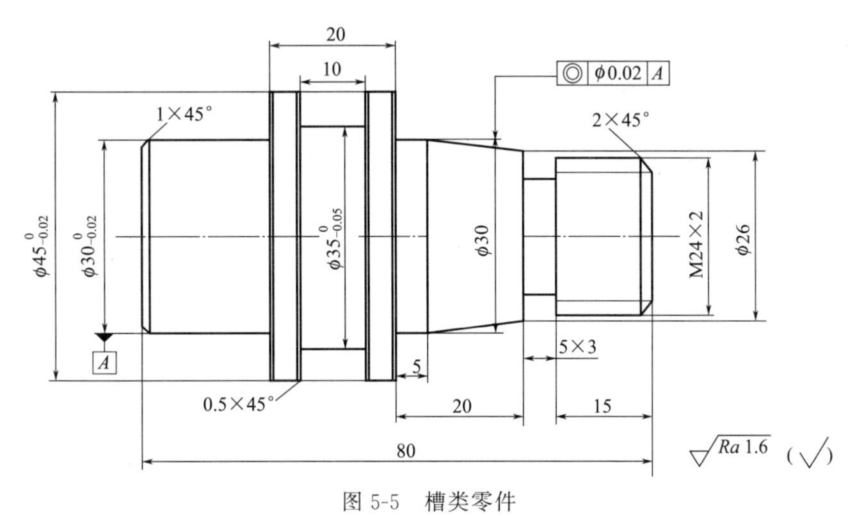

图 5-5　槽类零件

5.4.1　工艺要点

（1）工件装夹

采用三爪自定心卡盘，分两次装夹。

装夹 1：夹持圆钢“ϕ48”外圆，毛坯伸出卡盘 50mm，车削工件“ϕ30”“ϕ45”外圆，并车槽。

装夹 2：工件调头装夹，以加工表面“ϕ30”定位，加工工件右侧部分，完成加工车削。

（2）程序原点

装夹 1 以工件左端面中心点为工件坐标系原点（即程序原点）。调头后的装夹 2，采用右端面中心点为工件坐标系原点。

（3）对刀设置刀具补偿

手动车削工件端面，确保长度尺寸 80mm，端面用于确定程序原点。

（4）刀具

选用 3 把刀具：外圆车刀 T01、切槽刀 T02、螺纹车刀 T03。数控加工刀具卡如表 5-5 所示。

表 5-5　数控加工刀具卡

刀具号	刀尖位置	刀具名称	刀具牌号	刀尖圆弧半径/mm	刀补号		加工位置
T01	3	外圆车刀	MDJNR2020K11	0.4	01	2 次装夹用一个号	外圆及端面
T02	3	切槽刀	QA2020R04	0.2	02		槽
T03	8	螺纹车刀	SER2020K16T	0.4	03		螺纹

（5）数控车削工序

数控车削工序内容见表 5-6。

表 5-6　数控车削工序卡

单位		2 车间	零件名称		槽类零件		零件编号	零件图号
							6008	8004
装夹	工步	工步内容	刀具		切削用量			备注
			刀具号	刀具牌号	转速 /(r/min)	进给速度 /(mm/r)	背吃刀量 /mm	
装夹 1	三爪卡盘夹圆钢，工件伸出长度 50mm，车削“$\phi30$”“$\phi45$”外圆和槽							
	1	车削端面	T01	MDJNR2020K11	600	0.2	1	
	2	粗车“$\phi30$”“$\phi45$”	T01	MDJNR2020K11	600	0.2	2	
	3	精车“$\phi30$”“$\phi45$”	T01	MDJNR2020K11	800	0.08	0.5	
	4	切槽	T02	QA2020R04	500	0.1	1	
装夹 2	调头校正，以已加工表面“$\phi30$”定位，加工工件右侧							
	5	车削端面	T01	MDJNR2020K11	600	0.2	1	
	6	粗车工件左侧外圆	T01	MDJNR2020K11	600	0.2	2	
	7	精车工件左侧外圆	T01	MDJNR2020K11	800	0.08	0.5	
	8	切退刀槽	T02	QA2020R04	500	0.1		
	9	车削螺纹	T03	SER2020K16T	300			

5.4.2　数控车削程序

车削程序分为 2 部分，装夹 1 车削程序为 O2021，装夹 2 车削程序为 O2022。

（1）装夹 1

三爪定心卡盘夹圆钢外圆，毛坯伸出卡盘 50mm。手动车工件端面，见光即可，对刀设置 T0101、T0202 刀补值。数控车外圆“$\phi30$”“$\phi45$”和槽。

程序如下。

```
(车外圆)
O2021;                          装夹 1 程序名
G54 G97 G99 S500 M03;           定义粗车参数,主轴正转 500r/min
T0101 F0.2;                     选择车刀,刀补,确定其坐标系,粗车进给速度
G00 X49.0 Z2.0;                 定位到粗车循环起点
G71 U2.0 R0.5;                  粗车循环,进刀量、退刀量、精车余量等
G71 P10 Q20 U0.5 W0.2;
T0101 F0.08;                    精车刀具及进给速度
N10 G01 X0;                     定位到精车始点(N10～N20 程序为精车轮廓)
Z0;                             进刀
X28.0;                          车端面
X30.0 Z-1.0;                    倒角"1×45°"
X30.0 Z-20.0;                   车外圆"φ30"
X44.0;                          车台阶面
X45.0 Z-20.5;                   倒角"0.5×45°"
X45.0 Z-41.0;                   车外圆"φ60"
N20 G01 X49.0;                  退刀
G70 P10 Q20;                    精车循环
G00 X100.0 Z200.0;              定位到换刀点
(车槽)
G97 G99 S500 M03;               车槽参数,主轴正转 500r/min
T0202 F0.1;                     换车槽刀 T02,刀补,确定其坐标系,车槽进给速度
G00 X49.0 Z-35.0;               定位到车切槽起点
G01 X35.0;                      车槽(刀头宽 4mm)
G04 P1.0;                       暂停 1s,确保槽底光滑
G01 X46.0;                      退刀
Z-32.0;                         定位到车切槽第 2 个起点,根据槽宽、刀宽确定进刀位置
X35.0;                          进刀车槽(刀头宽 4mm)
G04 P1.0;                       暂停 1s,确保槽底光滑
G01 X46.0;                      退刀
Z-29.0;                         定位到车切槽第 3 个起点
X35.0;                          车槽
G04 P1.0;                       暂停 1s,确保槽底光滑
G00 X46.0;                      退刀
X46.0 Z-36.0;                   定位到倒角起点
G01 X44.0 Z-35.0;               倒角"0.5×45°"
Z-25.0;                         定位到倒角起点
X45.0 Z-24.5;                   倒角"0.5×45°"
G00 X49.0;                      退刀
G00 X100.0 Z200.0;              定位到换刀点
M05;                            主轴停转
M30;                            程序结束
```

(2) 装夹 2

工件掉头，三爪卡盘夹“ϕ30”外圆，手动车工件端面，保证长度尺寸80mm。对刀设置T01、T02、T03刀补值。工件重新装夹后需要重新设置相应的坐标系，刀具T01、T02刀补号仍分别采用01、02，但必须重新设置刀补值。数控车程序为O2302。

程序如下。

```
(车外圆)
O2022;                          装夹 2 程序名
G55 S500 M03;                   定义粗车参数,主轴正转 500r/min
T0101 F0.2;                     选择车刀,刀补,确定其坐标系,粗车进给速度
```

```
G00 X49.0 Z2.0;                定位到粗车循环起点
G71 U2.0 R0.5;                 粗车循环,进刀量、退刀量、精车余量等
G71 P30 Q40 U0.5 W0.2;
T0101 F0.08;                   精车刀具及进给速度
N30 G01 X0;                    定位到精车始点(N10~N20程序为精车轮廓)
Z0;                            进刀
X20.0;                         车端面
X24.0 Z-2.0;                   倒角"2×45°"
Z-20.0;                        车外圆"φ24"
X26.0;                         车台阶面
X30.0 Z-35.0;                  车锥面
X30.0 Z-40.0;                  车外圆
X44.0;                         车台阶面
G01 X45.0 Z-40.5;              倒角"0.5×45°"
N40 X49.0;                     退刀
G70 P30 Q40;                   精车循环
G00 X100.0 Z200.0;             定位到换刀点
(车退刀槽)
G99 G97 S500 M03;              车槽参数,主轴正转500r/min
T0202 F0.1;                    换车槽刀T02,刀补,确定其坐标系,车槽进给速度
G00 X30.0 Z-20.0;              定位到车切槽起点
X18.0;                         进刀车槽(刀头宽4mm)
G04 P1.0;                      暂停1s,确保槽底光滑
X30.0;                         退刀
Z-19.0;                        定位到车切槽第2个起点,根据槽宽、刀宽确定进刀位置
X18.0;                         进刀车槽(刀头宽4mm)
G04 P1.0;                      暂停1s,确保槽底光滑
X30.0;                         退刀
G00 X100.0 Z200.0;             定位到换刀点
(车螺纹)
G99 G97 S500 M03;              定义粗车参数,主轴正转500r/min
T0303;                         选择车螺纹刀,刀补
G00 X26.0 Z5.0;                定位到车螺纹车循环起点
G92 X24.0 Z-26.0 F2.0;         车螺纹循环,螺纹导程2mm,牙深至24mm
X23.4 Z-26.0;                  车螺纹循环,牙深至23.4mm(X进刀至"23.4")
X23.0 Z-26.0;                  车螺纹循环,牙深至23mm(X进刀至"23")
X22.6 Z-26.0;                  车螺纹循环,牙深至22.6mm(X进刀至"22.6")
X22.3 Z-26.0;                  车螺纹循环,牙深至22.3mm(X进刀至"22.3")
X22 Z-26.0;                    车螺纹循环,牙深至22mm(X进刀至"22")
X21.8 Z-26.0;                  车螺纹循环,牙深至21.8mm(X进刀至"21.8")
X21.6 Z-36.0;                  车螺纹循环,牙深至21.6mm(X进刀至"21.6")
X21.4 Z-36.0;                  车螺纹循环,牙深至21.4mm(X进刀至"21.4")
X21.4 Z-36.0;                  车螺纹循环,牙深至21.4mm,重复走刀,消除让刀
G00 X100.0 Z200.0;             定位到换刀点
M05;                           主轴停转
M30;                           程序结束
```

5.4.3 车槽工艺特点

加工槽类零件时，应根据加工工件的槽宽选择所用切槽刀，选用时尽量选择稍小于工件槽宽的刀具，这样既能保证工件的尺寸，又能保持较好的表面粗糙度。在实际操作中根据具体情况选用切断刀和切槽刀，通常切断刀刀体探出较长，强度较差，切槽刀刀体探出较少更容易保持强度。

5.5 配合件车削

组合件由多个零件装配而成，其中各零件加工精度需要满足组合件装配技术要求。组合件的装配类型分为：圆柱配合、圆锥配合、偏心配合、螺纹配合等。组合件加工关键是零件配合部位的加工精度，它直接影响组合件装配质量。

例 5-5：图 5-8 是轴孔配合组合件，分别有两项装配：①锥面配合；②圆柱配合和螺纹配合。装配精度如图 5-8 中所述。该组合件组成零件分别为轴（图 5-6）和套（图 5-7）。毛坯为 ϕ50mm×115mm 圆钢，采用数控车加工，编写加工程序。

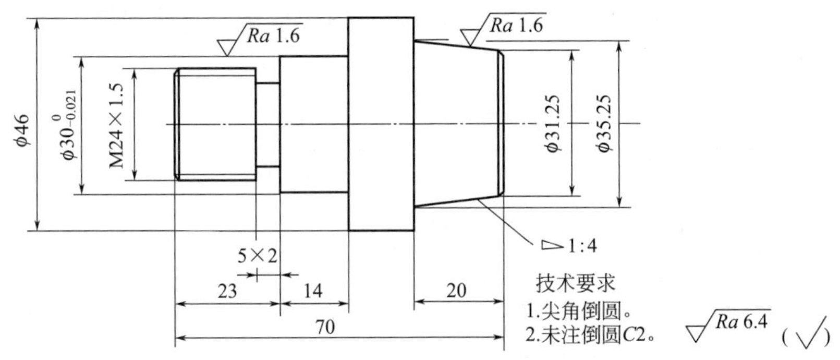

图 5-6 组合件之轴（工件 1）

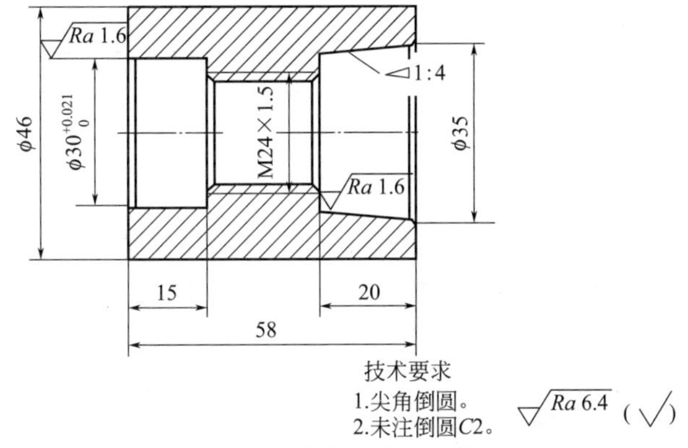

图 5-7 组合件之套（工件 2）

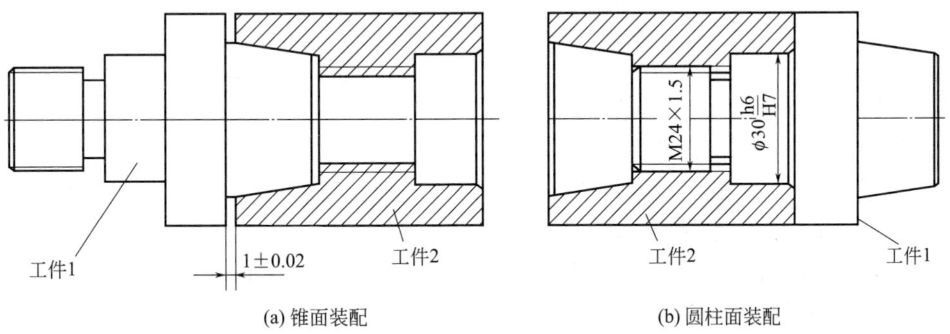

技术要求

1.工件1对工件2锥体部分涂色检验，锥面接触面积大于60%。两工件之间的装配间隙为(1±0.02)mm。

2.外锐边及孔口锐边去毛刺。

3.不允许使用砂布抛光。

图 5-8 轴套组合件装配图

5.5.1 编程数据处理

（1）节点数据计算

工件锥面尺寸没直接给出，采用几何计算后：工件 2 锥孔小径 ϕ30mm，工件 2 锥面外圆小径 ϕ30.25mm。

（2）程序原点

工件 1 和工件 2 均需 2 次装夹，每次装夹均以工件装夹后的右端面为工件坐标系原点。

5.5.2 刀具选择

用 5 把刀具：外圆车刀、内孔车刀、切断刀、内螺纹车刀、外螺纹车刀。数控加工刀具卡如表 5-7 所示。

表 5-7 数控加工刀具卡

刀号	刀尖位置	刀具名称	刀具型号	刀尖圆弧半径/mm	刀补号	加工部位
T01	3	外圆车刀	MDJNR2020K11	0.4	01	外圆、端面
T02	2	内孔车刀	S20S-SCFCR09	0.4	02	孔
T03	3	切断刀	QA2020R04	0.2	03	槽、切断
T04	6	内螺纹车刀	SNR0012K11D-16	0.4	04	M24×1.5 螺纹孔
T05	8	外螺纹车刀	SER2020K16T	0.4	05	M24×1.5 外螺纹

5.5.3 工艺要点

（1）配合件加工顺序

轴孔配合件由轴类零件和套类零件组成，由于套类件需加工孔，一般来说加工孔比加工外圆工艺性差，套类件加工难度大于轴类件。对于轴孔配合件通常先加工套类件，然后加工轴类件，在加工轴类件中保证轴类件与套类件配合，这样较易保证配合精度。本例应先加工工件 2（套），后加工工件 1（轴）。

（2）工件 2（套）加工步骤

采用三爪自定心卡盘，分两次装夹。

装夹 1：三爪卡盘夹 ϕ50mm 圆钢，圆钢伸出 85mm。

① 尾座装夹钻头，手动钻孔 ϕ20mm×65mm。

（以下为数控程序的加工内容）

② 换外圆车刀，光端面，车 ϕ46mm×60mm 外圆。

③ 换内孔车刀，车孔 ϕ30mm×15mm，螺纹底孔，并倒角。

④ 换内螺纹车刀，车 M24 螺纹孔。

⑤ 换切断刀，切断，保证长度尺寸 59mm（留端面余量 1mm）。

装夹 2：调头卡“ϕ46”外圆。

⑥ 换外圆车刀，车端面。

⑦ 换内孔车刀，车锥孔面，倒角。

工件 2（套）工序卡见表 5-8。

表 5-8 工件 2（套）工序卡

工步号		工步内容	刀具	切削用量		
				背吃刀量/mm	主轴转速/(r/min)	进给速度/(mm/r)
装夹 1	1	夹 ϕ50mm 圆钢，伸出 85mm 手动钻孔 ϕ20mm，深 65mm	钻头 ϕ20		600	0.2
	2	换外圆车刀，光端面，车 ϕ46mm×60mm 外圆	T01	1	600	0.2
	3	车锥孔，倒角	T02		600	0.1
	4	切断，保证总长 59mm	T03	1	500	0.1
装夹 2	5	掉头夹“ϕ46”外圆 车端面，保证尺寸 58mm	T01	0.3	800	0.2
	6	车孔 ϕ30mm×15mm，ϕ22.5mm，倒角	T02		600	0.1
	7	换内螺纹车刀，车 M24 螺纹孔	T04		500	

（3）工件 1（轴）加工步骤

采用三爪自定心卡盘，两次装夹。

装夹 1：采用三爪卡盘夹 ϕ50mm 圆钢，圆钢伸出 85mm。

① 换外圆车刀，光端面，车外圆。

② 换槽刀，车槽。

③ 换螺纹车刀，车 M24 螺纹。

④ 换切断刀，圆钢切断。

装夹 2：调头卡“ϕ46”外圆。

⑤ 换外圆车刀，车端面、锥面、倒角。

工件 1（轴）工序卡如表 5-9 所示。

表 5-9 工件 1（轴）工序卡

工步号		工步内容	刀具	切削用量		
				背吃刀量/mm	主轴转速/(r/min)	进给速度/(mm/r)
装夹 1	1	夹 ϕ50mm 圆钢，伸出 85mm 换外圆车刀，光端面，车外圆	T01		600	0.2
	2	车槽	T03	1	500	0.1
	3	换螺纹车刀，车 M24 螺纹	T05		500	
	4	切断	T03	1	500	0.1
装夹 2	5	掉头卡“ϕ46”外圆 换外圆车刀，车端面、锥面、倒角	T01	3	600	0.2

5.5.4 工件 2（套）加工程序

（1）装夹 1 程序

夹圆钢 ϕ50mm 外圆，伸出长度 85mm。车外圆、锥孔、螺纹底孔。

程序如下。

```
(装夹 1)
O0401;                              程序名 O0401,套件的装夹 1 程序
G97 G99 G54 G40 S500 M03;           设置工件原点在右端面,保险程序段
(车削外圆及端面程序)
G00 X100. Z200. ;                   定位于换刀点
T0101;                              换 01 号车刀
G00 X52. Z0;                        定位于切端面始点
G01 X0 F0.1;                        光端面
G00 Z10.0;                          Z 向退刀
G00 X52. Z5.0;                      定位到外圆车循环始点(52,5),
G90 X46.2 Z-65.0 F0.2;              粗车外圆,由尺寸 φ50mm 到 φ46.2mm
X46.0 F0.1;                         精车外圆,到尺寸 φ46.0mm
G00 X100. Z200. ;                   定位于换刀点
M00;                                程序暂停,用于检查、调整
(车削锥孔,粗车螺纹底孔)
T0202 F0.1;                         换车孔刀 T02
G00 X16.0 Z5.0;                     定位到车孔循环起点
G71 U1.0 R0.5;                      粗车循环参数,每次切削进刀 1.0mm,退刀 0.5mm
G71 P10 Q20 U-0.5 W0.25;            N10～N20 间程序为精车轨迹,精加工余量 X 方向
                                    0.5mm,Z 方向 0.25mm
N10 G00 G41 X35.0 Z2.0;             建立刀尖圆弧半径补偿,精车轨迹开始段
G01 Z0;                             定位
X30.0 Z-20.0;                       车锥面
X24.0;                              车台阶面
X22.0 Z-21.0;                       倒角
Z-45.0;                             粗车螺纹底孔
X16.0;                              X 向退刀
N20 G40 Z2.0;                       取消刀半径补偿,精车轨迹结束段
G00 X16.0 Z2.0                      定位到精车循环起点
G70 P10 Q20;                        精车循环(切除精车余量)
G00 X37.0 Z1.0;                     定位到倒角起点
G01 X31.0 Z-2.0;                    锥孔口倒角
G00 Z200.0;                         Z 向退刀
X100.0 M05;                         取消刀尖圆弧半径补偿,回到换刀点
(切断程序)
T0303;                              换 03 号切断刀,刀宽 4mm,刀刃左端为刀位点
G00 X52.0 Z-63.0;                   刀具快速定位切断起点(保证总长 59mm)
G01 X16.0 F0.1;                     切断
G00 Z200.0;                         Z 向回到换刀点
X100.0;                             回到换刀点
M30;                                程序停止
```

(2) 装夹 2 程序

调头夹“φ46”外圆，车 φ30mm 圆孔、M24 内螺纹。

程序如下。

```
(装夹 2)
O0402;                              程序名 O0402,套件的装夹 2 程序
G97 G99 G54 G40 S500 M03;           设置工件原点,保险程序段
G00 X100.0 Z200.0;                  回换刀点
T0101 F0.1;                         换 T01 外圆车刀
G00 X52. Z0;                        平端面起点
```

```
G01 X0 F0.1;                    平端面(保证总长 58mm)
G00 X100.0 Z200.0;              回换刀点
(车孔程序)
T0202 F0.1;                     换车孔刀 T02
G00 X16.0 Z2.0;                 定位到车孔循环起点
G71 U1.0 R0.5;                  粗车循环参数,每次切削进刀 1.0mm,退刀 0.5mm
G71 P30 Q40 U-0.5 W0.25         N30～N40 间程序为精车轨迹,精加工余量 X 方向
                                0.5mm,Z 方向 0.25mm
N30 G00 X34.0 Z1.0;             定位到车孔始点,精车轨迹开始段
G01 X30.0 Z-1.0;                孔口倒角
Z-15.0;                         车"φ30"孔
X22.5;                          车台阶
Z-45.0;                         精车螺纹底孔
N40 X16.0;                      X 向退刀,精车轨迹结束段
G00 X16.0 Z2.0;                 定位到精车孔循环起点
G70 P30 Q40;                    精车循环(切除精车余量)
G00 Z200.0;                     Z 向退刀
X100.0;                         到换刀点
M00;                            程序暂停,用于检查、调整
(车内螺纹程序)
T0404;                          换螺纹车刀
G00 X20.0 Z2.0;                 定位到车内螺纹孔循环起点
G92 X22.5 Z-42.0 F1.5;          车内螺纹循环(走刀一次,牙深至 22.5mm)
X23.0;                          车螺纹循环(牙深至 23mm)
X23.4;                          车螺纹循环(牙深至 23.4mm)
X23.7;                          车螺纹循环(牙深至 23.7mm)
X23.9;                          车螺纹循环(牙深至 23.9mm)
X24.0;                          车螺纹循环(牙深至 24mm)
X24.0;                          车螺纹循环(牙深 24mm 重复走刀,防止让刀)
G00 Z200.0;                     Z 向退刀
X100.0;                         到换刀点
M30;                            程序停止
```

5.5.5 工件1(轴)加工程序

(1) 装夹1程序

夹圆钢 ϕ50mm 外圆，伸出长度 85mm。车外圆。

程序如下。

```
(装夹 1)
O0403;                          程序名 O0403,轴件的装夹 1 程序
G97 G99 G54 G40 S500M03;        设置工件原点在端面,保险程序段
(车削外圆及端面程序)
G00 X100. Z200.;                定位于换刀点
T0101 F0.2;                     换 01 号车刀
G00 X52. Z5.0;                  定位于粗车循环始点
G71 U2.0 R0.5;                  粗车循环参数,每次切削进刀 2.0mm,退刀 0.5mm
G71 P10 Q20 U0.5 W0.2;          N10～N20 间程序为精车轨迹,精加工余量 X 方向
                                0.5mm,Z 方向 0.2mm
N10 G00 G42 X0 Z2.0;            建立刀尖圆弧半径补偿,精车轨迹开始段
G01 Z0;                         切入
X20.0;                          光端面
X24.0 Z-2.0;                    倒角
```

```
Z-23.0;                        车外圆尺寸 φ24mm
X28.0;                         车台阶
G03 X30.0 Z-24.0 R1.0;         尖角倒圆
G01 Z-37.0;                    车外圆尺寸 φ30mm
X44.0;                         车台阶
G03 X46.0 Z-38.0 R1.0;         尖角倒圆
G01 Z-75.0;                    车外圆尺寸 φ46mm
N20 G40 X52.0;                 退刀,取消刀具圆弧补偿
G00 X52.0 Z5.0;                定位到车循环起点
G70 P10 Q20;                   精车循环(切除精车余量)
G00 X100.0 Z200.0;             返回换刀点
(车退刀槽程序)
T0303;                         换 03 号刀,刀宽 4mm,刀刃左端为刀位点
G00 X52.0 Z-22.0;              刀具快速定位切槽起点
G01 X20.0 F0.1;                切槽一次
G04 X2.0;                      进给暂停 2s(确保槽底光滑)
X32.0;                         退刀
Z-23.0;                        定位
X20.0;                         切槽(扩超宽)
G04 X2.0;                      进给暂停 2s(确保槽底光滑)
X32.0;                         退刀
G00 Z200.0;                    Z 向回到换刀点
X100.0;                        回到换刀点
M00;                           程序暂停,用于检查、调整
(车外螺纹程序)
T0505 F0.1;                    换螺纹车刀
G00 X30.0 Z5.0;                定位到车内螺纹孔循环起点
G92 X23.4 Z-21.0 F1.5;         车内螺纹循环(走刀一次,牙深至 23.4mm)
X22.8;                         车螺纹循环(牙深至 22.8mm)
X22.4;                         车螺纹循环(牙深至 22.4mm)
X22.2;                         车螺纹循环(牙深至 22.2mm)
X22.1;                         车螺纹循环(牙深至 22.1mm)
X22.05;                        车螺纹循环(牙深至 22.05mm)
X22.05;                        车螺纹循环(牙深 22.05mm 重复走刀,防止让刀)
G00 Z200.0;                    Z 向退刀
X100.0;                        到换刀点
M00;                           程序暂停,用于检查、调整
(切断程序)
T0303;                         换 03 号切断刀,刀宽 4mm,刀刃左端为刀位点
G00 X52.0 Z-74.0;              刀具快速定位切断起点(保证总长 70mm)
G01 X0 F0.1;                   切断
G00 Z200.0;                    Z 向回到换刀点
X100.0;                        回到换刀点
M30;                           程序结束
```

(2) 装夹 2 程序

采用软爪，夹圆钢“$\phi 46$”外圆，伸出长度 25mm。车锥面。

程序如下。

```
(装夹 2)
O0404;                         程序名 O0404,轴件的装夹 2 程序
G97 G99 G54 G40 S500 M03;      设置工件原点在端面,保险程序段
(车削端面、锥面程序)
```

```
G00 X100. Z200.;                定位于换刀点
T0101 F0.2;                     换 01 号车刀
G00 X52.Z5.0;                   定位于粗车循环始点
G71 U2.0 R0.5;                  粗车循环参数,每次切削进刀 2.0mm,退刀 0.5mm
G71 P30 Q40 U0.5 W0.2;          N30～N40 间程序为精车轨迹,精加工余量 X 方向
                                0.5mm,Z 方向 0.2mm
N30 G00 G42 X0 Z2.0;            建立刀尖圆弧半径补偿,精车轨迹开始段
G01 Z0;                         切入
X26.25;                         光端面
X30.25 Z-2.0;                   倒角
X35.25 Z-20.0;                  车锥面
X44.0;                          车台阶
G03 X46.0 Z-21.0 R1.0;          尖角倒圆
N40 G40 X52.0;                  Z 向退刀,取消刀尖圆弧半径补偿
G00 X52.0 Z5.0;                 定位到车循环起点
G70 P30 Q40;                    精车循环(切除精车余量)
G00 X100.0 Z200.0;              返回换刀点
M30;                            程序结束
```

5.5.6 编程技巧

(1) 在自动加工方式下测量、修调加工尺寸

程序中设置了 M00 指令，利用加工过程中的暂停，测量并调整粗加工后的工件尺寸，以保证加工精度。

(2) 刀具半径补偿的使用

在编制加工程序时，把刀尖作为一个点处理，实际上刀尖是一个半径很小的圆弧，这不影响加工圆柱表面的形状，仅影响圆柱表面加工尺寸，可以通过加工中的调整，修正加工尺寸。但是刀尖的圆弧在加工锥面和圆弧表面时，影响加工的形状精度，所以加工圆弧面或锥面时必须采用刀尖圆弧半径补偿。本例题对锥面的加工程序均采用了刀尖圆弧半径补偿，而对圆柱表面的加工没有采用刀尖圆弧半径补偿。

第6章 数控镗铣加工基础

6.1　数控镗铣加工入门

6.1.1　数控铣床和加工中心

数控铣床和加工中心是用于镗铣加工的数控机床，数控铣床与加工中心的区别是：数控铣床没有刀库，采用手动换刀；而加工中心装备了刀库，具有自动换刀功能。

镗铣类加工中心习惯上简称为加工中心。主轴垂直安置的加工中心为立式加工中心，如图 6-1 所示。该加工中心采用转盘刀库，换刀动作由换刀机械臂完成，当需要用某一刀具进行切削加工时，机械臂自动把刀具从刀库装夹到机床主轴上，切削完毕后，将用过的刀具从主轴上移回到刀库中。转盘式刀库容量较小，适用于小型加工中心。

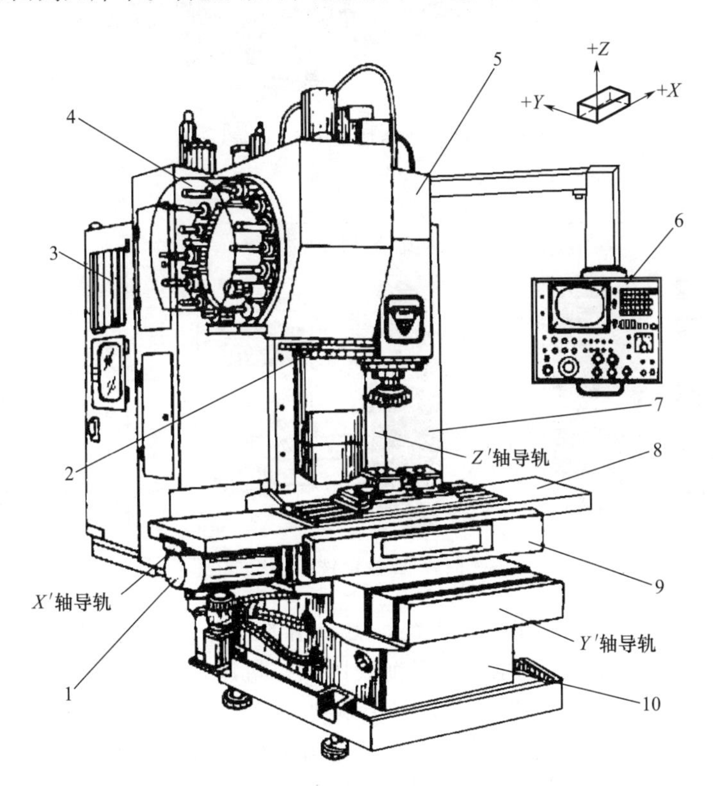

图 6-1　立式镗铣加工中心（转盘刀库）
1—X 轴伺服电动机；2—换刀机械臂；3—数控柜；4—盘式刀库；5—主轴箱；
6—操作面板；7—电源柜；8—工作台；9—滑座；10—床身

图 6-1 所示的加工中心如果去掉机床上的刀库就是三轴立式数控铣床。

主轴水平安置的加工中心为卧式加工中心，其刀库采用回转盘或链式刀库，链式刀库的刀具容量较大。图 6-2 所示为具备链式刀库的卧式四轴加工中心。

6.1.2　数控镗铣床组成

数控镗铣床由三个部分组成，即数控系统、伺服驱动系统和机床本体（光机），如图 6-3 所示。

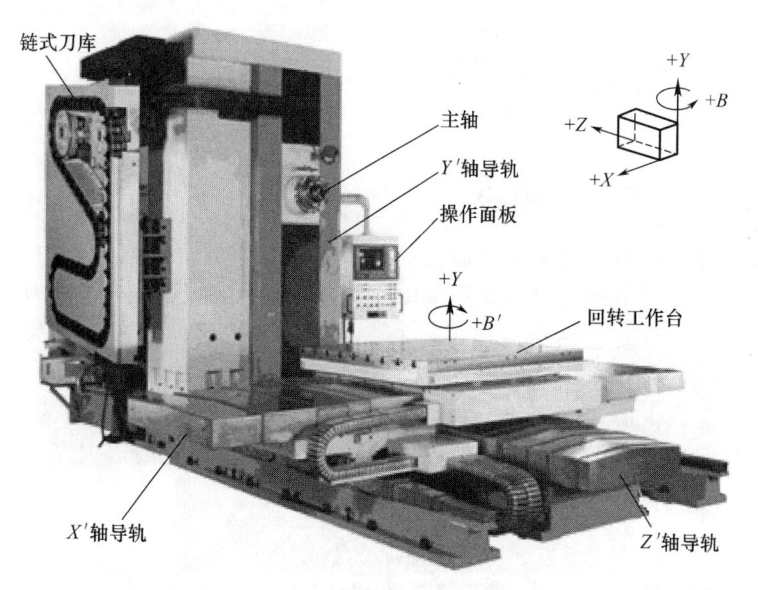

图 6-2　卧式四轴加工中心（链式刀库）

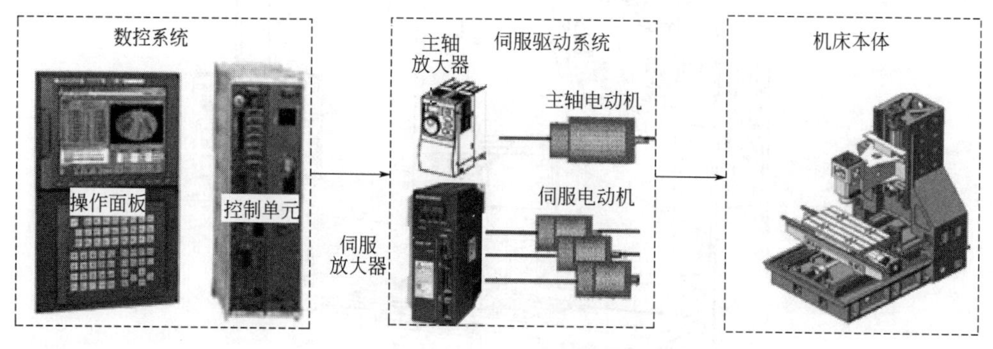

图 6-3　数控镗铣床的组成

数控系统是数控机床的智能指挥系统，由专用的计算机组成，称为 CNC 系统，用于处理数控程序，输出控制加工的信号。目前我国数控机床常用数控系统有 FANUC 数控系统（如 F0/F00/F0*i* Mate 系列和 FANUC 0*i* 系列）、西门子系统、华中理工大学的华中系统、中科院沈阳计算机所的蓝天 1 号系统、北京航天机床数控集团的航天一型系统等。

伺服驱动系统是机床的动力装置，由伺服放大单元和执行元件（伺服电动机等）组成，伺服放大单元把控制信号放大成大功率电流，用于驱动执行元件。常用的执行元件有主轴电动机、伺服电动机、步进电动机等。

机床本体是数控机床的机械部分，包括主运动部件、进给运动部件（工作台、刀架）和支承部件（如床身、立柱）等。有些数控机床还配备了特殊的部件，如回转工作台、刀库、自动换刀装置和托盘自动交换装置等。

6.1.3　数控机床加工零件过程

数控机床加工零件过程（图 6-4）如下。

（1）分析零件图样

数控加工前，应认真分析零件图样，注意以下几点。

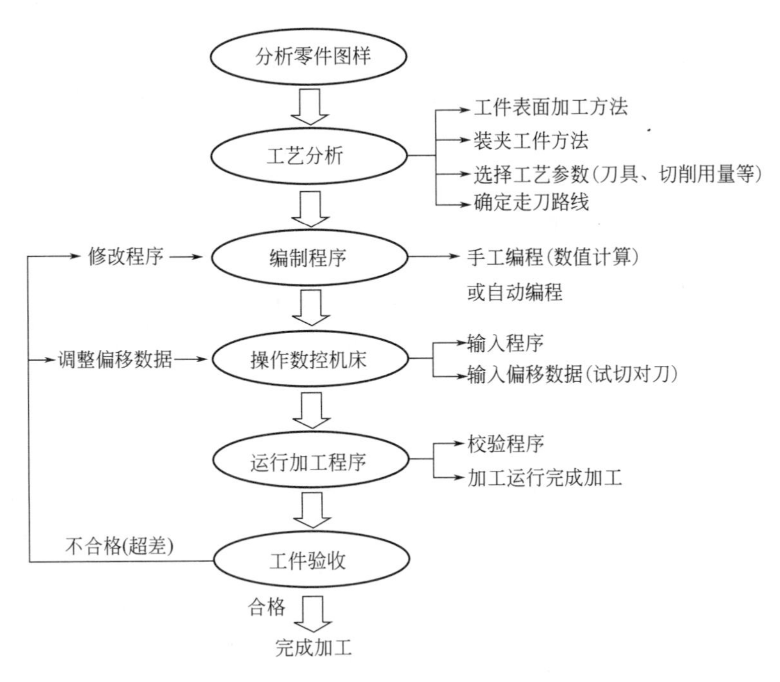

图 6-4　数控机床加工零件过程

① 明确加工任务。确认零件的几何形状、尺寸和技术要求，本工序加工范围和对加工质量的要求。

② 审查零件图样的尺寸、公差和技术要求等是否完整。零件设计图样中几何要素的定位尺寸应尽量选同一表面，在加工中可以避免基准不重合误差的影响，容易保证几何要素的位置尺寸。例如图 6-5 所示零件图样，零件的 A、B 两面均为孔系的设计基准，加工孔时如采用 A 面定位，而“ϕ50H7”孔和两个“ϕ30H7”孔取 B 面为设计基准，定位基准与设计基准不重合，欲保证“70±0.08”和“110±0.05”尺寸，则受到上道工序“240±0.1”尺寸误差的影响，为保证精度需要压缩“240”尺寸的公差，致使增加了加工难度和成本。如果改为图 6-6 所示标注孔位置的设计尺寸，各孔位置的设计尺寸都以 A 面为基准，加工孔的定位基准取 A 面，可使定位基准与设计基准重合，各孔的设计尺寸都直接由加工误差保证，可避免基准不重合误差影响。

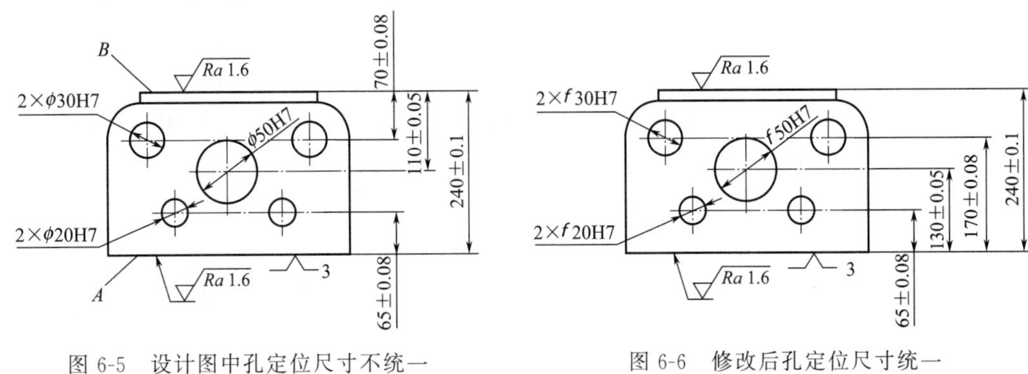

图 6-5　设计图中孔定位尺寸不统一　　　　图 6-6　修改后孔定位尺寸统一

③ 分析零件的技术要求是否合理。根据零件在产品中的功能，分析各项表面粗糙度和技术要求是否合理；考虑加工能否保证其表面粗糙度和技术要求；选择何种加工方法。

（2）工艺分析

对工件工艺进行分析，确定数控加工的内容和走刀路线。

① 确定工件的加工表面。

② 工件在机床上装夹的方法。

③ 每一切削过程中的走刀路线。

④ 选择切削刀具和切削用量。

（3）编制程序

根据走刀路线、工艺参数及刀具等数据，按所用数控系统的指令代码和程序段格式，编写零件加工程序。手工编程需要通过数值计算求出编程用的尺寸值。数值计算主要包括标注尺寸换算，基点、节点计算，详述如下。

① 标注尺寸换算。当零件标注尺寸与编程尺寸不一致时，经过运算求解编程尺寸。

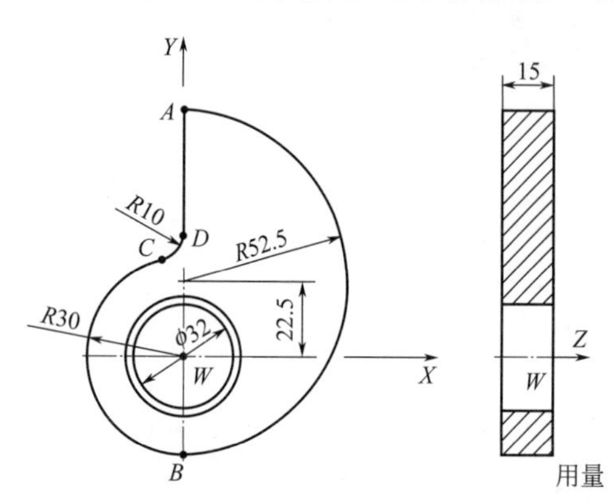

图 6-7　变速凸轮基点

② 基点计算。基点是指构成工件轮廓的不同几何要素之间的交点或切点，如直线与直线的交点、直线与圆弧的交点或切点、圆弧与圆弧的交点或切点等。例如图 6-7 所示凸轮，图中 *A*、*B*、*C*、*D* 点是凸轮的基点。基点计算相对方便，建立坐标系后，可用几何方法计算出。也可以借助 CAD/CAM 软件，画出工件的几何图形，通过软件查询功能，查出所需的基点坐标。如图 6-7 所示凸轮，用 CAD 软件 1∶1 画出凸轮图形，在图上可查询基点坐标：*A*（*X*0，*Y*75），*B*（*X*0，*Y*－30），*C*（*X*－7.5，*Y*29.407），*D*（*X*0，*Y*38.73）。

③ 节点计算。一般数控系统只具备直线和圆弧插补功能，对椭圆线、抛物线复杂曲线只能用直线或圆弧逼近。具体方法是将复杂轮廓曲线按允许误差分割成若干小段，再用直线或圆弧逼近这些小段，逼近线段的交点称为节点。节点越密，轮廓曲线的逼近程度越高。人工计算节点很烦琐，宜采用自动编程。

（4）操作数控机床

① 装夹工件、刀具，检查、启动机床。

② 输入加工程序。可以操作数控系统键盘输入加工程序，也有可以采用程序介质（存储盘等）输入、计算机通信输入等。

在加工复杂形面时，由于复杂形面的加工程序一般由自动编程（在 CAD/CAM 软件上）生成，一个形面的程序往往需数兆字节（Byte）的储存空间，最好采用与其他计算机系统通信的功能，以便直接接收 CAD/CAM 程序。

③ 通过对刀输入偏移数据。

（5）运行加工程序

① 检验程序，将程序输入机床，并进行图形模拟、试运行等验证编程正确与否。

② 运行程序，完成工件加工。

（6）工件验收

经检验合格工件进入下一道工序。如果工件超差，分析原因，对症采取措施，如改进工艺、调整偏移参数（刀具补偿等）、修改程序等。

6.1.4　数控镗铣床、加工中心坐标系

（1）立式加工中心和立式数控铣床

该机床可以控制三个方向的直线运动，其中 X 轴、Y 轴方向由工件（工作台）运动完成，坐标轴用符号 X'、Y'表示。Z 轴方向是刀具（主轴）移动，坐标轴用符号 Z 表示。

（2）数控回转工作台

图 6-8　立式数控回转工作台结构

数控回转工作台（转台）是数控镗铣床和加工中心的附件，由数控程序控制其回转运动。立式数控回转工作台结构如图 6-8 所示，用于机床运动的第 4 轴（旋转轴），或直接作为机床的工作台使用。转台在主机相关控制系统控制下，可实现等分和不等分的孔、槽或者连续特殊曲面的加工。

卧式数控回转工作台如图 6-9（a）所示，回转轴以水平方式安装于主机工作台面上，用作机床运动的第 4 轴（旋转轴）。回转工作台上可安装板、盘或其他形状比较复杂的工件，也可利用与之配套的尾座安装轴类加工零件。数控回转尾座是数控回转工作台的配套附件，如图 6-9（b）所示。

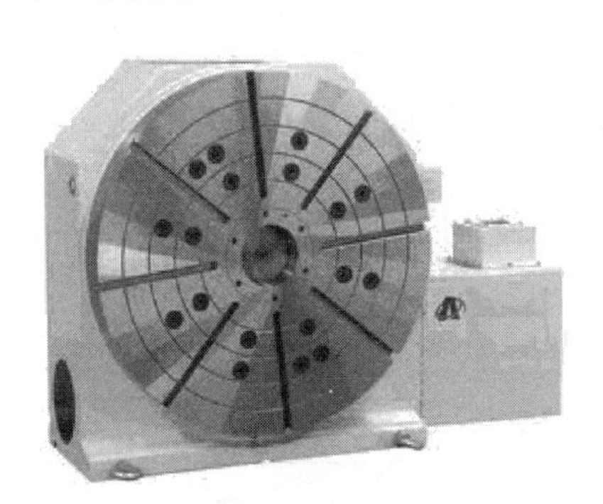

(a) 卧式数控回转工作台

(b) 数控回转尾座

图 6-9　卧式数控回转工作台与数控回转尾座

（3）卧式加工中心

装备回转工作台的卧式四轴数控加工中心如图 6-2 所示，该机床可以控制三个直线运动和一个旋转运动，其中直线运动 X 轴、Z 轴和旋转运动 B 轴由工件（工作台）运动完成，所以坐标轴用符号 X'、Z'和 B'表示。Y 轴直线运动是刀具（主轴）移动，坐标轴符号用 Y 表示。

6.2　数控镗铣加工中工件的装夹

6.2.1　定位基准的选择

（1）粗基准和精基准

加工中装夹工件所使用的定位表面称为定位基准。定位基准按工件表面的状况分为粗基准和精基准。用工件上未经加工的表面作为定位基准面称为粗基准。利用工件上已加工

的表面作为定位基准面称为精基准。由于精基准是已加工面，表面平整，用作定位表面准确可靠。数控加工一般采用精基准定位。

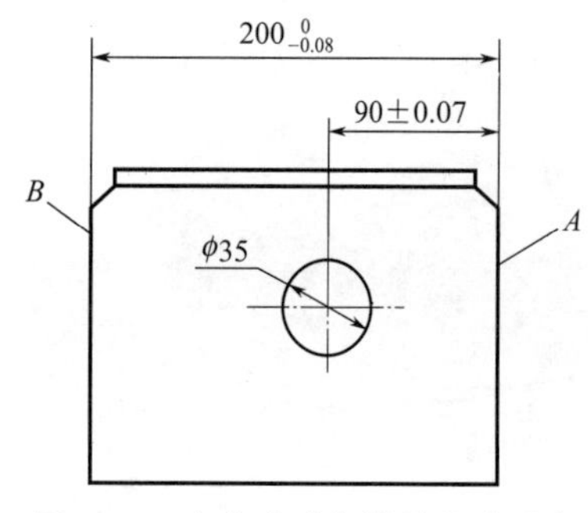

图 6-10　定位基准与设计基准重合

（2）用基准重合原则选择精基准

数控加工中选择精基准经常遵循准重合原则，即用被加工表面的设计基准为定位基准，使定位基准与设计基准重合。用设计基准定位可以避免基准不重合而产生的定位误差。如图 6-10 中，工件“ϕ35”孔位置尺寸是“90±0.07”，设计基准是 *A* 面（尺寸由 *A* 面标注），加工“ϕ35”孔时，如果采用 *B* 面定位，不能直接保证设计尺寸“90±0.07”，有基准不重合误差（图中为 0.08mm）。而使用设计基准 *A* 面定位，可以直接保证设计位置尺寸“90±0.07”，没有基准不重合误差，有利于保证“ϕ35”孔的位置精度。

例 6-1：方座零件如图 6-11 所示。现该零件平面部分已加工完，欲数控加工型槽，试选择定位基准?

解：根据图 6-11 中的尺寸标注，可知型槽设计基准是 *P*、*Q* 和顶面。根据基准重合原则，水平面上选择 *P*、*Q* 为定位基准，编程原点应设定在图 6-11 中的角点 *O* 点，即以 *P*、*Q* 面对刀，确定 *XY* 面程序零点。

同理，直立面中选择顶面为定位基准，工件底面安放在工作台上，以顶面为基准，就是按工件顶面找正确定 *Z* 轴零点。

例 6-2：结构与例 6-1 相同，但尺寸标注不同的零件，如图 6-12 所示，数控加工圆槽和长槽，应该怎样选择定位基准?

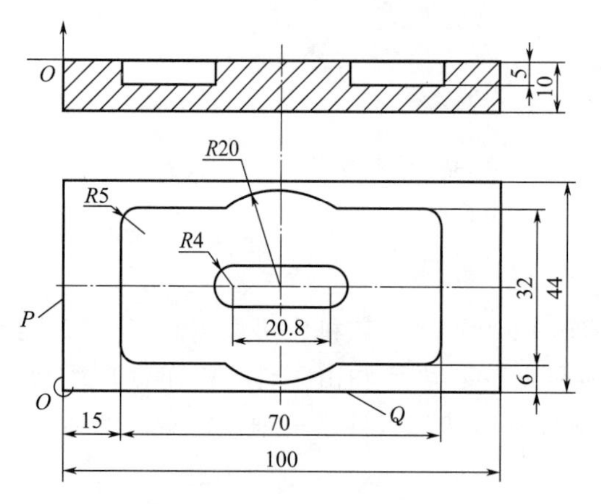

图 6-11　以两个边面（*P*、*Q*）为设计基准的方座零件

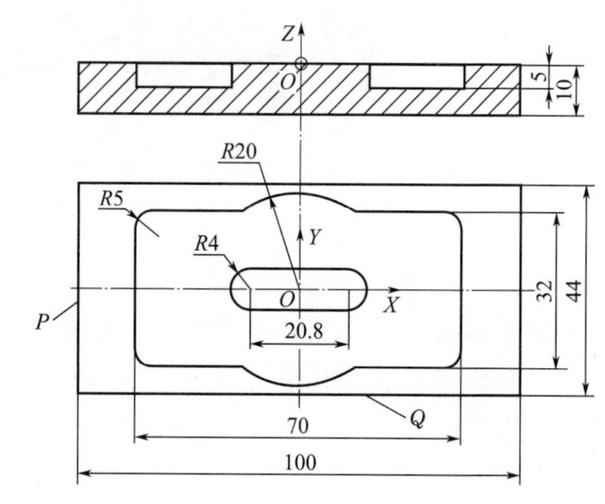

图 6-12　以对称中心为设计基准的方座零件

解：图 6-12 零件在水平面上的尺寸标注基准是零件的对称中心线，根据基准重合原则，定位基准应为工件的对称中心线，编程原点应设定在图 6-12 中的中心点 *O* 点，工件安装后采用分中对刀，确定以 *XY* 面中心点为程序零点。

直立面定位基准选择同例 6-1，即选择顶面为定位基准。

6.2.2　数控机床上工件装夹方法

数控镗铣床上工件装夹通常采用以下四种方法。

① 用通用夹具装夹。对于结构简单的零件，可采用通用夹具，如三爪卡盘、平口虎钳等。这种装夹方法适合用来装夹一定形状和尺寸范围内的工件。

② 用压板、弯板、V形块、T形螺栓装夹工件。压板螺栓装夹工件，需要以工件表面找正定位，然后把工件夹紧。利用靠棒（对刀）确定工件原点偏移值，将工件原点偏移值存入G54坐标系（或其他坐标系）中，就可确定工件坐标零点。这种装夹方法适合尺寸较大或形状比较复杂的工件

③ 工件通过托盘装夹在工作台上。

④ 用专用夹具等。工件在夹具中的正确定位，是通过工件上的定位基准面与夹具上的定位元件相接触而实现的，不再需要找正便可将工件夹紧。夹具预先在机床上已调整好位置，因此，工件通过夹具相对于机床也就有了正确位置。这种装夹方法在成批生产中广泛运用。

6.2.2.1　使用平口虎钳装夹工件

（1）平口虎钳在机床工作台上的安装

平口虎钳如图6-13所示，虎钳有旋转基座。虎钳的钳口分为活动钳口和固定钳口，固定钳口是装夹工件时的定位元件，通过找正固定钳口使平口虎钳在机床上定位，通常要求固定钳口无论是纵向使用或横向使用，都必须与机床导轨运动方向平行，同时还要求固定钳口的工作面要与工作台面垂直。

定心夹紧虎钳如图6-14所示。工件用其两个装夹表面的中心线定位称为定心。定心夹紧虎钳夹紧时两卡爪同时对中移动，夹紧工件的同时完成工件定心定位。

（2）机用平口虎钳在工作台上的安装

① 检查虎钳底部的定位键是否紧固，检查定位键的定位面是否同一方向安装。

② 将虎钳安装在工作台中间的T形槽内，钳口位置居中，并且用手拉动虎钳底盘，使定位键向T形槽直槽一侧贴合。

图6-13　平口虎钳

图6-14　定心夹紧虎钳

③ 用T形螺栓将虎钳压紧在铣床工作台面上。

（3）机用平口虎钳在工作台上的找正方法

松开虎钳上体与转盘底座的紧固螺母，将虎钳水平旋转90°，略紧固螺母后，用百分表找正，使虎钳钳口铣床Y向（或X向）进给方向平行。找正的方法如图6-15所示。找正时，要防止百分表座与连接杆的松动，以免影响找正精度，先将百分表测头与固定钳口长度方向的中部接触，然后移动Y轴，根据显示值微量调整旋转角度，直至钳口与Y向（或X向）平行。移动铣床Z向，可以校核固定钳口与工作台面的垂直度误差，调整虎钳至正确位置。

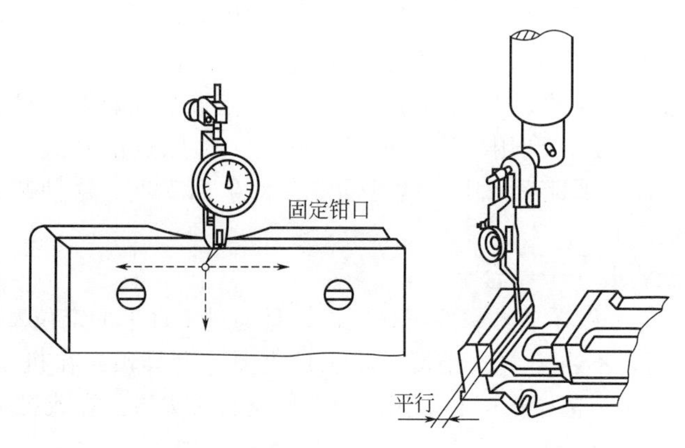

图 6-15　用百分表找正虎钳到正确位置

（4）使用平口虎钳装夹工件

平口虎钳的钳口有多种形式，通过更换钳口可以装夹不同轮廓的工件，扩大平口虎钳的使用范围。钳口的各种形式如图 6-16 所示。

使用平口虎钳时，应注意以下几点。

① 及时清理切屑及油污，保持平口虎钳导轨面的润滑与清洁。

② 维护好固定钳口并以其为基准，校正平口虎钳在工作台上的位置。

③ 为使夹紧可靠，尽量使工件与钳口工作面接触面积大些，夹持短于钳口宽度的工件尽量应用中间均等部位。

④ 装夹工件不宜高出钳口过多，必要时可在两钳口处加适当厚度的垫板，如图 6-17 所示。

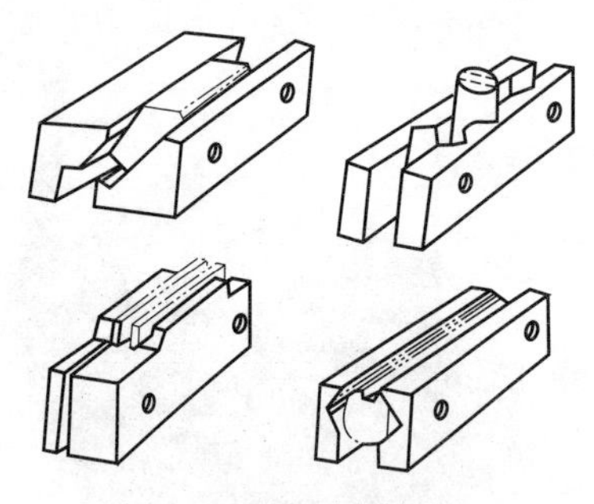

图 6-16　平口虎钳的钳口

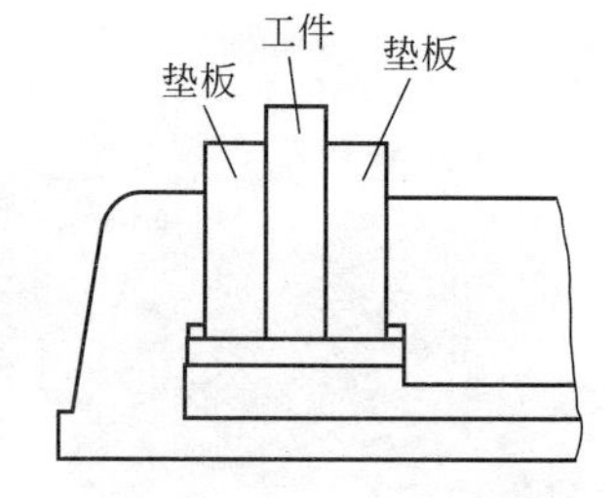

图 6-17　较高工件的装夹

⑤ 装夹较长工件时，可用两台或多台平口虎钳同时夹紧，以保证夹紧可靠，并防止切削时发生振动。

⑥ 要根据工件的材料、几何廓型确定适当的夹紧力，不可过小，也不能过大。不允许随意加长虎钳手柄。

⑦ 在加工相互平行或相互垂直的工件表面时，可在工件与固定钳口之间，或工件与平口虎钳的水平导轨间垫适当厚度的纸片或薄铜片，以提高工件的定位精度。

⑧ 在铣削时，应尽量使水平铣削分力的方向指向固定钳口，如图 6-18 所示。

⑨ 应注意选择工件在平口虎钳上的安装位置，避免在夹紧时平口虎钳单边受力，必要时还要辅加垫铁，如图 6-19 所示。

⑩ 夹持表面光洁的工件时，应在工件与钳口间加垫片，以防止划伤工件表面。夹持粗

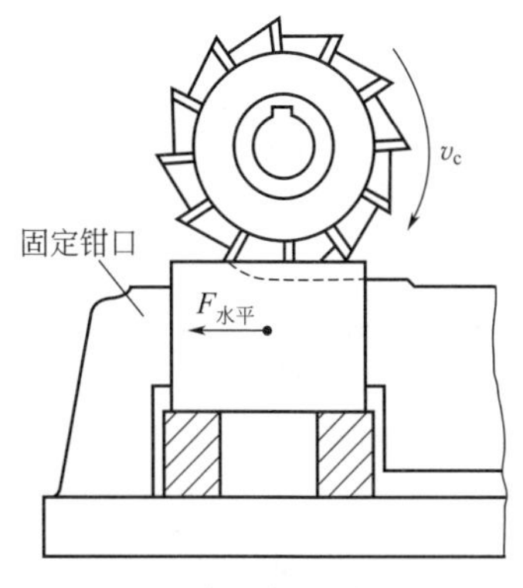

图 6-18 水平铣削分力指向

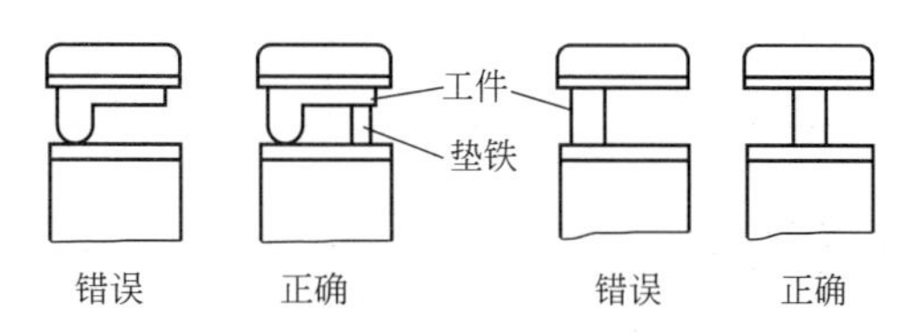

图 6-19 夹紧时应避免虎钳单边受力

糙毛坯表面时，也应在工件与钳口间加垫片，这样做既可以保护钳口，又能提高工件的装夹刚性。加垫片后不应影响工件的装夹精度。

⑪ 为提高万能（回转式）虎钳的刚性，增加切削稳定性，可将虎钳底座取下，把钳身直接固定在工作台上。

6.2.2.2 使用压板和 T 形螺栓固定工件

压板和 T 形螺栓如图 6-20（a）所示。使用 T 形螺栓和压板可以把工件、夹具或其他机床附件固定在工作台上。例如，在工作台上装夹条形工件［图 6-20（b）］操作如下。

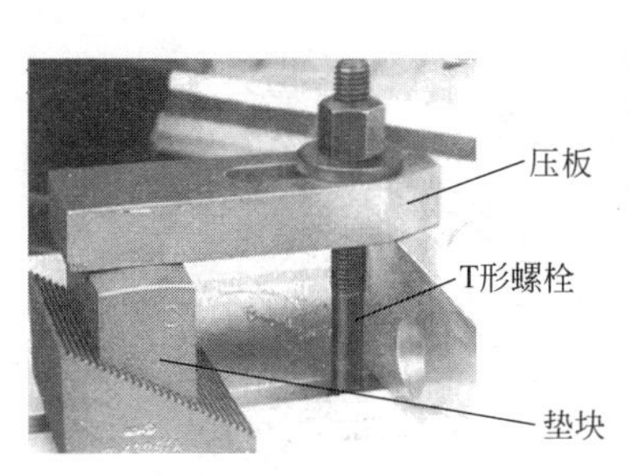

(a) T形螺栓和压板

(b) 用压板装夹条形工件

图 6-20 压板及其使用

① 工件放在工作台面，尽量放正，使用压板施加一定夹紧力，夹住工件，不要使全力。

② 将百分表压在工件侧面，移动工作台，通过观察表针摆动方向，判断工件位置偏差。

③ 使用铜棒适当敲击工件，调整工件位置，使工件放正（与导轨方向平行）。

④ 反复打表、敲击，使其误差在允许范围内，拧紧螺母，再次打表检验，如无问题可进行后面工作。

使用 T 形螺栓和压板装夹工件时（图 6-21），应注意以下几点。

① T 形螺栓应尽量靠近工件而不是靠近垫铁，以获得较大的压紧力。

② 垫铁的高度应与工件的被压点高度相同，并允许垫铁高度略高一些。用平压板时，垫铁高度不允许低于工件被压点的高度，以防止压板倾斜削弱夹紧力。

③ 使用压板固定工件时其压点应尽量靠近切削位置。使用压板的数目不得少于 2 个，而且压板要压在工件上的实处，若工件下面悬空时，必须附加垫铁（垫片）或用千斤顶支承。

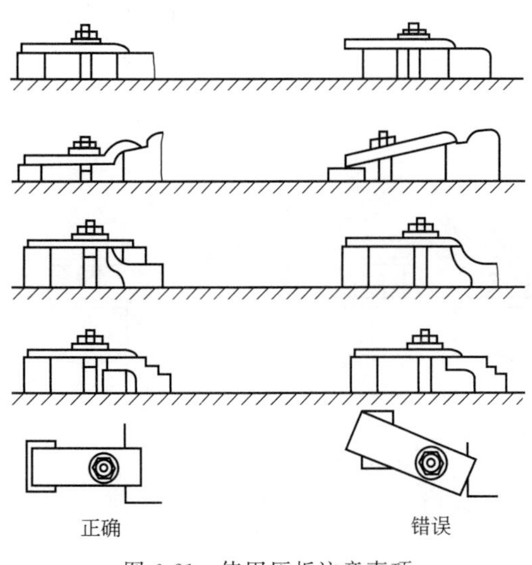

图 6-21　使用压板注意事项

④ 根据工件的形状，刚性和加工特点确定夹紧力的大小，既要防止由于夹紧力过小造成工件松动，又要避免夹紧力过大使工件变形。一般精铣时的夹紧力小于粗铣时的夹紧力。

⑤ 如果压板夹紧力作用点在工件已加工表面上，应在压板与工件间加铜质或铝质垫片，以防止工件表面被压伤。

⑥ 在工作台面上夹紧毛坯工件时，为保护工作台面，应在工件与工作台面间加垫软金属垫片。如果在工作台面上夹紧较薄且有一定面积的已加工表面时，可在工件与工作台面间加垫纸片增加摩擦，这样做可提高夹紧的可靠性，同时保护了工作台面。

⑦ 所使用的压板与 T 形螺栓应进行必要的热处理，以提高其强度和刚性，防止工作时发生变形削弱夹紧力。

6.2.2.3　使用弯板装夹工件

弯板（或称角铁）主要用来固定长度、宽度较大而厚度较小的工件。常用的弯板类型如图 6-22（a）所示。使用弯板装夹工件的方法，如图 6-22（b）所示。

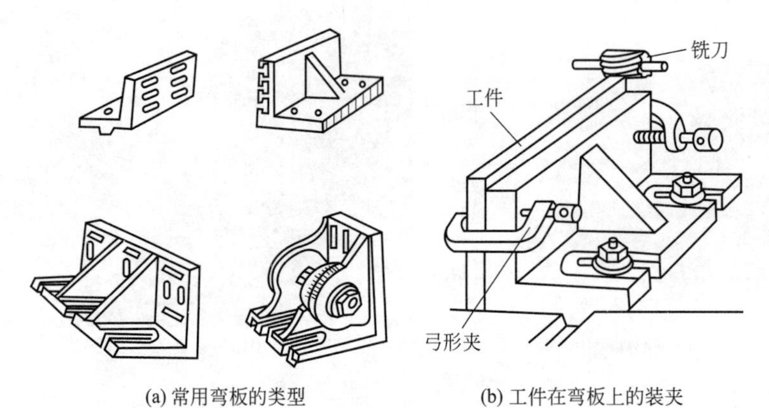

图 6-22　弯板

使用弯板装夹工件时应注意以下事项。

① 弯板在工作台上的固定位置必须正确，弯板的立面必须与工作台台面相垂直。多数情况下，还要求弯板立面与工作台的纵向进给方向或横向进给方向平行。

② 弯板在工作台上位置的校正方法与机用平口虎钳固定钳口在工作台上位置的校正方法相似。

③ 工件与弯板立面的安装接触面积应尽量加大。

④ 夹紧工件时，应尽可能多地使用螺栓压板或弓形夹。

6.2.2.4　使用 V 形块装夹工件

（1）装夹轴类工件时选用 V 形块的方法

V 形块结构如图 6-23（a）所示，常见的 V 形块夹角有 90°和 120°两种。无论使用哪一种，在装夹轴类零件时均应使轴的定位表面与V形块的V形面相切，如图6-23（b）所示，避免出现图6-23（c）所示的情况。根据式（6-2）和式（6-3），由工件的定位轴直径 d 选择V形块口宽 B 的尺寸。

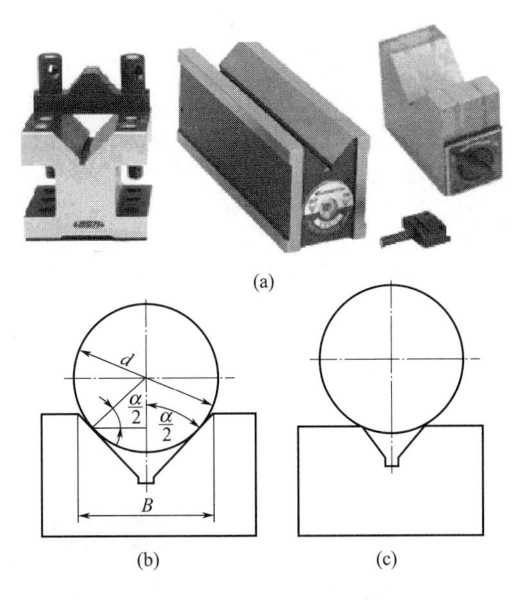

图6-23 V形块和V形槽槽口宽的选择

V形槽的槽口宽 B 为：

$$B > d\cos\frac{\alpha}{2} \tag{6-1}$$

简化公式为：当 $\alpha=90°$ 时，$B>\frac{\sqrt{2}}{2}d$ 或 $B>0.707d$ （6-2）

当 $\alpha=120°$ 时，$B>\frac{1}{2}d$ 或 $B>0.5d$ （6-3）

式中 B——V形槽的槽口宽；

d——工件定位轴直径；

α——V形槽的V形角。

选用较大的V形角有利于提高轴在V形块上的定位精度。

（2）在机床工作台上找正V形块的位置

在机床工作台上正确安装V形块，要求V形槽的方向与机床工作台纵向或横向进给方向平行。安装V形块时可用如下方法找其平行度（图6-24）：将百分表座及百分表固定在机床主轴或床身某一适当位置，使百分表测头与V形块的一个V形面接触，纵向或横向移动工作台即可测出V形块与（工作台纵向或横向）移动方向的平行度。然后根据所测得的数值调整V形块的位置，直至满足要求为止。一般情况平行度允许值为0.02/100mm。

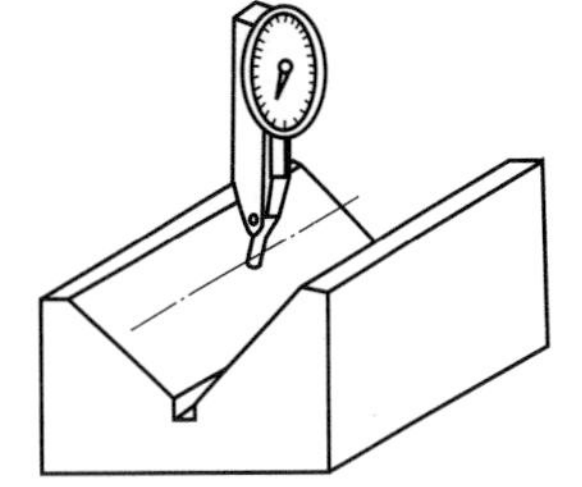

图6-24 在工作台上找正V形块位置

（3）用V形块装夹轴类工件时的注意事项

① 注意保持V形块两V形面的洁净，无鳞刺，无锈斑，使用前应清除污垢。

② 装卸工件时防止碰撞，以免影响 V 形块的精度。

③ 使用时，在 V 形块与机床工作台及工件定位表面间，不得有棉丝毛及切屑等杂物。

④ 根据工件的定位直径，合理选择 V 形块。

⑤ 校正好 V 形块在铣床工作台上的位置（以平行度为准）。

⑥ 尽量使轴的定位表面与 V 形面多接触。

⑦ V 形块的位置应尽可能靠近切削位置，以防止切削振动使 V 形块移位。

⑧ 使用两个 V 形块装夹较长的轴件时，应注意调整好 V 形块与工作台进给方向的平行度及轴心线与工作台台面的平行度。

6.2.2.5 使用托盘装夹工件

如果对工件四周进行加工，因走刀路径的影响，很难安排装夹工件所需的定位和夹紧装置，这时可用托盘装夹工件的方法，如图 6-25（a）所示。装夹步骤是：工件通过螺钉紧固在托盘上；找正工件，使工件在工作台上定位；用压板和 T 形槽把托盘夹紧在机床工作台上，或用平口钳夹紧托盘，这就避免了走刀时刀具与夹紧装置的干涉。

如果走刀时刀具与夹紧装置不干涉，可采用带压板的托盘，如图 6-25（b）所示。

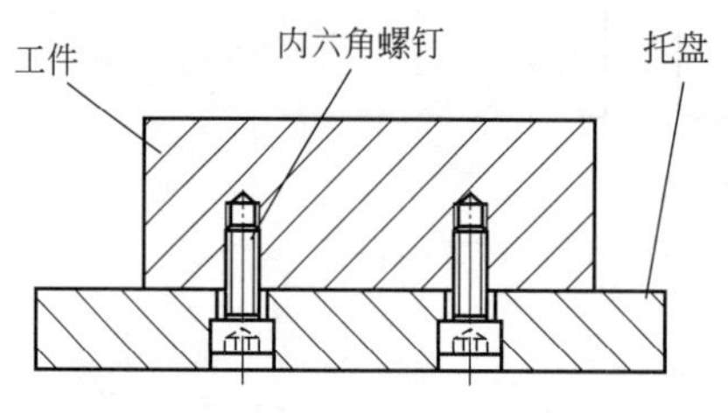

(a) 用底面螺钉夹紧工件的托盘

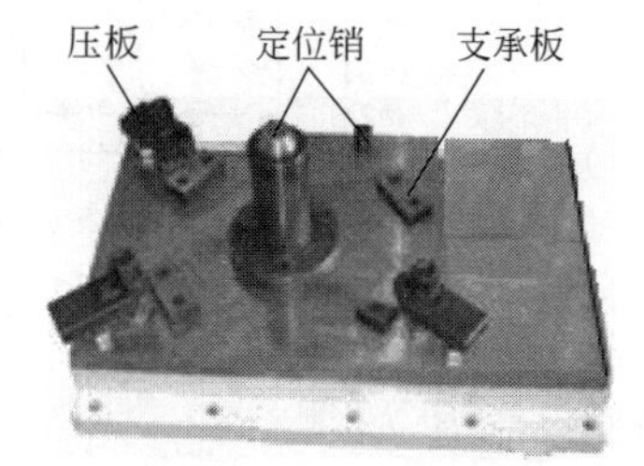

(b) 带压板的托盘（一面两销定位）

图 6-25 用托盘装夹工件

6.3 数控镗铣常用刀具及其选择

数控铣床和加工中心使用的刀具分为铣削刀具、孔加工刀具和特殊用途的专用刀具。常用刀具材料有高速钢、硬质合金和超硬材料。硬质合金刀具如图 6-26 所示。

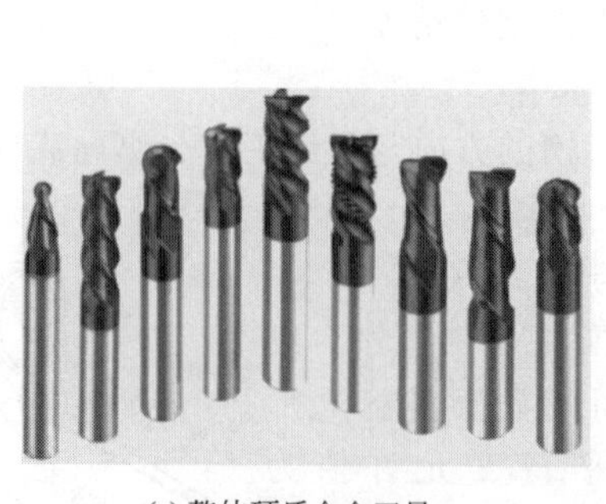

(a) 整体硬质合金刀具

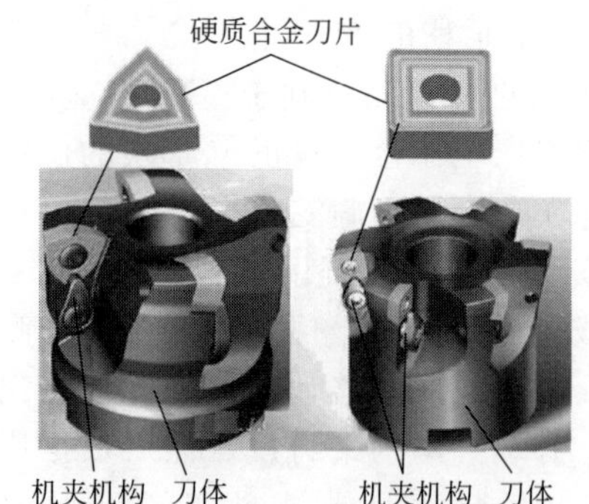

(b) 镶片式刀具(刀片机械夹固在刀体上)

图 6-26 硬质合金刀具

刀具材料表面涂层是在刀具的硬质合金或高速钢基体上通过沉积法涂覆一层高耐磨、难熔金属化合物。常用涂层材料是 TiN，涂层后刀具表面呈金黄色。表面涂层提高刀具表面硬度，刀具磨损率显著降低，在相同刀具寿命的前提下，可以提高切削速度 30%～50%。表面涂层刀具广泛用于钢与铸铁的精加工、半精加工或粗加工中。

6.3.1　常用铣刀

铣刀主要用于加工平面、台阶、沟槽、成形表面和切断工件等。

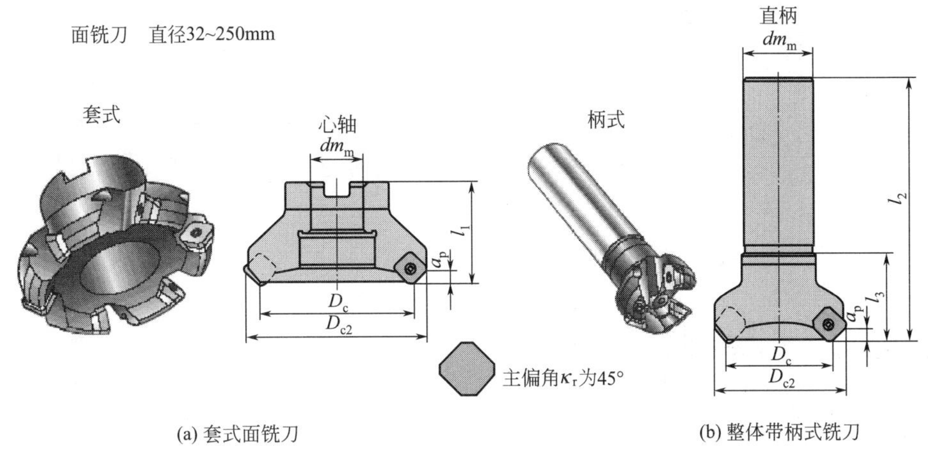

图 6-27　面铣刀

（1）面铣刀

面铣刀可以是套式的［图 6-27（a）］，也可以是整体带柄式的［图 6-27（b）］。面铣刀的主切削刃分布在外圆柱面或外圆锥面上，其端面上的切削刃为副切削刃。面铣刀适用于加工平面，尤其适合加工大面积平面。

面铣刀可以用于粗加工，也可以用于精加工。粗加工要求有较大的生产率，即要求有较大的铣削用量。为使粗加工时能获得较大的切削深度，切除较大的余量，粗加工宜选较小的铣刀直径。精加工要求保证加工精度，要求加工表面粗糙度值要低，应该避免在精加工面上的接刀痕迹，所以精加工的铣刀直径要选大些，最好能包容加工面的整个宽度。

主偏角为 90°的面铣刀称为方肩面铣刀，如图 6-28 所示。方肩面铣刀在加工平面的同时，能加工出与平面垂直的直角面，这一直角面的高度受到刀片长度的限制（如图 6-28 中的数值 a_p）。如果需要加工出高于刀片长度的直立面，可以采用层切的方法，分层加工直立面，如图 6-29 所示。

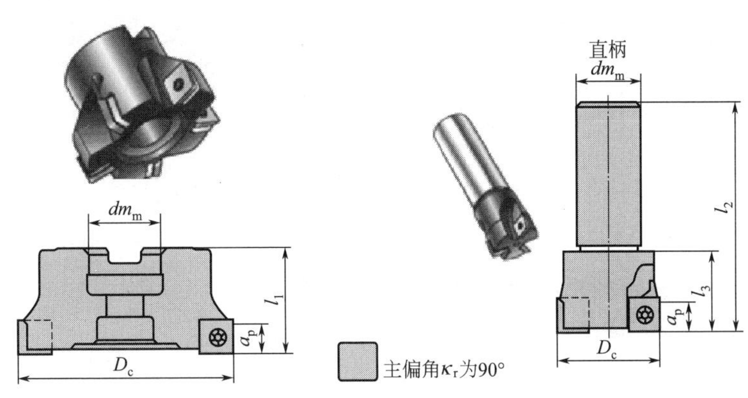

图 6-28　方肩面铣刀（主偏角 90°）

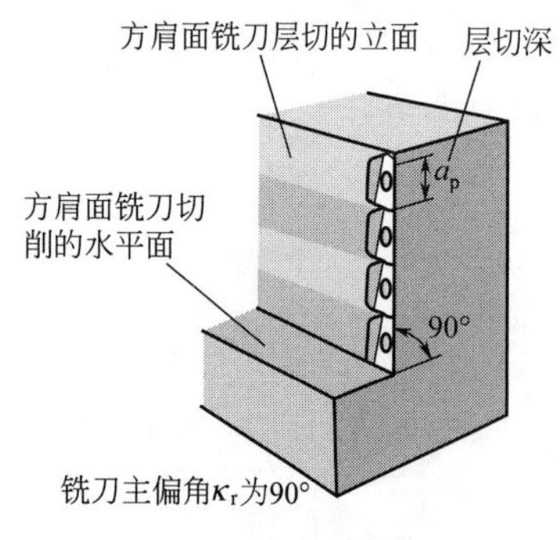

图 6-29 方肩面铣刀层切的直立面

方肩面铣刀还可以铣槽。采用螺旋线进给能够镗铣加工孔。螺旋铣孔时每螺旋铣削一周，刀具的 Z 轴方向下刀移动一个导程。方肩面铣刀加工范围如图 6-30 所示。

（2）立铣刀

立铣刀也称为圆柱铣刀，如图 6-31 所示，每个刀齿的主切削刃分布在圆柱面上，呈螺旋线形，其螺旋角为 30°～45°。螺旋角有利于提高切削过程的平稳性，将冲击减到最小，可得到光滑的切削表面。每个刀齿的副切削刃分布在端面上，用来加工与侧面垂直的底平面。立铣刀的主切削刃和副切削刃可以同时进行切削，也可以分别单独进行切削。

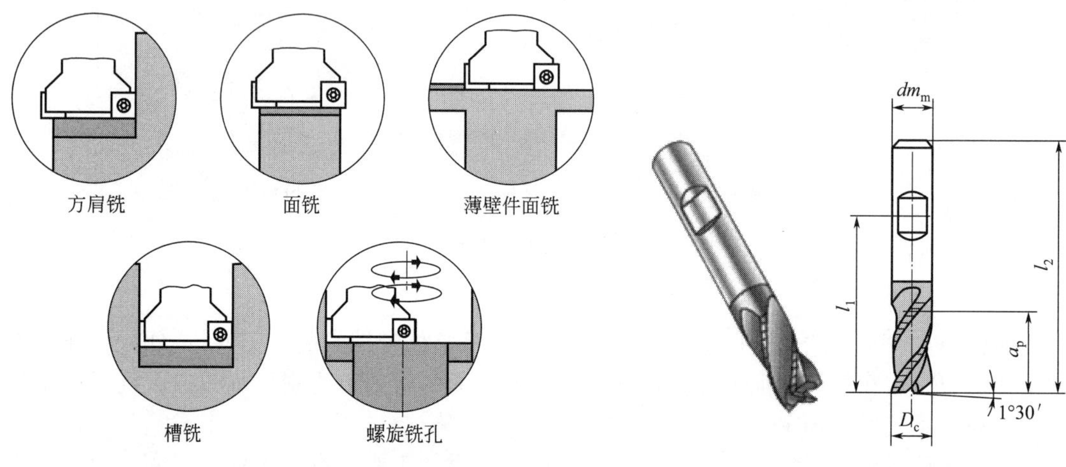

图 6-30 方肩面铣刀加工范围

图 6-31 通用立铣刀

立铣刀端面刃有两种，一种是端部有过中心的切削刃，可以用于钻入式切削，即本身可以钻孔，因而也称为中心切削立铣刀，如图 6-32（a）所示。另一种立铣刀端部有中心孔，不能钻削孔，如图 6-32（b）所示。

立铣刀用于加工沟槽、台阶面、平面和二维曲面（例如平面凸轮的轮廓），加工范围和走刀路线如图 6-33 所示。

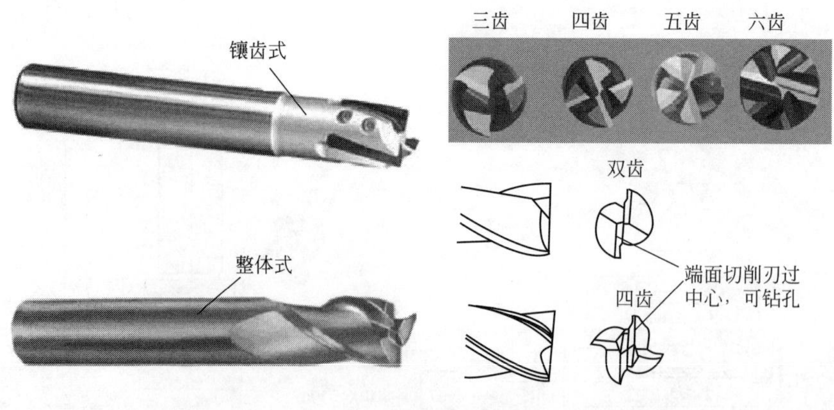

(a) 中心切削立铣刀

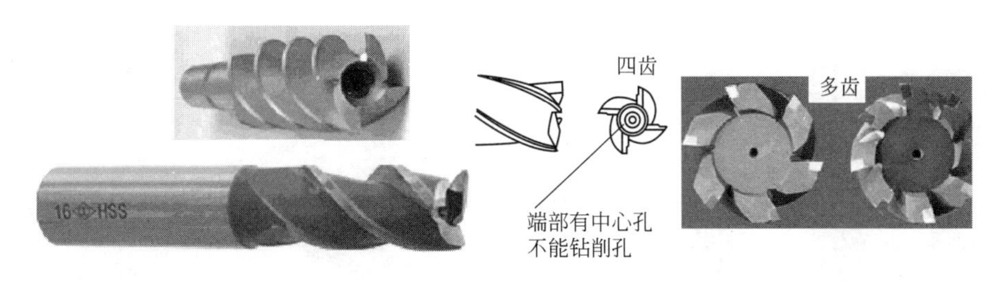

(b) 端部有中心孔，不能钻削孔

图 6-32　立铣刀端面刃

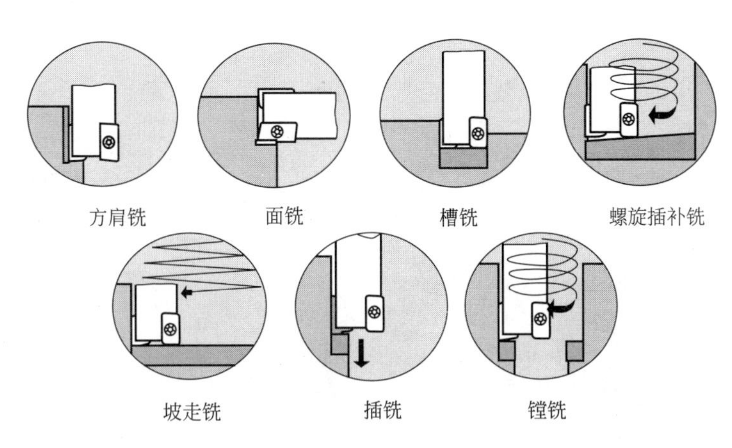

图 6-33　立铣刀加工范围和走刀路线

根据立铣刀端面刃的刀尖圆角半径是否为零，分为方肩式和圆角式。刀尖圆角半径为零的称为方肩式立铣刀，如图 6-34 所示。当立铣刀端面刃边缘刀尖圆角半径 r_ε 不为零时，称为圆角（象鼻）立铣刀，如图 6-35 所示。端面刃的刀尖圆角半径可提高铣刀的使用寿命。圆角铣刀常用于加工槽或型腔的过渡圆角。其铣削范围及走刀路线如图 6-36 所示。

玉米铣刀是在圆柱形刀体上螺旋安装多片硬质合金可转位刀片，如图 6-37 所示。玉米铣刀的圆周较长。

如果中心切削圆角立铣刀的刀尖圆角半径 r_ε 等于刀具半径，则刀具端面刃为球面，此时称为球头铣刀，如图 6-38 所示。球头铣刀主要用于数控机床铣削凹腔、内外轮廓、弧形、沟槽。

圆柱形球头立铣刀，如图 6-38 所示。刀具标注名称 ϕ12R6，表示刀具直径是 ϕ12mm 的球头立铣刀。圆锥形球头立铣刀，如图 6-39 所示。例如刀具标注名称为 $\phi15\times7^\circ$ R7.5，表示刀具直径是 ϕ15mm、圆锥半角为 7°的圆锥形球头立铣刀。

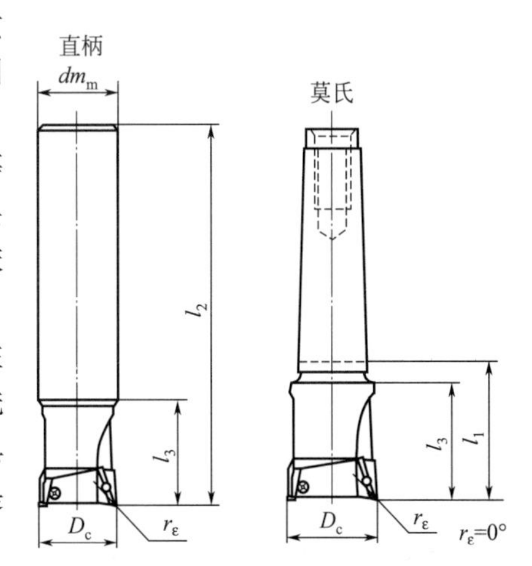

图 6-34　方肩式镶齿立铣刀

球头立铣刀可以沿刀具的轴向切入工件，也能沿刀具径向切削，可用于切削曲面。曲面加工程序复杂，加工曲面通常采用自动编程。球头铣刀采用螺旋铣可以加工孔以及孔口倒角和平面倒角等。球头铣刀加工范围和走刀路线如图 6-40 所示。

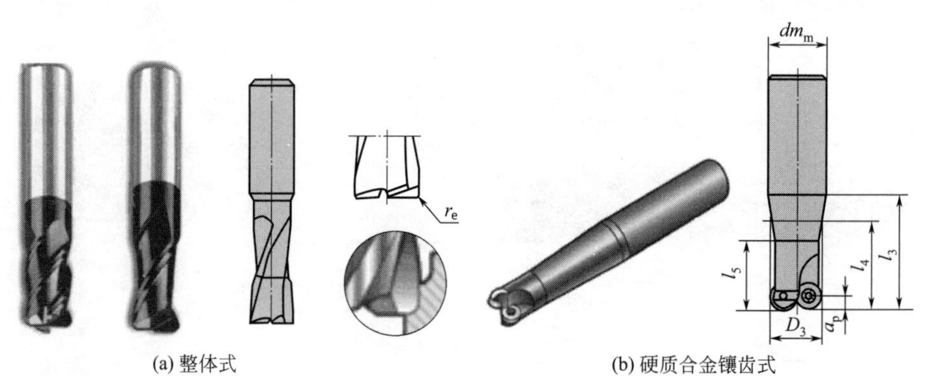

图 6-35　圆角（象鼻）立铣刀

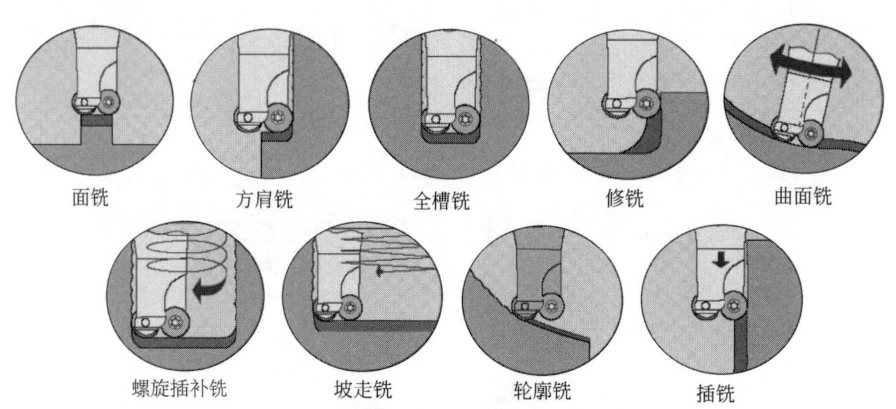

图 6-36　圆角立铣刀铣削范围及走刀路线

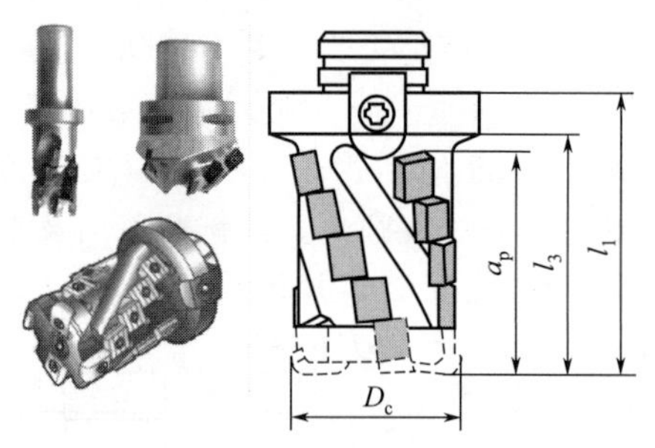

图 6-37　玉米（长刃式）铣刀

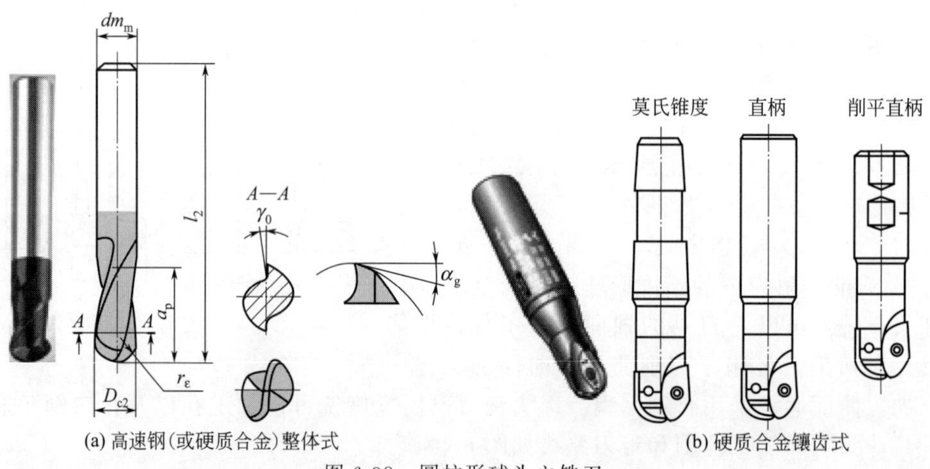

图 6-38　圆柱形球头立铣刀

键槽铣刀即两齿中心切削立铣刀，如图 6-41（a）所示。圆柱面上和端面上都有切削刃，兼有钻头和立铣刀的功能。端面刃延至圆中心，使铣刀可以沿其轴向钻孔，切出键槽深，又可以用圆柱面上刀刃铣削出键槽长度。铣削时，铣刀先对工件钻孔，然后沿工件轴线铣出键槽全长。

加工键槽时由于切削力的方向和刀具变形的影响，一步铣成形的键槽在其直角处误差较大，如图 6-41（b）所示。加工键槽分为两步完成，可提高加工效率和加工精度，加工路线如图 6-42 所示。先用小号铣刀粗铣全槽；然后以侧铣方式精铣槽的周边面，这样在槽根处能够加工出高精度的直角面。

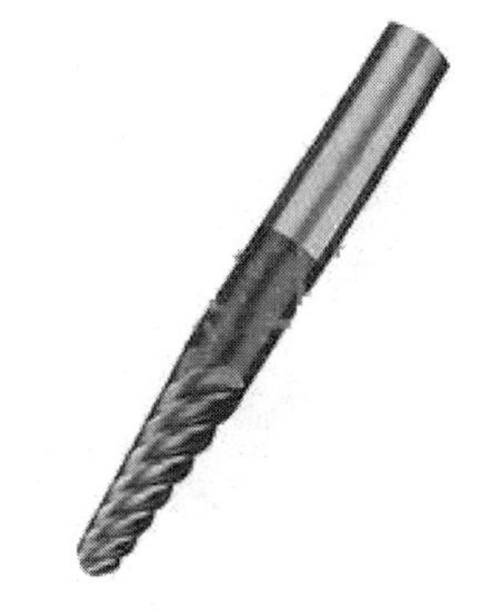

图 6-39　圆锥形球头立铣刀

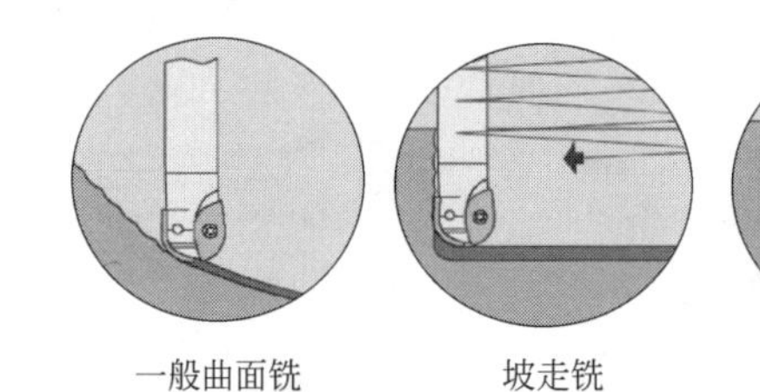

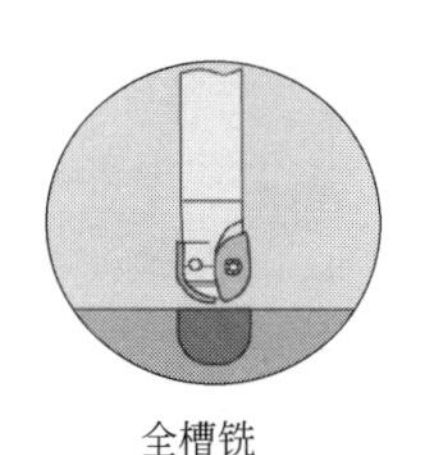

图 6-40　球头铣刀加工范围和走刀路线

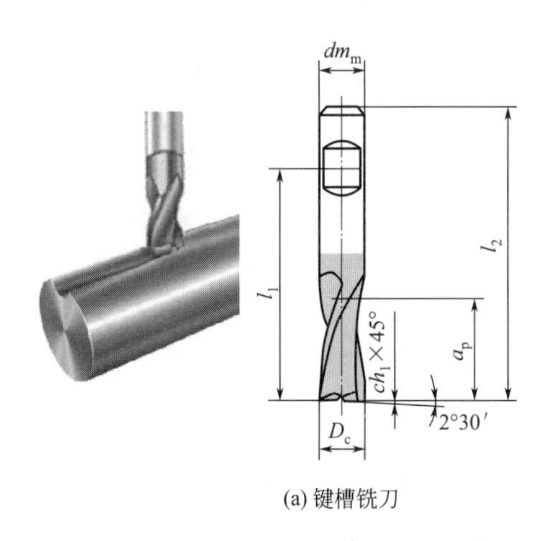

(a) 键槽铣刀

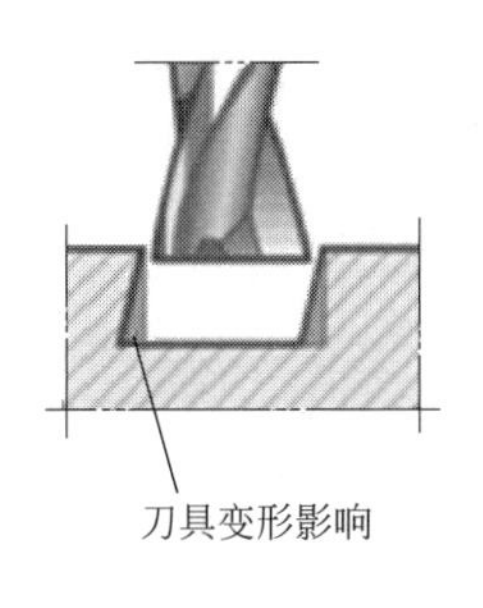

(b) 刀具变形对键槽影响

图 6-41　键槽铣刀

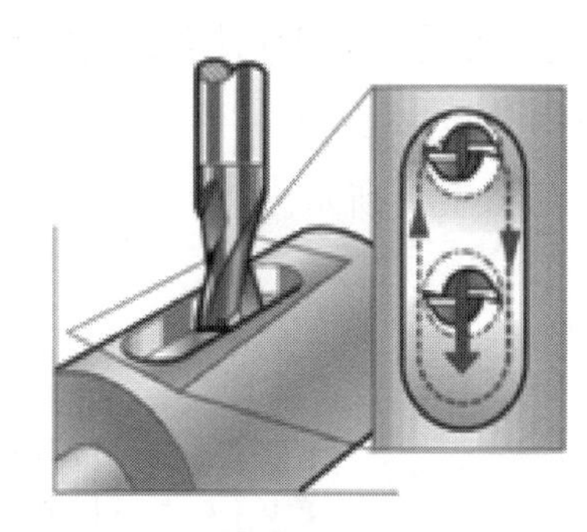

图 6-42　精铣键槽加工路线

钻铣也称插铣，钻铣刀如图 6-43（a）所示，钻铣工艺如图 6-43（b）所示。插铣是高效率切除加工余量的加工方法，用在需要去除大量材料的场合，常用于粗加工。

鼓形铣刀切削刃分布在半径为 R 的中凸的鼓形外廓上，如图 6-44 所示，其端面无切削刃。铣削时控制铣刀上下位置，从而改变刀刃的切削部位，可以在工件上加工出由负到正的不同斜角表面，常用于数控铣床和加工中心加工立体曲面。R 值越小，鼓形铣刀所能加工的斜角范围越广，而加工后的表面粗糙度值也越高。这种刀具的缺点是：刃磨困难，切削条件差，而且不能加工有底的轮廓。

图 6-45 所示为常见的几种成形铣刀，成形铣刀一般为专用刀具，即为某个工件或某项加工内容而专门制造（刃磨）的，适用于加工特定形状面和特形的孔、槽，常用于加工型模。

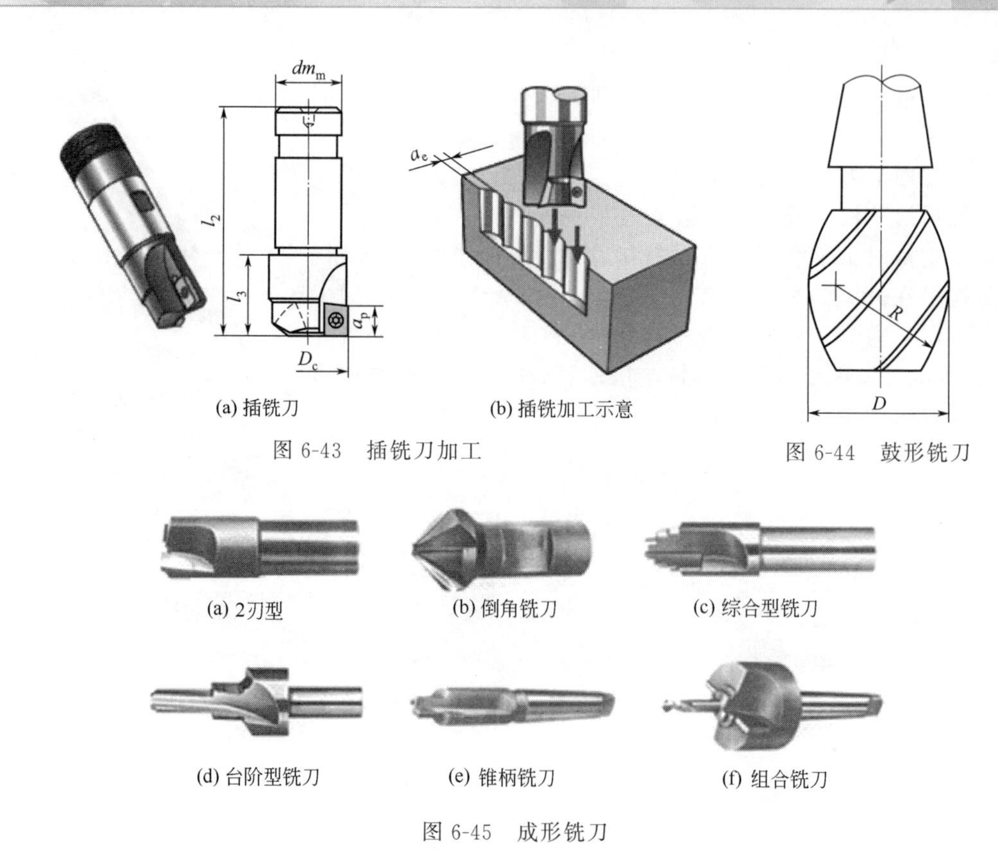

(a) 插铣刀　(b) 插铣加工示意

图 6-43　插铣刀加工

图 6-44　鼓形铣刀

(a) 2刃型　(b) 倒角铣刀　(c) 综合型铣刀

(d) 台阶型铣刀　(e) 锥柄铣刀　(f) 组合铣刀

图 6-45　成形铣刀

6.3.2　常用孔加工刀具

数控铣床、加工中心上可完成钻孔、扩孔、铰孔、攻螺纹、锪沉头孔、镗孔等加工，如图 6-46 所示。

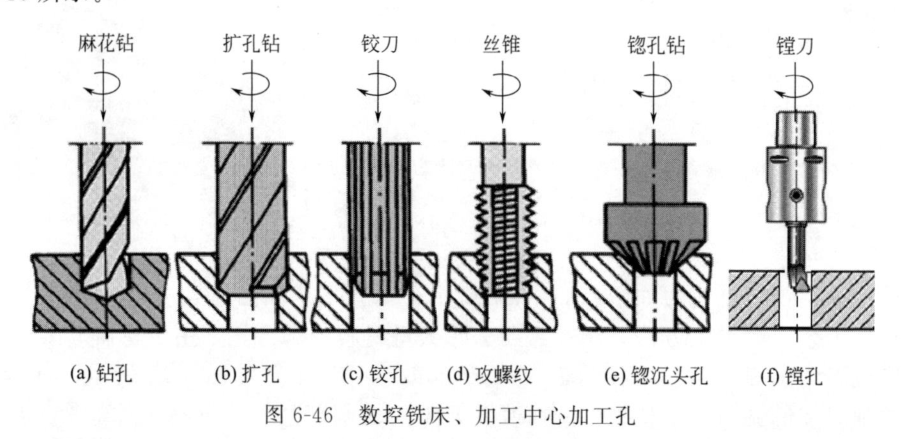

(a) 钻孔　(b) 扩孔　(c) 铰孔　(d) 攻螺纹　(e) 锪沉头孔　(f) 镗孔

图 6-46　数控铣床、加工中心加工孔

(1) 钻孔刀具

钻孔一般作为扩孔、铰孔前的粗加工和加工螺纹底孔等。钻孔用刀具主要是麻花钻、中心孔钻、可转位浅孔钻等。

① 麻花钻。麻花钻钻孔精度一般在 IT12 左右，表面粗糙度 Ra 值为 12.5μm。按刀具材料分类，麻花钻分为高速钢钻头［图 6-47 (a)］和硬质合金钻头［图 6-47 (b)］。按柄部分类，麻花钻分为直柄和莫氏锥柄。直柄一般用于小直径钻头，莫氏锥柄一般用于大直

径钻头。按长度分，麻花钻分为基本型和短、长、加长、超长等类型钻头。

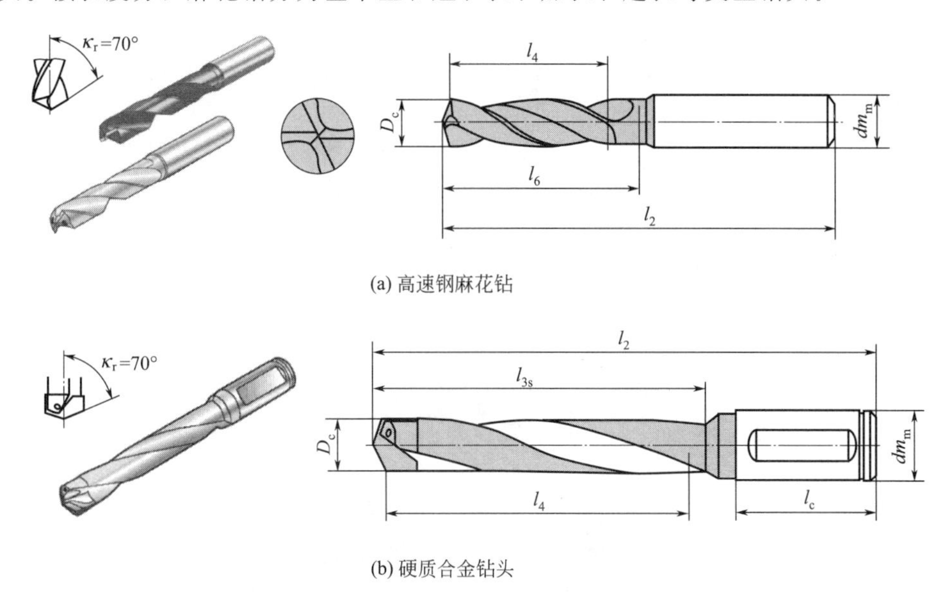

图 6-47　麻花钻

② 中心孔钻。中心孔钻专门用于加工中心孔，如图 6-48 所示。数控机床钻孔中刀具的定位是由数控程序控制的，不需要钻模导向，为保证加工孔的位置精度，应该在用麻花钻钻孔前，用中心孔钻“划窝”，或用刚性较好的短钻头“划窝”，以保证钻孔中的刀具引正，确保麻花钻的定位。

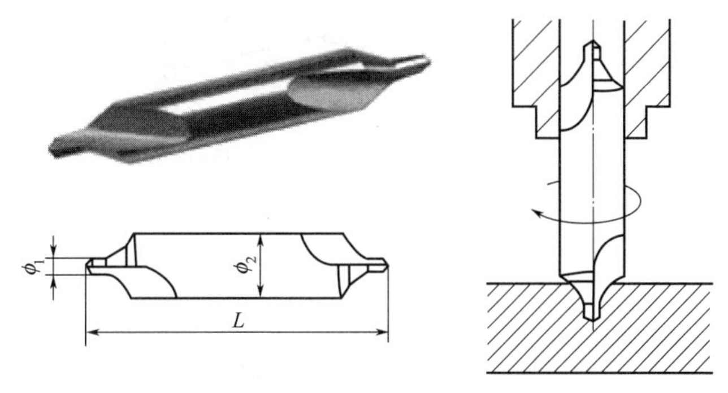

图 6-48　中心孔钻

③ 硬质合金可转位浅孔钻。硬质合金可转位浅孔钻如图 6-49 所示，用于钻削直径在 ϕ20～60mm、孔的长径比小于 3～4 的中等直径浅孔。该钻头切削效率和加工质量均好于麻花钻，最适于箱体类零件的钻孔加工以及插铣加工，也可以用作扩孔刀具使用。可转位

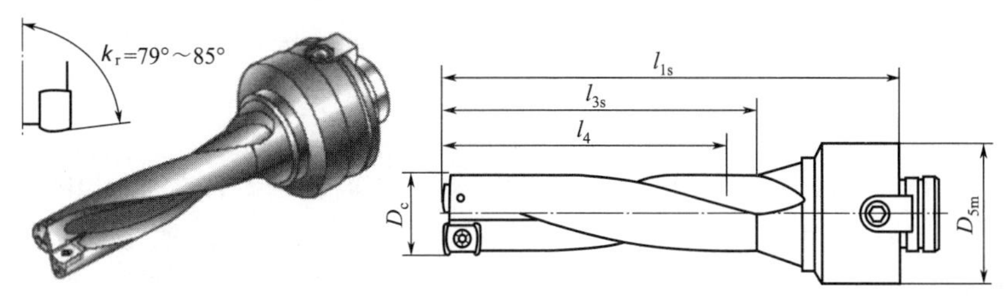

图 6-49　硬质合金可转位浅孔钻

浅孔钻刀体头部装有一组硬质合金刀片（刀片可以是正多边形、菱形、四边形），尺寸较大的可转位浅孔钻刀体上有内冷却通道及排屑槽。为了提高刀具的使用寿命，可以在刀片上涂镀碳化钛涂层。使用这种钻头钻箱体上的孔，比普通麻花钻可提高效率 4～6 倍。

（2）扩孔刀具

扩孔是对已钻出、铸（锻）出或冲出的孔进行进一步加工。扩孔刀具一般采用扩孔钻，立铣刀也可以扩孔。扩孔钻刀柄部分结构，分为整体直柄（用于直径小的扩孔钻）、整体锥柄［用于中等直径的扩孔钻，图 6-50（a）］和套式［用于直径较大的扩孔钻，图 6-50（b）］三种。扩孔钻的切削刃较多，一般为 3～4 个切削刃，切削导向性好；扩孔加工余量小，一般为 2～4mm；主切削刃短，容屑槽较麻花钻小，刀体刚度好；没有横刃，切削时轴向力小。所以扩孔加工质量和生产率均优于钻孔，扩孔对于预制孔的形状误差和轴线的歪斜有修正能力，它的加工精度可达 IT10，表面粗糙度 Ra 值为 6.3～3.2μm。可以用于孔的终加工，也可作为铰孔或磨孔的预加工。

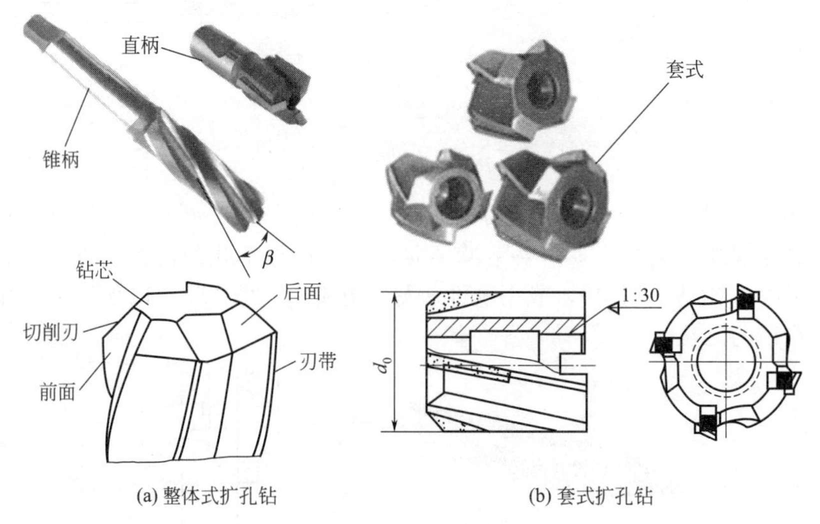

图 6-50　扩孔钻

（3）铰孔刀具

铰刀一般由高速钢和硬质合金制造。铰刀的精度等级分为 H7、H8、H9 三级，其公差由铰刀专用公差确定，分别适用于铰削 H7、H8、H9 公差等级的孔。铰刀由工作部分、颈部和柄部组成，如图 6-51（a）所示。铰刀的工作部分（即切削刃部分）又分为切削部分和校准部分。切削部分为锥形，承担主要的切削工作。校准部分包括圆柱和倒锥两部分，圆柱部分主要起铰刀的导向、加工孔的校准和修光的作用，倒锥部分主要起减少铰刀与孔壁的摩擦和防止孔径扩大的作用。多数铰刀又分为 A、B 两种类型，A 型为直槽铰刀，B 型为螺旋槽铰刀，如图 6-51（a）所示，螺旋槽铰刀切削平稳，适用于加工断续表面。套式铰刀用于铰削直径较大的孔，如图 6-51（b）所示。数控铣床上铰孔所用刀具还有机夹硬质合金刀片单刃铰刀、浮动铰刀等。

（4）镗孔刀具

镗孔是使用镗刀对已钻出的孔或毛坯孔进一步加工的方法。镗孔的通用性较强，可以粗加工、精加工不同尺寸的孔，镗通孔、盲孔、阶梯孔，镗加工同轴孔系、平行孔系等。粗镗孔的精度为 IT11～IT13，表面粗糙度 Ra 为 6.3～12.5μm；半精镗的精度为 IT9～IT10，表面粗糙度 Ra 为 1.6～3.2μm；精镗的精度可达 IT6，表面粗糙度 Ra 为 0.1～

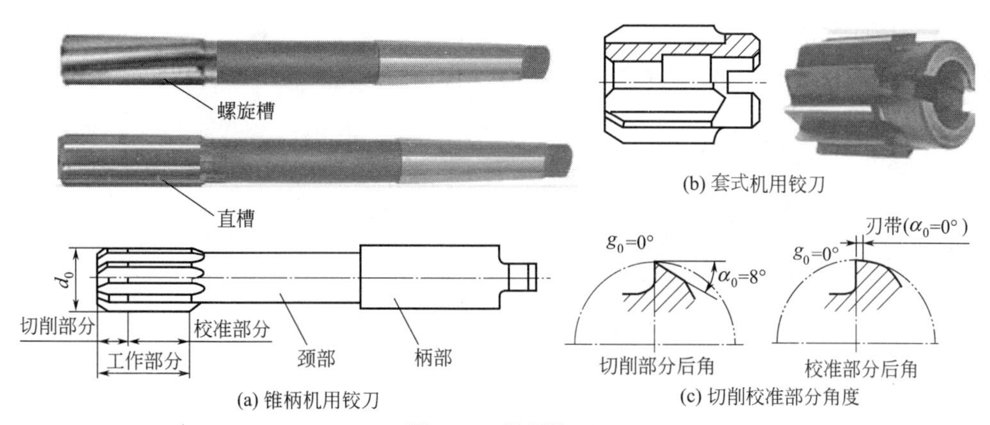

图 6-51　机用铰刀

0.4μm。镗孔具有修正形状误差和位置误差的能力。

① 单刃镗刀。单刃镗刀结构与车刀类似，但刀具的大小受到孔径的尺寸限制，刚性较差，容易发生振动。所以在切削条件相同时，镗孔的切削用量一般比车削小 20%。单刃镗刀镗孔生产率较低，但刀具结构简单，通用性好，故应用广泛。镗削用于加工内圆柱面，也可镗削外圆柱面，如图 6-52（a）所示。直柄单刃镗刀头用于加工小直径孔，如图 6-52（b）所示。带刀夹的单刃镗刀头用于加工较大直径的孔，如图 6-52（c）所示。

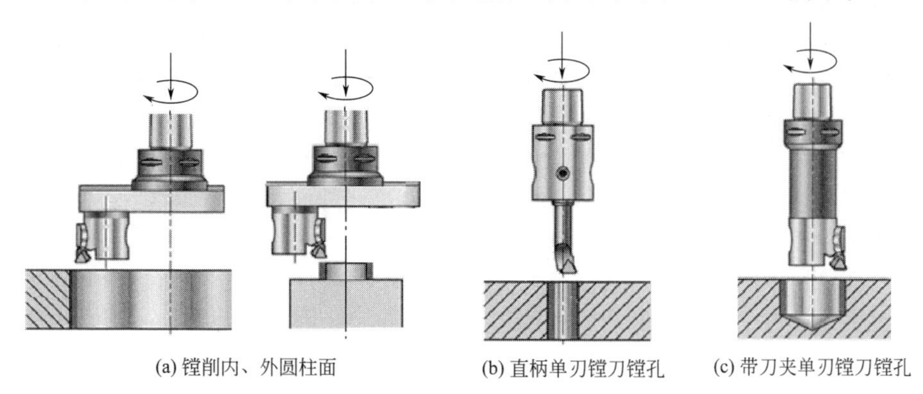

图 6-52　单刃镗刀

② 双刃镗刀。镗刀的两端有一对对称的切削刃同时参与切削，称为双刃镗刀。图 6-53 所示为机夹双刃镗刀。双刃镗刀的优点是可以消除背向力对镗杆的影响，增加了系统刚度，能够采用较大的切削用量，生产率高；工件的孔径尺寸精度由镗刀来保证，调刀方便。

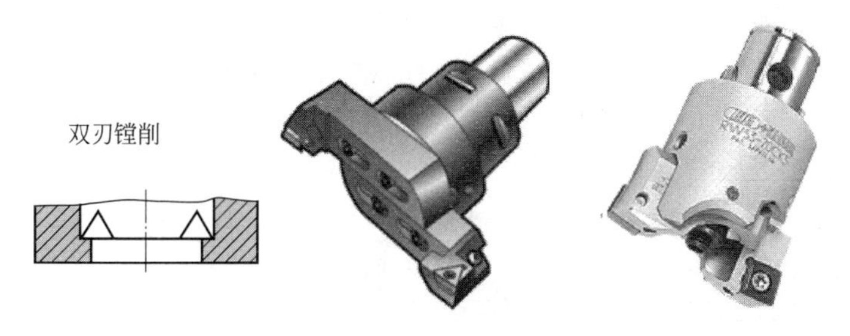

图 6-53　双刃镗刀

③ 微调镗刀。为提高镗刀的调整精度，在数控机床上常使用微调镗刀，见图 6-54。这种镗刀的径向尺寸可在一定范围内调整，转动调整螺母可以调整镗削直径，螺母上有刻度

盘，其读数精度可达0.01mm。调整尺寸时，先松开拉紧螺钉，然而转动带刻度盘的调整螺母，待刀头调至所需尺寸，再拧紧拉紧螺钉进行锁紧。这种镗刀结构比较简单，刚性好。

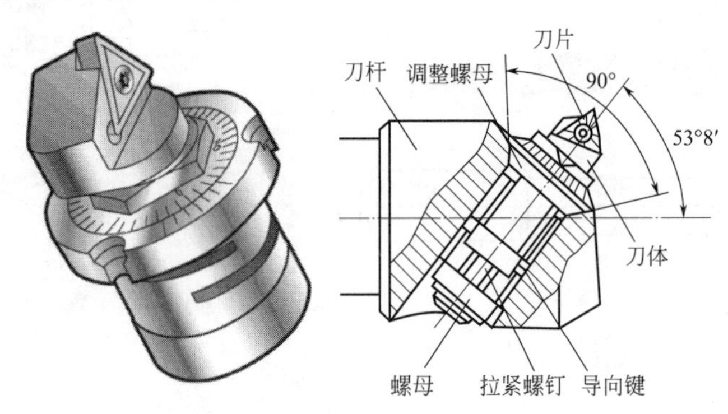

图 6-54 微调镗刀

6.3.3 钻、铣刀具的选择

（1）刀具材料对选择刀具影响

在选择刀具时，刀具材料是最重要的考虑因素。大部分刀具都采用三种基本材料：高速钢、硬质合金以及硬质合金嵌齿。这些基本刀具材料可用于切削各种材料，只是切削性能有区别。高速钢刀具的硬度非常高，但耐磨性较差。硬质合金刀具耐磨性非常好，但容易碎裂。硬质合金刀具适合在较高转速和进给速度下切削材料，但价格更贵。硬质合金嵌齿刀具非常适合大批量生产场合，因为每一个嵌齿上都有多个切削边。某个切削边磨损后，转换至另一个切削边，在所有切削边都已用过之后，只需更换嵌齿，而非整个刀具。

如果使用高速钢钻头，必须首先使用中心钻，然后再钻孔。这可确保钻孔的正确位置。但是使用硬质合金钻头则不需要，因为硬质合金钻头配有自行对中的刀尖。使用硬质合金钻头钻削已用中心钻加工的孔，反面会损坏钻头，因为钻头外切削边缘会在钻头开始切削之前就接触锥形壁面，对圆周切削边刃造成冲击，导致钻头碎裂。硬质合金钻头必须首先从刀尖开始切削，然后再使用边刃切削。

在选择面铣刀时，凹槽数或切削边数是一个重要因素。端铣刀的槽越多，槽的尺寸就越小或者越窄。双槽端铣刀的中心实心部分大约为端铣刀直径的52%。三槽端铣刀的中心部分为端铣刀直径的56%，四槽或者槽数更多的端铣刀的中心部分为端铣刀直径的61%。这表示端铣刀的槽数越多，切削中的刚性就越高。建议两槽端铣刀用于较软的黏性材料，例如铝和铜。建议四槽端铣刀用于较硬的钢材。

（2）根据加工表面的形状和尺寸选择铣刀的种类和尺寸

选择面铣刀加工较大的平面。加工凸台、凹槽和平面曲线轮廓可选择高速钢立铣刀，但不要用高速钢立铣刀加工毛坯面，因为毛坯面的硬化层和夹砂会使刀具很快磨损。硬质合金立铣刀可以加工毛坯面。

加工空间曲面、模具型腔等多选用球头铣刀或鼓形铣刀；加工键槽用键槽铣刀；加工各种圆弧形的凹槽、斜角面、特殊孔等可选成形铣刀。

（3）根据切削条件选用铣刀几何角度

在强力间断切削铸铁、钢等硬质材料时，应选用负前角铣刀；而正前角铣刀适用于铸铁、碳素钢等软性钢材的连续切削。在铣削有台阶面的平面时，应选用主偏角为90°的面铣刀；而铣削无台阶面的平面时，应选择主偏角为75°的面铣刀，以提高铣刀的使用寿命。

6.3.4　镶齿刀具硬质合金刀片的装夹

（1）刀片的安装方式

常用径向安装方式将刀片装到刀体上，如图6-55（a）所示，即刀片沿着刀体的径向插入，这种安装方式也称为平装方式。也有些铣刀采用把刀片贴在刀体的圆周面安装，如图6-55（b）所示，这种安装方式称为立装方式，立装刀片的铣刀能承受较大的冲击力。

（2）刀片的定位

刀片在刀体上的定位方式有三种，即三向定位点接触式［图6-56（a）］、三向定位点面接触式［图6-56（b）］、三向定位面接触式［图6-56（c）］。

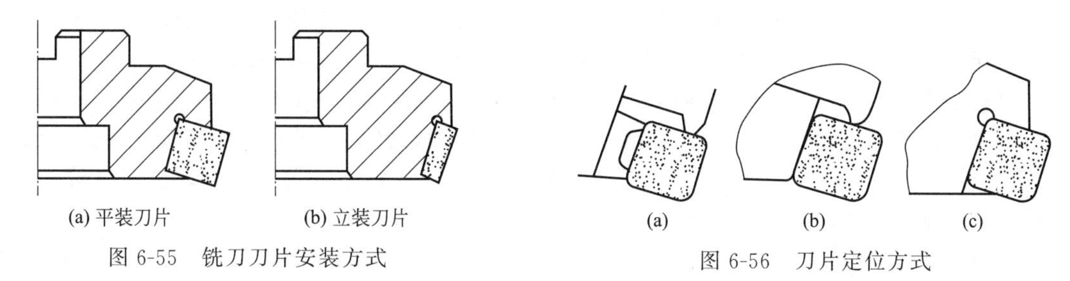

(a) 平装刀片　(b) 立装刀片

图6-55　铣刀刀片安装方式

(a)　(b)　(c)

图6-56　刀片定位方式

（3）刀片的夹紧

可转位铣刀有多种刀片夹紧方式，目前应用最多的是楔块式和上压式两种。可转位立铣刀上压式夹紧机构如图6-57（a）所示，面铣刀上压式夹紧机构如图6-57（b）所示。

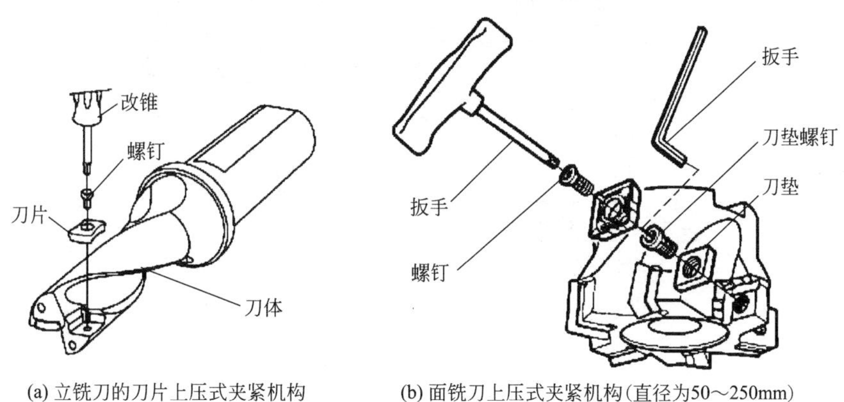

(a) 立铣刀的刀片上压式夹紧机构　(b) 面铣刀上压式夹紧机构(直径为50～250mm)

图6-57　刀片夹紧机构

（4）安装铣刀刀片注意事项

① 拆装刀片时，应使用专用的扳手。夹紧操作中用力不要过大，不准使用助力杆，加在每块刀片的压紧力要均匀。

② 安装刀片前应检查刀体上各刀槽的定位面（点）以及刀垫和楔块上的各贴合面的清洁度及完好程度。任何微小杂质和刀刃上附着的切屑粉末均会影响刀片安装精度，所以刀片安装前必须把贴合面清理干净。上述各定位面、贴合面若有变形和刮碰起毛，均应及时修整或更换。

③ 已用过的刀片上磨损严重或损坏较大的刀刃不宜作定位刀边，否则会影响刀片的定位精度。操作刀片定位时不许戴手套，应凭手指的感觉使刀片与刀槽上的三向定位点（面）可靠接触。在夹紧过程中应使刀片靠住定位点（面），防止刀片在夹紧时产生位移，

脱离定位点（面）。

④ 刀片装夹后要进行检验。可以在机床上对调换后的刀片直接测量检验，也可将刀体从机床上卸下，用对刀检验装置校核铣刀。

⑤ 对安装好的铣刀检验时应注意：不准用已磨损的切削刃作基准校核新安装的刀片；若反复安装校验仍不合格，应注意检查刀杆和刀垫的定位部位是否有损伤或磨损，发现有上述问题时，应该先调整和校验定位面（点），然后再重新安装刀片。

6.3.5 镗铣床（加工中心）上刀具的安装

(1) 刀柄与主轴的连接

数控铣床和加工中心的刀具由两部分组成，即刀柄和刀具本体。刀柄是机床主轴与刀具之间连接的工具，为把刀柄拉紧在主轴上，刀柄的端面装配有拉钉，如图 6-58 (a) 所示。刀具必须装在统一的标准刀柄上，以使它能装在主轴和刀库上。刀柄与主轴孔的配合锥面一般采用 7∶24 的锥度，7∶24 锥度的刀柄不自锁，换刀方便，定心精度和刚度比直柄高。刀柄装在主轴前，要把拉钉与刀柄装配在一起。刀柄装在主轴上时，机床主轴内的碟簧给卡头施力，可夹住拉钉，从而使刀柄固定在主轴上，如图 6-58 (b) 所示。

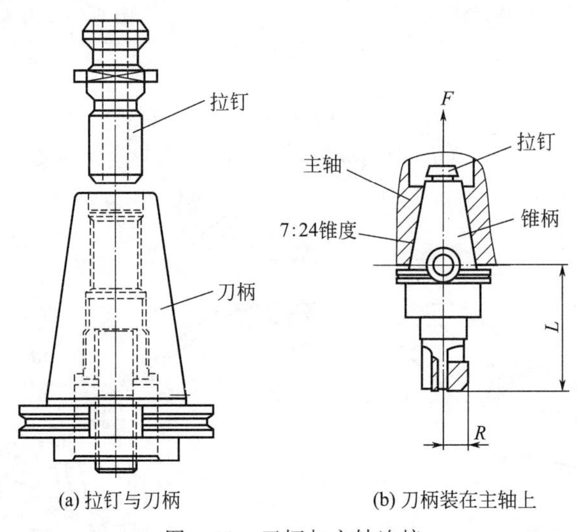

(a) 拉钉与刀柄　　(b) 刀柄装在主轴上

图 6-58　刀柄与主轴连接

(2) 铣刀在主轴上的安装

铣刀可分为带柄式铣刀和套式面铣刀两大类。

① 套式面铣刀的装夹。直径在 50mm 以上的套式面铣刀，以其内孔和端面在刀柄上定位，用螺钉将铣刀固定在带端键的刀柄上，由端面键传递铣削力矩。直径大于 160mm 的套式面铣刀用内六角螺钉固定在端键传动接杆上。

② 带柄式铣刀的装夹。带柄式铣刀与机床主轴连接方式如图 6-59 所示。铣刀刀柄的形式分为直柄和锥柄两种，锥柄铣刀主要是通过带有莫式锥孔的刀柄过渡，通过刀柄将铣刀安装在主轴上。

直柄铣刀是通过带有弹簧夹头的刀柄安装到主轴上，将直柄铣刀装入弹簧夹头并旋紧螺母，如图 6-60 (a) 所示。弹簧夹头中的弹性元件如图 6-60 (b) 所示，弹簧元件外圆上开有条形槽，螺母旋紧时，条槽合拢，内孔收缩，将直柄铣刀夹紧。可根据铣刀柄的直径和刀柄的内孔锥度，查阅相关国家标准，选择弹簧夹头的内孔和外锥的尺寸。

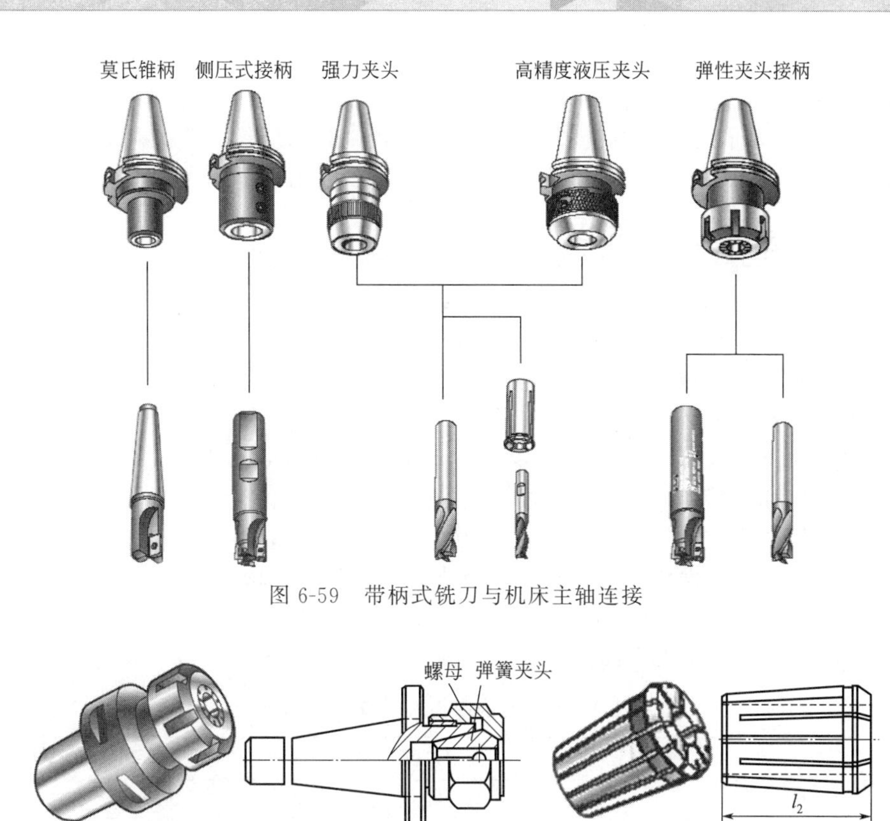

图 6-59　带柄式铣刀与机床主轴连接

(a) 弹簧夹头　　(b) 弹性元件

图 6-60　弹簧夹头的结构图

在加工中心上使用的刀具种类很多，刀柄与拉钉的结构、尺寸都已经标准化和系列化，在我国应用最广泛的是 BT40 和 BT50 系列刀柄和拉钉。还有 ISO 系列刀柄和 NT 系列刀柄，它们与 BT 系列相似，结构稍有差异，但锥柄和拉钉的结构相同。

6.4　铣削用量的选择

选择铣削用量的原则是：首先选择尽可能大的背吃刀量 a_p（端铣）或侧吃刀量 a_e（圆周铣），其次是确定进给速度，最后根据刀具耐用度确定切削速度。

6.4.1　背吃刀量 a_p（端铣）或侧吃刀量 a_e（圆周铣）的选择

铣削加工分为粗铣、半精铣和精铣。粗铣时，在机床动力足够（经机床动力校核确定）和工艺系统刚度许可的条件下，应选取尽可能大的吃刀量（端铣的背吃刀量 a_p 或圆周铣的侧吃刀量 a_e）。一般情况下，在留出精铣和半精铣的余量 0.5～2mm 后，其余的余量可作为粗铣吃刀量，尽量一次切除。半精铣吃刀量可选为 0.5～1.5mm，精铣吃刀量可选为 0.2～0.5mm。

① 在工件表面粗糙度 *Ra* 值要求为 12.5～25μm 时，如果圆周铣削的加工余量小于 5mm，端铣的加工余量小于 6mm，粗铣一次进给就可以达到要求。但在余量较大、工艺系统刚性较差或机床动力不足时，可分两次进给完成。

② 在工件表面粗糙度 *Ra* 值要求为 3.2～12.5μm 时，可分粗铣和半精铣两步进行。粗

铣时背吃刀量或侧吃刀量选取同前。粗铣后留 0.5～1.0mm 余量，在半精铣时一次切除。

③ 在工件表面粗糙度 Ra 值要求为 0.8～3.2μm 时，可分粗铣、半精铣、精铣三步进行。半精铣时背吃刀量或侧吃刀量取 1.5～2mm；精铣时圆周铣侧吃刀量取 0.3～0.5mm，面铣刀背吃刀量取 0.5～1mm。半精铣、精铣所确定的吃刀量即是上工序所留加工余量。

6.4.2 进给速度 v_f 的选择

进给速度 v_f（mm/min）与每齿进给量 f_z 有关，即

$$v_f = fn = f_z zn$$

式中 n——铣刀主轴转速，r/min；

z——铣刀齿数。

粗加工时，每齿进给量 f_z 的选取主要决定于工件材料的力学性能、刀具材料和铣刀类型。工件材料强度和硬度越高，选取的 f_z 越小，反之则越大。硬质合金铣刀的每齿进给量 f_z 应大于同类高速钢铣刀。对于面铣刀、圆柱铣刀、立铣刀，由于它们刀齿强度不同，其每齿进给量 f_z 按面铣刀→圆柱铣刀→立铣刀排列顺序依次递减。

精加工时，每齿进给量 f_z 的选取要考虑工件表面粗糙度的要求，表面粗糙度值越低，每齿进给量 f_z 越小。表 6-1 为面铣刀的每齿进给量 f_z 推荐值。

表 6-1　面铣刀的每齿进给量 f_z 推荐值　　mm/z

工件材料	高速钢刀齿	硬质合金刀齿
钢材	0.02～0.06	0.10～0.25
铸铁	0.05～0.1	0.15～0.30

6.4.3 切削速度 v_c 的选择

切削速度与刀具耐用度、吃刀量、每齿进给量、刀具齿数成反比，与铣刀直径成正比，此外还与工件材料、刀具材料、铣刀材料、加工条件等因素有关。表 6-2 为切削速度 v_c 推荐范围值。

表 6-2　切削速度 v_c 推荐范围值　　m/min

工件材料	抗弯强度/MPa	硬度　HBW	刀具材料	
			硬质合金	高速钢
20 钢	420	≤156	150～190	20～45
45 钢	610	≤229	120～150	20～35
40Cr 调质	1000	220～250	60～90	15～25
灰铸铁	150	163～229	70～100	14～22
H62	330	56	120～200	30～60
铝合金	20	≥60	400～600	112～300
不锈钢	55	≤170	50～100	16～25

每齿进给量和切削速度，一般情况下可从《切削用量手册》中查出。

6.4.4 球头铣刀的切削厚度

（1）刀具表面切削速度

使用球头铣刀时，刀具公称直径一般不切入工件。切削时，球头刀顶点的表面切速

（m/min）为“0”，如图 6-61 所示。随切深的变化，刀具有效切削直径也随之变化。计算刀具表面切速时必须使用刀具有效切削直径，而不是公称直径。为方便使用，表 6-3 中给出球头铣刀在不同切削深度时的有效切削直径，表中横向第一行为刀具公称直径，纵向左侧第一列为切深。

计算表面切速时应使用相应切深值下的有效切削直径。若切深是变化的，计算时应取最大的切深值。

例 6-3：一把直径 ϕ50mm 的球头铣刀，理论最大切深 25mm，实际加工的切深为 3.2mm，如图 6-61 所示。当刀具转速为 970r/min 时，在 50mm 直径处得到表面切速为 152.4m/min，但同样的转速，在切深 3.2mm 处的有效直径为 ϕ24.6mm，计算后刀具表面切速为 74.9m/min。如果在有效直径 24.6mm 处得到 152.4m/min 的表面切速，刀具转速应为 1973r/min。

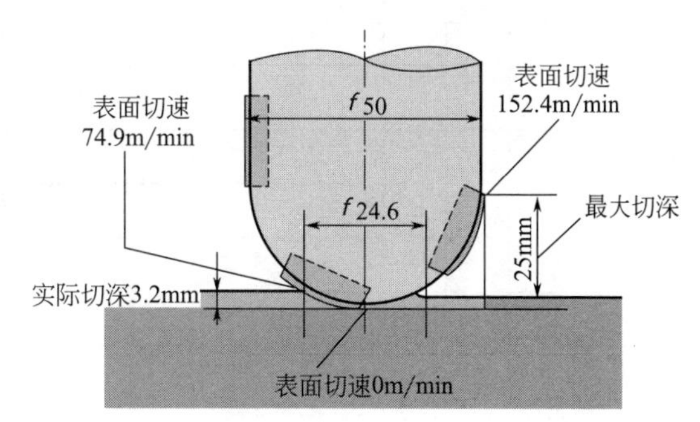

图 6-61　球头铣刀的有效切削直径取决于切削深度

（2）球头铣刀的切削厚度

球头铣刀切削厚度太小会加剧刀片摩擦，使刀片过早磨损，同时也会引起振动。球头铣刀的切削厚度由径向切削厚度决定，它与每齿进给量 f_z 值相关。球头铣刀在计算切削厚度及相应进给速度时需采用径向切削厚度系数 RCTF（表 6-3）。例如，计算每齿进给量方法如下。

例 6-4：球头铣刀切削厚度为 0.12mm，刀具直径 50mm，求每齿进给量。

解：由表 6-3 查得在切深值为 3.175mm 时，对应的 RCTF 值为 0.4。

$$f_z=\frac{0.12}{0.4}=0.3\ (\text{mm})$$

每齿进给量 f_z 值为 0.3mm。

表 6-3　球头铣刀有效切削直径及径向切削厚度系数（RCTF）

切深	刀具公称直径/mm																			
	10		12		14		20		25		32		38		50		64		76	
	直径（相应切深下的有效切削直径）/RCTF（径向切削厚度系数）																			
	直径	RCTF	直径	RCTF	直径	RCTF	直径	RCTF	直径	RCTF	直径	RCTF	直径	RCTF	直径	RCTF	直径	RCTF	直径	RCTF
1.575	7.112	0.7	8.382	0.7	9.652	0.6	10.414	0.5	12.192	0.5	13.716	0.4	15.240	0.4	17.526	0.3	19.812	0.3	21.590	0.3
3.175	8.890	0.9	10.922	0.9	12.700	0.8	14.224	0.7	16.764	0.6	19.050	0.5	21.082	0.4	24.638	0.4	27.686	0.4	30.480	0.4
4.750	9.652	1.0	12.192	0.97	14.478	0.9	16.510	0.9	19.812	0.8	22.606	0.7	25.146	0.6	29.464	0.6	33.274	0.5	36.528	0.5
6.350			12.700	1.0	15.240	0.98	18.034	0.95	22.098	0.9	25.400	0.8	28.448	0.7	33.528	0.7	38.100	0.6	42.164	0.6
7.925					15.748	1.0	18.796	1.0	23.622	0.95	27.432	0.9	30.988	0.7	36.830	0.7	41.910	0.7	46.482	0.6
9.525							19.050	1.0	24.638	0.95	28.956	0.95	33.020	0.8	39.624	0.8	45.466	0.7	50.292	0.7
11.100									25.146	1.0	30.226	0.95	34.544	0.8	41.910	0.8	48.260	0.8	53.848	0.7
12.700									25.400	1.0	30.998	0.95	35.814	0.9	43.942	0.8	50.800	0.8	56.896	0.8
14.275											31.496	1.0	36.830	0.9	45.720	0.9	53.086	0.8	59.436	0.8

续表

切深	刀具公称直径/mm																			
	10		12		14		20		25		32		38		50		64		76	
	直径（相应切深下的有效切削直径）/RCTF（径向切削厚度系数）																			
	直径	RCTF	直径	RCTF	直径	RCTF	直径	RCTF	直径	RCTF	直径	RCTF	直径	RCTF	直径	RCTF	直径	RCTF	直径	RCTF
15.875											31.750	1.0	37.592	0.95	46.990	0.9	55.118	0.9	61.976	0.8
17.450													37.846	0.95	48.250	0.95	56.642	0.9	64.008	0.8
19.050													38.100	1.0	49.276	0.95	58.166	0.9	66.040	0.9
20.625															49.784	0.95	59.436	0.9	67.818	0.9
22.225															50.292	0.95	60.452	0.95	69.342	0.9
23.800															50.546	1.0	61.468	0.95	70.612	0.9
25.400															50.800	1.0	62.230	0.95	71.882	0.9
31.750																	63.500	1.0	75.184	0.95
38.100																			76.200	1.0

6.5 数控镗铣方法

铣削是铣刀旋转做主运动，工件或铣刀做进给运动的切削方法。采用合适的铣削方式有利于铣削过程平稳，提高表面质量和铣削生产率。铣削加工方式分为端铣和周铣（又分为逆铣和顺铣）。

6.5.1 端铣和周铣

用分布于铣刀圆柱面上的刀齿铣削工件表面，称为周铣，如图 6-62（a）所示；用分布于铣刀端平面上的刀齿进行铣削称为端铣，如图 6-62（b）所示。铣削参数如图 6-62 所示。平行于铣刀轴线测量的切削层参数为切削深度 a_p，垂直于铣刀轴线测量的切削层参数为切削宽度 a_e 和每齿进给量 f_z。

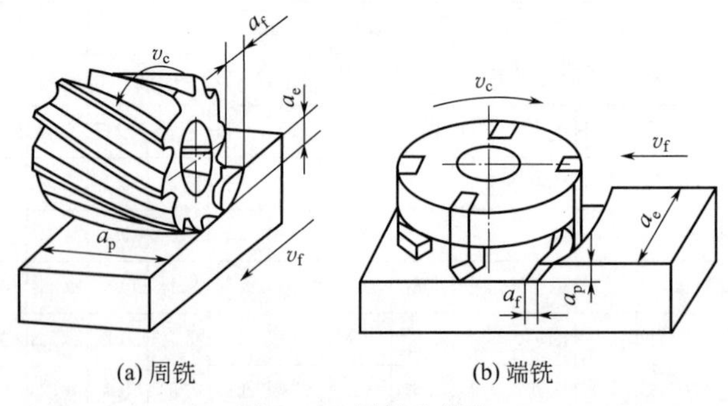

(a) 周铣　　(b) 端铣

图 6-62　周铣和端铣

单独的周铣和端铣主要用于加工平面类零件，其中端铣比周铣加工平面表面粗糙度值小，加工效率高，所以平面铣削中端铣基本上代替了周铣。周铣的优点是可以加工曲面和组合表面，数控铣削中常用周铣和端铣组合加工曲面和型腔，例如用立铣刀加工曲面和型腔，立铣刀端面刃切削为端铣，立铣刀圆周边刃切削为周铣。

6.5.2　逆铣和顺铣

周铣可分为逆铣和顺铣两种方式，铣削时铣刀切入工件时的切削速度方向与工件进给方向相反，称为逆铣，如图 6-63 所示；铣刀切出工件时的切削速度方向与工件的进给方向相同，称为顺铣，如图 6-64 所示。

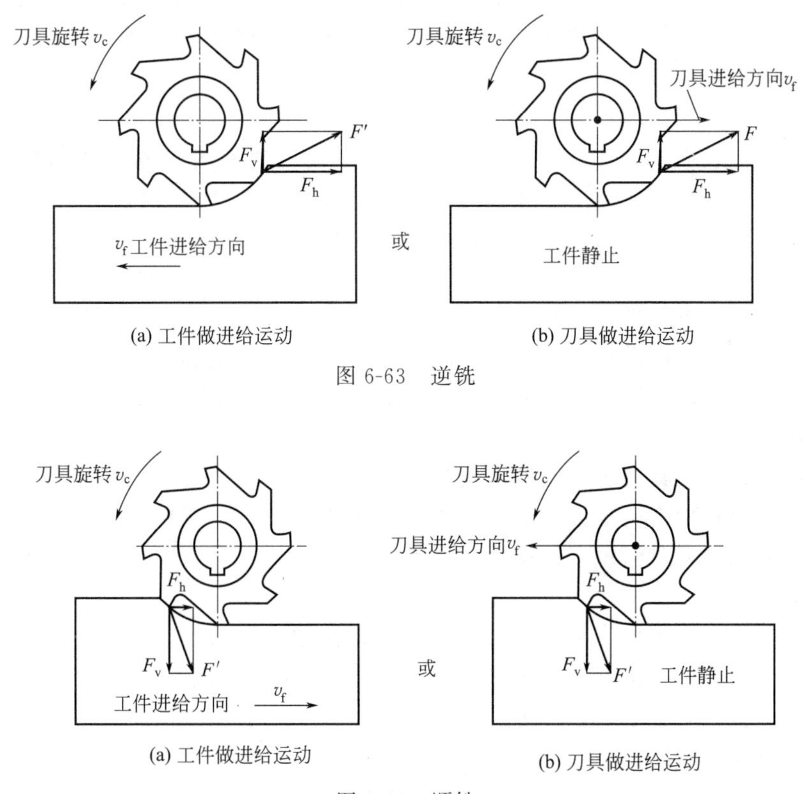

(a) 工件做进给运动　　(b) 刀具做进给运动

图 6-63　逆铣

(a) 工件做进给运动　　(b) 刀具做进给运动

图 6-64　顺铣

逆铣如图 6-63 所示，切削厚度由零逐渐增大，切入瞬时刀刃钝圆半径大于瞬时切削厚度，刀齿在工件表面上要挤压和滑行一段后才能切入工件，使已加工表面产生冷硬层，加剧了刀齿的磨损，同时使工件表面粗糙度大。此外，逆铣时刀齿作用于工件的垂直进给力 F_v 朝上，有抬起工件的趋势，这就要求工件装夹牢固。但是逆铣时刀齿是从切削层内部开始工作的，当工件表面有硬皮时，对刀齿磨损较小。

顺铣如图 6-64 所示，刀齿的切削厚度从最大开始，避免了刀齿挤压、滑行现象，可提高铣刀耐用度和加工表面质量。铣削力的垂直分力 F_v 朝下压向工作台，有利于工件的夹紧。铣削力的水平分力 F_h 的方向与工件进给方向相同，如果丝杠螺母传动副中存在背向间隙，易使工作台连同丝杠沿背隙窜动，使由螺纹副推动的进给运动变成了由铣刀带动工作台窜动，引起进给量突然变化，影响工件加工的表面质量，严重时会使铣刀崩刃。与逆铣相反，顺铣加工要求工件表面没有硬皮，否则刀齿很易磨损。

顺铣与逆铣比较：顺铣加工可以提高铣刀耐用度 2～3 倍，加工表面粗糙度小，尤其在铣削难加工材料时，效果更加明显；采用顺铣要求毛坯表面没有硬皮，否则应采用逆铣；数控铣床采用无间隙的滚珠丝杠传动，应优先考虑采用顺铣。

6.5.3 加工顺序的安排

在数控铣加工工序中，切削加工工步（加工）顺序的安排应遵循下列原则。

（1）先粗后精

数控加工经常是将加工表面的粗、精加工安排在一个工序完成，为了减少热变形和切削力引起的变形对加工精度的影响，在加工精度要求高时，不允许将工件的一个表面同时粗、精加工完成后，再加工另一个表面，而应将工件各加工表面，先全部依次粗加工完，然后再全部依次进行精加工。这样在一个表面的粗加工和精加工之间的间隔时间，加工表面可得以短暂的时效和散热。

（2）基准面先行原则

用作精基准的表面应先加工。零件的加工过程总是先对定位基准进行粗加工和精加工，例如轴类零件总是先加工中心孔，再以中心孔为精基准加工外圆和端面；箱体类零件总是先加工定位用的平面及两个定位孔，再以平面和定位孔为精基准加工孔系和其他平面。

（3）先面后孔

对于箱体、支架等零件，平面尺寸轮廓较大，用平面定位比较稳定，平面铣削力大，工件易产生变形，先铣面后加工孔，可以减少切削力引起的变形对孔加工精度的影响。而且孔的深度尺寸又是以平面为基准的，故应先加工平面，然后加工孔。

（4）按所用刀具划分工步

先安排用大直径刀具加工表面，后安排用小直径刀具加工表面。这与“先粗后精”是一致的，大直径刀具切削用量大，适于粗加工，小直径刀具适于精加工。同时，某些机床工作台回转时间比换刀时间短，按使用刀具不同划分工步，可以减少换刀次数，减少辅助时间，提高加工效率。

在加工中心上加工零件，一般都有多个工步，使用多把刀具，因此加工顺序安排得是否合理，直接影响到加工精度、加工效率、刀具数量和经济效益。在安排加工顺序时同样要遵循“基面先行”“先粗后精”及“先面后孔”的一般工艺原则。此外还应考虑：减少换刀次数，节省辅助时间。一般情况下，每换一把新的刀具后，应通过移动坐标、回转工作台等方法将由该刀具切削的所有表面全部完成。每道工序尽量减少刀具的空行程移动量，按最短路线安排加工表面的加工顺序。

安排加工顺序时可参照采用铣大平面→粗镗孔、半精镗孔→立铣刀加工→加工中心孔→钻孔→攻螺纹→平面和孔精加工（精铣、铰、镗等）的加工顺序。

6.5.4 立铣刀轴向下切路线

采用立铣刀铣削平面轮廓工件时一般采用分层切削，即分层切除加工余量。切削中从工件上一切削层进入下一层时要求铣刀沿轴向切削。对于中心切削立铣刀［图 6-32（a）］可以沿轴线切入工件；对于刀具端面有中心孔的立铣刀［图 6-32（b）］，不具备钻孔功能，此种立铣刀一般一次钻孔深度不得大于 0.5mm。

当工件加工的边界开敞时，应从工件坯料实体界外下切进刀和退刀。当加工工件内廓形时，立铣刀须沿其轴线方向下切切入工件实体，此时要考虑刀具切入工件的下切方式以及下切位置（下刀点）。常用的轴向下切方法如下。

（1）在工件上预制孔，沿孔直线下切

在工件上预制一个比立铣刀直径大的孔，立铣刀的轴向从已加工的孔引入工件，然后从刀具径向切入工件。此方法需要多用一把刀具（钻头），不推荐使用。

（2）沿直线切入工件——啄钻下切

中心切削立铣刀可以在工件的两个切削层之间钻削切入，层间深度 a_p 与刀片尺寸有关，一般为0.5～1.5mm，如图6-65（a）所示。

（3）按螺旋线的路线切入工件——螺旋下切

立铣刀沿轴向切入轨迹是螺旋线，从工件的上一层沿螺旋线切入下一层，螺旋线半径尽量取大一些，这样切入的效果会更好。刀具螺旋线轨迹如图6-65（b）所示。

（4）按具有斜度的路线切入工件——坡走下切

沿立铣刀轴向工件的两个切削层之间，立铣刀从上一层的高度沿斜线切入工件到下一层，如图6-65（c）所示。背吃刀量应小于刀片尺寸，坡的角度 α 通过下式计算。

$$\tan\alpha=\frac{a_p}{l_m}$$

式中　a_p——背吃刀量［图6-65（c）］；

l_m——坡的长度［图6-65（c）］。

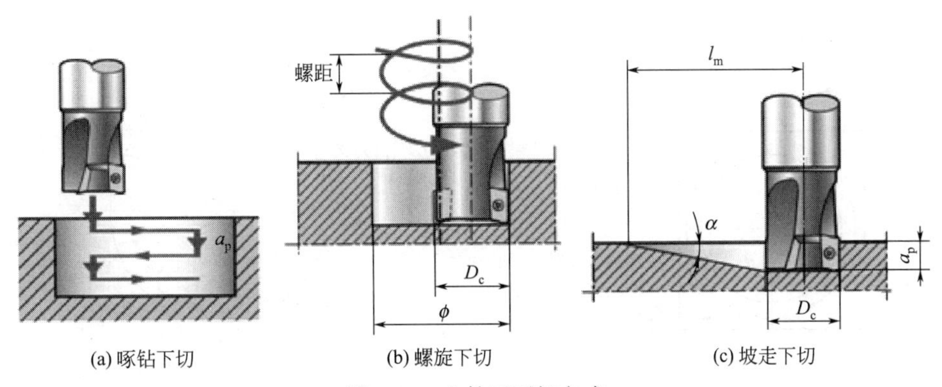

图6-65　立铣刀下切方式

6.5.5　立铣刀径向切入、切出工件（进刀和退刀）路线

在立铣刀径向切入和切出工件时，无论是粗加工还是精加工，都应使用圆弧轨迹切入或离开工件。应尽量避免垂直下刀，直接接近零件表面，因为垂直进给转换为径向进给时会降低切削速度，在零件表面上留下刀痕。

（1）切入工件的进刀量、切出工件的退刀量

刀具径向进给运动，开始时要加速，离开工件时要减速，在加速和减速的过程中，刀具运动不平稳，所以在加速和减速过程中不应切削工件，而应在刀具达到匀速进给时切削工件。为此，刀具进入和退出工件切削时要分别安排切入量和切出量，即为避开加速和减速过程必须附加一小段行程长度，使刀具在切入过程中完成加速，达到匀速状态，而当刀具离开工件后的切出中减速停止。一般，在已加工面上钻孔、镗孔，切入量取1～3mm，在未经加工面上钻孔、镗孔，切入量取5～8mm等。

（2）沿直线切入和切出路线

铣削过程中，用立铣刀侧刃精加工曲面时，如果刀具沿工件曲面法向切入，则刀具必须在切入点转向，此时进给运动有短暂停顿，使加工表面的切入点处产生明显刀痕。而沿工件加工表面的切向进刀切入工件，刀具的切入运动与切削进给运动连续，可避免在加工表面产生刀痕。同样原因，切出工件进给也是如此。

所以精铣削轮廓表面时，应避免沿加工表面法向切入工件和法向切出工件，而应沿加

工表面切向进刀和退刀，这样可以使进给运动连续，能保证加工表面光滑连接。

例如，铣削外圆柱面时采用与工件轮廓曲面相切的直线段路线进刀、退刀，刀具轨迹：1→2→3→4→5，如图 6-66 所示。当整圆加工完毕时，不要在切点处直接取消刀补，而应让刀具沿直线方向运动一段距离，以免取消刀补时，刀具与工件表面相碰，造成工件报废。

(3) 沿 1/4 圆弧段进、退刀路线

铣削内圆弧时也要遵循从切向切进的原则，方法是采用与工件轮廓曲面相切的四分之一圆的圆弧段进刀和退刀，使圆弧段与切削轨迹相切，此时要求进、退刀的圆弧段的半径大于铣刀直径的 2 倍。刀具轨迹：1→2→3→4→5，如图 6-67 所示。当整圆加工完毕时，不要在切点处直接退刀，而应让刀具运动一段距离，以免取消刀补时，刀具与工件表面相碰，造成工件报废。

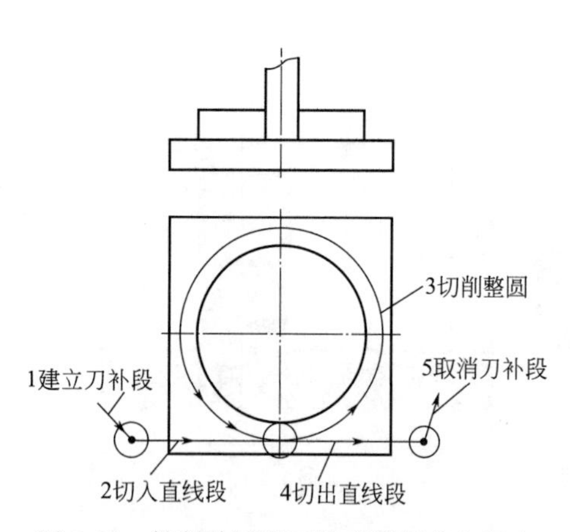

图 6-66 铣削外圆弧面沿直线切入和切出

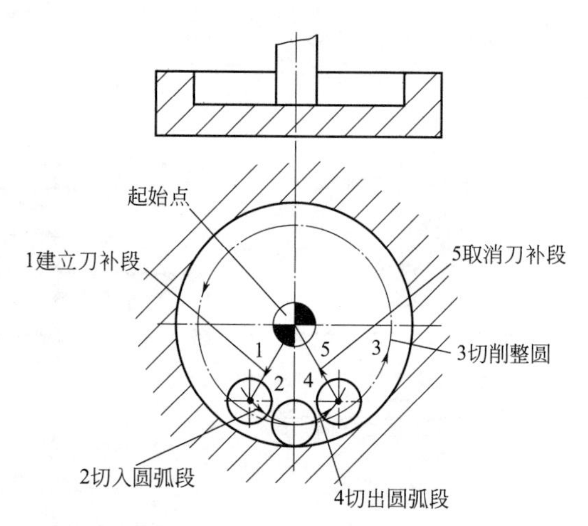

图 6-67 铣削内圆弧面沿圆弧段切入和切出

6.5.6 合理走刀路线的选择

数控加工过程中刀具相对工件的运动轨迹和运动方向称为走刀路线。按数控加工的工步顺序可初步定出走刀路线。走刀路线的选择还应考虑以下几个因素。

(1) 对位置精度要求高的孔系加工要注意安排孔的加工顺序

对于孔位置精度要求较高的孔系，镗孔路线应使各孔定位时运动方向一致，即采用同方向移动至定位点的方法，以避免传动系统反向间隙误差对定位精度的影响，影响所加工孔的位置精度。某零件孔的位置尺寸如图 6-68 (a) 所示，按图 6-68 (b) 所示的进给的路线，刀具沿 Y 轴负向移动定位至 1、2、3、4 孔，沿 Y 轴正向移动定位至 5、6 孔，使 5、6 孔定位时移动方向与其他四孔相反，此时传动系统的反向间隙会使 5、6 孔位置误差增大。按图 6-68 (c) 图所示路线，加工完 1、2、3、4 孔，先使刀具沿 Y 轴正向走过 5、6 孔，然后沿 Y 轴负向移动，定位至 5、6 孔，使刀具定位 6 个孔时移动方向相同（都是负向），可避免传动系统反向间隙的影响。

(2) 顺铣和逆铣的选择

当工件表面无硬皮，应选用顺铣，因为采用顺铣加工表面质量好，刀齿磨损小。精铣时，尤其是零件材料为铝镁合金、钛合金或耐热合金时，应尽量采用顺铣。当工件表面有硬皮，应选用逆铣，按照逆铣安排进给路线。逆铣时刀齿是从已加工表面切入，不会崩刃。

粗加工中最好使用顺铣，工件只按顺铣安排进给路线，单向切削刀具空行程多，如图

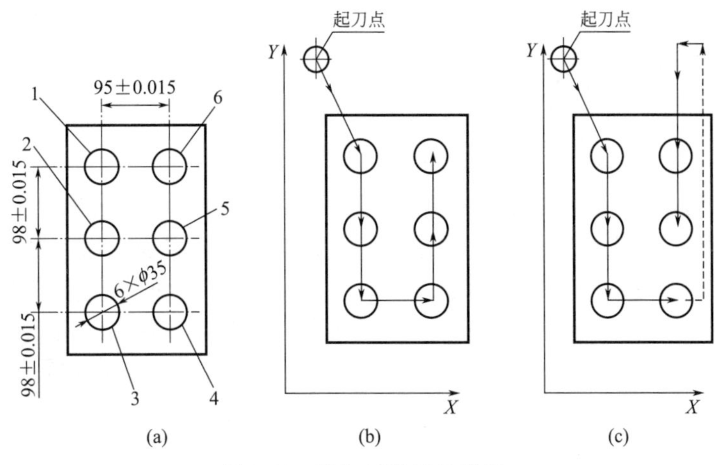

图 6-68　孔加工路线示意图

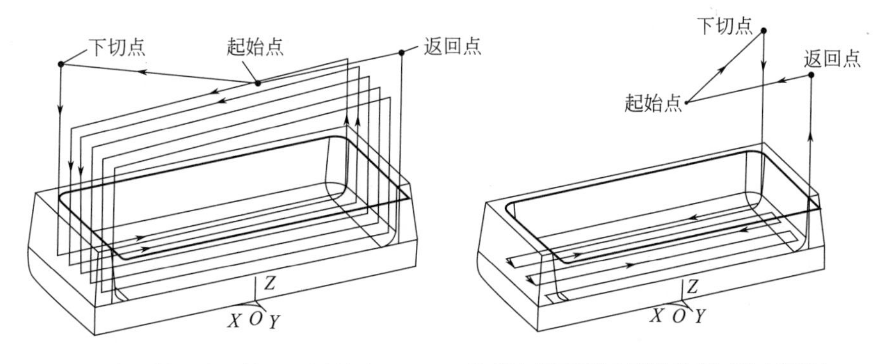

(a) 只按顺铣(单向切削)刀具空行程多　　(b) 组合使用顺铣和逆铣(往复切削)空行程少

图 6-69　刀具空行程比较

6-69（a）所示单向铣削槽底面，此时提高刀具空行程速度，可以弥补空行程移动造成的时间损失。当切削厚度小于 0.3mm 时，为减少空行程，在精加工中可组合使用顺铣和逆铣，往复切削空行程少，缩短加工时间，如图 6-69（b）所示往复铣削槽底面。

（3）铣削方槽路线（行切轨迹与环切轨迹）

立铣刀用端刃铣削平面有两种走刀路线：行切轨迹与环切轨迹。行切是刀具与零件轮廓的切点轨迹是一行一行的，用行切轨迹铣削方槽，走刀路线如图 6-70（a）所示。环切轨迹铣削方槽平面，走刀路线如图 6-70（b）所示。比较两种方案，行切轨迹的加工效率高，但表面质量差，在槽周边面有较大的残余面积，表面不平；环切轨迹能保证槽周边面表面平整，但走刀路线稍长，切削效率低；图 6-70（c）是先用行切轨迹，最后环切一刀光整槽周边轮廓面，即粗铣用行切轨迹，保证加工效率，精铣用环切轨迹铣槽周边面，保证表面

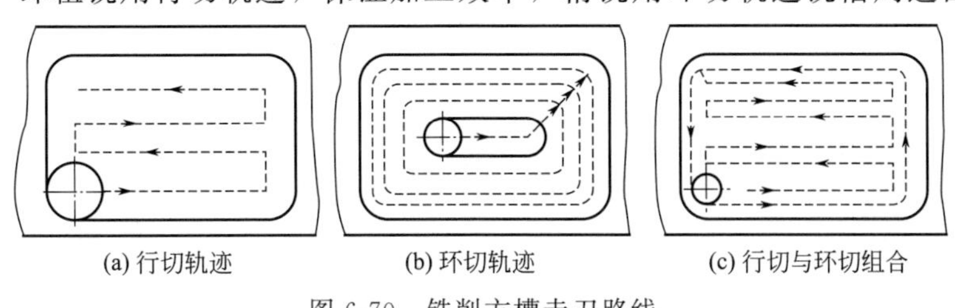

(a) 行切轨迹　　(b) 环切轨迹　　(c) 行切与环切组合

图 6-70　铣削方槽走刀路线

粗糙度。

为提高精度减小粗糙度，可以采用多次走刀的方法，精加工余量一般以 0.2～0.5mm 为宜。而且精铣时宜采用顺铣，以减小零件被加工表面表面粗糙度值。

(4) 铣削曲面的加工路线

对于边界敞开的直纹曲面，常用球头刀进行“行切轨迹”加工，行间距按零件加工精度要求而确定，如图 6-71 所示的发动机大叶片，可采用两种加工路线。采用图 6-71 (a) 所示的加工方案时，每次沿直线加工，刀位点计算简单，程序少，加工过程符合直纹面的形成，可以准确保证母线的直线度。当采用图 6-71 (b) 所示的加工方案时，符合这类零件数据给出情况，便于加工后检验，叶形的准确度高，但程序较多。由于曲面零件的边界是敞开的，没有其他表面限制，所以曲面边界可以延伸，球头刀应由边界外开始加工。

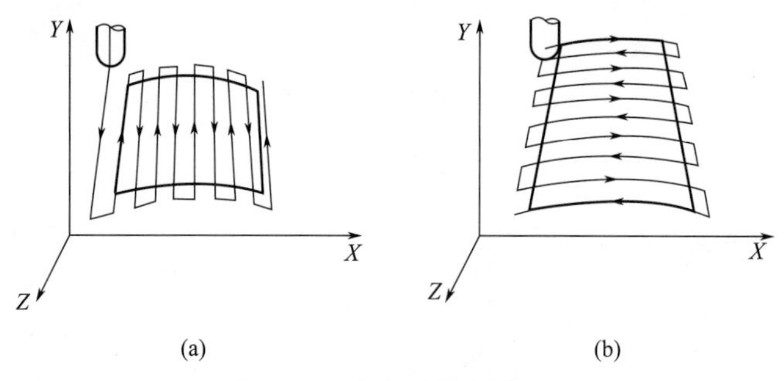

图 6-71 行切法铣削曲面

(5) 面铣刀铣削大平面

采用面铣刀铣削大平面应注意以下三个问题。

① 面铣刀直径。一般根据工件尺寸，即工件宽度选择面铣刀直径，面铣刀直径应比工件切削宽度大 20%～50%，如图 6-72 (a) 所示，同时机床功率必须满足铣削功率的要求。

② 采用不对称铣的铣削方式。面铣刀切削时的最佳位置如图 6-72 (b) 所示。

③ 采用顺铣。为了提高铣刀寿命，尽量使用不对称顺铣，如图 6-72 (c) 所示。

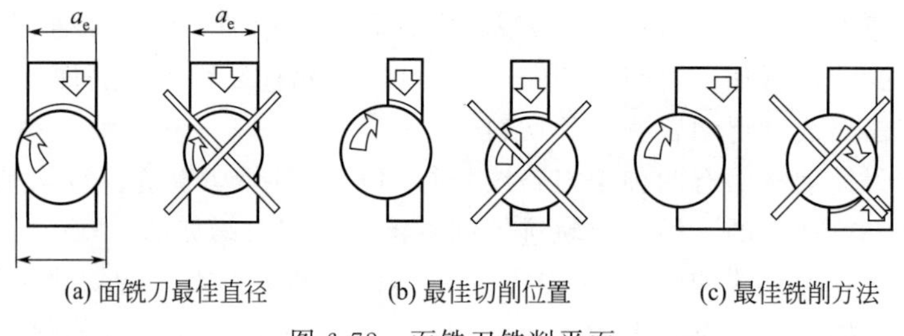

图 6-72 面铣刀铣削平面

第7章 FANUC系统数控镗铣加工程序编制

7.1 FANUC M（铣削）系统准备功能G代码

FANUC M（铣削）系统G指令含义见表7-1，有以下三点需要说明。

① G代码分为不同的组别，组号在表中“分组”一栏中表示，同一组号内的代码可以互相取代。

② G指令有模态码与非模态码之分。表7-1中00组为非模态码，其余组代码为模态码。模态码一旦被执行，在系统内存中保存该代码，该代码一直有效，在以后的程序段中使用该代码可以不重写，直到该代码被程序指令取消或被同组代码取代。

非模态码只在被指定的程序段内有效，例如程序段：“G04 P1000”是“刀具进给暂停”。程序运行到该指令，刀具进给暂停1s，其中非模态码G04只在一个段内有效，不影响下一程序段。

③ 表中标有“①”的G代码为系统通电后默认状态。例如“06”组代码G20和G21，其中标有“①”的是G21，则系统通电后自动进入G21状态（公制输入）。如需英制输入，则需指定G20代码，由G20取代G21，系统成为英制输入状态。

表7-1　FANUCM系统G指令含义（数控铣用）

代码	分组	功能	代码	分组	功能
G00①	01	快速定位	G33	01	螺纹切削
G01		直线插补	G37	00	自动刀具长度测量
G02		圆弧插补CW（顺时针）	G39		拐角偏置圆弧插补
G03		圆弧插补CCW（逆时针）	G40①	07	刀具半径补偿取消
G04	00	暂停	G41		刀具半径左补偿
G05.1		预读控制（超前读多个程序段）	G42		刀具半径右补偿
G07.1（G107）		圆柱插补	G40.1（G150）	18	法线方向控制取消方式
G08		预读控制	G41.1（G151）		法线方向控制左侧接通
G09		准确停止	G42.1（G152）		法线方向控制右侧接通
G10		可编程数据输入	G43	08	刀具长度正补偿
G11①		可编程数据输入方式取消	G44		刀具长度负补偿
G15①	17	极坐标指令取消	G45	00	刀具位置补偿伸长
G16		极坐标指令	G46		刀具位置补偿缩短
G17①	02	选择*XY*平面	G47		刀具位置补偿2倍伸长
G18		选择*ZX*平面	G48		刀具位置补偿2倍缩短
G19		选择*YZ*平面	G49①	08	刀具长度补偿取消
G20	06	英制输入	G50①	11	比例缩放取消
G21①		公制输入	G51		比例缩放
G22	04	存储行程检查功能ON	G50.1	22	可编程镜像取消
G23		存储行程检查功能OFF	G51.1		可编程镜像有效
G27	00	返回参考点检查	G52	00	局部坐标系设定
G28		返回参考点	G53		机械坐标系选择
G29		由参考点返回	G54	14	工件坐标系1选择
G30		返回第2、第3、第4参考点	G54.1		选择附加工件坐标系
G31		跳转功能	G55		工件坐标系2选择

续表

代码	分组	功能	代码	分组	功能
G56	14	工件坐标系 3 选择	G81	09	钻削固定循环、钻中心孔
G57		工件坐标系 4 选择	G82		钻削固定循环、锪孔
G58		工件坐标系 5 选择	G83		深孔钻削固定循环
G59		工件坐标系 6 选择	G84		攻螺纹固定循环
G60	00	单方向定位	G85		粗镗削固定循环
G61	15	准确停止状态	G86		精镗削固定循环
G62		自动转角速度	G87		镗削固定循环
G63		攻螺纹方式	G88		镗削固定循环
G64		切削方式	G89		镗削固定循环
G65	00	宏程序调用	G90①	03	绝对坐标方式指定
G66	12	宏程序模态调用	G91		相对（增量）坐标方式指定
G67①		宏程序模态调用取消	G92	00	工件坐标系的变更
G68	16	坐标旋转	G94①	05	每分钟进给（mm/min）
G69①		坐标旋转取消	G95		每转进给（mm/r）
G73	09	快速深孔钻削固定循环	G96	13	恒切削速度控制
G74		左旋螺纹攻螺纹固定循环	G97①		恒切削速度控制取消
G76		精镗固定循环	G98①	10	固定循环返回初始点
G80①		固定循环取消	G99		固定循环返回 R 点

① 该 G 代码为系统通电后默认状态。
注：本表中 00 组为非模态码，其余组为模态码。

7.2 数控镗铣加工坐标系

7.2.1 数控铣床的机床坐标系

（1）机械零点

机床制造厂对每台机床设置一个基准点，作为机床制造和调整的基础，称为机械零点。以机械零点为机床坐标轴原点组成的坐标系，称为机床坐标系。机械零点一般是不能改变的。数控机床坐标系是基本坐标系，也是设置工件坐标系的基础。不同数控机床机械零点位置也不同，因生产厂家而异，通常数控铣床的机械零点定在 X、Y、Z 轴的正向极限位置，如图 7-1 中所示 M 点位置，显然在数控铣床的机床坐标系中表示刀具位置的坐标值都是负值。加工中心的机械零点一般设在机床上的自动换刀的位置。

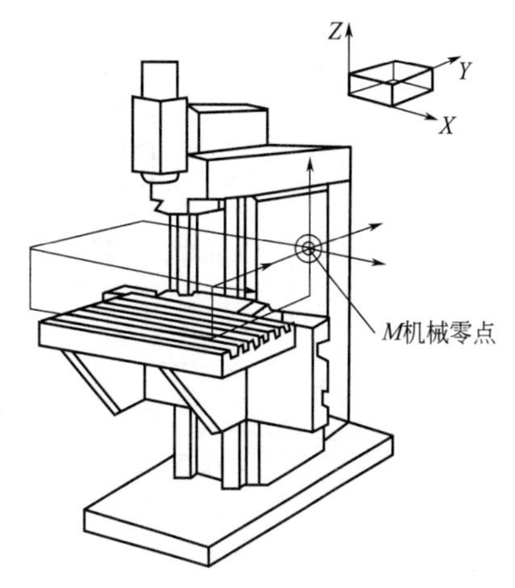

图 7-1 数控铣床机械零点
（各轴正向行程终点）

（2）机床参考点

机床参考点通常作为换刀的位置，由行程挡块控制其位置，机床参考点与机械零点之间的距离由参数设定。如无特殊说明，各机床参考点的位置与机械零点重合。大多数数控铣床的机床参考点设在工作台正向运动的极限位置。

机械零点是机床坐标系原点，机床上电后通过手动回零（或手动回参考点）建立起机床坐标系，机床坐标系一旦设定就保持不变直到电源关掉为止。

（3）建立机床坐标系

在没有绝对编码器的机床上，接通机床电源后通过手动回零点操作，在数控系统内建立机床坐标系。在采用绝对编码器为检测元件的机床上，由于数控系统能够记忆绝对原点位置，所以机床开机后即自动建立机床坐标系，并显示出刀具位置坐标，不必进行回机床零点操作。

可以用指令 G53 选用机床坐标系，程序段格式：

```
(G90) G53 X_ Y_ Z_ ;
```

该指令使刀具以快速进给速度运动到机床坐标系中由坐标“X_ Y_ Z_”值指定的位置，该指令在 G90 模态下执行。G53 指令是一条非模态的指令，也就是说它只在当前程序段中起作用。

7.2.2 工件坐标系与程序原点

（1）工件坐标系

加工程序依据零件尺寸编制，以工件上的某个点作为零件程序的坐标系原点编写加工程序，在零件图样上设定坐标系，称为工件坐标系。编程中的坐标尺寸是工件坐标系的坐标值，工件坐标系也称编程坐标系。

（2）程序原点

工件坐标系原点也称为程序原点。为对刀和编程方便，工件原点通常选择在零件上表面上。对于形状对称的工件，原点设在几何中心处；对于一般零件，原点设在某一角点上。

7.2.3 工件坐标系与机床坐标系的关系

（1）程序原点偏置

数控系统坐标轴就是机床上的导轨，装夹工件时必须根据机床导轨找正工件方位，使工件坐标轴与机床导轨（坐标轴）方向一致。此时工件坐标系与机床坐标系的关系如图 7-2 所示。工件坐标系是编程使用的坐标系，所以工件原点也称为程序原点。

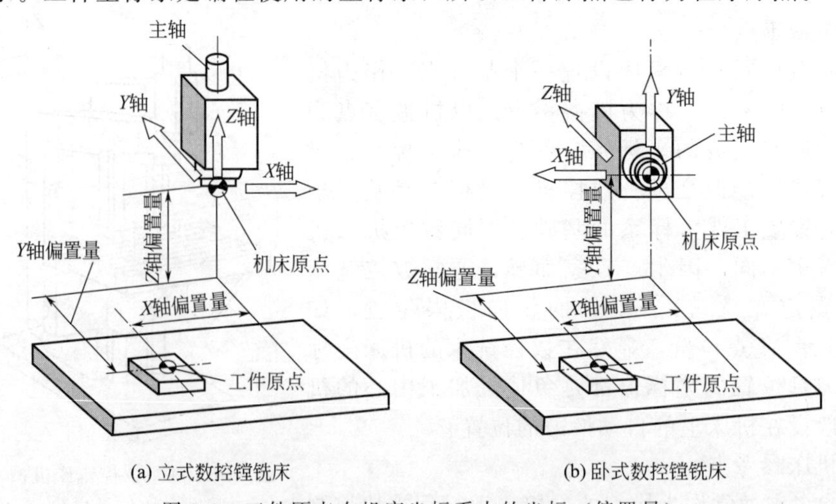

图 7-2 工件原点在机床坐标系中的坐标（偏置量）

工件坐标系的原点在机床坐标系中的坐标值称为程序原点偏置，如图 7-2 所示，图中刀具主轴已经回到机床坐标系零点，刀具主轴端点位置就是机床零点位置。图中标出工件原点相对机床零点的距离（有正负符号），这一距离值就是工件原点在机床坐标系中的坐标值。

（2）设定工件坐标系

数控系统上电后运行的是机床坐标系，编程时并不知道被加工零件在机床上的位置，把工件夹压在机床工作台上后，通过在数控系统上设置工件坐标系，将机床坐标系的原点偏移到工件编程原点位置，机床才能按工件坐标系运行加工程序。常用设置工件坐标系的方法有两种。

① 使用预置的工件坐标系（G54～G59）。G54～G59 都是模态指令，分别对应六个预置工件坐标系，可以预置六个工件坐标系。通过在机床面板上的操作，存储每一个工件坐标系原点相对于机床坐标系原点的偏置量，然后使用 G54～G59 指令选用它们。

② 可编程工件坐标系（G92）。通过设定刀具起点与坐标系原点的相对位置确定当前工件坐标系。

7.2.4 用预置的 G54～G59 设定工件坐标系

使用该组指令时，必须先用 MDI 方式输入各坐标系的坐标原点在机床坐标系中的坐标值。

（1）程序原点偏置数据存储地址 G54～G59

数控系统中设有程序原点相对机床零点偏置存储地址 G54～G59，如图 7-3 所示界面显示，界面中的“番号”即存储地址，界面中的“数据”即程序原点相对机床坐标系零点偏置数据。G54～G59 总计六组地址，可存储六个工件坐标系。通过机床操作面板可进行数据存储操作。

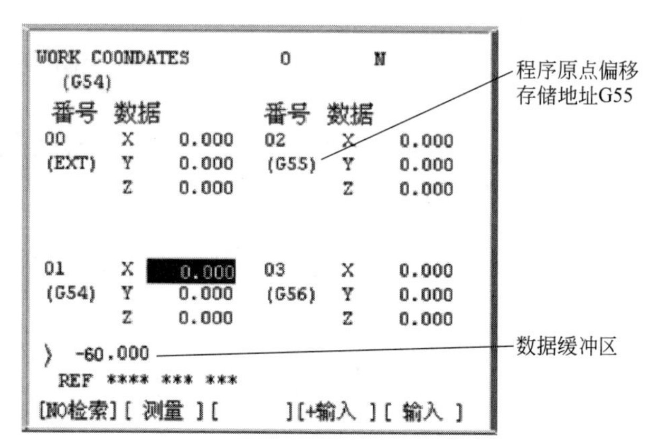

图 7-3 工件坐标系设定界面（程序原点偏移存储地址）

（2）设定工件坐标系指令 G54～G59

存储了原点偏置数据后，在程序中用指令 G54～G59 可设定工件坐标系，操作步骤如下。

① 装夹工件必须使工件坐标轴与机床导轨（机床坐标轴）方向一致。

② 通过对刀，测量出程序原点相对机床零点偏置值，并把偏置值输入地址 G54～G59 中。

③ 程序中给出设定工件坐标系指令 G54～G59，则系统运行由相应偏置值设定的工件

坐标系。

程序中用G54～G59指令运行指定的工件坐标系。G54～G59是模态码（表7-1），可以互相取代。通过指令G54～G59，可变换当前坐标系。一经指令了某工件坐标系，则一直有效，直到又指令其他工件坐标系。

7.2.5 用G92设定工件坐标系

（1）可编程工件坐标系G92指令

在加工程序中，用G92建立工件坐标系需要用单独一个程序段，其程序段格式如下。

```
(G90) G92  X_ Y_ Z_;
```

程序段中："X_ Y_ Z_"为刀尖起始点距工件原点在X、Y、Z方向的距离，即刀具在设定的工件坐标系中坐标值。

该指令建立一个新的工件坐标系，运行G92指令程序段并不使刀具运动，它只是改变显示屏幕中刀具位置的工件坐标系坐标值，从而建立工件坐标系。G92指令是一条非模态指令，但由该指令建立的工件坐标系却是模态的，用G92建立的坐标系在重新启动机床后消失。如果多次使用G92指令，则每次使用G92指令给出的偏移量将会叠加。对于每一个预置的工件坐标系（G54～G59），这个叠加的偏移量都是有效的。刀具上代表刀具位置的点称为刀位点，刀位点可以是刀尖，或者是刀柄上的基准点。在使用G92指令前，一般通过对刀操作使刀位点处于加工始点，该加工始点称为对刀点。操作步骤如下。

① 对刀：移动刀具到对刀点。

② 运行G92指令的程序段：系统建立了工件坐标系。

（2）用G92指令设定工件坐标系

① 如图7-4所示，设定工件角点为原点的工件坐标系。

a. 刀尖为刀位点对刀，移动刀具，使刀尖点定位于图7-4所示位置（工件上表面角点处）。

b. 运行程序段：`G92 X0 Y0 Z0;`

设定刀具当前位置为$X=0$，$Y=0$，$Z=0$的坐标系，即设定图7-4中所示的工件坐标系（工件上表面的角点O为原点）。

② 如图7-5所示，设定工件上表面中点为程序原点的工件坐标系。

a. 刀尖点定位于图7-5所示位置（与图7-4相同）。

b. 运行程序：`G92 X-40.0 Y-25.0 Z0;`

则设定刀具当前位置为$X=-40$，$Y=-25$，$Z=0$的工件坐标系，如图7-5所示（工件的上表面中点O为程序原点）。

7.2.6 G54和G92设定坐标系的区别与应用

（1）G54和G92设定坐标系的区别

加工程序中使用G54～G59指令，是调用加工前已经设定好的坐标系，而G92是在加工程序中设定坐标系，用了G54～G59就没有必要再使用G92，否则G54～G59会被替换。注意：一旦使用了G92设定坐标系，再使用G54～G59不起任何作用，除非断电重新启动系统，或接着用G92设定所需新的工件坐标系。

（2）设定工件坐标系实际应用

使用了指令G92的程序结束后，若刀具没有回到对刀点位置就再次启动程序，则会改变原点位置，易发生事故，所以要慎用G92指令。在实际生产中很少使用G92指令，通常都是使用G54～G59设定工件坐标系。

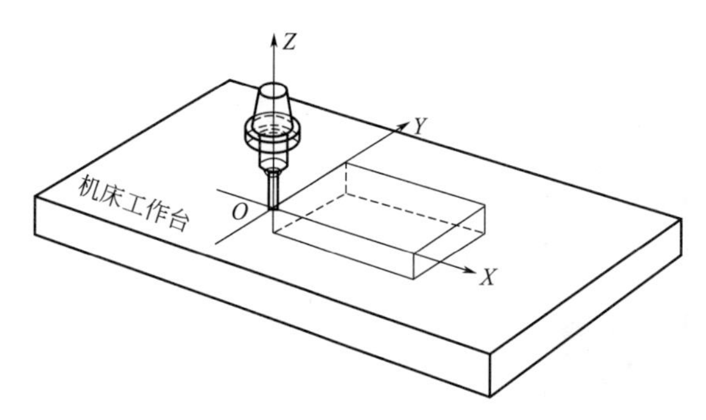

图 7-4 用 G92 设定工件一角点为工件坐标系原点

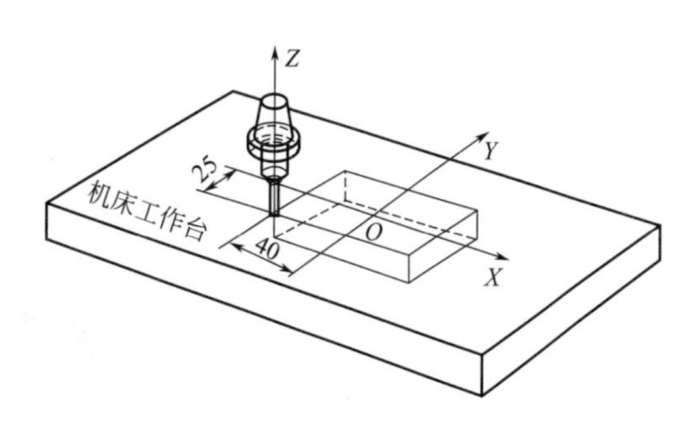

图 7-5 用 G92 设定工件上表面中点为工件坐标系原点

7.2.7 绝对坐标值编程（G90）与增量坐标值编程（G91）

数控程序中刀具运动的坐标值可采用两种方式给定，即绝对坐标编程与增量坐标编程。

（1）绝对坐标编程（G90）

表示刀具位置的坐标值（尺寸字）由程序原点确定，称为绝对坐标。如图 7-6 中程序原点为 *O* 点，则 *A*、*B*、*C* 点的绝对坐标分别是：*A*（20，15）、*B*（40，45）、*C*（60，25）。

在图 7-6 中，采用绝对坐标编程，刀具由 *A* 点始，快速定位，走刀路线为 *A*→*B*→*C*，程序如下。

```
G54;                    设定工件坐标系
G90 G00 X40.0 Y45.0;    绝对坐标编程,刀具 A→B
G00 X60.0 Y25.0;        刀具 B→C(G90 是模态码,不必重指定)
```

（2）增量坐标编程（G91）

表示刀具位置的坐标值是一个程序段中刀具移动的距离，称为增量坐标。增量坐标与程序原点没有关系，它是刀具在一个程序段中运动终点相对于起点的相对值，所以也称相对坐标。在图 7-6 中，采用增量坐标，刀具由 *O* 点起运动，走刀路线为 *O*→*A*→*B*→*C*。这时 *A* 点的增量坐标（*X*20，*Y*15）；*B* 点的增量坐标（*X*20，*Y*30）；*C* 点的增量坐标（*X*20，*Y*−20）。

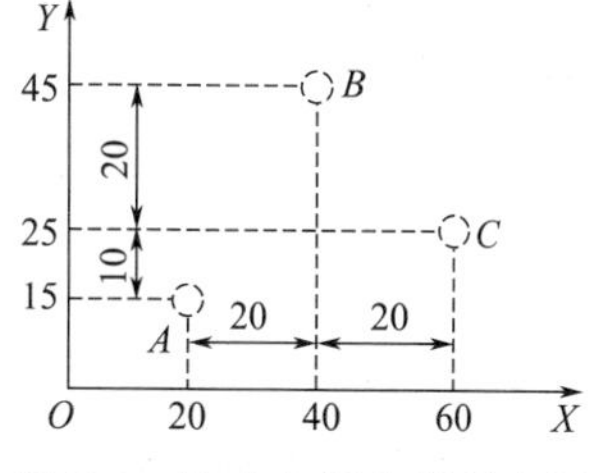

图 7-6 绝对坐标和增量坐标

在图 7-6 中，采用增量坐标编程，刀具由 *A* 点始，快速定位，走刀路线为 *A*→*B*→*C*，程序如下。

```
G91 G00 X20.0 Y30.0;    增量坐标编程,刀具 A→B
G00 X20.0 Y-20.0;       刀具 B→C(G91 是模态码,不必重指定)
```

G90、G91 同属于 03 组的模态码（表 7-1），这两个代码可以互相取代。

7.2.8 坐标平面选择指令 G17、G18、G19

G17、G18、G19 为平面选择指令，用来选择刀具圆弧插补运动所在平面或刀具半径补偿所在平面。笛卡儿直角坐标系中 *X*、*Y*、*Z* 三个互相垂直的坐标轴，构成了三个平面，如图 7-7 所示。其中指令 G17 选择 *XY* 平面，G18 选择 *XZ* 平面，G19 选择 *YZ* 平面。这三个指令属同一组的模态码，开机后系统默认为 G17 状态，所以开机后如果选择 *XY* 平面，可以省略 G17 指令。

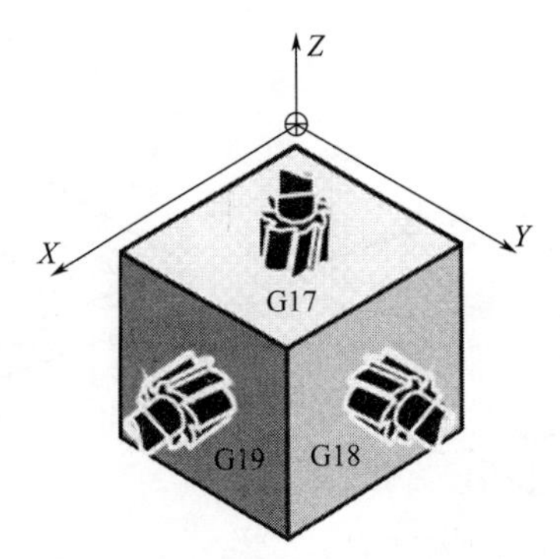

图 7-7　平面选择指令 G17、G18、G19

7.3　刀具进给编程指令

7.3.1　刀具定位

G00 使刀具从所在点快速移动到目标点。程序段为：

```
G00 X_ Y_ Z_ ;
```

程序段中，“X _ Y _ Z _ ”为目标点坐标。可用绝对坐标方式，也可用增量坐标方式。

G00 的程序段中不需要指定快速移动速度，用机床操作面板上的快速移动开关可以调整快速倍率，倍率值为：0%、25%、50%、100%。

图 7-8 中，指令刀具由 *A* 点快速移动定位到 *B* 点，程序如下。

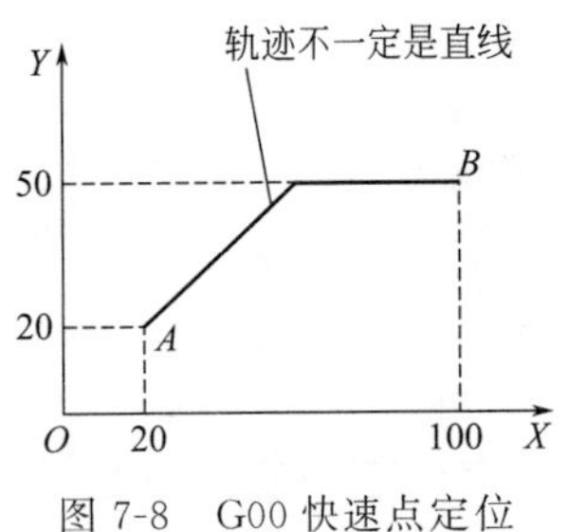

图 7-8　G00 快速点定位

```
G54 G90 G00 X100.0 Y50.0;        绝对坐标编程，A→B
G91 G00 X80.0 Y30.0;             增量坐标编程，A→B
```

G00 指令各轴均快速运动，不保证各轴同时到达目标点，所以移动轨迹不一定是直线，但可以准确控制刀具到达目标点的定位精度，在程序中用于使刀具定位。

7.3.2　刀具沿直线切削（直线插补 G01）

G01 指令是使刀具以“F”指定的进给速度，沿直线移动到指定的位置。程序段格式为：

```
G01 X_ Y_ Z_ F_ ;
```

程序段中，“X _ Y _ Z _ ”绝对坐标指令时是终点的坐标值，增量坐标指令时是刀具移动的距离。

“F _ ”为刀具在直线运动轨迹上的进给速度（进给量），单位为 mm/min。

F 为模态码，指定后不需对每个程序段都重复指定。如果不指定 F 值，系统认为进给速度为零，刀具不运动。

G01 指令一般用于切削加工。指令中的两个坐标轴（或三个坐标轴）以联动的方式，按 F 码指定的给进速度，沿任意斜率的直线轨迹运动到目标点。

例 7-1：直线切削，如图 7-9 所示，刀具从起点 O 快速定位于 A，然后沿 AB 切削至 B。

绝对坐标编程：

```
G54 G90 G00 X20.0 Y20.0 S800 M03;      绝对坐标编程,从 O 快速定位于 A
G01 X100.0 Y50.0 F150.0;               沿 AB 直线切削至 B
```

增量坐标编程：

```
G91 G00 X20.0 Y20.0;                   增量坐标编程,从 O 快速定位于 A
G01 X80.0 Y30.0 F150.0;                沿 AB 直线切削至 B
```

图 7-9　G01 直线插补

“F”是模态指令，G01 程序中必须含有“F”指令，在 G01 程序段中如无“F”指令则认为进给速度为零，刀具不动。

例 7-2：工件材料：Q235，毛坯尺寸 75mm×60mm×15mm，加工如图 7-10 所示槽（槽宽 10mm）。

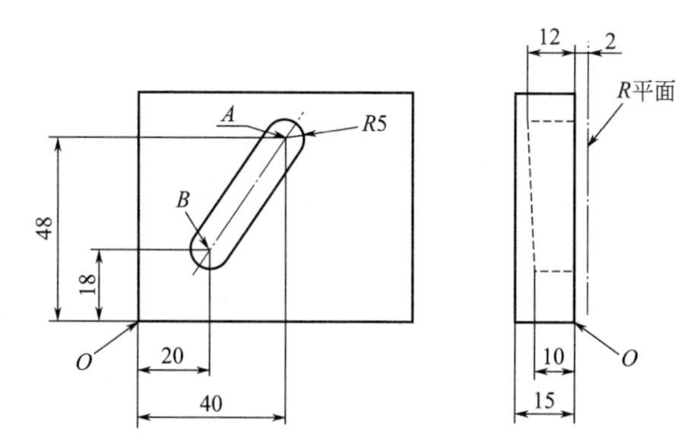

图 7-10　槽加工中三个坐标轴的线性插补

加工方案简述如下。

① 工件坐标系原点。编写程序前需要根据工件的情况选择工件原点。为便于编程尺寸的计算，工件编程原点一般选择在工件的设计基准，图 7-10 所示槽位置的设计基准在工件左下角，所以工件原点定在毛坯左下角的上表面，如图 7-10 中的 O 点。

② 工件装夹。采用平口虎钳装夹工件。

③ 刀具选择。采用“ϕ10”的中心切削立铣刀，刀具能够径向切削和轴向钻削。

加工程序如下。

```
O1200;                                 程序名
N01 G55 S500 M3 G00 G90 X40.0 Y48.0;   建立工件坐标系。刀具在安全平面快速定位到 A 点上方
N05 Z2.0;                              沿 Z 轴快速定位到参考平面
N10 G01 Z-12.0 F100.0;                 Z 向下刀切削,到 Z=-12mm,进给速度 100mm/min
N15 X20.0 Y18.0 Z-10.0;                刀具以三个坐标轴的直线插补切削到 B 点
N20 G01 Z2.0;                          Z 向主轴抬刀,到参考平面处(Z= 2mm)
N25 G00 X40.0 Y48.0 Z100.0;            回到刀具起点(G00 取代了 G01)
N30 M2;                                程序结束
```

7.3.3　刀具沿圆弧切削（圆弧插补 G02、G03）

（1）顺圆弧插补指令 G02、逆圆弧插补指令 G03

刀具切削圆弧表面，用圆弧插补指令 G02、G03，其中 G02 为顺时针方向运动圆弧插

补，G03为逆时针方向运动圆弧插补。圆弧的顺、逆时针方向的判别方法是：在直角坐标系中，朝着垂直于圆弧平面坐标轴的负方向看，刀具沿顺时针方向进给运动为G02，沿逆时针方向圆弧运动为G03，如图7-11所示。

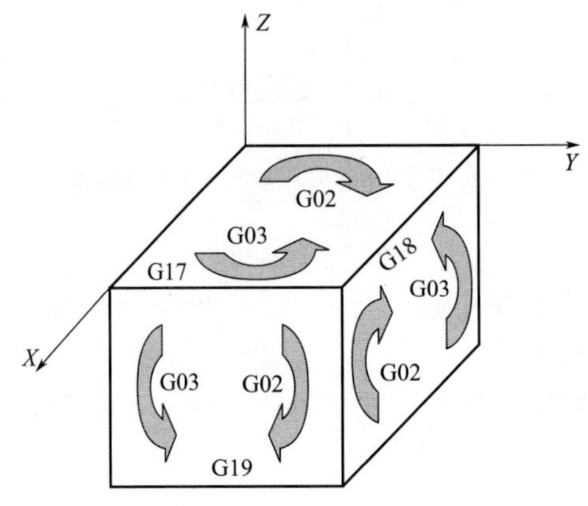

图7-11 圆弧插补的顺、逆方向的判别

圆弧插补程序段格式如下。

在 XY 平面上的圆弧：G17 $\begin{Bmatrix}\text{G02}\\\text{G03}\end{Bmatrix}$ X_ Y_ $\begin{Bmatrix}\text{I\_ J\_}\\\text{R\_}\end{Bmatrix}$ F_ ；

在 XZ 平面上的圆弧：G18 $\begin{Bmatrix}\text{G02}\\\text{G03}\end{Bmatrix}$ X_ Z_ $\begin{Bmatrix}\text{I\_ k\_}\\\text{R\_}\end{Bmatrix}$ F_ ；

在 YZ 平面上的圆弧：G19 $\begin{Bmatrix}\text{G02}\\\text{G03}\end{Bmatrix}$ Y_ Z_ $\begin{Bmatrix}\text{J\_ K\_}\\\text{R\_}\end{Bmatrix}$ F_ ；

例如在 XY 面插补圆弧程序：

```
G02 X_Y_I_J_F_;          使用I、J定义圆心
G02 X_Y_R_F_;            使用R定义圆心
```

圆弧插补程序段中指令和地址含义如表7-2所示。

表7-2 圆弧插补程序段指令和地址含义

指令	说明	指令	说明
G17	指定 XY 平面上的圆弧	Z_	Z 轴或其平行轴的指令值
G18	指定 ZX 平面上的圆弧	I_	X 轴从起点到圆弧圆心的距离(带符号)
G19	指定 YZ 平面上的圆弧	J_	Y 轴从起点到圆弧圆心的距离(带符号)
G02	圆弧插补，顺时针方向（CW）	K_	Z 轴从起点到圆弧圆心的距离(带符号)
G03	圆弧插补，逆时针方向（CCW）	R_	圆弧半径(带符号)
X_	X 轴或其平行轴的指令值	F_	沿圆弧的进给速度
Y_	Y 轴或其平行轴的指令值		

圆弧插补程序段中：

① 圆弧插补只能在指定平面内进行，G17、G18、G19为平面选择指令，用来确定加工圆弧所在平面，其中默认指令G17，如果选择 XY 平面，G17可省写。

② 程序段中地址“X”“Y”“Z”指定圆弧终点，用G90绝对坐标编程时，X、Y、Z 是终点绝对坐标值。用G91增量坐标编程时，X、Y、Z 是圆弧起点到圆弧终点的距离

（增量值）。

③ 圆弧插补可以使用地址“R”给定圆弧半径；也可以使用“I”“J”“K”地址给定圆心相对圆弧起点位置。

（2）使用地址“R”指令的圆弧插补程序段

如图 7-12 所示，采用带有地址“R”的指令插补顺时针圆弧 AB。R 用于给定圆弧半径，在起点 A 和终点 B 之间相同半径的圆弧有两个，一个是圆心角小于 180°的圆弧①，另一个是圆心角大于 180°的圆弧②，为区分这种情况，程序格式规定：当从圆弧起点到终点所移动的角度小于 180°，R 用正值；圆弧超过 180°时，R 用负值，圆弧角正好等于 180°时，R 取正、负值均可。

插补整圆轨迹不能使用“R”地址，只能用“I”“J”“K”地址。当插补接近 180°中心角的圆弧时，计算圆心坐标可能包含误差，在这种情况下应该用“I”“J”和“K”指令插补圆弧。

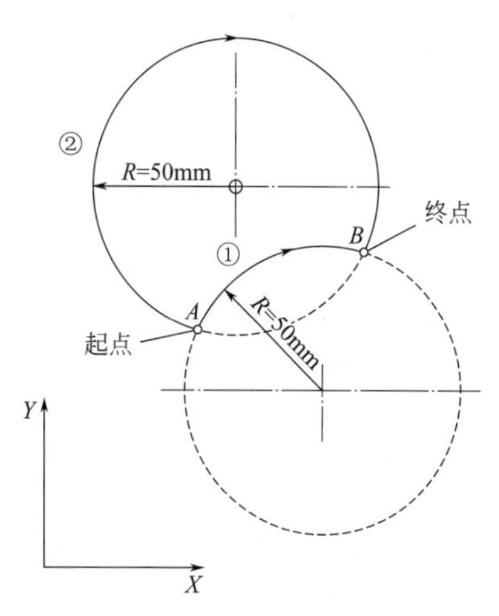

图 7-12 R 取正、负值的规定

例 7-3：如图 7-12 所示，写出插补圆弧 AB 的程序段。

```
G91 G02 X60.0 Y20.0 R50.0 F200.0;      走圆弧①,圆心角小于 180°(R 为正值)
G91 G02 X60.0 Y20.0 R-50.0 F200.0;     走圆弧②,圆心角大于 180°(R 为负值)
```

（3）使用“I”“J”“K”地址的圆弧插补程序段

I、J、K 用于表示圆弧圆心的位置，是圆心相对圆弧起点分别在 X、Y、Z 轴方向上的增量值（有正负），当圆心在圆弧起点的正向，I、J、K 取正值；当圆心在圆弧起点的负向，I、J、K 取负值，如图 7-13 所示（图中 I、J、K 是负值）。无论是在 G90 或 G91 下的插补圆弧程序段，I、J、K 总是相对于圆弧起点的增量值，与程序中定义的 G90 或 G91 无关。程序规定 I、J、K 为零时可以省略，即程序段中“I0”、“J0”和“K0”可以省略不写。

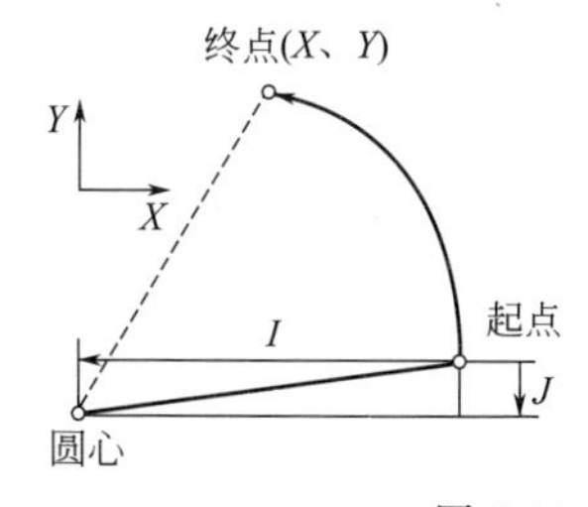

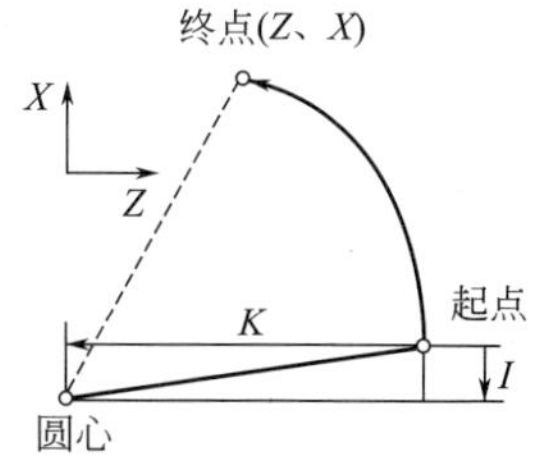

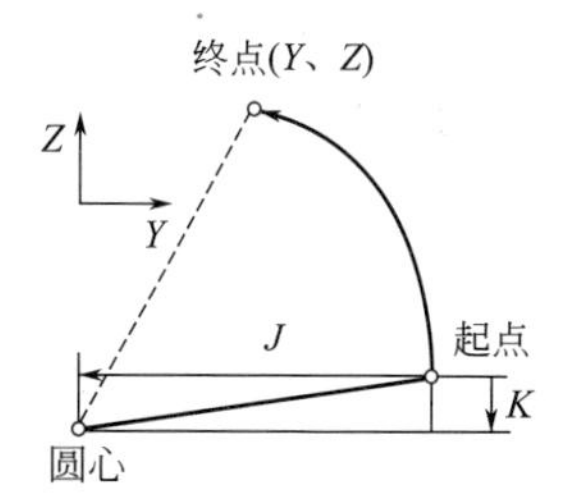

图 7-13 圆弧插补程序段中的 I、J、K 值

图 7-14 圆弧编程

例 7-4：图 7-14 所示，程序原点在 O，圆弧起点（40，20），圆弧终点（20，40），写出刀具走圆弧段轨迹的程序。

① 绝对坐标编程（G90）时：

```
G54 G17 G90 G03 X20.0 Y40.0 I-30.0 J-10.0 F100.0;
```

② 增量坐标编程（G91）时：

```
G17 G91 G03 X-20.0 Y20.0 I-30.0 J-10.0 F100.0;
```

例 7-5：图 7-15 刀具位于图中的起点 A，编写图中从起点 A 到终点 C 运动轨迹的程序。

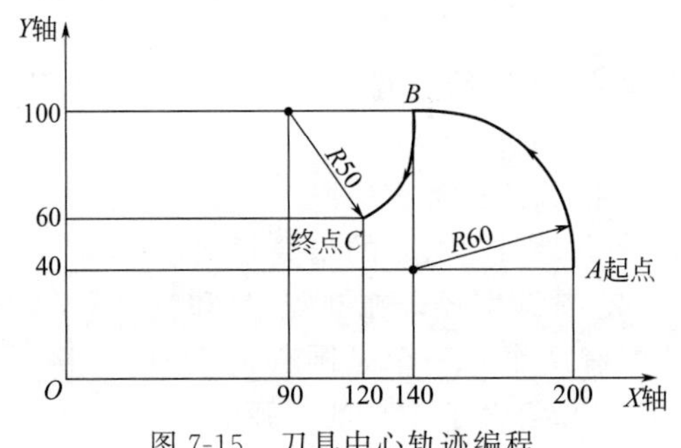

图 7-15　刀具中心轨迹编程

程序如下。

① 绝对坐标编程，使用地址 R

```
G92 X200.0 Y40.0 Z0;                       刀具位于 A 点,设定程序原点 O
G90 G03 X140.0 Y100.0 R60.0 F300.0;        切削圆弧 AB(逆圆插补)
G02 X120.0 Y60.0 R50.0;                    切削圆弧 BC(顺圆插补)
```

绝对坐标编程，使用地址 I、J、K

```
G92 X200.0 Y40.0 Z0;                       刀具位于 A 点,设定程序原点 O
G90 G03 X140.0 Y100.0 I-60.0 F300.0;       切削圆弧 AB(逆圆插补)
G02 X120.0 Y60.0I-50.0;                    切削圆弧 BC(顺圆插补)
```

② 增量坐标编程，使用地址 R

```
G91 G03 X-60.0 Y60.0 R60.0 F3000.;         刀具于 A 点始,逆圆切削圆弧 AB
G02 X-20.0 Y-40.0 R50.0;                   顺圆切削圆弧 BC
```

增量坐标编程，使用地址 I、J、K

```
G91 G03 X-60.0 Y60.0 I-60.0 F300.;         刀具于 A 点始,逆圆切削圆弧 AB
G02 X-20.0 Y-40.0 I-50.0;                  顺圆切削圆弧 BC
```

7.3.4 刀具沿 Z 轴切入工件

在实际加工中都是有切削深度的，编程时由 Z 轴运动指令实现材料深度方向切削。铣削（加工中心）加工零件时，刀具在 Z 轴方向相对工件有两个常用位置，这两个位置称为安全平面和参考平面，如图 7-16 所示。

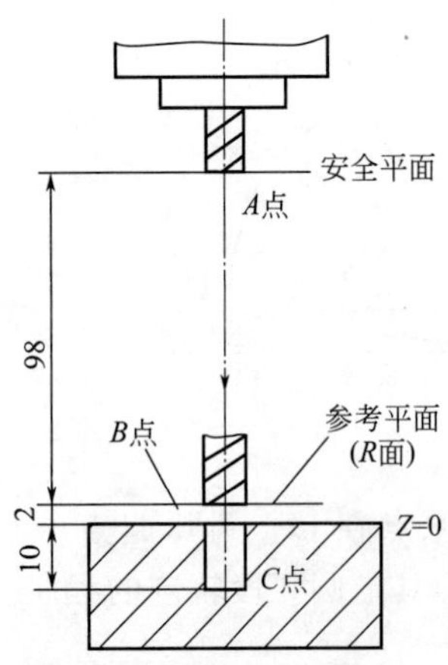

图 7-16　Z 轴进给中的位置

① 安全平面。在 Z 向刀具的起刀和退刀的位置必须离开工件上表面一个安全高度（通常取 20～100mm），以保证刀具在横向运动时，不与工件和夹具发生碰撞，在安全高度上刀尖所在平面也称为安全平面（或称初始平面）。

② 参考平面（R 面）。刀具切削工件前的切入距离一般距工件上表面 1～7mm，这个位置通常也称为参考平面（或称 R 面）。刀具从安全平面到参考平面，宜采用快速进给。刀具从参考平面开始，采用切削进给速度逐渐切入工件。

通常进刀时刀具在安全高度上沿 XY 面移动定位，然后沿 Z 轴快速移动到工件参考平面。退刀时先抬 Z 轴到安全平面，然后沿 XY 面移动。

例 7-6：图 7-16 所示钻孔加工，加工分为五步：

① 定位。在安全平面麻花钻定位在孔上方。

② 趋近加工表面。由安全平面（A 点）快速进给至参考平面（B 点）。

③ 切削。从参考平面开始切削进给至孔底（C 点）。

④ 在孔底进给暂停 2s，确保孔底光滑。

⑤ 返回。快速回到安全平面。

请按绝对坐标编程（用 G54 定工件坐标系，工件上表面设为 $Z=0$）。

FANUC 程序规定允许省略程序段号 N，所以下述程序中没写 N 地址。

程序如下。

```
O0045;                                程序名
G54 G90 G00 Z100.0 S500 M03;          选择工件坐标系，刀具快速定位于安全平面
Z2.0;                                 安全平面至参考平面快速进给，A→B
G01 Z-10.0 F100.0;                    由参考平面始，切削进给到 C 点，进给速度 100mm/min
G04 X2.0;                             在 C 点进给暂停 2s，主轴仍旋转切削，使孔底面表面光滑
G00 Z100.0;                           快速返回到安全平面，C→A
M02;                                  程序停
```

例 7-7： 采用 ϕ8mm 的中心切削立铣刀，铣削图 7-17 所示宽 8mm、深 5mm 的整圆槽。

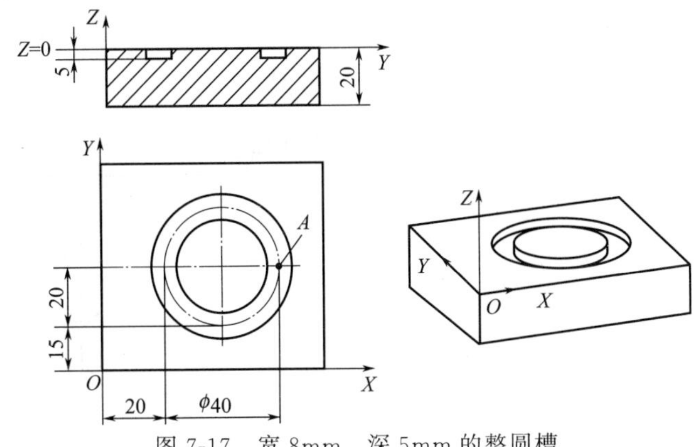

图 7-17　宽 8mm、深 5mm 的整圆槽

程序如下。

```
O0045;                                程序名
G54 G90 G00 X0 Y0 Z100.0 S500 M03;    选择工件坐标系，原点在工件角点，启动主轴
G00 X60.0 Y35.0;                      在安全平面上，刀具快速到 A 点上方
Z2.0                                  定位于参考平面，切入点
G01 Z-5.0 F20.0;                      直线下切到工件深度 5mm
G04 X2.0;                             进给暂停 2s，以保证槽底部光滑
G03 I-20.0;                           逆时针切整圆槽（插补整圆，必须用 I、J、K 地址）
G04 X2.0;                             进给暂停 2s，以保证槽底部光滑
G01 Z2.0;                             抬刀至 R 面
G00 Z50.0                             快速返至安全平面
X0 Y0 M30;                            返回到始点，程序结束
```

7.3.5 直线、圆弧切削编程

例 7-8： 在 45 钢材料上铣削图 7-18 所示宽 10mm、深 5mm 的槽。

（1）加工方案简述

① 工件坐标系原点。槽位置的设计基准在工件左下角，根据基准重合原则，工件原点定在毛坯左下角的上表面，如图 7-18 所示。

② 工件装夹。采用平口虎钳装夹工件。

③ 刀具选择。采用 ϕ10mm 的中心切削立铣刀，刀具能够径向切削和轴向钻削。

④ 立铣刀切削轨迹 $A \to B \to C \to D$，如图 7-18（a）所示。

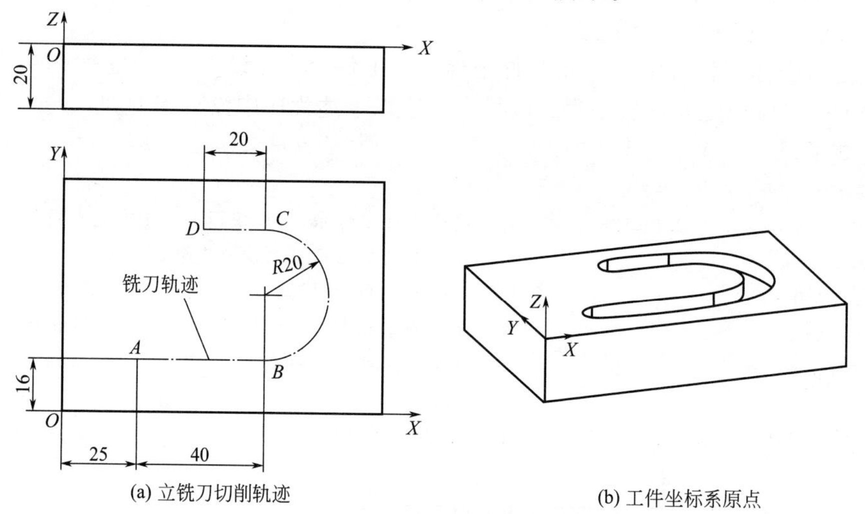

(a) 立铣刀切削轨迹　　(b) 工件坐标系原点

图 7-18　铣槽工件图

（2）加工程序（表 7-3）

表 7-3　例 7-8 加工程序

程序	解释	图示
O1200; N01 G55 G90 G49 G40 G17; N02 S500 M3; N03 G00 X0 Y0 Z50.0;	程序名 建立工件坐标系，保险程序段 主轴正转 刀具定位于程序始点	Z Y X
N04 G00 X25.0 Y16.0;	刀具在安全平面快速移动到 A 点上方	安全高度 参考平面(R面)高度 50 2 A
N6 G00 Z2.0;	刀具快速到 R 面，切入点位置	参考平面 (R面)高度 切入点 2
N8 G01 Z-5.0 F100.0; N10 G04 P2000;	切入，Z 向下刀到 Z＝－5mm，进给速度 100mm/min 在槽底部暂停进给 2s，确保槽底表面光滑	深度5mm

续表

程序	解释	图示
N12 X65.0;	直线切削 AB	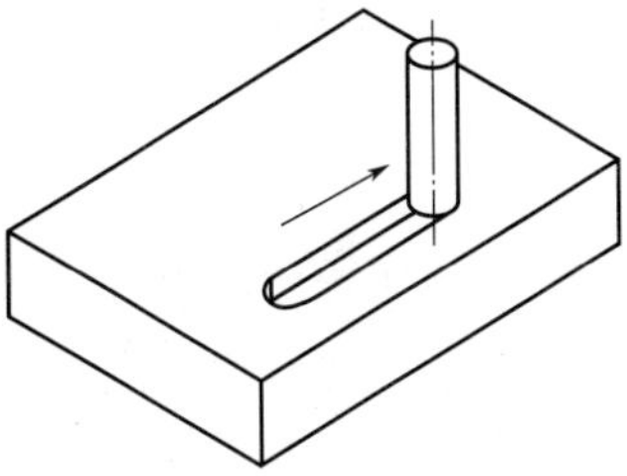
N14 G03 Y56.0 R20.0 F100.0;	切削圆弧 BC	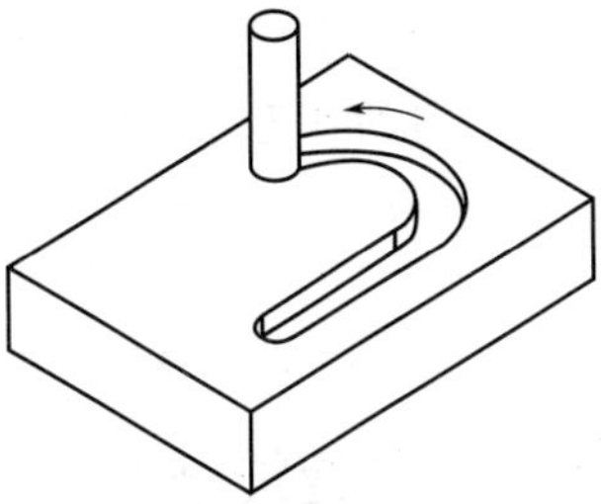
N16 G01 X45.0; N18 G04 P2000;	直线切削 CD 在终点处暂停进给 2s，确保槽面光滑	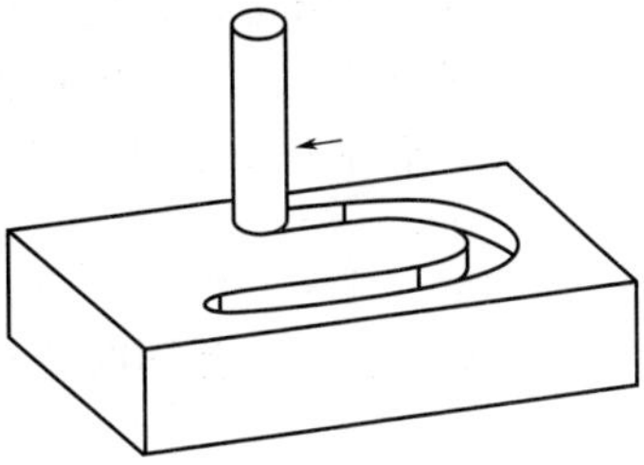
N20 G00 Z50.0;	快速抬刀，到安全平面（Z=50mm）	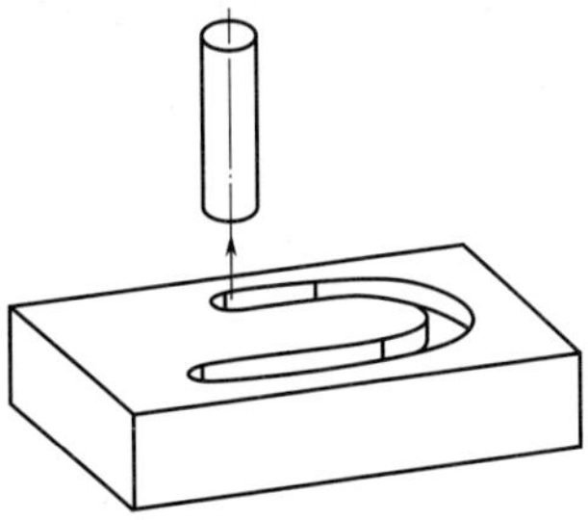
N22 G00 X0. Y0.; N24 M2;	回到程序始点 程序结束	

7.3.6 小结：零件加工程序的基本内容

观察例 7-8 程序，零件加工的基本内容如下。

① 程序初始状态设定——保险程序段（N01 段）。

开机时系统默认 G 代码（如 G54、G90、G80、G40、G17、G49、G21 等）被激活。由于代码可能通过 MDI 方式或在程序运行中更改，为了程序运行安全，程序的开始应有设定程序初始状程序段，也称为保险程序段，如下所示：

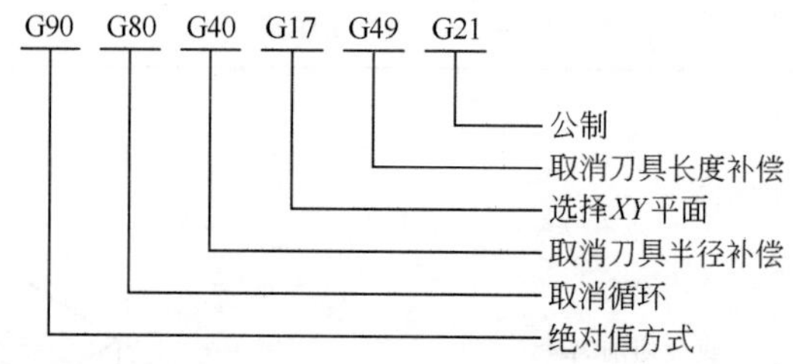

② 定位于程序始点（N03 段）。

③ 快速定位到切入点（N04～N05 段）。

④ 进刀，切入工件（N08 段）。

⑤ 切削（N10～N18 段）。

⑥ 退刀，退出工件（N20 段）。

⑦ 刀具快速返回程序始点（N22 段）。

⑧ 程序结束（N24 段）。

此外还可能包括：换刀指令，刀具长度补偿，刀具半径补偿等。上述①～⑧顺序，就是编程员分析程序和编制程序的思路。

7.3.7 螺旋线插补

螺旋线插补方法是在圆弧插补程序段上加上移动轴。最多可指令 2 个与圆弧插补轴同步移动的其他轴。螺旋线插补程序段如下。

与 XY 平面上圆弧同时移动：

$$\text{G17}\begin{Bmatrix}\text{G02}\\\text{G03}\end{Bmatrix}\text{X\_ Y\_}\begin{Bmatrix}\text{I\_ J\_}\\\text{R\_}\end{Bmatrix}\alpha\_(\beta\_)\text{ F\_;}$$

与 ZX 平面上圆弧同时移动：

$$\text{G18}\begin{Bmatrix}\text{G02}\\\text{G03}\end{Bmatrix}\text{X\_ Z\_}\begin{Bmatrix}\text{I\_ K\_}\\\text{R\_}\end{Bmatrix}\alpha\_(\beta\_)\text{ F\_;}$$

与 YZ 平面上圆弧同时移动：

$$\text{G19}\begin{Bmatrix}\text{G02}\\\text{G03}\end{Bmatrix}\text{Y\_ Z\_}\begin{Bmatrix}\text{J\_ K\_}\\\text{R\_}\end{Bmatrix}\alpha\_(\beta\_)\text{ F\_;}$$

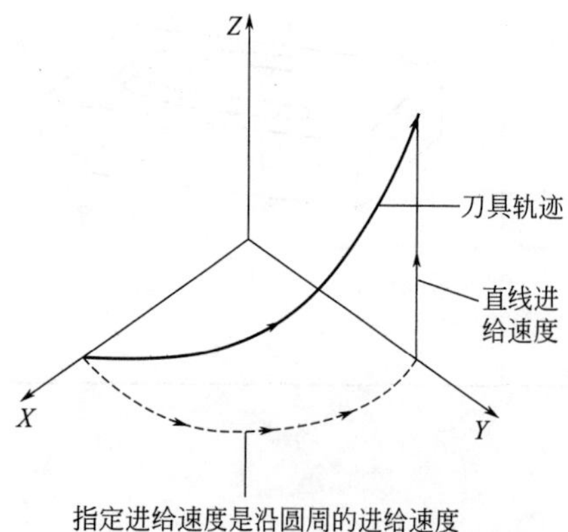

图 7-19 螺旋线插补进给速度

程序段中，α，β 是圆弧插补轴之外的其他移动轴，最多指定两个移动轴。螺旋线插补程序段其他指令意义同圆弧插补。

F 为指定沿圆弧的进给速度，如图 7-19 所示。而沿直线轴的进给速度为：

直线轴的进给速度 $=F\times$（直线轴的长度/圆弧的长度）

应用螺旋线插补的限制如下。

① 只对圆弧进行刀具半径补偿。

② 在指令螺旋线插补的程序段中不能指令刀具偏置和刀具长度补偿。

端面有孔的立铣刀，不能沿 Z 向直线切入工件实体，而可按斜线（坡走下切）或螺旋线（螺旋下切）轨迹切入工件。

例 7-9：在图 7-20 零件上加工宽为 8mm 的圆弧槽。工件坐标原点定在坯料中心，选用 ϕ8mm 立铣刀。

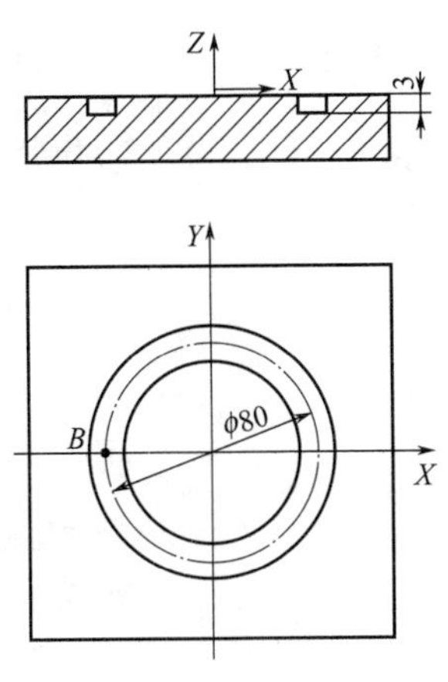

图 7-20 加工圆弧槽

加工程序如下。

```
O0008;                                   第 0008 号程序
G54 G90 G17 G00 Z50.0 S1000 M03;         设定坐标系,原点在工件中心,刀具至安全高度
X-40.0 Y0;                               在安全面内刀具到 B 点上方
Z1.0;                                    快速接近工件至 R 面
G01Z0;                                   直线切削至工件上表面
G03 X40.0 Y0 Z-3.0 I40.0 J0 F50.0;       螺旋下切(XY 面轨迹为半圆),切入工件深 3mm
I-40.0;                                  切削整圆槽
G04 X2.0;                                进给暂停 2s,以保证槽底部光滑
G01 Z1.0;                                抬刀至 R 面,避免擦伤工件
G00 Z50.0;                               快速至安全高度
X0 Y0;                                   回到起始点
M02;                                     程序结束
```

7.4 返回参考点

7.4.1 参考点

参考点是机床上的一个固定点，用参考点返回功能，刀具可以快速移动到参考点位置。通常在参考点位置上交换刀具或设定坐标系。

参考点位置在数控系统中用参数设定，参数 1240、1241、1242、1243 可在机床坐标系中设定 4 个参考点，如图 7-21 所示。

7.4.2 返回参考点指令

(1) 返回参考点指令（G28）

返回参考点指刀具经过中间点沿着指定轴自动地移动到参考点。返回参考点指令：

```
G28 IP_;
```

程序段中，“G28”为返回参考点指令；“IP _ ”为坐标尺寸字（下同），返回过程中必须经过的中间点位置坐标，如图 7-22 所示的 *B* 点位置。

G28 指令各轴以快速移动速度经过中间点定位到参考点。为了安全，在执行该指令之前，应该清除刀具半径补偿和刀具长度补偿。中间点的坐标可以用绝对坐标指令或者增量

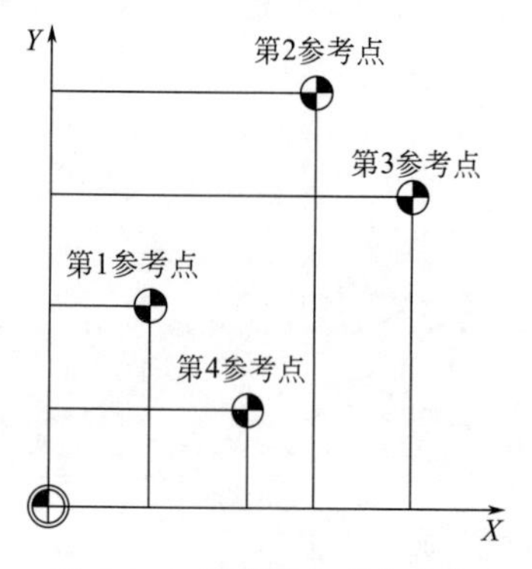

图 7-21　机床零点和参考点

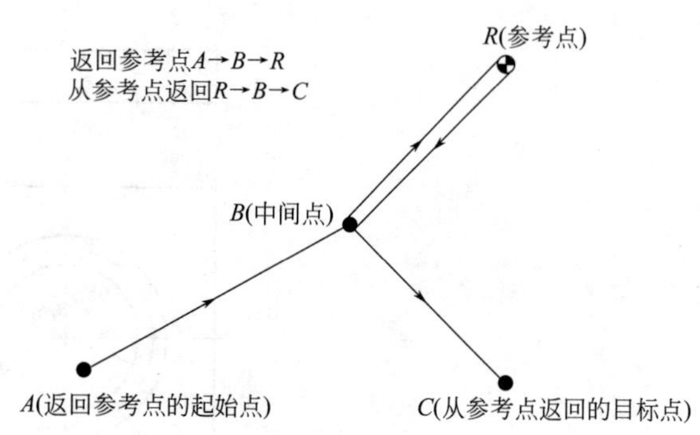

图 7-22　返回到参考点（G28）和从参考点返回（G29）的路径

坐标指令，并被储存在数控系统中，每次只存储 G28 程序段中指令轴的坐标值，对其他轴用以前指令过的坐标值。

例：N1 G28 X40.0;　　　　经过中间点 X40.0，返回到参考点

　　N2 G28 Y60.0;　　　　经过中间点（X40.0，Y60.0），返回到参考点

执行程序段 N1 后，中间点 X40.0 存储在 CNC 中，执行程序段 N2 时，X 轴保存的 X40.0 值与指令中给定的 Y60.0 值，合为程序段 N2 的中间点坐标（X40.0，Y60.0）。

（2）返回到第 2、3、4 参考点（G30）

指令格式：

G30 P2 IP_；　　　　返回第 2 参考点（P2 可以省略）

G30 P3 IP_；　　　　返回第 3 参考点

G30 P4 IP_；　　　　返回第 4 参考点

程序段中的“IP”为指定返回过程中必须经过的中间点位置坐标，如图 7-23 所示 B 点位置（绝对坐标/增量坐标指令）。

在没有绝对位置检测器的系统中 只有在执行过自动返回参考点（G28）或手动返回参考点之后，才可使用返回第 2、3、4 参考点功能。通常当刀具自动换刀位置与第 1 参考点不是同一个位置时，使用 G30 指令

（3）从参考点返回（G29）

从参考点返回是刀具从参考点经过中间点（G28 程序段中的中间点）沿着指定轴移动到指定的目标点。指令格式：

G29 IP_；

程序段中的“IP”为坐标尺寸字，指定从参考点返回到的目标点位置，如图 7-27 所示 C 点位置。可以用绝对坐标或增量坐标尺寸。对增量坐标编程，G29 目标点的指令值是离开中间点的增量值。

在一般情况下在 G28 或 G30 指令后，立即指定从参考点返回指令。

当由 G28 指令刀具经中间点到达参考点之后工件坐标系改变，中间点也变为新坐标系坐标值，若此时指令了 G29 则刀具经新坐标系的中间点移动到指令位置。对 G30 指令也执行同样的操作

（4）返回参考点检查（G27）

G27 是检查刀具是否已经正确地到达程序中指定的参考点，指令格式：

G27 IP_；

程序段中的“IP”为坐标尺寸字，指定参考点的指令（绝对坐标/增量坐标指令）

G27 是检查刀具是否已经正确地返回到程序中指定的参考点位置，如果刀具已经正确地沿着指定轴返回到参考点，返回参考点指示灯亮。但是如果刀具到达的位置不是参考点，则报警（92 号）。

• 在偏置方式的返回参考点检查。在偏置方式中用 G27 指令刀具到达的位置是加上偏置数值获得的位置，因此如果加上偏置数值的位置不是参考位置则指示灯不亮，而显示报警。通常在指令 G27 之前应清除刀具偏置。

• 在机床锁住接通状态。在机床锁住开关接通时即使刀具已经自动地返回到参考点，返回完成指示灯也不亮。在这种情况下即使指定 G27 指令，也不检测刀具是否已经返回到参考点

例 7-10：换刀点在参考点，返回参考点，换刀后从参考点返回程序。程序内容：①刀具从 *A* 点返回到参考点 *R*；②换刀；③刀具从参考点 *R* 经过中间点 *B*，移动到指定点 *C*。点坐标如图 7-23 所示：*A*（200，300），*B*（1000，500），*C*（1300，200）。

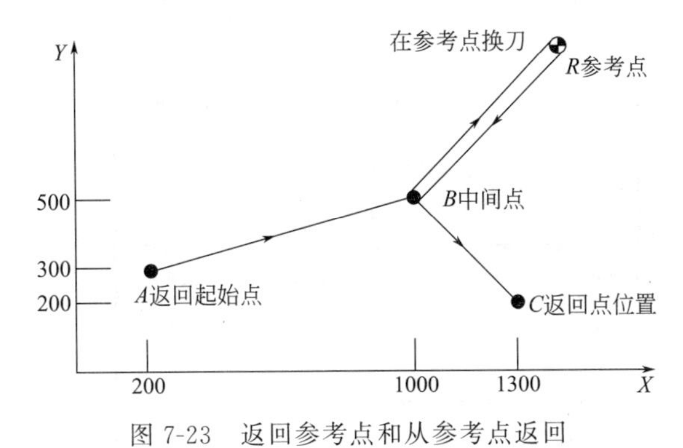

图 7-23　返回参考点和从参考点返回

程序如下。

```
G28 G90 X1000.0 Y500.0;      编程从 A 经过中间点 B,到参考点 R 点
T0808;                       在参考点换刀
G29 X1300.0 Y200.0;          从参考点 R 经过中间点 B,到指定 C 点
```

7.5　刀具补偿功能

编程时不考虑刀具尺寸，加工中使用的多个刀具尺寸不一致，所以程序中也不可能考虑刀具尺寸，编程中用一个点（刀位点）代表刀具。运行程序时为去除刀具尺寸对编程轨迹的影响，系统提供了刀具补偿功能。通过刀具补偿，不同尺寸的刀具均可运行同一程序，所以在加工之前必须设置刀具补偿，也称刀具偏置。镗铣刀具切削刃分为端面刃和侧面刃，需要从这两个方向进行刀具补偿。

7.5.1　刀具长度补偿——刀具端刃补偿

刀具长度补偿（G43，G44，G49）使刀具沿刀具长度方向偏移一段距离（相当于刀具伸长或缩短），偏移的距离等于“H”指令补偿号中存储的补偿值。有了长度补偿功能，通过设定、修改刀具补偿值处理刀具长度的变化，编程时不用考虑刀具实际长度，刀具磨损后更换新的刀具也不需要更改加工程序。利用该功能，通过改变刀具长度补偿值的大小，多次运行同一程序可实现在加工深度方向上分层铣削。

FANUC系统有两种刀具长度偏置方法，即刀具长度补偿功能A和刀具长度补偿功能B。（注：参数5001＃0和＃1用于选择刀具长度偏置A或B。）。

（1）刀具长度偏置A（仅沿Z轴补偿刀具长度值）

镗铣刀仅需要沿Z轴方向补偿刀具长度，采用刀具长度补偿功能A。刀具长度补偿指令指令格式为：

```
G43 Z_ H××；
G44 Z_ H××；
G49；
```

程序段中：

①“H××”是刀具偏置存储地址（或称偏置号），其中“××”为两位数字，数值范围：00～99。“H××”地址用于存储刀具长度补偿值，补偿值界面显示如图7-24所示。该图中有两种代码——H和D，如果把系统参数5001的第＃2位设为0，则H代码用于刀具长度补偿，D代码用于刀具半径补偿。系统规定地址“H00”的刀具长度偏置值为0，不能对“H00”设置非零值。

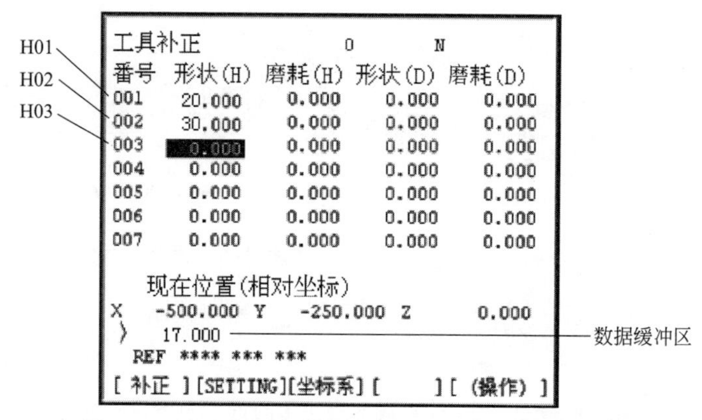

图7-24 刀具偏置存储地址界面（H地址和D地址）

② G43是刀具长度正向补偿（刀具长度补偿＋），当指定G43时，将补偿值加在程序中的Z坐标值上，也就是说Z轴到达的实际位置为指令值与补偿值相加的位置。

③ G44是刀具长度负向补偿（刀具长度补偿－），当指定G44时，将程序中的Z坐标值减去补偿值作为刀具Z轴到达的位置，也就是说Z轴到达的实际位置为指令值减去补偿值的位置。

G43或G44是模态指令，H指定的补偿号也是模态的，因此，使用这条指令，程序指定后一直有效，直到指定同组的G代码为止。

当偏置号改变使刀具偏置值改变时，偏置值变为新的刀具长度偏置值，新的刀具长度偏置值不加到旧的刀具偏置值上。例如H1存值20.0，H2存值30.0。程序：

```
N10 G90 G43 Z100.0 H1;        Z轴实际移动到120.0
N20 G90 G43 Z100.0 H2;        Z轴实际移动到130.0
```

④ 取消刀具长度偏置指令为G49或H00。系统执行到G49或H00指令时，立即取消刀具长度补偿，并使Z轴运动到不加补偿值的指令位置。由于刀具补偿指令是模态的，取消刀具长度补偿需用G49或H00，G49是默认指令，即数控机床开机时，系统自动进入“刀补取消”状态。通常程序中刀具经长度补偿后，一定要取消长度补偿，以避免刀具误动作。

（2）把刀具长度差值设为补偿值操作

使用多把刀具加工时，把其中的一把刀具的长度作为标准刀具，标准刀长度补偿设为零，其他刀具的长度相对于标准刀具长度的差值作为刀具补偿值，存入相应的“H××”代码中。例如一个程序中同时使用三把刀，T01、T02、T03，它们的长度各不相同，如图 7-25 所示。用刀具 T01 端面作为标准刀刀位点（即用 T01 设定工件坐标系），经测量，T02 长度较 T01 短 15mm，T03 长度较 T01 长 17mm。这三把刀的长度补偿值分别为“0”“－15”“17”，并将后两个数分别存入地址 H02 和 H03，存储后界面显示数据如图 7-26 所示。H 地址存储操作步骤如表 7-4 所示。

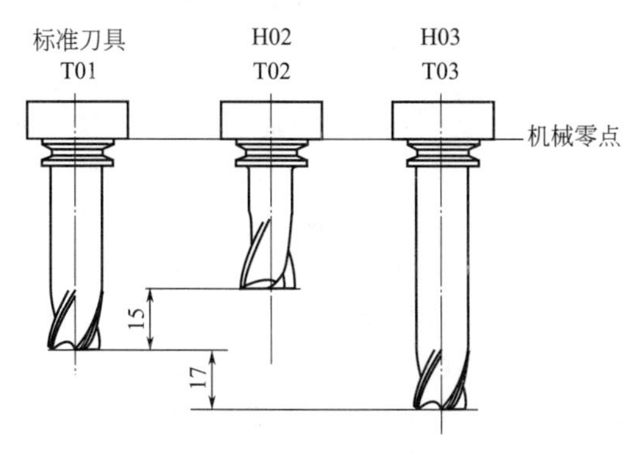

图 7-25　用刀具长度差值设定补偿值

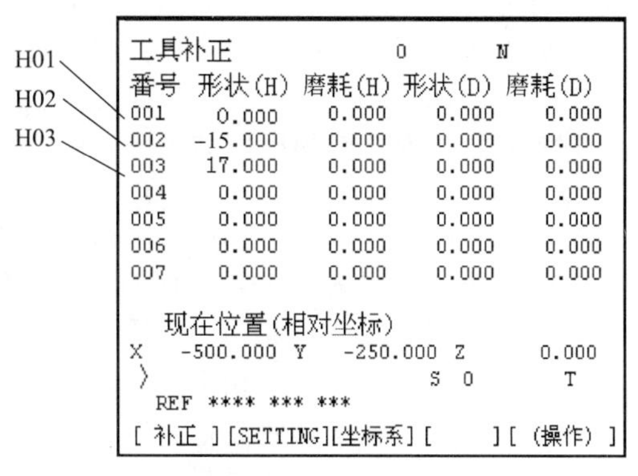

图 7-26　在 H01、H02、H03 地址中存储刀具长度补偿值

表 7-4　显示和存储刀具偏移数据（H）操作步骤

步骤	按键	说明
		用 T01 刀具设定工件坐标系（如 G54），T01 刀补值为 0
1	OFFSET SETTING	将屏幕显示切换至“刀偏/设定”方式
2	软键“坐标系”	显示工件坐标系设定屏幕面，如图 7-24 所示
	或“PAGE”换页键	切换屏幕显示，找出图 7-24 屏显面
3		操作面板上的数据保护键，置“0”，使得数据可以写入
4	光标移动	将光标移动到想要改变的 H 地址，例如 H03（图 7-24 中所示黑色区域为光标）
5	数字键→软键“输入”	通过数字键输入刀具长度补偿值（刀偏值），例如“17.0”，显示在缓冲区（图 7-24），然后按下软键“输入”，输入的值被指定为工件原点偏移数据，如图 7-26 所示
6	重复第 4 步和第 5 步	存储其他地址的偏移数据。H01、H02、H03 存储完毕屏，显如图 7-26 所示
7		操作数据保护键，置“1”，禁止写入数据（保护数据）

在存储刀具偏移值 H 后，加工程序中 T02 刀具长度补偿的程序段：

```
T02 M06;                        换 T02 刀
G90 G43 Z45.0 H02;              刀具长度补偿
```

在 T02 长度补偿程序段中 Z 值为 45.0，是标准刀（T01）应到达的位置，如果没有 G43 指令，由于 T02 刀比 T01 短 15mm，T02 刀只到图 7-27（a）所示位置，即 T02 实际 Z 轴位置“45＋15＝60mm”，执行 G43 指令是从 Z 指令值中加“—15”（H02 中的值），Z 轴实际值为“45＋（—15）＝30”，相当于 T02 刀具端面至 $Z=45$，如图 7-27（b）所示。

如果 H02 中存入值为“15.0”，则刀补程序应用 G44 指令，即：

```
G90 G44 Z45.0 H02;
```

T03 刀具长度补偿的程序如下。

```
T03 M06;
G90 G43 Z45.0 H03;              T03 刀具长度补偿的程序
```

本段程序段 Z 值为 45.0，同理如果没有 G43 指令，由于 T03 刀比 T01 长 17mm，T03 刀到图 7-27（a）所示位置。执行 G43 程序，在 Z 指令值上加上 17mm（H03 中的值），T03 的 Z 实际值为“45＋17＝62”，相当于 T03 刀具端面至 $Z=45$ 处，如图 7-27（b）所示。

经过刀具长度补偿，使三把长度不同的刀具处于同一个 Z 向高度（$Z=45$ 处），如图 7-27（b）所示。G43、G44 是模态指令，程序中只要不取消该指令，这三把刀具的刀位点处于相同 Z 值位置。

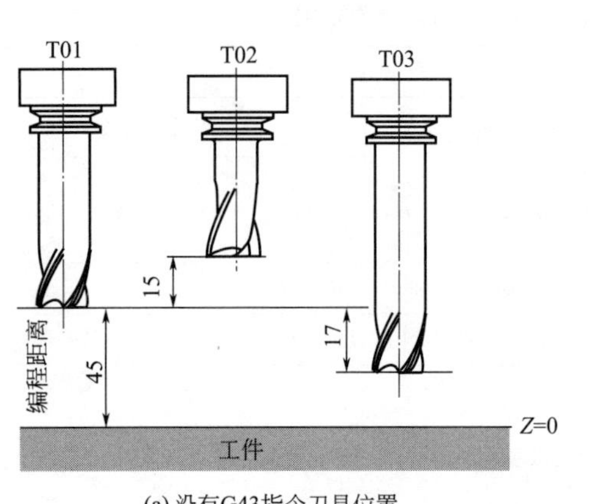

(a) 没有G43指令刀具位置

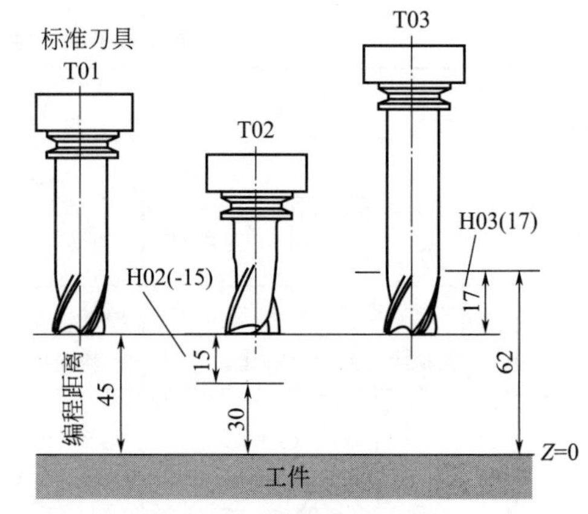

(b) 执行G43指令后刀具位置

图 7-27 长度补偿刀具位置

（3）以刀具伸出长度为偏移值

以主轴端为刀位点编程，每个刀具伸出长度值设为长度偏移值。首先将刀具装入刀柄，然后在对刀仪上测出每个刀具前端到刀柄校准面（即刀具锥部的基准面）的距离，将此值作为刀具补偿值，把刀补值存入地址 H 中。例如实测 T01 刀伸出长度 100mm、T02 刀伸出长度 85mm、T03 刀伸出长度 117mm，如图 7-28（a）所示。把刀伸出长度分别存入 H01、H02、H03 地址中，界面显示如图 7-28（b）所示。程序中用 G43 指令，对每个刀具长度补偿，使三个长度不同的刀具端面处于同一高度，如图 7-29 所示。

（4）刀具的长度与编程位置不一致，可以用长度补偿修正刀具 Z 轴位置

例 7-11：零件如图 7-30 所示，该工件平面部分已加工完，在数控机床上钻 3 个孔。钻头重磨安装后的长度与原位置不一致（刀端面短 4mm），采用刀具长度补偿，使刀具伸长 4mm。可不用重新对刀。

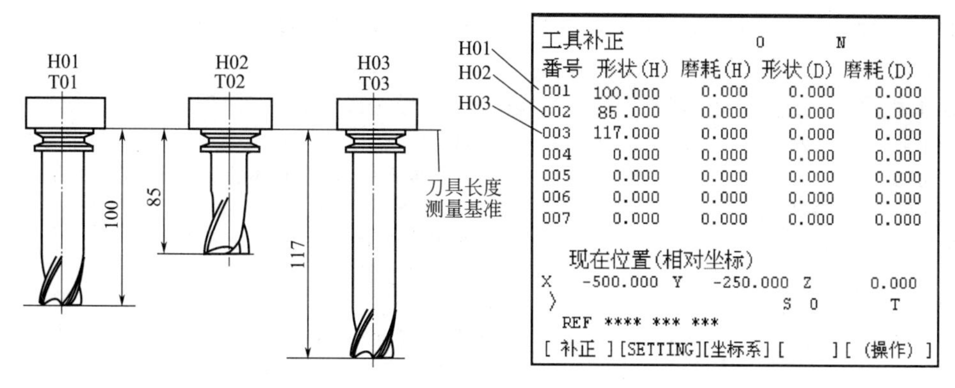

(a) 实测刀具长度　　(b) 界面显示输入的刀补值

图 7-28　用刀具伸出长度值设定长度偏置值

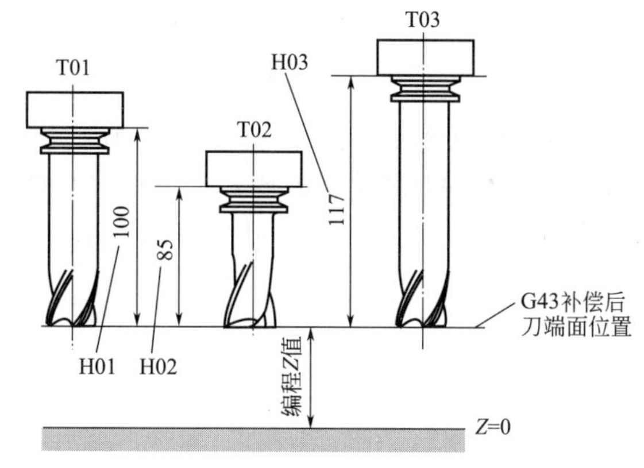

图 7-29　T01、T02 和 T03 经过 G43 补偿后刀具位置

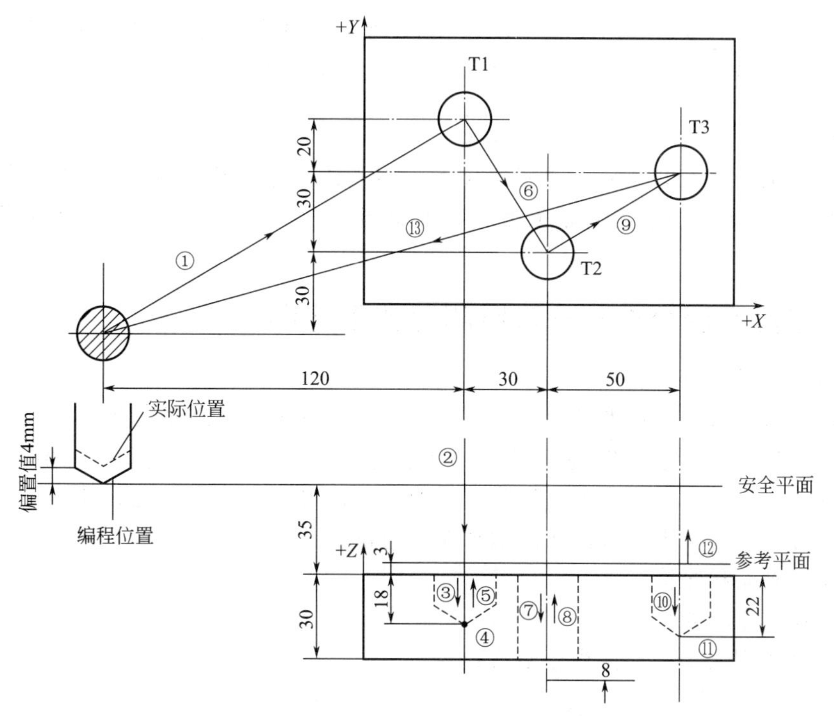

图 7-30　采用了刀具长度补偿的钻削

解：在加工程序中的N2段是刀具长度补偿，把刀具长度补偿值－4.0mm存入H1，运行N2段程序，可使刀具伸长4mm。

加工程序（增量坐标编程）	解释（序号是图7-30中标记的走刀路线）
N1 G91 G00 X120.0 Y80.0;	① 增量编程，快速定位至T1孔上方，高度位于安全平面
N2 G43 Z-32.0 H1;	② 刀具长度补偿，刀端定位至参考平面(H1中存有-4mm)
N3 G01 Z-21.0 F1000;	③ 钻孔，深度至18mm
N4 G04 P2000;	④ 孔底暂停进给2s(为保证孔底光滑)
N5 G00 Z21.0;	⑤ 快速抬高至参考平面
N6 X30.0 Y-50.0;	⑥ 定位于T2孔
N7 G01 Z-41.0;	⑦ 钻透孔，超底面8mm
N8 G00 Z41.0;	⑧ 快速抬高至参考平面
N9 X50.0 Y30.0;	⑨ 定位于T3孔
N10 G01 Z-25.0;	⑩ 钻孔深度至22mm
N11 G04 P2000;	⑪ 孔底暂停进给2s(为保证孔底光滑)
N12 G00 G49 Z57.0 H0;	⑫ 快速至安全平面，取消长度补偿。G43补偿之后必须有G49
N13 X-200.0 Y-60.0;	⑬ 返回至起始点
N14 M2;	程序结束

(5) 刀具长度偏置B（沿 XY 或 Z 轴补偿刀具长度的差值）

当刀具长度偏置不限于 Z 轴，而是在 X、Y 或 Z 三个轴的方向上，补偿刀具长度的差值，采用刀具长度补偿功能B。

程序格式：

$$\begin{Bmatrix} G17 \\ G18 \\ G19 \end{Bmatrix} \begin{Bmatrix} G43 \\ G44 \end{Bmatrix} \begin{Bmatrix} X \\ Y \\ Z \end{Bmatrix} H\_;$$

或者 $\begin{Bmatrix} G17 \\ G18 \\ G19 \end{Bmatrix} \begin{Bmatrix} G43 \\ G44 \end{Bmatrix} H\_;$

程序中把垂直于由G17、G18、G19所指定平面的轴作为偏置轴。用两个以上的程序段可以指令多轴偏置。例如在 X 和 Y 轴偏置的偏置程序如下。

```
G19 G43 H_;        沿X轴偏置补偿
G18 G43 H_;        沿Y轴偏置补偿
```

指定G49或H0可以取消刀具长度偏置，用刀具长度偏置B沿两个或更多轴执行偏置之后，用指定G49取消沿所有轴的偏置，如果指定H0仅取消沿垂直于指定平面的轴的偏置。

7.5.2 刀具半径补偿——刀具侧刃加工补偿

(1) 刀具半径补偿功能

铣削加工时，由于刀具半径的存在，刀具中心轨迹和工件轮廓不重合，如图7-31中俯视图所示。如果按刀具中心轨迹编程，走刀路线要在实际轮廓上相差半径值，计算复杂。使用半径补偿可以用零件轮廓为编程路线，加工时通过刀具半径补偿，使实际加工时刀具轨迹偏移零件轮廓一个半径值，从而达到加工的轮廓要求。

(2) 半径补偿程序格式

半径补偿程序段如下。

在 XY 面内刀具半径补偿程序格式：

$$G17 \begin{Bmatrix} G00 \\ G01 \end{Bmatrix} \begin{Bmatrix} G41 \\ G42 \end{Bmatrix} X\_Y\_D\_F\_;$$

在 *ZX* 面内刀具半径补偿程序格式：

$$G18 \begin{Bmatrix} G00 \\ G01 \end{Bmatrix} \begin{Bmatrix} G41 \\ G42 \end{Bmatrix} X\_ Z\_ D\_ F\_ ;$$

在 *YZ* 面内刀具半径补偿程序格式：

$$G19 \begin{Bmatrix} G00 \\ G01 \end{Bmatrix} \begin{Bmatrix} G41 \\ G42 \end{Bmatrix} Y\_ Z\_ D\_ F\_ ;$$

程序段中各指令的用途如下。

G17～G19——选择平面，一般数控机床的刀具半径补偿只限于在二维平面内进行，所以需要选择偏置平面。G17 选择 *XY* 平面；G18 选择 *XZ* 平面；G19 选择平面 *YZ*。刀具半径补偿只能在被 G17、G18 或 G19 选择的平面上进行，在刀具半径补偿的模态下，不能改变平面的选择，否则出现 P/S 报警（37 号）。

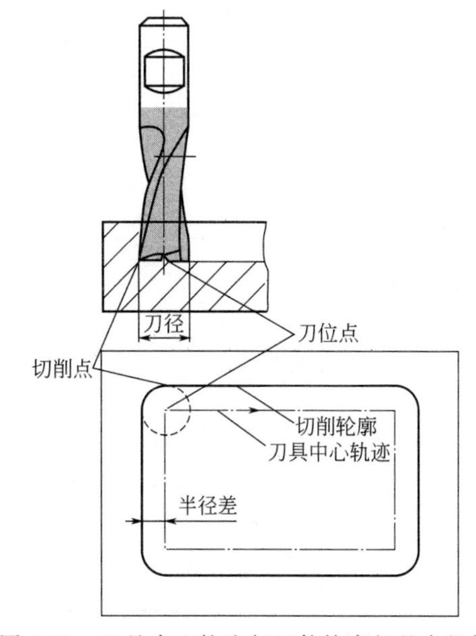

图 7-31 刀具中心轨迹与工件轮廓相差半径值

G41——左侧刀具半径补偿，即沿刀具运动方向看去，刀具中心偏移到编程轨迹左侧，相距一个补偿量，如图 7-32（a）所示，此时是顺铣。

G42——右侧刀具半径右补偿，即沿刀具运动方向看去，刀具中心偏移到编程轨迹右侧，相距一个补偿量，如图 7-32（b）所示，此时是逆铣。

G00（G01）——建立和取消刀具半径补偿必须与 G01 或 G00 指令组合完成（不能用 G02 或 G03），实际编程时建议与 G01 组合。

X，Y，Z——建立刀具补偿程序段的运动终点坐标。

D——D 代码（刀具偏置号），由地址 D 后的 2 位数组成。D 代码内存刀具半径补偿的偏移值，如图 7-24 所示。（注：当参数 5001＃2 设为 0 时，D 代码可以用 H 代码指定。）

F——沿圆弧切削进给速度。

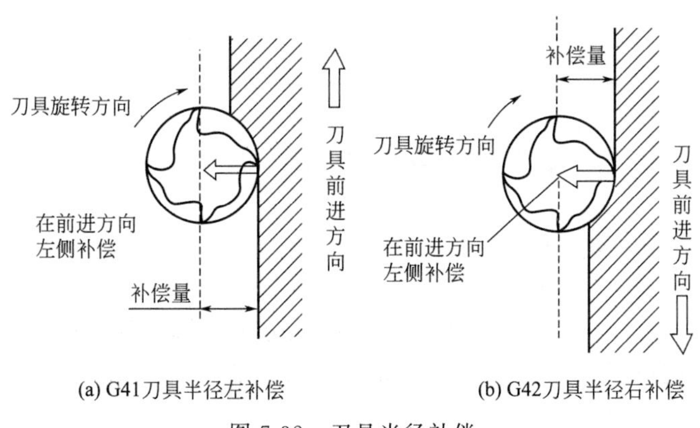

图 7-32 刀具半径补偿

（3）取消刀具半径补偿

取消刀具半径补偿程序段：

```
G40 G01(或 G00);
```

程序段中，G40 为取消刀具半径补偿。或者用指令 D00。

G40 必须与 G01 或 G00 指令组合完成，执行偏置取消时圆弧指令 G02 和 G03 无效，产生 P/S 报警（34 号），并且刀具停止移动。

G41、G42、G40 均为 07 组模态码，G40 为默认指令，即当电源接通时 CNC 系统处于刀偏取消方式，在取消方式中补偿偏置矢量是 0，刀具中心轨迹和编程轨迹一致。通常程序中刀具经半径补偿后，一定要取消半径补偿，以避免刀具误动作。

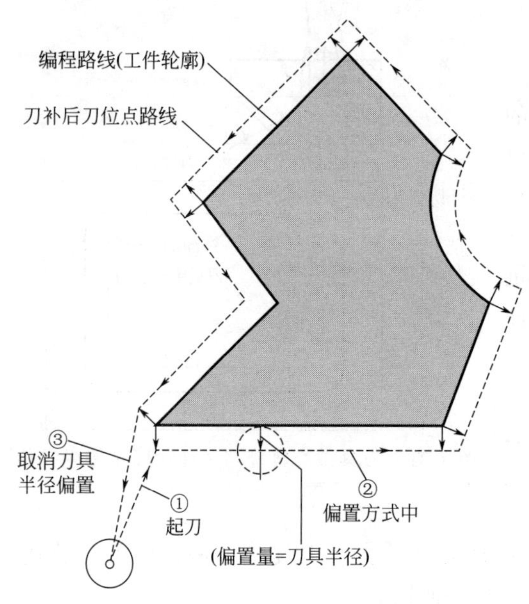

图 7-33　刀具半径补偿执行过程

（4）执行半径补偿程序刀具动作过程

图 7-33 中实线所示为工件轮廓，工件轮廓是编程路线，即立铣刀中心（刀位点）轨迹，为避免过切，采用刀具半径补偿，刀具实际轨迹如图 7-33 中虚线所示。

刀具执行半径补偿过程，由图 7-33 中①～③三部分组成，即①起刀；②偏置方式中；③偏置取消。CNC 系统在处理半径补偿程序段时预读 2 个程序段。

① 起刀。在指令了刀具半径补偿后，第一个运动的程序段是刀具半径补偿开始程序段，称为起刀。起刀过程必须在直线运动中完成，即 G41、G42 指令应与 G00 或 G01 指令组合，不能与圆弧插补 G02、G03 指令组合，否则会给出 P/S 报警（34 号）。在刀具半径补偿起刀程序段中，补偿值从零均匀变化到补偿给定值，同样的情况出现在刀具半径补偿被取消的程序段中，即补偿值从给定值均匀变化到零，所以在这两个程序段中，刀具不应接触到工件。

② 偏置方式中。起刀后刀具处在偏置方式中，此时指令 G00、G01 或圆弧插补 G02、G03 都可实现半径补偿，如果在偏置方式中切换偏置平面，则出现 P/S 报警（37 号），并且刀具停止移动。

③ 偏置取消。切削工件后，应取消刀具半径补偿。执行 G40 或 D00，可以取消半径补偿。

（5）半径补偿编程举例

例 7-12：采用立铣刀，编写走刀一次，精铣图 7-34 零件外形轮廓的程序。

工艺方案如下。

① 刀具。ϕ10mm 立铣刀。

② 安全高度 50mm；工件厚度 10mm。

③ 进刀/退刀方式。进刀：半径为 10mm 的四分之一圆弧轨迹切入工件，沿加工表面切向进刀。直线轨迹退刀，退刀距离 20mm，如图 7-32 所示。

④ 刀具半径右补偿方式。

⑤ 编程路线。图 7-34 中实线所示为工件轮廓，以工件轮廓为编程路线，加工中采用刀具半径补偿，刀具实际轨迹如图 7-34 中虚线所示。

加工程序如下。

```
O0110;                          程序号,第 0110 号程序
N02 G54 G90 G49 G40;            建立工件坐标系,绝对坐标编程,取消刀具补偿
G17 G00 X0 Y0;                  选选择 XY 平面,快速至原点上方
N04 Z50. S1000 M03;             快速到安全平面,主轴正转
```

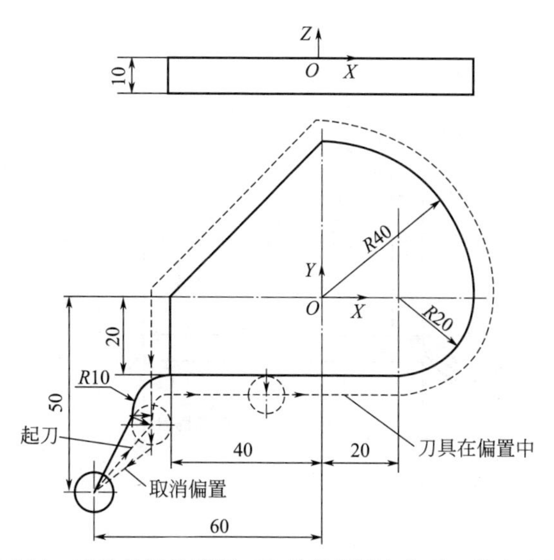

图 7-34　零件外形轮廓图（Z 轴程序原点位于工件上表面）

```
N06 X-60. Y-50.;                    在安全平面上,刀具快速到工件边界外
N08 Z5. M08;                        快速到 R 面,开冷却液
N10 G01 Z-11. F20.;                 以切削进给速度下刀
N12 G42 X-50. Y-30. D01 F100.;      起刀,建立刀具半径右补偿
N14 G02 X-40. Y-20. I10.;           (以下程序处刀具偏置中)四分之一圆弧轨迹切入工件
N16 G01 X20.;                       切削直线轮廓
N18 G03 X40. Y0 I0 J20.;            逆时针圆弧切削
N20 X0 Y40. I-40.;                  逆时针圆弧切削
N22 G01 X-40. Y0.;                  切削直线轮廓
N24 Y-35.;                          切削直线轮廓并沿直线切出(切出距离 15mm)
N26 G00 G40 X-60. Y-50.;            取消偏置(取消刀具半径补偿)
N28 G00 Z50.;                       抬刀至安全平面
N30 M30;                            程序结束并返回
```

（6）刀具半径补偿功能的应用

① 方便编程，直接按零件图样所给尺寸编程。在编程时不考虑刀具的半径，直接按图样所给尺寸编程。在程序中加入刀具半径指令，可满足加工尺寸要求。

② 用于改变刀具位置，调整加工尺寸。利用同一把刀具、同一个加工程序完成粗和精两次走刀切削，方法是在刀补号（例如 D01）中，手动存入不同的刀具偏移补偿值，分别两次运行程序，可以实现粗、精两次铣加工外廓形。如图 7-35 所示，刀具半径值 r，精加工余量 Δ。两次走刀，切削外轮廓。

粗加工时，刀具半径补偿量设定为 $r+\Delta$，切削时刀具中心位置见图 7-35 左侧所示，刀具加工出虚线轮廓，留下精切余量为 Δ。

精加工时，程序和刀具均不变，将半径补偿量设定为 r，切削时刀具中心位置见图 7-35 右侧所示，可以将余量 Δ 切除，刀具加工出实线轮廓。

③ 采用正/负刀具半径补偿加工公和母两个形状。如果偏置量是负值，则 G41 和 G42 互换，即如果刀具中心正围绕工件的外轮廓移动，它将绕着内侧移动，相反亦然。如图 7-36 所示，按工件轮廓编程，加工外轮廓时输入的半径偏置量是正值，刀具中心轨迹如图 7-36（a）所示。当偏置量改为负值时刀具中心移动变成图 7-36（b）所示。所以同一个程序，能够加工零件公和母两个形状，并且它们之间的间隙可以通过改变偏置值的大小，进行调整。

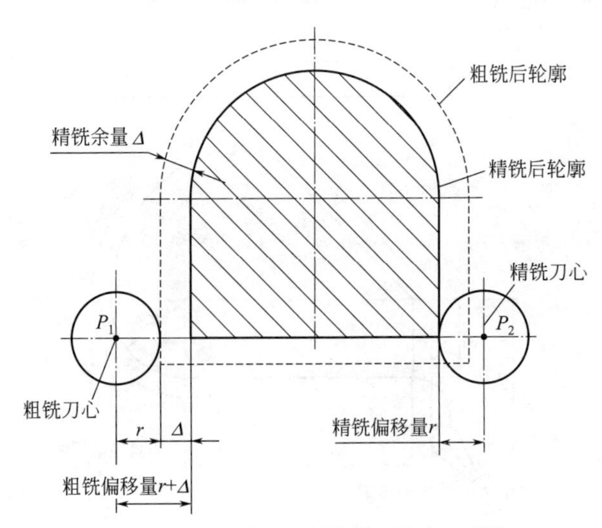

图 7-35　改变刀具半径补偿值进行粗、精加工

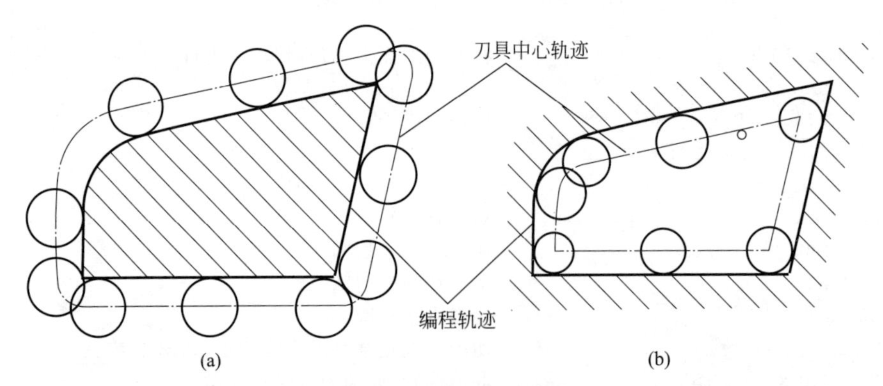

图 7-36　当指定正和负刀具半径补偿值时的刀具中心轨迹

7.5.3　利用程序指令设定刀具补偿值（G10）

观察刀具补偿屏幕（图 7-24），刀具补偿代码 D 和 H，包括刀具几何补偿值和刀具磨损补偿值。在 FANUC 数控系统中刀具补偿参数“D”“H”具有相同的功能，都是补偿存储地址，可以任意互换。在加工中心中，为了防止出错，一般规定“H”为刀具长度补偿地址，补偿号为 1～20，“D”为刀具半径补偿地址，补偿号从 21 号开始（20 把刀的刀库）。

编程时，可以用 G10 指令设定刀具长度补偿和刀具半径补偿的偏置量。程序段格式：

$$\begin{Bmatrix} \text{G90} \\ \text{G91} \end{Bmatrix} \text{G10 P\_ R\_ ;}$$

程序段中，“P”为刀具补偿号；“R”为偏置量。G90 方式时，*R* 值为重新设定的刀具补偿值；G91 方式时，*R* 值与刀具补偿号中原值相加，为新刀具补偿值。

在加工中，用 G10 指令改变刀具长度补偿值，可以完成刀具轴向分层多次走刀切削；若改变刀具半径补偿值，则可实现刀具径向多次走刀切削，例如，对某一表面的粗、半精和精加工。用 G10 指令改变刀具偏置值，操作者可在刀偏存储画面中看到被修改的刀偏值。用 G10 指令改变刀偏值，比操作者手动修改要快速可靠。编程时要切记程序结束前要把刀偏值恢复到初始值，否则再次调用补偿时，会发生错误。

7.6 孔加工固定循环

7.6.1 固定循环概述

（1）孔加工固定循环种类

在例 7-6 中，钻一个孔，需要多个工步，即孔定位、快速趋近、钻孔、快速返回等，所以钻孔程序需要多个程序段。固定循环是用一个指令完成多工步加工，同样，例 7-8 中的钻孔程序，采用固定循环只要一个 G82 指令就可完成加工。因此固定循环指令能够缩短程序，简化编程。表 7-5 中列出了 FANUC 系统孔加工固定循环种类。

表 7-5 FANUC 系统孔加工固定循环

G 代码	钻削（$-Z$ 方向）	在孔底的动作	回退（$+Z$ 方向）	应用
G23	间歇进给	—	快速移动	高速深孔钻循环
G74	切削进给	停刀→主轴正转	切削进给	左旋攻螺纹循环
G76	切削进给	主轴定向停止	快速移动	精镗循环
G80	切削进给	—	—	取消固定循环
G81	切削进给	—	快速移动	钻孔循环，点钻循环
G82	切削进给	停刀	快速移动	钻孔循环，锪镗循环
G83	间歇进给	—	快速移动	深孔钻循环
G84	切削进给	停刀→主轴正转	切削进给	攻螺纹循环
G85	切削进给	—	切削进给	镗孔循环
G86	切削进给	主轴停止	快速移动	镗孔循环
G87	切削进给	主轴正转	快速移动	背镗循环
G88	切削进给	停刀→主轴正转	手动移动	镗孔循环
G89	切削进给	停刀	切削进给	镗孔循环

（2）取消孔加工固定循环

G73、G74、G76 和 G81～G89 是模态代码，所以固定循环指令加工孔完成后，应取消固定循环。G80 为孔加工固定循环取消指令，使用 G80 或 01 组 G 代码都可以取消固定循环。

7.6.2 钻孔加工循环（G81、G82、G73、G83）

（1）钻孔循环 G81

主要用于中心钻头加工定位孔和一般孔加工。程序段格式为：

$$\begin{Bmatrix} G90 \\ G91 \end{Bmatrix} \begin{Bmatrix} G98 \\ G99 \end{Bmatrix} \text{G81 X\_ Y\_ Z\_ R\_ F\_ K\_ ;}$$

程序段中，G90，G91 为选择数据形式；G98，G99 为选择刀尖返回点平面指令；“X”“Y”为孔位置坐标；“Z”为“Z”轴孔底位置；“R”为 R 点位置（参考平面高度）；“F”为切削进给速度；“K”为指定加工孔的重复次数。

G90 沿着钻孔轴的移动距离用绝对坐标值；G91 沿着钻孔轴的移动距离用增量坐标值。如图 7-37 所示，G90 为默认指令。

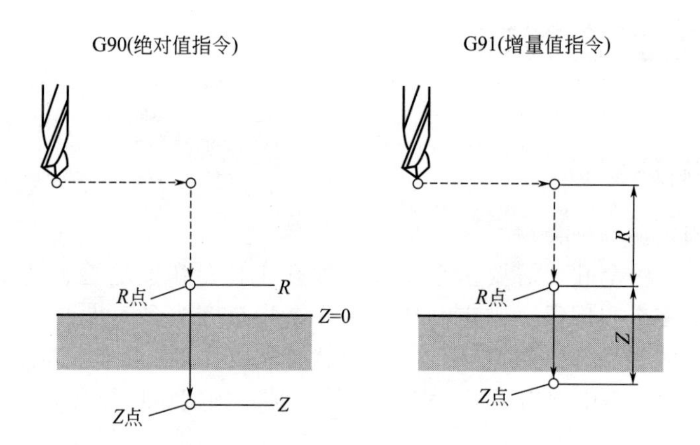

图 7-37 沿着钻孔轴的移动距离采用 G90（绝对坐标）和 G91（增量坐标）

（注：图 7-37～图 7-50 中符号：------→表示快速定位 G00；——→表示切削进给 G01）

钻孔刀具在 Z 向有两个位置：安全平面和参考平面（R 面），安全平面指刀具距工件上表面的安全高度，通常取 20～100mm，参考平面（R 面）高度是刀具切削工件前的切入距离，一般距工件上表面 1～7mm。刀具从安全平面到 R 平面，采用快速进给（图中虚线箭头）。刀具从 R 面开始，采用切削进给速度（图中细实线箭头）切入工件。

G98 指令指定当刀尖到达孔底后返回到安全平面，如图 7-38（a）所示。G99 指令指定当刀尖到达孔底后返回到 R 面，如图 7-38（b）所示。G98 为默认指令。同时加工多孔时，一般情况下 G99 用于第一次钻孔，而 G98 用于最后一次钻孔。在 G99 方式中执行钻孔，安全平面位置被存储，加工循环中不变。

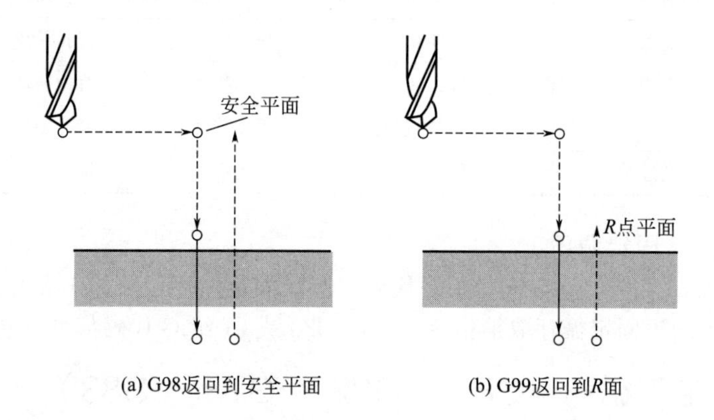

图 7-38 选择返回点平面指令 G98、G99

K 仅在被指定的程序段内有效。当以增量方式 G91 指定第一孔位置，则对等间距孔进行钻孔。如果用绝对坐标方式 G90 指令指定孔的位置，则在相同位置重复钻孔，不写 K 时，默认为“K1”，一般都是钻一次孔，所以通常指令中省略。

钻孔过程：在指定 G81 之前用辅助功能 M 代码启动主轴，刀具在安全平面上沿着 X、Y 轴定位，然后快速移动到 R 点。从 R 点到 Z 点执行钻孔加工。钻孔完成后刀具快速退回。如图 7-39 所示。当在固定循环中指定刀具长度偏置 G43、G44 或 G49 时，在定位到 R 点的同时附加上偏置量。

（2）钻孔循环、锪镗循环 G82

主要用于盲孔和锪孔加工。程序段格式为：

$\begin{Bmatrix} G98 \\ G99 \end{Bmatrix}$ G82 X_ Y_ Z_ R_ P_ F_ K_ ；

程序段中，"P"为进给暂停时间。

进给暂停时间由"P _ "或"X _ "代码指定，由地址"P"指定时，时间单位是 ms（毫秒），例如 P100，表示进给暂停时间 100ms；由地址"X"指定时，时间单位是 s（秒），例如"P1.5"，表示进给暂停时间 1.5s。

G82 钻孔动作如图 7-40 所示。该循环动作与 G81 基本相同，不同之处是 G82 循环在孔底有进给暂停。由于在孔底进给暂停，所切削的孔底平整、光滑。G82 适用于盲孔的锪孔加工。

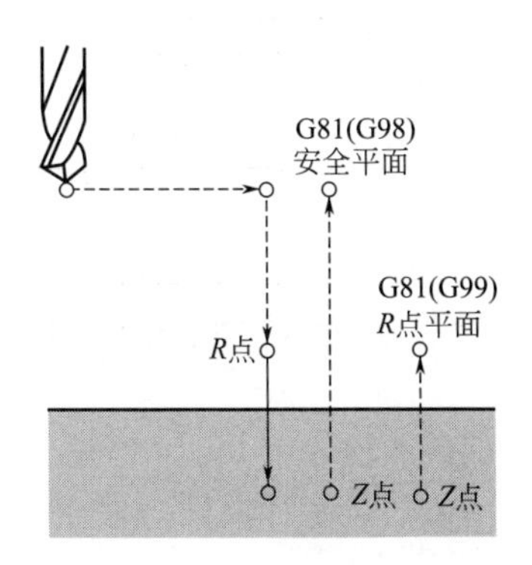

图 7-39　G81 钻孔循环加工过程

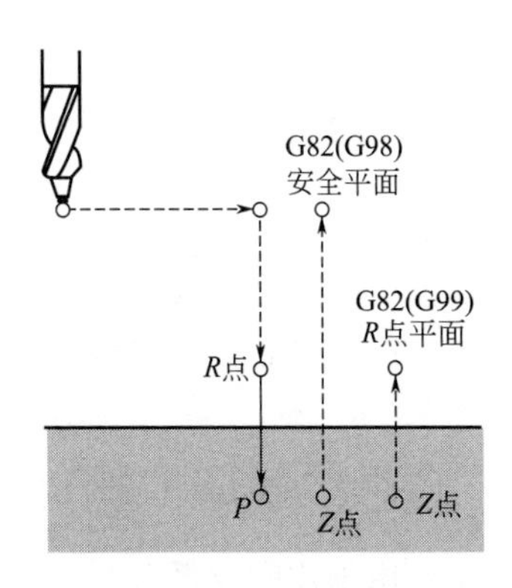

图 7-40　G82 钻孔循环、锪镗循环加工过程

（3）高速深孔钻孔（啄钻）G73

用于钻深孔，程序段格式为：

$\begin{Bmatrix} G98 \\ G99 \end{Bmatrix}$ G73 X_ Y_ Z_ R_ Q_ F_ K_ ；

程序段中，"Q"为每次进给切削时的切削深度。每次的切削深度由"Q _ "指定，一般取为 2～3mm。

G73 高速深孔钻循环特点是刀具沿着 Z 轴执行间歇进给，加工过程如图 7-41 所示。采用间歇往复进给切削，使切屑容易从孔中排出，有利于钻深孔。每次进给切削时的切削深度即图 7-41 中的 q 值，图中的 d 为回退抬刀量，由系统内部设定（有的为 0.1mm，可通过设定参数 5114 加以改变），刀具钻到孔底返回。该钻孔方法抬刀距离短，比 G83 钻孔速度快。

（4）小孔深孔排屑钻孔循环 G83

用于钻小直径深孔，程序段格式为：

$\begin{Bmatrix} G98 \\ G99 \end{Bmatrix}$ G83 X_ Y_ Z_ R_ Q_ F_ K_ ；

G83 加工过程如图 7-42 所示。该循环中的"Q"和"d"与 G73 循环中的含义相同。其与 G73 指令的区别：G83 中每次进刀"Q"后以"G00"快速返回到 R 面，更有利于钻削小直径深孔中排屑。

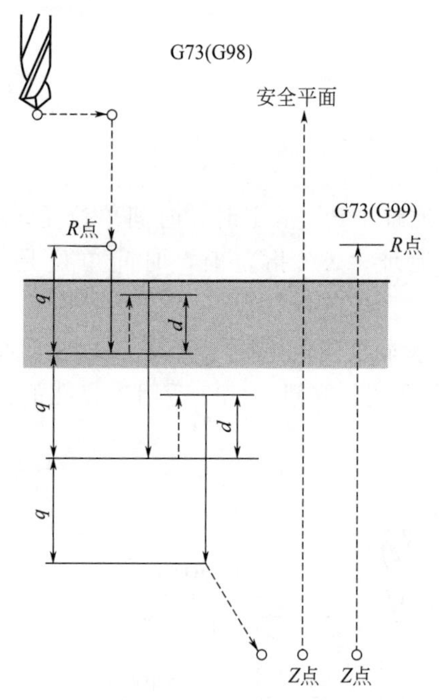

图 7-41　G73 高速钻孔加工过程

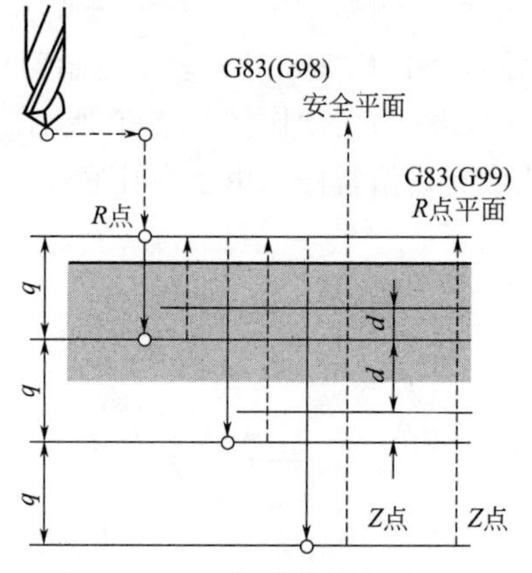

图 7-42　G83 深孔钻削加工过程

7.6.3　攻螺纹循环（G84、 G74）

（1）G84 用于攻螺纹循环

程序段格式：

$\begin{Bmatrix} G98 \\ G99 \end{Bmatrix}$ G84 X_ Y_ Z_ R_ P_ F_ K_ ；

该循环执行攻右旋螺纹，主轴顺时针旋转执行攻螺纹。当到达孔底时，主轴以相反方向旋转，同时退出螺纹孔。

编程时要求根据主轴转速计算进给速度 F

$$F = 主轴转速(r/min) \times 螺距(mm)$$

攻螺纹循环中 R 面应选在距工件上表面 7mm 以上的地方。

G84 攻螺纹过程：刀具主轴在定位平面上沿 X 和 Y 轴定位；执行快速移动到 R 点；从 R 点到 Z 点执行攻螺纹，攻螺纹时丝锥正转，以进给速度攻螺纹到孔底；在孔底主轴停止，并执行进给暂停 P×××ms；之后丝锥以相反方向旋转，刀具退回到 R 点，主轴停止；之后快速移动到初始位置。在攻螺纹期间不执行进给倍率功能。G84 循环加工过程如图 7-43 所示。

（2）左旋攻螺纹循环 G74

程序段格式：

$\begin{Bmatrix} G98 \\ G99 \end{Bmatrix}$ G74 X_ Y_ Z_ R_ P_ F_ K_ ；

该循环执行左旋攻螺纹，用主轴逆时针旋转执行攻螺纹，当到达孔底时为了退回，主轴顺时针旋转。根据主轴转速计算进给速度 F：

$$F = 主轴转速(r/min) \times 螺距(mm)$$

R 面选在距工件上表面 7mm 以上的地方。在攻螺纹期间不执行进给倍率功能。G74 环加工过程如图 7-44 所示。

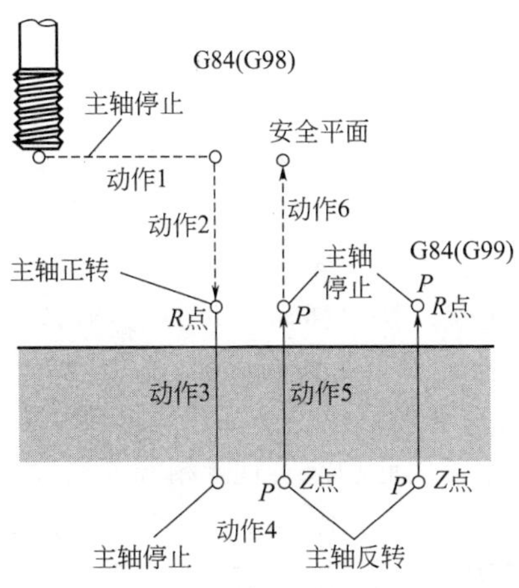

图 7-43　G84 攻螺纹循环加工过程

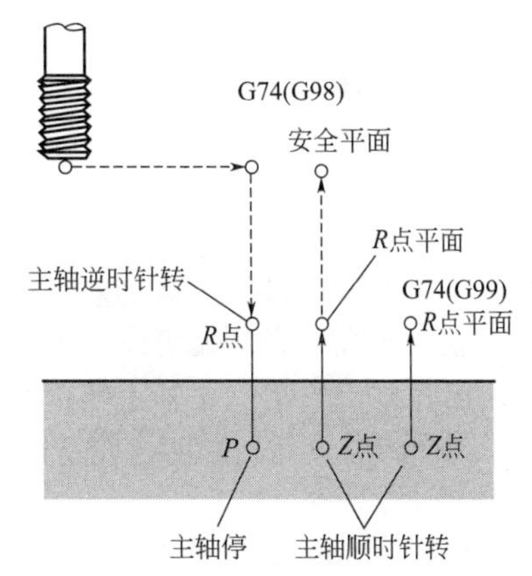

图 7-44　G74 攻左旋螺纹循环加工过程

7.6.4　镗孔循环（G85、G89、G86、G88、G76、G87）

（1）粗镗循环 G85

程序段格式：

$\begin{Bmatrix} G98 \\ G99 \end{Bmatrix}$ G85 X_ Y_ Z_ R_ F_ K_ ；

该循环用于镗孔。镗刀沿着 X 和 Y 轴定位以后快速移动到 R 点，然后从 R 点到 Z 点执行镗孔，当到达孔底时用切削进给速度返回到 R 点。在指定 G85 之前用辅助功能 M 代码旋转主轴。其加工过程如图 7-45 所示。

（2）锪镗循环、镗阶梯孔循环 G89

程序段格式：

$\begin{Bmatrix} G98 \\ G99 \end{Bmatrix}$ G89 X_ Y_ Z_ R_ P_ F_ K_ ；

该循环动作基本与 G85 指令相同，不同的是该循环在孔底执行进给暂停，能够确保加工孔的阶梯面光滑，暂停时间用“P” ms 给定。在指定 G89 之前用辅助功能 M 代码旋转主轴。其加工过程如图 7-46 所示。

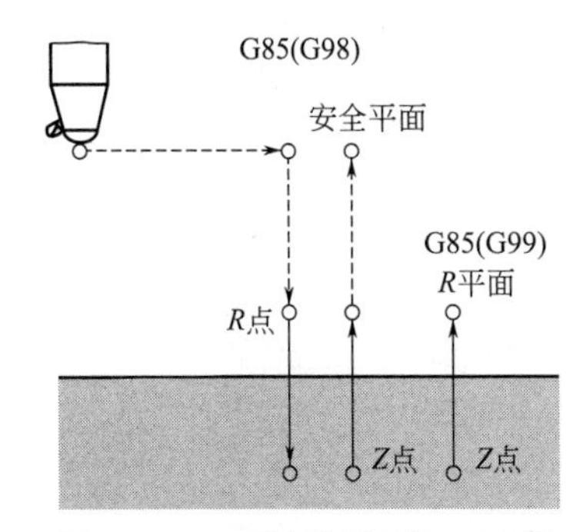

图 7-45　G85 镗孔循环加工过程

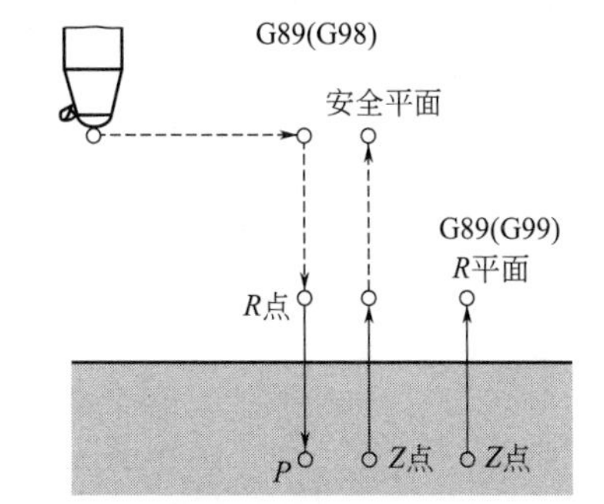

图 7-46　G89 镗阶梯孔循环加工过程

（3）半精镗循环，快速返回 G86

程序段格式：

$\begin{Bmatrix} G98 \\ G99 \end{Bmatrix}$ G86 X_ Y_ Z_ R_ F_ K_ ；

在安全平面沿着 X 和 Y 轴定位；快速移动到 R 点；然后从 R 点到 Z 点执行镗孔；当主轴在孔底停止；刀具以快速移动退回。加工过程如图 7-47 所示。

（4）镗循环，手动退回 G88

程序段格式：

$\begin{Bmatrix} \text{G98} \\ \text{G99} \end{Bmatrix}$ G88 X_ Y_ Z_ R_ F_ K_ ；

G88 加工过程如图 7-48 所示，刀具沿着 X 和 Y 轴定位；快速移动到 R 点；然后从 R 点到 Z 点执行镗孔；当镗孔完成后执行暂停；然后主轴停止；刀具从孔底 Z 点手动进给返回到 R 点，在 R 点重新启动主轴正转；并且执行快速移动到安全平面位置。在孔底可以加人工手动动作，使刀尖离开孔表面，在退回时无划痕，数控铣床可用此功能实现半精镗或精镗。

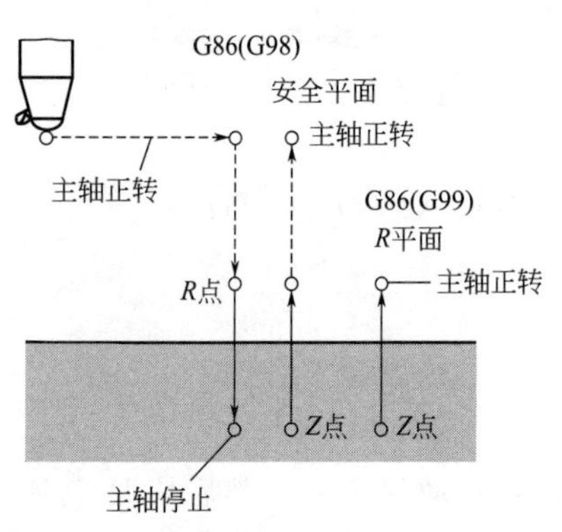

图 7-47　G86 半精镗循环，快速返回加工过程

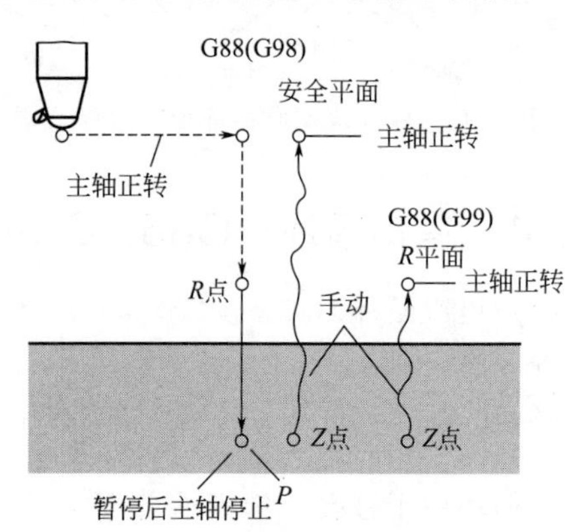

图 7-48　G88 镗循环，手动退回加工过程

（5）精镗循环 G76

程序段格式：

$\begin{Bmatrix} \text{G98} \\ \text{G99} \end{Bmatrix}$ G76 X_ Y_ Z_ R_ Q_ F_ K_ ；

在孔底，主轴停止在固定的回转位置上，向与刀尖相反的方向位移，如图 7-49（b）所示，然后退刀，这样不擦伤加工表面，实现高效率、高精度镗削加工。到达返回点平面后，主轴再移回，并启动主轴。用地址“Q”指定孔底动作位移量，Q 值必须是正值，即使用负值，负号也不起作用。位移方向 Q 值是模态值，Q 值也作为 G73 和 G83 指令的切削深度，因此在指令 Q 时，应特别注意。G76 加工过程如图 7-49（a）所示。

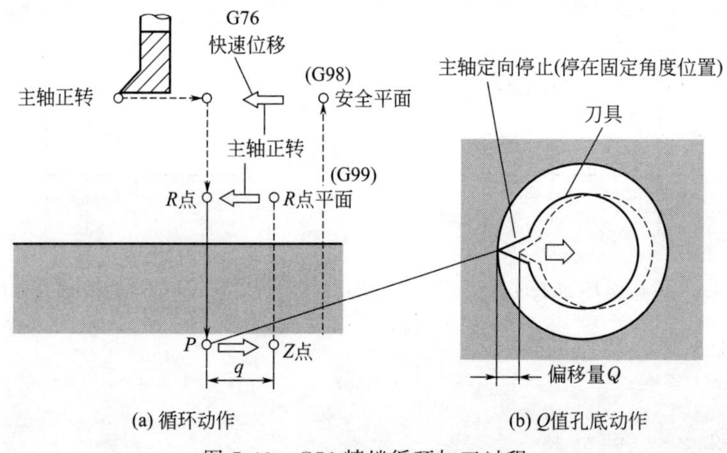

图 7-49　G76 精镗循环加工过程

(6) 反(背)镗循环 G87

程序段格式:

$\left\{\begin{matrix} G98 \\ G99 \end{matrix}\right\}$ G87 X_ Y_ Z_ R_ Q_ F_ K_ ;

G87 加工过程如图 7-50 (a) 所示。刀具定位后,主轴定向停止(OSS),然后向刀尖相反方向位移,用快速进给至孔底(*R* 点)定位,在此位置,主轴返回前面的位移量,回到孔中心,主轴正转,沿 *Z* 轴正方向加工到 *Z* 点。主轴再次定向停止,然后向刀尖相反方向位移,刀具从孔中退出。刀具返回到初始平面,再返回一个位移量,回到孔中心,主轴正转,进行下一个程序段动作。孔底的位移量和位移方向与 G76 完全相同,如图 7-50 (b) 所示。由于刀具先到孔深向外加工,因此,刀具返回时,不能返回到 *R* 点平面,即本指令不使用 G99,只使用 G98。

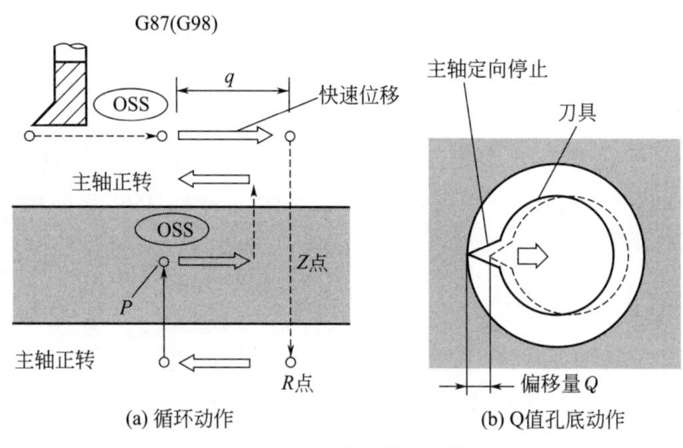

图 7-50 G87 反(背)镗循环加工过程

7.6.5 孔加工固定循环应用举例

例 7-13:零件如图 7-30 所示,该工件平面部分已加工完,在数控机床上钻 3 个孔。钻头安装后的长度与编程位置不一致(短 4mm),在例 7-11 中采用 G01 指令编写钻孔程序,本例题要求用固定循环指令编程,钻削 3 个孔。读者可将本例程序与例 7-11 程序进行比较,即可繁简的区别了。

(1) 采用绝对坐标编程

加工程序中刀具始点如图 7-30 所示。编程原点设定在 T1 孔轴线与工件上表面交点。刀具长度偏置值:H1=-4.0。

加工程序如下。

```
N10 G92 X-120.0 Y-80.0 Z35.0;                设定工件坐标系
N20 G90 G43 G00 H1;                          刀具长度补偿
N30 G99 G82 X0 Y0 Z-18.0 R3.0 P2000 F1000;   钻 T1 孔,孔底进给暂停 2s,返回到参考平面
N40 G81 X30.0 Y-50.0 Z- 38.0;                钻 T2 孔
N50 G98 G82 X80.0 Y-20.0 Z-22.0 P2000;       钻 T3 孔,孔底进给暂停 2s,返回到安全平面
N60 G00 Z35.0 H0;                            取消刀具长度补偿
N70 X-120.0 Y-80.0;                          回到始点
N80 M2;                                      程序结束
```

(2) 采用增量坐标编程

加工程序中刀具始点如图 7-30 所示。刀具长度偏置值:H1=-4.0。

加工程序如下。

```
N10 G91;                                        增量坐标编程
N20 G43 G00 H1;                                 刀具长度补偿
N30 G99 G82 X120.0 Y80.0 Z-21.0 R-32.0 P2000 F1000;   钻T1孔，返回到参考平面
N40 G81 X30.0 Y-50.0 Z-41.0;                    钻T2孔
N50 G82 X50.0 Y30.0 Z-25.0 P2000;               钻T3孔，返回到安全平面
N60 G00 Z32.0 H0;                               取消刀具长度补偿
N70 X-200.0 Y-60.0;                             回到始点
N80 M2;                                         程序结束
```

7.7 子程序

7.7.1 什么是子程序

在一个加工程序中，若有几个完全相同的部分程序（即一个零件中有几处形状相同，或刀具运动轨迹相同），为了缩短程序，可以把这个部分程序单独抽出，编成子程序在存储器中储存，以简化编程。

7.7.2 调用子程序指令

（1）子程序的结构

```
O××××;              子程序号
⋮                   子程序内容
M99;                子程序结束(从子程序返回到主程序，是子程序最后一个程序段)
```

（2）调用子程序指令

调用子程序的指令是：

M98 P×××× ××××;

地址“P”中的前1～4位数字为子程序重复调用次数，当被省略时默认为调用一次。后四位数字（必须4位）为子程序号。即：

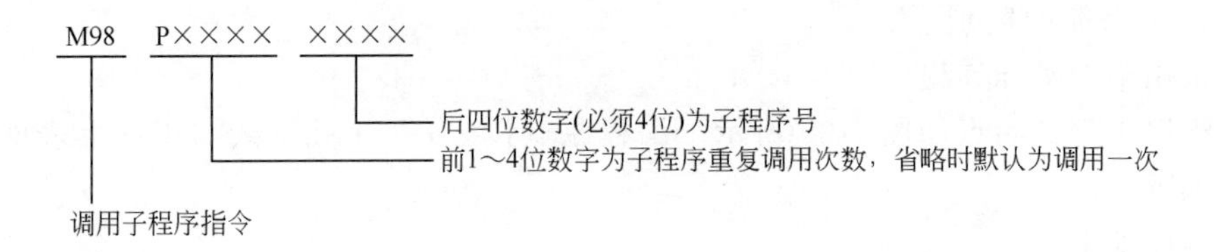

例如，调用子程序指令：

```
M98 P61020;         调用1020号子程序，重复调用6次(执行6次)
M98 P1020;          调用1020号子程序，调用1次(执行1次)
M98 P5001020;       调用1020号子程序，重复调用500次(执行500次)
```

可以重复地调用子程序，最多999次。为与自动编程系统兼容，在第1个程序段中，“N××××”可以用来替代地址“O”后的子程序号，即以子程序中的第1个程序段N的顺序号作为子程序号。

主程序调用子程序的执行顺序如图7-51所示。

子程序可以由主程序调用，被调用的子程序也可以调用另一个子程序，称为子程序嵌

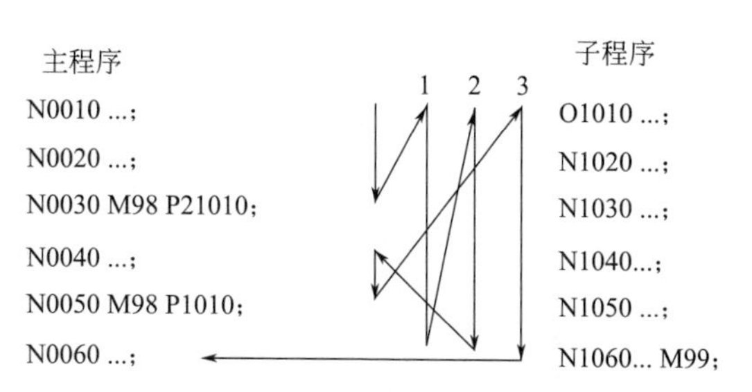

图 7-51　主程序调用子程序的执行顺序

套。被主程序调用的子程序称为一级子程序，被一级子程序调用的子程序称为二级子程序，以此类推，子程序调用，可以嵌套 4 级，如图 7-52 所示。

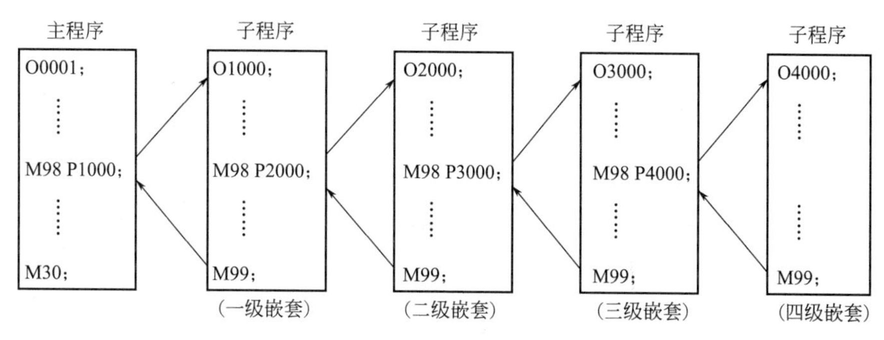

图 7-52　子程序嵌套

(3) 从子程序返回

M99 是子程序结束指令，并使执行顺序从子程序返回到主程序中调用子程序段之后的程序段，该指令可以不作为独立的程序段编写，例如："G00 X100.0 Y100.0 M99;"。

(4) 只使用子程序

调试子程序时，希望能够单独运行子程序，用 MDI 检索到子程序的开头，就可以单独执行子程序。此时如果执行包含 M99 的程序段，则返回到子程序的开头重复执行；如果执行包含"M99 P*n*"的程序段，则返回到在子程序中顺序号为 *n* 的程序段重复执行。要结束这个程序，必须插入包含"/M02"或"/M30"的程序段，并且把任选程序段开关设为断开（OFF），如图 7-53 所示。

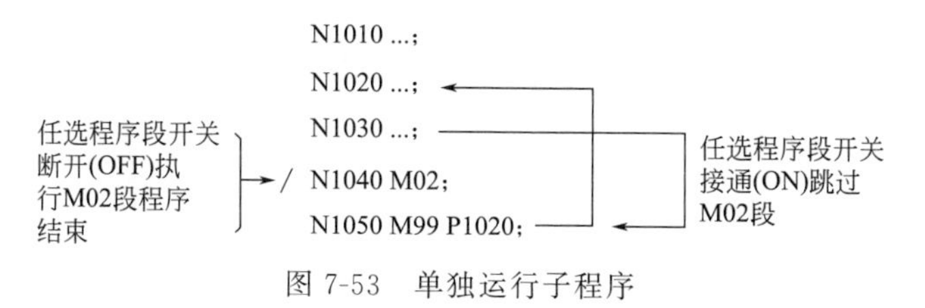

图 7-53　单独运行子程序

7.7.3　含子程序的编程

加工程序分为主程序和子程序，数控系统执行主程序中，当执行到一条子程序调用指令时，NC 转向执行子程序，在子程序中执行到返回指令时，再回到主程序。

当加工程序需要多次运行一段同样的轨迹时，可以将这段轨迹编成子程序存储在机床的程序存储器中，每次在程序中需要执行这段轨迹时便可以调用该子程序。

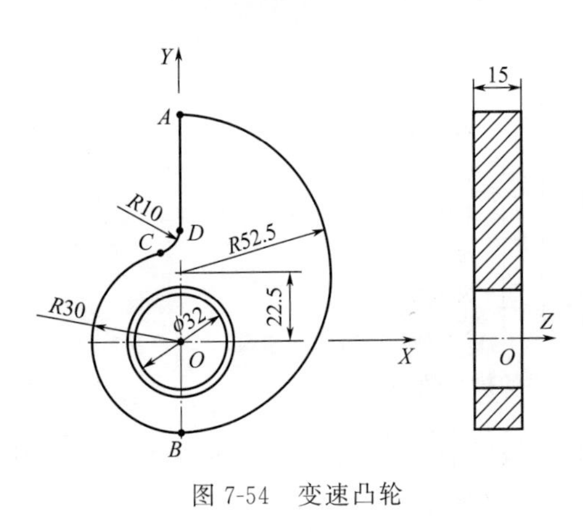

图 7-54　变速凸轮

例 7-14：图 7-54 变速凸轮上下平面已经加工完，外圆周面已经粗加工，尚有余量 4mm，现在数控铣床上粗铣、精铣削凸轮外圆周的轮廓。编制数控程序。

（1）工艺方案

① 工件坐标系原点。凸轮外圆周面的设计基准在工件孔的中心，所以工件原点定在“ϕ32”毛坯孔中心的上表面（图 7-54 的 O 点）。

② 工件装夹。采用螺钉、压板夹紧。T 形螺钉穿过工件上“ϕ32”孔，采用螺母和压板首先轻夹工件，找正工件坯料 X、Y 轴，然后把工件夹紧在工作台上。

③ 刀具选择。采用 ϕ10mm 立铣刀。

④ 加工程序。安全高度：70mm；R 点高度：2mm。经计算可以得到 C、D 点坐标：C（X－7.5，Y29.407），D（X0，Y38.73）。

若改变刀具半径补偿值，则可实现径向多刀切削。采用 ϕ10mm 的刀具，主程序在两次调用同一子程序时，每次用不同的刀具半径偏置量，就可取得不同的侧吃刀量，从而完成两次切削。本题精铣余量 0.2mm，则粗铣时，刀补号 D01 内存偏置量为刀具半径加精铣余量，即：10/2＋0.2＝5.2（mm）。

通过 G10 指令把 5.2mm 存入 D01 偏置号中。这样，运行程序时刀具中心轨迹相对编程轨迹偏移 5.2mm，铣削后留下精铣余量 0.2mm。

精铣时，通过 G10 指令重行设置偏移量，将 5.0mm 存入刀补号 D01 中。刀具中心轨迹相对编程轨迹偏移量等于半径 5mm，可以把余量 0.2mm 切除，加工到设计尺寸。刀补值与侧吃刀量如表 7-6 所示。

表 7-6　刀补值与侧吃刀量

刀具	补偿号	刀补值/mm	侧吃刀量 a_e/mm	Z/mm
立铣刀 ϕ10mm	第 1 次铣削：D01	5.2	3.8	0
	第 2 次铣削：D01	5	0.2	0

（2）编程技巧

通过改变刀具半径补偿值，实现径向两次走刀切削。采用手动输入改变刀具补偿号中的补偿值，需要加工中停机操作。而本例题采用子程序结构，第一次调用子程序，进行粗铣，然后通过程序指令 G10，由程序改变刀具补偿号 D01 中的刀具半径补偿值，第二次调用子程序，完成精铣。采用程序指令 G10 设定补偿值比手动设置快速、可靠。

（3）加工程序

程序如下。

```
O0307;                                   程序名(主程序)
N10 G54 G17 G00 X0 Y0 Z200.0 S1000 M03;  设定工件坐标系,启动主轴
N12 G90 G00 Z70.0;                       绝对坐标编程,快速到安全高度
N14 G10 P01 R5.2;                        输入补偿量,将 5.2mm 存入 D01
N14 X-40.0 Y80.0;                        在安全高度上,快速到下刀点
N16 M98 P0020;                           调用子程序 O0020,执行一次,粗铣
N18 G00 Z70.0;                           快速到安全高度
```

```
N20 G10 P01 R5.0;                    输入补偿量,将 5.0mm 存入 D01
N26 G00 X-40.0 Y80.0;                快速定位到下刀点
N28 M98 P0020;                       调用子程序 O0020,执行一次,精铣
N46 G00 Z70.0 M05;                   快速到安全高度,主轴停转
N32 X0 Y0 Z200.0;                    回到程序始点
N48 M02;                             程序结束

O0020;                               子程序号
N10 Z2.0;                            快速下刀,到 R 点高度
N20 G01 Z-16.0 F150.0;               慢速下刀,进给速度 150mm/min
N22 G41 X-20 Y75.0 D01 F100.0;       建立刀具左补偿
N24 X0;                              直线进刀
N26 G02 X0 Y-30.0 R52.5;             切削圆弧 AB
N28 G02 X0 Y30.0 R30.0 R10.0;        切削圆弧 BC,倒圆 CD
N32 G01 Y75.0;                       切削直线 DA
N34 G03 X-20 Y95.0 I-20 J0;          沿 1/4 圆弧轨迹退刀
N36 G40 G01 X-40 Y100;               取消刀具半径补偿
N38 Z2.0;                            退到慢速下刀高度
N40 M99;                             子程序结束,返回到主程序
```

7.8 简化程序的编程指令

对于某种比较复杂的程序，采用比例缩放指令（G50、G51）、坐标系旋转指令（G68、G69）、极坐标指令编程，可以简化程序，缩短程序长度。

7.8.1 比例缩放功能指令（G50、G51）

编程的加工轨迹被放大和缩小称为比例缩放。比例缩放指令 G50、G51，用于对指定的已编程轨迹进行缩放和镜像加工。

（1）比例缩放指令 G50、G51

对加工程序所规定的轨迹图形进行缩放。有两种指令格式。

① 沿各轴以相同的比例放大或缩小（各轴比例因子相等）。指令格式：

```
G51 X_ Y_ Z_ P_;            缩放开始
 ⋮                          缩放有效,刀具移动指令按比例缩放
G50;                        缩放方式取消
```

程序段中，X、Y、Z 为比例缩放中心坐标，以绝对坐标值指定；“P”为缩放比例，其值范围：1～999999 即 0.001～999.999 倍。

缩放功能是：按照相同的比例（P），使 X、Y 和 Z 坐标所指定的尺寸放大和缩小。比例可以在程序中指定，还可用参数指定。G51 指令需要在单独的程序段内给定。在图形放大或缩小之后，用 G50 指令取消缩放方式。

比例缩放不缩放刀具偏置量。例如，刀具半径补偿量、刀具长度补偿量等。如图 7-55 所示，编程图形缩小 1/2，刀具半径补偿量不变。

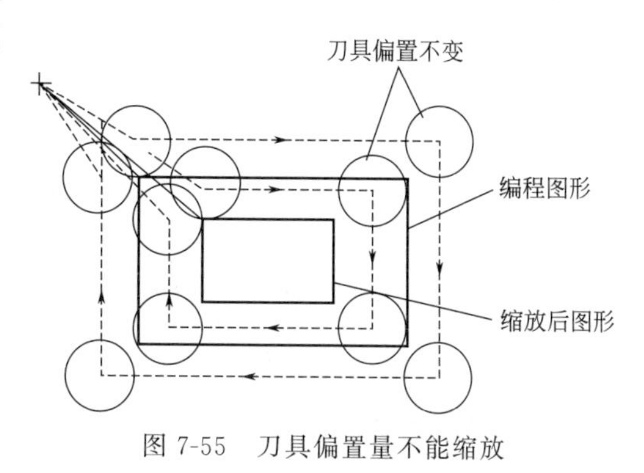

图 7-55 刀具偏置量不能缩放

② 各轴比例因子的单独指定。通过对各

轴指定不同的比例，可以按各自比例缩放各轴。指令格式及格式指令意义：

```
G51 X_ Y_ Z_ I_ J_ K_ ;        缩放开始
…                              缩放有效(缩放方式)
G50;                           缩放取消
```

程序段中，X，Y，Z 为比例缩放中心坐标，以绝对坐标指定；I，J，K 为分别与 X、Y 和 Z 各轴对应的缩放比例（比例因子），取值范围：±(1～999999)，即±(0.001～999.999) 倍。小数点编程不能用于指定比例 I、J、K。

该程序缩放功能是：按照各坐标轴不同的比例（由 I、J、K 定），使 X、Y 和 Z 坐标所指定的尺寸放大和缩小。G51 指令需要在单独的程序段内给定。在图形放大或缩小之后，用 G50 指令取消缩放方式。

例 7-15：设定 I、J 或 K 值，指令不同的比例系数。运行比例缩放程序后的图形如图 7-56 所示。图 7-56 中 X、Y 的比例因子不同，其中 X 轴比例系数：a/b；Y 轴比例系数：c/d；比例缩放中心：O 点。

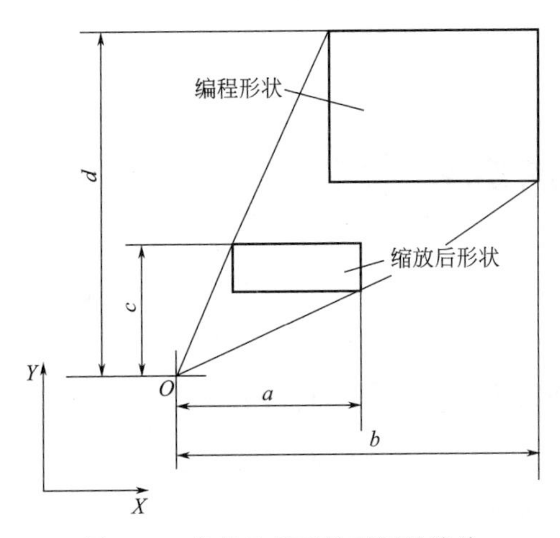

图 7-56　各轴比例系数不同的缩放

（2）镜像加工

比例缩放指令 G51，当比例系数为 1/1 时，（即 I、J、K 分别等于±1000）相当于镜像加工编程。

例 7-16：走刀路线如图 7-57 所示。采用镜像加工编程。

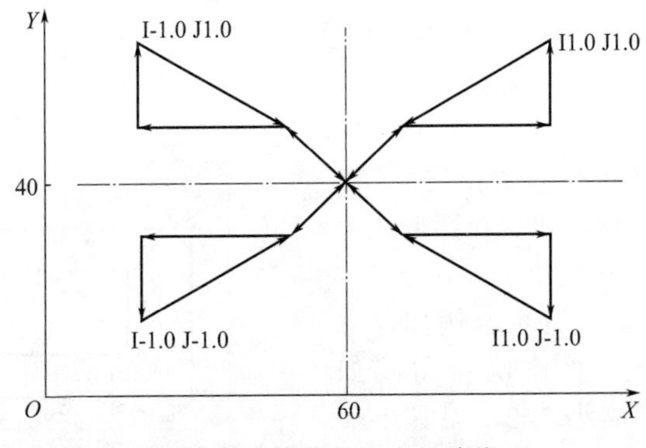

图 7-57　镜像加工走刀路线

加工程序如下。

```
O2000;                                  主程序号
N10 G54 G90 G00 X60.0 Y40.0;            建立工件坐标系
N20 M98 P0750;                          调子程序,加工第1象限图形
N30 G51 X60.0 Y40.0 I-1000 J1000;       镜像中心(X60,Y40),X轴镜像
N40 M98 P0750;                          调子程序,加工第2象限图形
N50 G51 X60.0 Y40.0 I-1000 J-000;       镜像中心(X60,Y40),X、Y轴镜像
N60 M98 P9000;                          调子程序,加工第3象限图形
N70 G51 X60.0 Y40.0 I1000 J-1000;       镜像中心(X60,Y40),X取消镜像、Y轴镜像
N80 M98 P9000;                          调子程序,加工第4象限图形
N90 G50;                                取消比例缩方式(取消镜像)

O0750;                                  子程序号
G00 G90 X70.0 Y50.0;                    定位于第一象限起点
G01 X100.0;                             直线插补横线
Y70.0;                                  直线插补竖线
X70.0 Y50.0;                            直线插补斜线(完成三角形图形)
G00 X60.0 Y40.0;                        定位于镜像中心
M99;                                    子程序结束,返回主程序
```

7.8.2 坐标系旋转功能指令(G68、G69)

坐标系旋转功能是把编程位置旋转到某一角度。该功能用途:一是可以将编程形状旋转到某一指定的角度;二是如果工件的形状由许多相同的单元图形组成,且分布在由单元图形旋转便可达到的位置上,则可将图形单元编成子程序,然后用主程序的旋转指令旋转图形单元,可以得到工件整体形状,这样可简化编程,省时、省存储空间。

(1)坐标系旋转指令

坐标系旋转程序组成:

```
{G17}
{G18} G68 α_ β_ R_ ;     坐标系开始旋转
{G19}
⋮                        坐标系旋转方式(坐标系被旋转)
G69;                     坐标系旋转取消指令
```

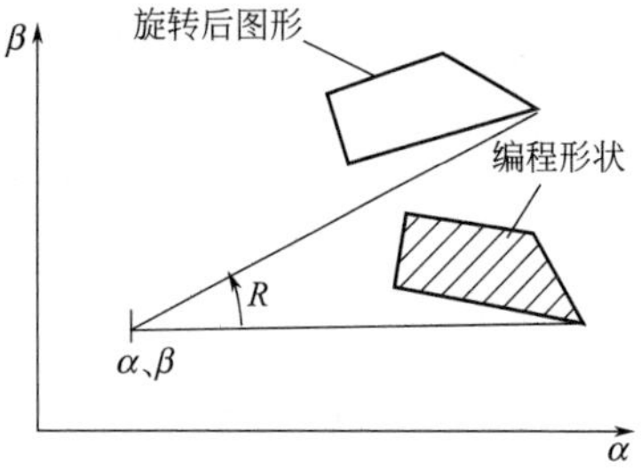

图 7-58 坐标系旋转功能指令 G68

程序中指令含义如图 7-58 所示,用途如表 7-7 所示。

表 7-7 坐标系旋转程序中各指令用途

指令	用途
G17 (G18 或 G19)	平面选择
G68	坐标系旋转功能
α_ β_	旋转中心的坐标值(绝对值指定)。旋转中心的两个坐标轴与 G17、G18、G19 坐标平面一致。G17 平面为 *X*、*Y* 两轴,G18 为 *X*、*Z* 两轴,G19 平面为 *Y*、*Z* 两轴。在 G68 后面指定旋转中心
R_	旋转角度。正值表示逆时针旋转,可为绝对坐标,也可为增量坐标。当为增量坐标时,旋转角度在前一个角度上增加该值
G69	取消坐标系旋转指令

坐标系旋转程序说明如下。

① 坐标系旋转功能指令 G68。指定该指令后,按 *R* 指定的角度,绕 α、β 指定的点旋

转后面的指令。旋转角度的指令范围为−360.000°～360.000°。最小输入增量单位 0.001°。

在坐标系旋转 G68 的程序段之前指定平面选择代码 G17（G18 或 G19），平面选择代码不能在坐标系旋转方式中指定。

若省略 α、β 时，则 G68 指令时的刀具位置被设定为旋转中心。对于在 G68 指令和第一个绝对位置指令之前的增量坐标指令来说，可以认为旋转中心还未指令，即认为 G68 指令时的刀具位置就是旋转中心。

省略 R 时，参数赋予的值便视为旋转角度。若对 R 指定了一个带小数的值，则小数点的位置为角度单位。

② 取消坐标系旋转指令 G69。用 G69 取消坐标系旋转，恢复编程指令形状位置。

③ 注意事项

a. 刀具补偿。在坐标系旋转之后，可以执行刀具半径补偿（刀具长度补偿、刀具偏置）和其他补偿操作

b. G17（G18 或 G19）。在坐标系旋转代码 G68 的程序段之前，指定平面选择代码 G17（G18 或 G19），平面选择代码不能在坐标系旋转方式中指定。

c. 坐标系旋转方式中的增量坐标的指令。当编程坐标系旋转 G68 时，在 G68 之后绝对值指令之前，增量坐标指令的旋转中心是刀具所在位置。

d. 与返回参考点和坐标系有关的指令。在坐标系旋转方式中与返回参考点有关代码 G27、G28、G29、G30 等和那些与坐标系有关的代码 G52～G59、G92 等不能指定。如果需要这些 G 代码，必须在取消坐标系旋转方式以后才能指令。

e. 增量坐标指令。坐标系旋转取消指令 G69 以后的第一个移动指令必须用绝对坐标指定，如果用增量坐标指令将不执行正确的移动。

f. 系统屏幕位置显示值，是加上坐标旋转后的坐标值。

g. 坐标旋转中指定圆弧时，旋转平面必须与插补平面一致。

h. 固定循环中，包含钻孔轴的平面内不能进行坐标旋转。对于 G76、G87 的坐标移动量，不加坐标旋转。

i. 第四、第五坐标不能进行坐标旋转。

（2）刀具半径补偿与坐标系旋转

在刀具半径补偿 C 中可以指定 G68 和 G69，但是，旋转平面必须与刀具半径补偿 C 的偏置平面相同。

例 7-17：走刀路线如图 7-59 所示。试编写程序。

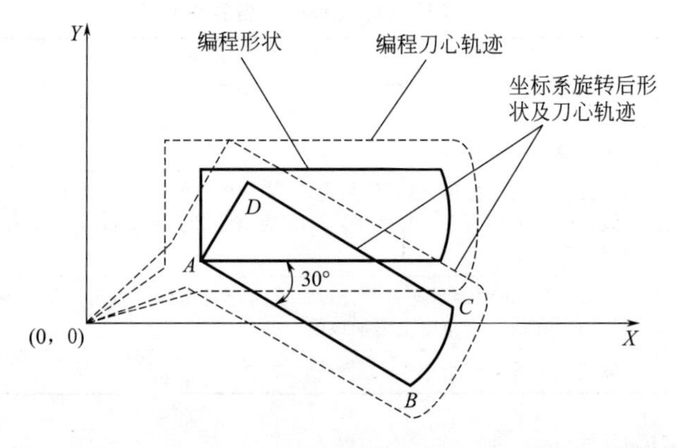

图 7-59　刀具半径补偿 C 和坐标系旋转

程序如下。

```
N1 G92 X0 Y0 G69 G17;                     建立工件坐标系(刀起始点为原点),保险程序段
N2 G42 G01 G90 X1000 Y1000 F1000 D01;     刀具半径补偿,至 A 点
N3 G68 R-30000;                           以 A 点为旋转中心,旋转-30°
N4 G91 X2000;                             增量坐标编程,直线切削 AB
N5 G03 Y1000 I-1000 J500;                 逆圆切削,刀 C 点(BC)
N6 G01 X-2000;                            直线切削 CD
N7 Y-1000;                                直线切削 DA,回到 A 点
N8 G69 G40 G90 X0 Y0 M30;                 取消旋转方式,取消刀偏,绝对坐标编程,回到起刀点
```

坐标系旋转取消指令 G69 以后的第一个移动指令必须用绝对坐标指定，如果用增量坐标指令将不执行正确的移动。

7.8.3　极坐标编程

（1）极坐标与极坐标指令 G16

① 极坐标编程指令。FANUC 数控系统提供了极坐标编程功能，即平面上点的坐标用极坐标（半径和角度）输入，极坐标的半径是极坐标原点到编程点的距离；极坐标的角度有方向性，角度的正向是所选平面的第 1 轴正向沿逆时针转向，而角度的负向是顺时针转向。

极坐标编程指令：G16

取消极坐标编程：G15

极半径和角度两者可以用绝对坐标指令或增量坐标指令（G90、G91）指定。

② 设定工件坐标系零点作为极坐标系的原点。用绝对坐标编程指令（G90）指定半径（零点和编程点之间的距离），则设定工件坐标系的零点为极坐标系的原点，当使用局部坐标系 G52 时，局部坐标系的原点变成极坐标的中心。

坐标系零点作为极坐标系的原点时，当角度用绝对坐标，编程点的位置如图 7-60（a）所示。

坐标系零点作为极坐标系的原点时，当角度用增量坐标，编程点的位置如图 7-60（b）所示。

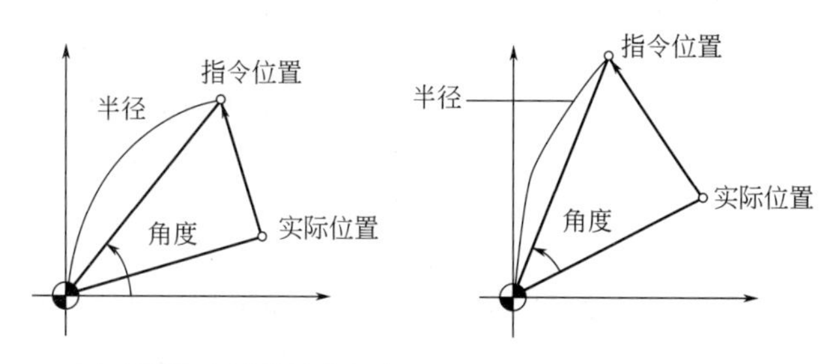

(a) 当角度用绝对坐标指令指定时　(b) 当角度用增量坐标指令指定时

图 7-60　用工件坐标系零点作为极坐标系原点时编程点的位置

③ 设定当前位置作为极坐标系的原点。用增量坐标编程（G91）指令指定半径（当前位置和编程点之间的距离），则设定当前位置为极坐标系的原点

当前位置作为极坐标系的原点，当角度用绝对坐标，编程点的位置如图 7-61（a）所示。

当前位置作为极坐标系的原点，当角度用增量坐标，编程点的位置如图 7-61（b）所示。

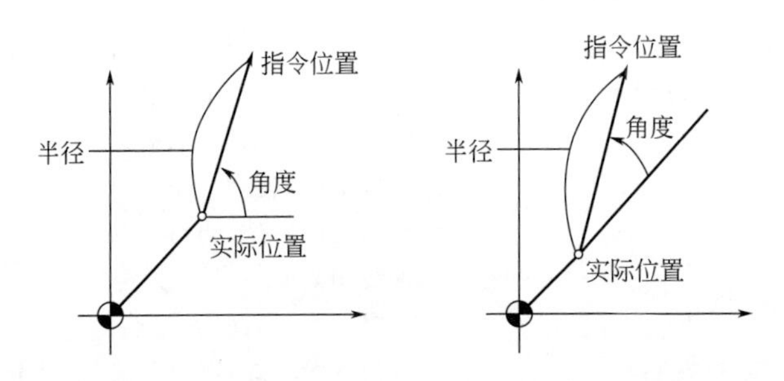

(a) 当角度用绝对坐标指令指定时　(b) 当角度用增量坐标指令指定时

图 7-61　用当前位置作为极坐标系原点时编程点的位置

（2）编程实例

例 7-18：用极坐标编制钻“3×ϕ10”孔的程序。零件图如图 7-62 所示。

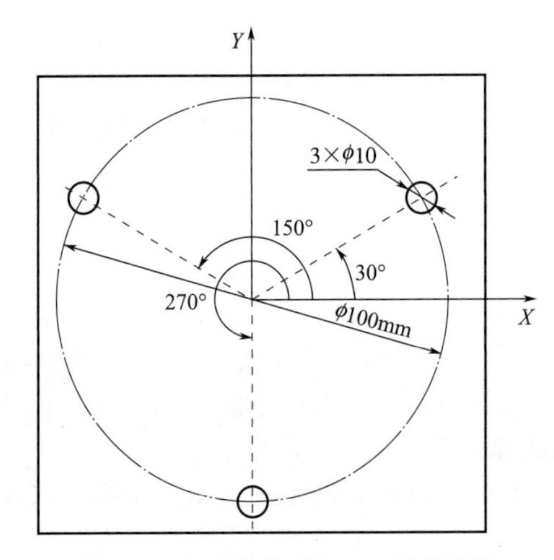

图 7-62　极坐标编程加工 3 孔零件图

① 用绝对坐标指令指定角度和极半径，加工程序如下。

```
N1 G54 G17 G90 G16;                            极坐标编程,编程的零点为极坐标系的原点
N2 G81 X50.0 Y30.0 Z-20.0 R-5.0 F200.0;        在半径 50mm 和角度 30°位置钻孔
N3 Y150.0;                                     在半径 50mm 和角度 150°位置钻孔
N4 Y270.0;                                     在半径 50mm 和角度 270°位置钻孔
N5 G15 G80;                                    取消极坐标指令,取消钻孔循环
```

② 用增量坐标指令角度，用绝对值指令极半径，加工程序如下。

```
N1 G54 G17 G90 G16;                            极坐标编程,编程的零点作为极坐标的原点
N2 G81 X50.0 Y30.0 Z-20.0 R-5.0 F200.0;        在半径 50mm 和角度 30°位置钻孔
N3 G91 Y120.0;                                 在半径 50mm 和增量角度+ 120°位置钻孔
N4 Y120.0;                                     在半径 50mm 和增量角度+ 120°位置钻孔
N5 G15 G80;                                    取消极坐标指令
```

7.8.4　局部坐标系

当在工件坐标系中编制程序时，可以设定工件坐标系的子坐标系，子坐标系称为局部坐标系，如图 7-63 所示。

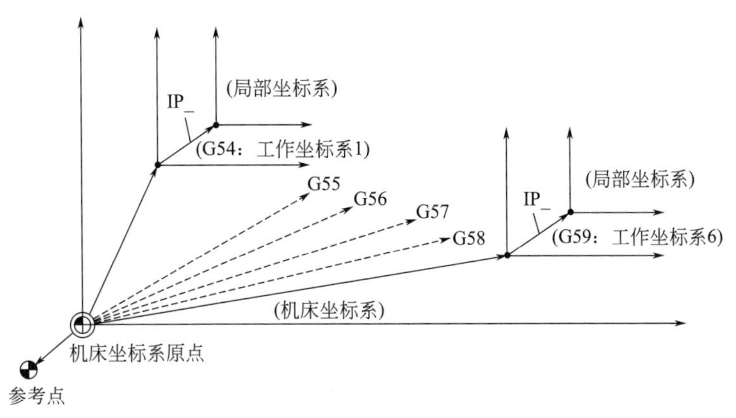

图 7-63　局部坐标系

局部坐标系指令如下。

```
G52 X_ Y_ Z_ ;            设定局部坐标系
…
G52 X0 Y0 Z0;             取消局部坐标系
```

指令说明如下。

① 用指令“G52 X _ Y _ Z _ ;”可以在工件坐标系 G54～G59 中设定局部坐标系。指令中的“X _ Y _ Z _ ”是局部坐标系的原点在工件坐标系中的坐标值，在工件坐标系中指定了局部坐标系的位置。

② 用 G52 指定新的局部坐标系零点（该点是工件坐标系的值），可以变更局部坐标系的位置。

③ 指令“G52 X0 Y0 Z0;”使局部坐标系零点与工件坐标系零点重合，即取消了局部坐标系，并在工件坐标系中工作。

使用局部坐标系有以下注意事项。

① 局部坐标系设定不改变工件坐标系和机床坐标系。

② G52 暂时取消刀具半径补偿中的偏置。

③ 在 G52 之后以绝对坐标方式立即指定运动指令。

④ 当用 G92 指令设定工件坐标系时，如果不是指令所有轴的坐标值未指定坐标值的轴的局部坐标系不取消，保持不变。

⑤ 复位时是否清除局部坐标系取决于参数的设定，当参数 3402 第 6 位（#6）信号“CLR”或参数 1202 第 3 位（#3）信号“RLC”之中的一个设置为“1”时，局部坐标系被取消。

⑥ 用手动返回参考点是否取消局部坐标系取决于参数设定，参数 1201 的第 2 位（#2）设为“1”时，取消局部坐标系。

7.8.5　使用局部坐标系和坐标系旋转指令编程

例 7-19： 钻削支架零件上的“6×ϕ10”孔。如图 7-64 所示。

解： 工件设计基准在底边中心点，按基准重合原则设该点为工件坐标系原点，即图 7-65 中的 O 点。加工的孔 1～4 沿 ϕ80mm 圆周均布，可以用极坐标编程。

加工程序如下。

```
O1200;                          程序号
G54 G17 G90 G00 X0 Y0 Z50.;     刀具快速定位于安全平面
```

```
S1000 M03;
G52 X0 Y75.0 Z0;                              设局部坐标系,其原点在(0,75,0)
G16;                                          极坐标编程,编程的零点为局部坐标系的原点
G81 G99 X40.0 Y45.0 Z-18.0 R3.0 F20.0;        在半径45mm、角度45°位置钻孔(孔3)
Y135.0;                                       角度135°位置钻孔(孔2)
Y225.0;                                       角度225°位置钻孔(孔1)
G98 Y315.0;                                   钻孔(孔4),返回安全平面
G15 G80;                                      取消极坐标指令,取消钻孔循环
G52 X0 Y0 Z0;                                 取消局部坐标系
G81 G99 X43.5 Y10.0 Z-18.0 R3.0 F20.0;        钻孔5
G98 X-43.5;                                   钻孔6,返回安全平面
G00 G80 X0 Y0 Z50.;                           取消钻孔循环,返回到刀具始点
M30;                                          程序结束
```

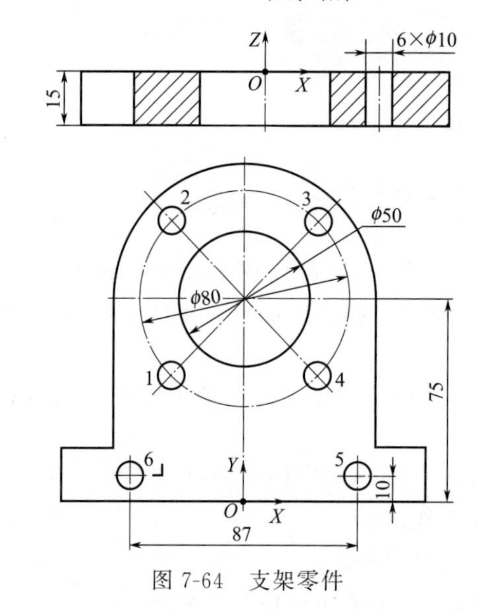

图 7-64　支架零件

第8章 数控铣削加工宏程序

8.1 FANUC 0*i* 系统用户宏程序基础

8.1.1 用户宏程序用途

普通程序的程序指令为常量，一个程序只能描述一个几何形状，用户宏程序可以使用变量编程，具有变量赋值、算术和逻辑运算、转移指令，可实现分支程序和循环程序设计，所以宏程序功能更强。同时宏程序与子程序类似，也可以被任一个数控程序调用。

FANUC 数控系统用户宏程序分为 A、B 两类。通常情况下，FANUC 0D 系统采用 A 类宏程序，而 FANUC 0*i* 系统采用 B 类宏程序。A 类宏程序不直观，可读性差，在实际工作中很少使用。由于绝大部分 FANUC 系统支持 B 类宏程序，本书介绍 B 类宏程序。

8.1.2 变量与常量

普通程序在 *X* 轴上快速定位的程序段为：G00 X150；

用宏程序编写同样的功能的程序：

```
#1= 150.0;              #1 是一个变量,给变量赋值
G00 X[#1];              #1 是一个变量,快速定位到"X150"点
```

在宏程序中用变量代替数控程序中的数据，如尺寸、刀补号、G 指令编号等，由于变量的值可用程序或用 MDI 面板上的操作改变，所以宏程序的程序设计有更大的灵活性。

（1）变量的形式

宏程序中的变量简称宏变量，用变量符号“#”和后面紧跟的“变量号”（1～4 位数字）表示，例如变量#1，其中：

1
变量号
变量符号

变量号可以用表达式指定，此时表达式必须放在方括号中，例如变量“#[#1+#2−12]”，其中：

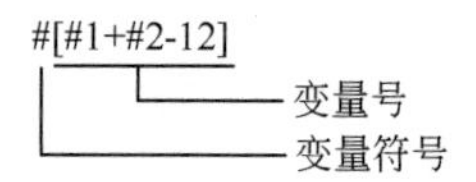

（2）变量类型

变量根据变量号可以分成以下四种类型。

① 空变量。#0 为空变量，该变量总为空，不能赋值。

② 局部变量。编号#1～#33 的变量为局部变量。局部变量的作用范围是当前程序（在同一个程序号内），如果在主程序或不同子程序里。出现了相同名称（编号）的局部变量，它们不会相互干扰，值也可以不同。断电后局部变量数据初始化为空。举例如下。

```
程序                    解释
O100
N10 #3=30;              主程序中#3 为 30
M98 P101;               进入子程序后#3 不受影响
#4=#3;                  #3 仍为 30,所以#4=30
```

```
M30;
O101;
#4=#3;                    这里的#3不是主程序中的#3,所以#3=0(没定义),则#4=0
#3=18;                    这里使#3的值为18,不会影响主程序中的#3
M99;
```

③ 公共变量。＃100～＃199、＃500～＃999为公共变量。公共变量在不同的宏程序中意义相同，即不管是主程序还是子程序，只要名称（编号）相同就是同一个变量，带有相同的值，在某个地方修改它的值，所有其他地方都受影响。当断电时，变量＃100～＃199被初始化为空，变量＃500～＃999的数据不会丢失。

④ 系统变量。＃1000以上的变量为系统变量。系统变量用于读和写CNC运行时的各种数据，如刀具的当前位置和补偿值等。

（3）变量的引用

① 为了在程序中使用变量，必须在程序中指定变量号的地址，给变量赋值。没指定的变量地址为无效变量。

② 当用表达式指定变量时，必须把表达式放在括号中。例如“G01 X[＃1＋＃2] F＃3”。

③ 被引用变量的值根据地址最小设定单位自动地舍入。例如指令“G00 X＃1”，X地址最小设定单位为1/1000mm，当CNC把12.3456赋值给变量＃1，实际指令值为“G00 X12.346”。

④ 改变引用变量值的符号，要把负号“－”放在＃的前面。例如“G00 X－＃1”。

⑤ 引用未指定的变量时变量及地址字都被忽略，或称没指定的变量为空变量。

例如：当变量＃1的值是0，并且变量＃2的值是空时，“G00 X＃1 Y＃2”的执行结果为“G00 X0”。

注意 “变量的值是0”和“变量的值是空”是不相同的，“变量值是0”是指把0赋值给某变量，所以该变量的值等于数值0，而“变量的值是空”指该变量所对应的地址不存在，是无效的变量。

（4）变量值的精度

变量值的精度为8位十进制数。

例如，用赋值语句“＃1＝9876543210123.456”时，实际上＃1＝9876543200000.000。

用赋值语句“＃2＝9876543277777.456”时，实际上＃1＝9876543300000.000。

（5）赋值

把常数或表达式的值送给一个变量称为赋值，赋值号为“＝”。格式如下。

```
#2=175/SQRT[2] * COS[55 * PI/180 ]
#3=124.0
#50=# 3+ 12
```

赋值号后面的表达式里可以包含变量自身，如：“＃1＝＃1＋4”；此式表示把＃1的值与4相加，结果赋给＃1。这不是数学中的方程或等式，如果＃1的值是2，执行“＃1＝＃1＋4”后，＃1的值变为6。

（6）变量值的显示

可以在屏幕上显示变量，如图8-1所示。图中的变量值是空白时变量是空。图中星号表示溢出（当变量的绝对值大于99999999时）或下溢出（当变量的绝对值小于0.0000001时）。

显示变量操作步骤如表8-1所示。

（7）变量的显示与设定

① 在数控系统屏界面上显示变量，操作步骤如表8-1所示。

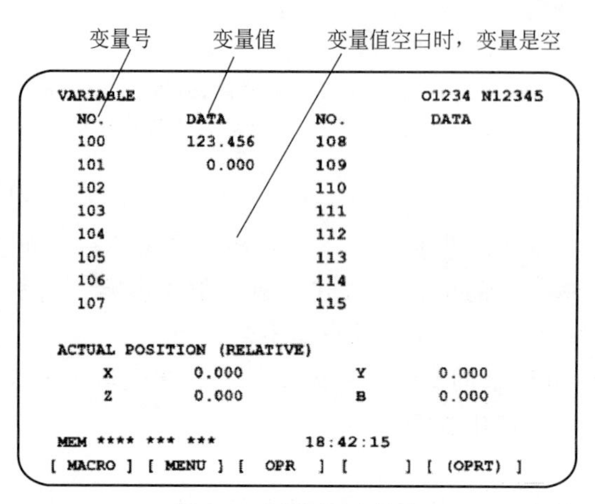

图 8-1　屏幕显示变量

表 8-1　在显示屏界面上显示变量操作步骤

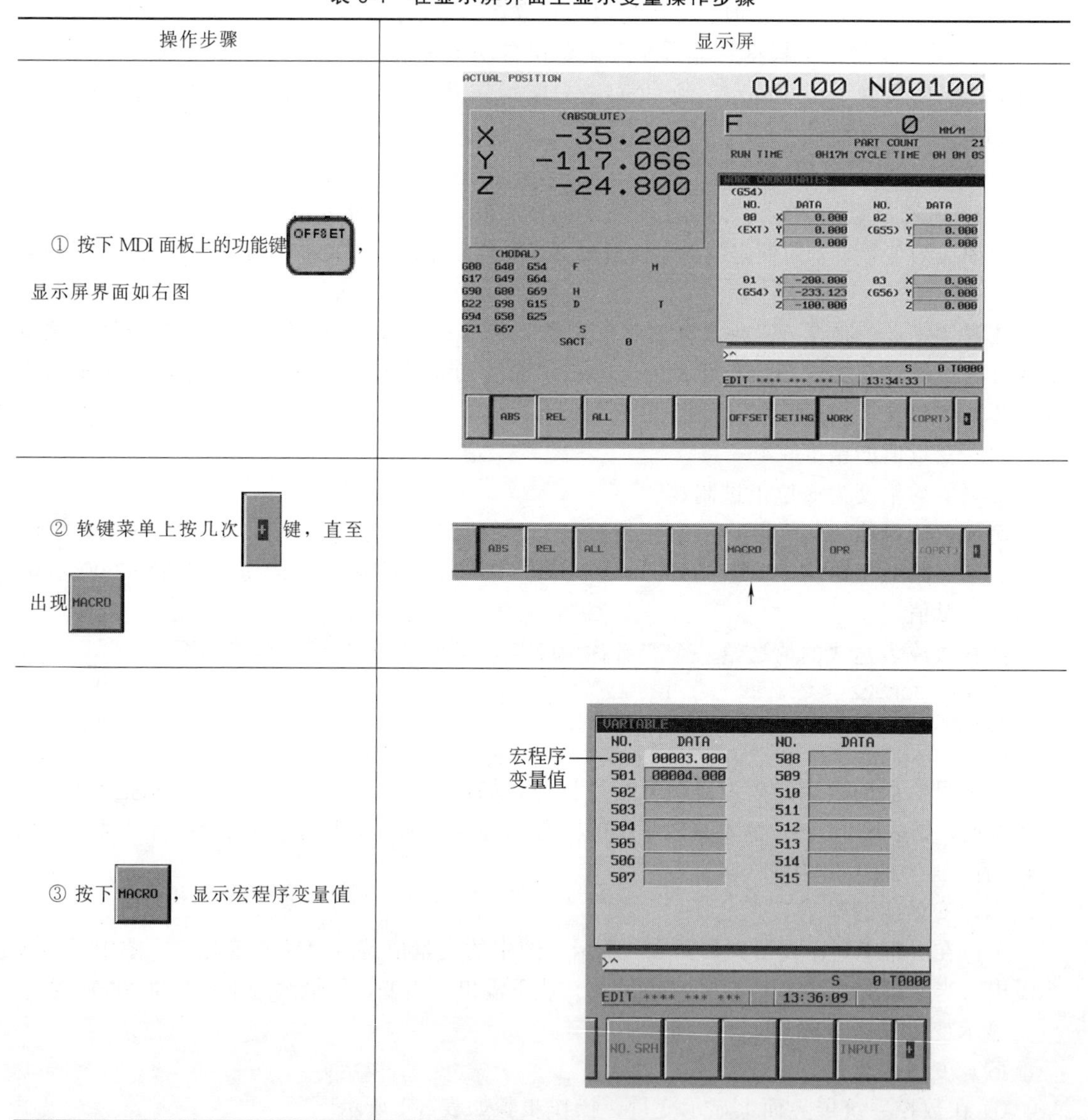

操作步骤	显示屏
① 按下 MDI 面板上的功能键 OFFSET，显示屏界面如右图	
② 软键菜单上按几次 ▶ 键，直至出现 MACRO	
③ 按下 MACRO，显示宏程序变量值	宏程序变量值

② 通过键盘（MDI）设定公共变量，操作步骤：

a. 显示公共变量的界面（操作步骤见表 8-1）。

b. 将光标移至欲设定的变量号上。

c. 键入变量号并按软键 NO.SRH，找出所需变量号。或按换页键 PAGE↑、PAGE↓，寻找所需变量号。

d. 将光标移至欲设定的变量号上，键入数据，按 INPUT 输入新数据。

8.1.3　变量的算术和逻辑运算

（1）算术与函数运算

算术运算符（加、减、乘、除）：+、−、*、/。

宏程序中的变量可以进行算术运算和函数运算，运算功能如表 8-2 所示，运算符右边的表达式可包含常量和变量（包括由函数或运算符组成的变量）；运算符左边的变量也可以用表达式赋值。表达式中的变量“#j”和“#k”可以用常数赋值。

表 8-2　算术与函数运算功能

类型	功能	格式	举例	备注
算术运算	加	#i=#j+#k	#1=#2+#3	常数可以代替变量
	减	#i=#j-#k	#1=#2-#3	
	乘	#i=#j*#k	#1=#2* #3	
	除	#i=#j*#k	#1=#2/#3	
三角函数运算	正弦	#i=SIN[#j]	#1=SIN[#2]	角度以度指定，35°30′表示为 35.5。常数可以代替变量
	反正弦	#i=ASIN[#j]	#1=ASIN[#2]	
	余弦	#i=COS[#j]	#1=COS[#2]	
	反余弦	#i=ACOS[#j]	#1=ACOS[#2]	
	正切	#i=TAN[#j]	#1=TAN[#2]	
	反正切	#i=ATAN[#j]/[#k]	#1=ATAN[#j]/[#k]	
其他函数运算	平方根	#i=SQRT[#j]	#1=SQRT[#2]	常数可以代替变量
	绝对值	#i=ABS[#j]	#1=ABS[#2]	
	舍入	#i=ROUND[#j]	#1=ROUN[#2]	
	上取整	#i=FIX[#j]	#1=FIX[#2]	
	下取整	#i=FUP[#j]	#1=FUP[#2]	
	自然对数	#i=LN[#j]	#1=LN[#2]	
	指数对数	#i=EXP[#j]	#1=EXP[#2]	
转换运算	BCD 转 BIN	#i=BIN[#j]	#1=BIN[#2]	用于与 PMC 的信号交换
	BIN 转 BCD	#i=BCD[#j]	#1=BCD[#2]	

（2）逻辑运算

在 IF 或 WHILE 语句中，如果有多个条件，用逻辑运算符来连接多个条件。逻辑运算符有以下几个。

AND（且）：多个条件同时成立才成立；

OR（或）：多个条件只要有一个成立即可；

NOT（非）：取反（如果不是）。

例：

```
#1 LT50 AND #1GT20            表示：[#1<50]且[#1>20]
#3 EQ8 OR #4LE10              表示：[#3=8]或者[#4≤10]
```

有多个逻辑运算符时，可以用方括号来表示结合顺序，如：

```
NOT[#1 LT50 AND #1GT20]       表示：如果不是"#1<50 且 #1>20"
```

（3）表达式与括号

用运算符连接起来的常数、宏变量构成表达式。表达式里用方括号［ ］来改变运算次序，括号可以使用5级，包括函数内部使用的括号，当超过5级时出现P/S报警（报警号118）。（注：宏程序中不用圆括号，因为圆括号是注释符，用于注释）

例如：175/SQRT[2] * COS[55 * PI/180]；

　　　#3 * 6GT14；

（4）运算优先级

运算优先级如图8-2（a）所示，优先顺序由高到低的顺序如下。

① 函数。函数的优先级最高。

② 乘、除、与运算。乘、除、与运算的优先级次于函数的优先级。

③ 加、减、或、异或运算。

④ 关系运算。关系运算的优先级最低。

用方括号可以改变优先级，如图8-2（b）所示。

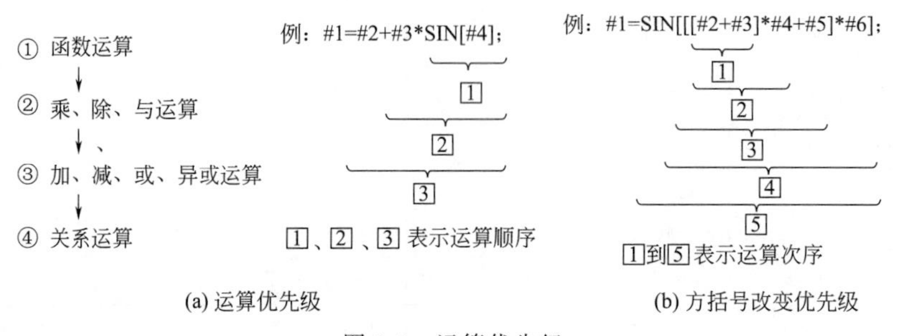

(a) 运算优先级　　　(b) 方括号改变优先级

图8-2　运算优先级

8.1.4　转移和循环

（1）条件运算符

程序流程控制需要使用条件表达式，在IF和WHILE的条件表达式中，条件运算符作为判断两个表达式大小关系的连接符，条件运算符由2个字母组成，如表8-3所示，注意不能使用不等号。

表8-3　条件运算符

宏程序运算符	EQ	NE	GT	GE	LT	LE
数学意义	=	≠	>	≥	<	≤

（2）转移和循环

数控程序一般按程序段排列的先后顺序运行，称为顺序程序结构。在宏程序中使用GOTO语句和IF语句，可以控制程序运行的流向，实现程序段运行次序的转移和循环功能，称为分支程序结构和循环程序结构。有三种转移和循环指令，即：

① GOTO 语句。无条件转移。

② IF 语句。条件转移，“IF…THEN…”。

③ WHILE 语句。循环语句，当……时循环。

(3) 无条件转移 (GOTO)

格式：GOTOn；n 为顺序号 (1～9999)。

转移到标有顺序号 n 的程序段，当指定 1～99999 以外的顺序号时，出现 P/S 报警 (128 号)。

例如：GOTO6；

…

语句组：N6 G00 X100；

执行 GOTO6 语句时，转去执行标号为 N6 的程序段。

也可用表达式指定顺序号，例如：GOTO#10。

(4) 条件转移 (IF)

格式：IF[关系表达式] GOTOn；

如果指定的条件表达式满足时转移到标有顺序号 n 的程序段，如果指定的条件表达式不满足按顺序执行下个程序段。

例如，IF[#1 GT210] GOTO2；

…

语句组：N2 G00 G91 X10.0；

…

解释：如果变量 #1 的值大于 20，转移执行标号为 N2 的程序段，否则按顺序执行 GOTO2 下面的语句组，如图 8-3 所示。

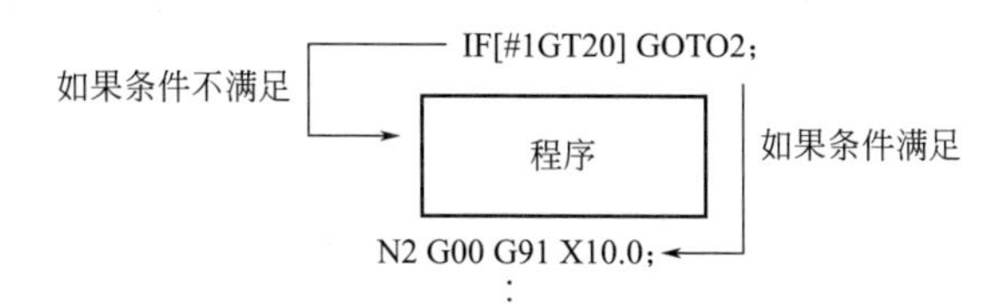

图 8-3　“IF [关系表达式] GOTOn”语句

(5) 条件转移 (IF)

格式：IF[条件表达式] THEN　(注：THEN 后只能跟一个语句)

解释：如果条件表达式满足，执行预先定义的宏程序语句，只执行一个宏程序语句。

例如：IF[#1EQ#2] THEN#3=0；

解释：当 #1 的值等于 #2 的值时，将 0 赋给变量 #3。

例 8-1：用 IF 语句编一个宏程序，计算自然数 1～10 的累加总和。

解：

```
O6000;                    宏程序名
#1=0;                     存储和数变量的初值
#2=1;                     被加数变量的初值
N1 IF[#2GT10] GOTO2;      当被加数大于 10 时转移到 N2
#1=#1+#2;                 计算累加和数(该语句为累加器)
#2=#2+1;                  下一个被加数(该语句为计数器)
GOTO 1;                   转到标号 N1 段
```

```
N2 M30;                          程序结束
```

(6) 循环(WHILE)

格式:WHILE[关系表达式] DOm;(m=1,2,3)

循环区语句组:…;

END m;

在WHILE后指定一个条件表达式,当指定条件满足时,执行从DO到END之间的程序,否则转去执行END后面的程序段,程序执行顺序如图8-4所示。DO后的 m 和END后的 m,是指定程序执行范围的标号,m 标号值为1、2、3,m 若用1、2、3以外的值会产生P/S报警(报警号126)。

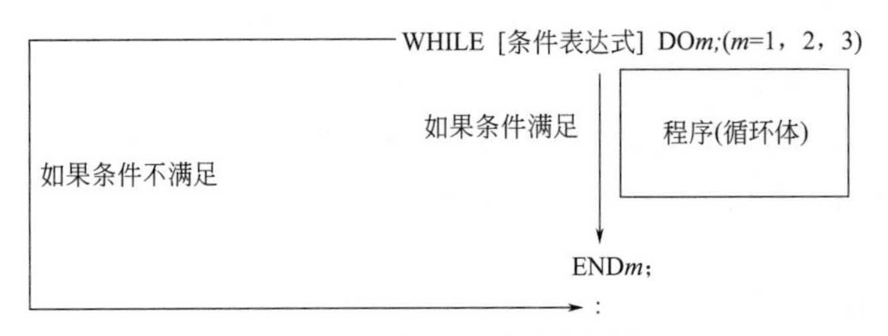

图8-4 WHILE程序执行顺序

例如宏程序:

```
#1=5;
WHILE [#1 LE 30] DO 1;
  #1=#1+5;
  G00 X#1 Y#1;
END 1;
M99;
```

上述宏程序含义:当变量#1的值小于等于30时,执行循环程序,当#1大于30时结束循环返回主程序。

例8-2:用WHILE语句编宏程序,计算自然数1~10的累加总和。

解:

```
O3000;                     宏程序名
#1=0;                      存储和数变量的初值
#2=1;                      被加数变量的初值
WHILE [#2 LE10] DO1;       当被加数小于10时执行循环区程序
#1=#1+#2;                  计算累加和数(该语句称为累加器)
#2=#2+1;                   下一个被加数(该语句称为计数器)
END 1;                     循环区终止
M30;                       程序结束
```

8.1.5 宏程序调用(G65)

(1) 宏程序调用G65指令格式

① 调用指令格式:G65 P<p> L<l> <自变量赋值>

其中,"p"为调用的程序号;"l"为重复次数;"自变量赋值"为传递到宏程序的数据。

宏程序与子程序相同,一个宏程序可被另一个宏程序调用,最多嵌套4层。

G65指令调用以地址P指定的用户宏程序,数据自变量能传递到用户宏程序体中,调用过程如图8-5所示。

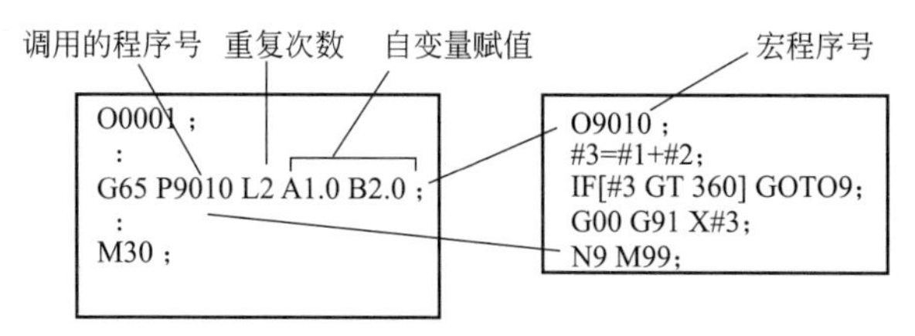

图 8-5　宏程序非模态调用 G65 执行过程

② 宏程序的开始与返回。宏程序的编写格式与子程序相同。其格式如下。

```
O0010;                          程序名(0001～8999 为宏程序号)
N10  …;                         程序指令
…
N30 M99;                        宏程序结束
```

宏程序以程序号开始，以 M99 结束。

(2) G65 指令说明

① 在 G65 之后用地址“P”指定用户宏程序的程序号。

② 当要求重复时，在地址“L”后指定从 1～9999 的重复次数，省略 L 值时认为 L 等于 1。

③ 使用自变量指定，其值被赋值到相应的局部变量。

(3) 自变量指定

可以通过自变量指定给变量赋值，有两种自变量指定形式，即自变量指定Ⅰ和自变量指定Ⅱ。自变量指定Ⅰ使用除了 G、L、O、N 和 P 以外的字母，每个字母指定一次，自变量指定Ⅱ使用 A、B、C、I_i、J_i、K_i，其下标 i 为 1～10，数控系统根据使用的字母自动地决定自变量指定的类型。

① 自变量指定Ⅰ。自变量指定Ⅰ的自变量与变量的对应关系如表 8-4 所示。说明如下。

a. 自变量指定Ⅰ中，G、L、O、N、P 不能用，地址 I、J、K 必须按顺序使用，其他地址顺序无要求。

举例：G65 P3000 L2 B4 A5 D6 J7 K8;　　　　正确（J、K 符合顺序要求）

解释：由表 8-4 中得知，B 对应变量＃2，在宏程序中把 4 赋给＃2；A 对应＃1，宏程序中把 5 赋给＃1,；D 对应＃7，宏程序中把 6 赋给＃7，同理，把 7 赋给＃5，把 8 赋给＃6。

举例：G65 P3000 L2 B3 A4 D5 K6 J5;　　　　不正确（J、K 不符合顺序要求）

b. 不需要指定的地址可以省略，对应于省略地址的局部变量设为空。

c. 不需要按字母顺序指定，但应符合指定格式。对应 I、J 和 K 需要按字母顺序指定。

表 8-4　自变量指定Ⅰ的变量对应关系

地址（自变量）	变量号	地址（自变量）	变量号	地址（自变量）	变量号
A	＃1	I	＃4	T	＃20
B	＃2	J	＃5	U	＃21
C	＃3	K	＃6	V	＃22
D	＃7	M	＃13	W	＃23
E	＃8	Q	＃17	X	＃24
F	＃9	R	＃18	Y	＃25
H	＃11	S	＃19	Z	＃26

② 自变量指定Ⅱ。自变量指定Ⅱ的自变量与变量的对应关系如表 8-5 所示。自变量指定Ⅱ中使用 A、B、C 各一次，使用 I、J、K 各十次。自变量指定Ⅱ用于传递诸如三维坐标值的变量。

表 8-5 自变量指定Ⅱ的变量对应关系

地址（自变量）	变量号	地址（自变量）	变量号	地址（自变量）	变量号
A	#1	K_3	#12	J_7	#23
B	#2	I_4	#13	K_7	#24
C	#3	J_4	#14	I_8	#25
I_1	#4	K_4	#15	J_8	#26
J_1	#5	I_5	#16	K_8	#27
K_1	#6	J_5	#17	I_9	#28
I_2	#7	K_5	#18	J_9	#29
J_2	#8	I_6	#19	K_9	#30
K_2	#9	J_6	#20	I_{10}	#31
I_3	#10	K_6	#21	J_{10}	#32
J_3	#11	I_7	#22	K_{10}	#33

注：表中 I、J 、K 的下标用于确定自变量指定的顺序，在实际编程中不写。

③ 自变量指定Ⅰ、Ⅱ的混合。系统能够自动识别自变量指定Ⅰ和自变量指定Ⅱ，并赋给宏程序中相应的变量号。如果自变量指定Ⅰ和自变量指定Ⅱ混合使用，则后指定的自变量类型有效。

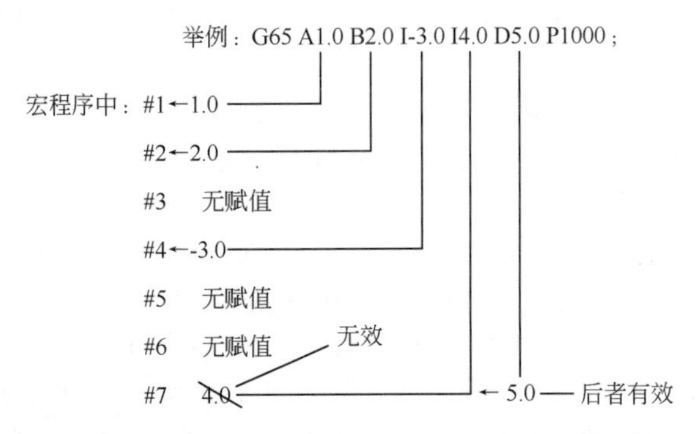

说明：I4.0 为自变量指定Ⅱ，D 为自变量指定Ⅰ，数值 4.0 和 5.0 都赋值给变量 #7，但后者有效，所以变量 #7 中为 5.0，而不是 4.0。

（4）小数点的位置

一个不带小数点的数据在数据传递时，其单位按其地址对应的最小精度解释，因此，不带小数点的数据在传递时有可能根据机床的系统参数设置而被更改。应养成在宏程序调用中使用小数点的好习惯，以保持程序的兼容性。

8.2 行切与环切宏程序

在本书 6.5.6（3）中介绍铣削方槽走刀路线（行切轨迹与环切轨迹），其中行切走刀路线如图 6-73（a）所示。环切走刀路线如图 6-73（b）所示。行切主要用于平面加工。环切主要用于轮廓加工，环切也可用于平面加工，但环切平面效率比行切低。

8.2.1　圆槽环切宏程序

通常将常用的几何要素编为通用宏程序，如型腔加工宏程序和固定加工循环宏程序，使用时在加工程序中用一条简单指令调出用户宏程序，和调用子程序完全一样。

例 8-3：圆槽如图 8-6 所示，槽直径＃1，槽深度＃2。工件坐标系原点为圆槽的圆心，$Z=0$ 点在工件上表面。编写铣削圆槽程序。

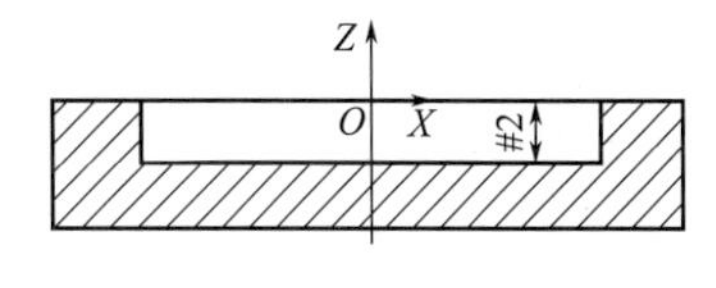

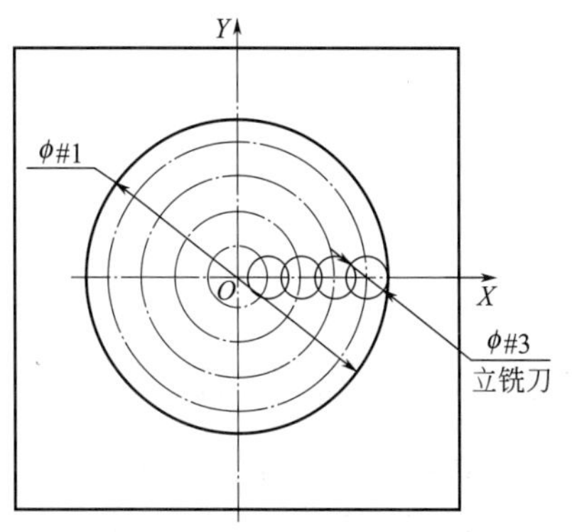

图 8-6　圆槽加工

解：

（1）铣圆形槽环切取点算法

① 编程原点：XY 面圆槽圆心点，Z 轴零点在工件上平面。

② 选 ϕ＃3 立铣刀。

③ 环切行距＝80％×刀具直径＝80％×＃3。

④ 圆槽铣削采用图 8-6 所示的环切法。

⑤ 为避免过切，环切轨迹圆的最大半径与槽边界距离为刀具半径。

该半径：＃6＝直径/2－刀半径＝＃1/2－＃3/2。

⑥ 深度层切加工，一层余量＃17，由程序“循环 1”完成。

⑦ 每层环切由程序“循环 2”完成。

（2）变量赋值

调用户宏程序指令：G65 P9500 A120. B10. C20. I0 Q2.0；

变量赋值对应关系如下：

自变量	变量号	本题赋值/mm	备注
A	＃1	120	圆槽直径
B	＃2	10	圆槽深度
C	＃3	20	平底立铣刀直径
I	＃4	0	Z 轴变量，初赋值 0
Q	＃17	2	深度层切中的一层深度值

宏程序中使用参数变量：

＃5——环切方式的行距；

＃6——刀具环切轨迹最大圈半径；

＃7——环切方式的走刀环数；

＃8——X 轴变量。

（3）加工程序

主程序

```
O0500;
G54 G90 G00 X0 Y0 Z50. S1000 M03;
G65 P9500 A120. B10. C20. I0 Q2.0;
G00 X0 Y0 Z50. ;
M30;
```

宏程序

```
O9500;
```

```
#5=0.8 * #3;                    计算环切的行距
#6=#1/2-#3/2;                   刀具环切轨迹最大圈半径
WHILE[#4 LT #2] DO1;            切深值小于设计深度值,运行循环 1
G00 X0 Y0 Z2.0;                 定位于循环始点
G01 Z-[#4+#17] F200;            下切一层深度
#7=FIX[#6/#5];                  下取整,计算环数,并重置环数
WHILE [#7 GE0] DO2;             环数不为 0,循环 2 继续
#8=#6-#7 * #5;                  轨迹半径
G01 X#8;
G03 I-#8;                       环切一圈
#7=#7-1;                        环数计数器(#8)递减
END2;                           循环 2 结束
G00 Z50.;
X0 Y0;
#4=#4+#17;                      层深(Z 坐标)递增
END1;                           循环 1 结束
M30;                            宏程序结束
```

8.2.2 平面行切宏程序

行切在手工编程时多用于铣削规则矩形平面、台阶面和矩形槽下切粗加工，对非矩形区域的行切一般用自动编程实现。

例 8-4：铣削矩形平面如图 8-7 所示，编写加工程序。编程原点：*XY* 面为平面中心点，*Z* 向零点在工件上平面。

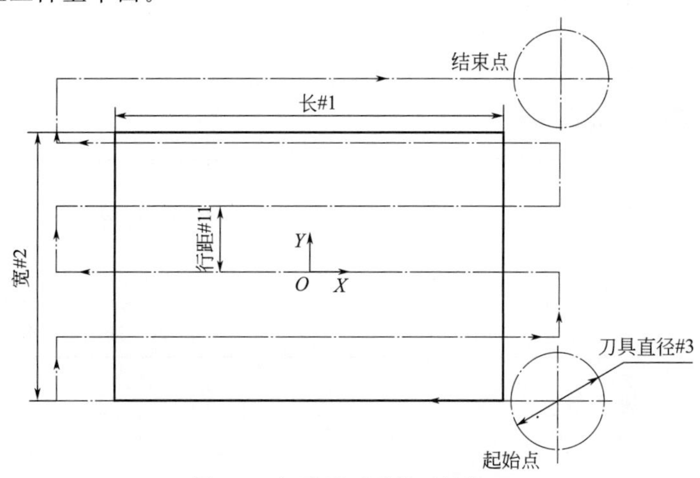

图 8-7　矩形平面开放区域加工

解：

(1) 平面轮廓取点算法

如图 8-7 所示，矩形平面一般采用图中行切路线加工。在主进给方向，刀具中心需切削至零件轮廓边，在横向进给方向的在起始和终止位置，刀具边沿需伸出工件一距离，以避免欠切。

① 选 ϕ30mm 立铣刀。

② 为保证行间切削面积覆盖，行距一般取刀具直径的 80%：

$$行距=80\%\times 刀具直径=80\%\times 30=24(mm)$$

③ *X* 边界刀具两边各伸出距离＝刀半径＋2mm＝＃3/2＋2mm。

④ 深度加工余量 3.0mm，本例一次切除。

(2) 变量赋值

调用户宏程序指令：

```
G65 P9200 A150. B100. C30. K3.;
```

变量赋值对应关系如下：

自变量	变量号	本题赋值/mm	备注
A	#1	150	矩形 X 边长
B	#2	100	矩形 Y 边长
C	#3	30	平底立铣刀直径
D	#7		Y 坐标自变量
E	#8		刀具起始点的 X 坐标
H	#11		行切方式的行距
K	#6	3.0	深度余量

(3) 加工程序

主程序

```
O0200;
G54 G90 G00 X0 Y0 Z50. S1000 M03;
G65 P9200 A150. B100. C30. K3.;
G00 X0 Y0;
M30
```

宏程序

```
O9200;                          宏程序号
#7=-#2/2;                       Y 坐标自变量,初赋值-#2/2
#11=0.8*#3;                     计算行距
#8=[#1+#3]/2+2;                 起始点 X 坐标
G00 X#8 Y#7;                    定位于始点
Z1;                             定位于工件 R 面
G01 Z-#6;                       下切至余量深度
WHILE [#7 LT [#2/2]] DO1;       Y 坐标自变量小于矩形 Y 边长,运行循环 1
G01 X-#8 F500;                  由矩形右侧切削至左边
#7=#7+#11;                      计算,Y 变量递增一个行距
Y#7;                            Y 向移动一个行距
IF[#7 GE [#2/2]] GOTO10;        Y 坐标自变量大于等于矩形 Y 边长,转移至 N10 段
X#8;                            切削至矩形右边
#7=#7+#11;                      计算,Y 变量递增一个行距
Y#7                             Y 向移动一个行距
END1;                           循环 1 结束
N10 G00 Z50.;                   快速回到安全平面
M99;                            宏程序结束
```

8.2.3 矩形槽粗加工（行切）与精加工宏程序

例 8-5：矩形槽尺寸 100mm×80mm，如图 8-8 所示。编写加工程序。

解：

(1) 走刀路线

本例加工槽采用行切与环切组合，即图 6-75（c）所示走刀方法。加工矩形槽的程序分两部分：粗铣挖槽和精铣周边。粗铣采用行切，粗加工后槽的轮廓边界留有精铣余量，采用环切精铣，只铣四周边。

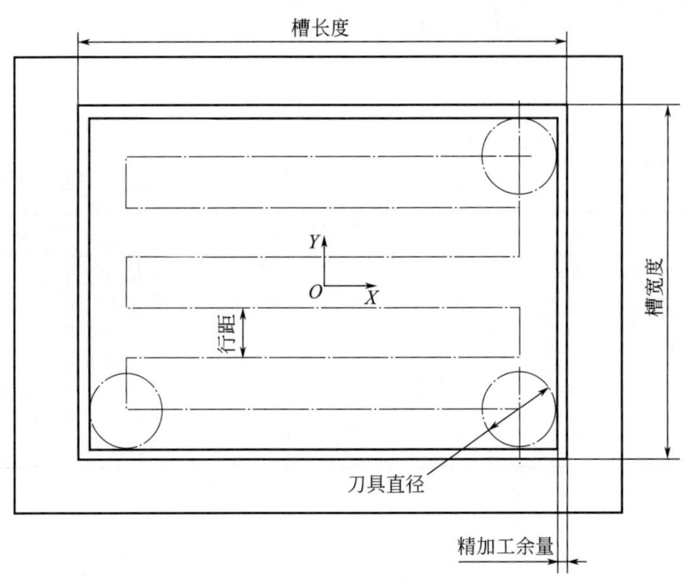

图 8-8 矩形槽行切（粗铣）与环切（精铣）

（2）粗铣矩形槽行切取点算法

① 编程原点：XY 面矩形槽中心点，Z 轴零点在工件上平面。

② 刀具。选 ϕ30mm 立铣刀。

③ 矩形槽粗铣采用图 8-8 所示的行切法，行距：80%×刀具直径=80%×30=24（mm）。

④ 铣后工件边界留有精铣余量。粗铣行切后矩形槽尺寸：

长×宽=(X 边长−2×余量)×(Y 边长−2×余量)

⑤ 为避免过切，刀具中心切削至零件边界内侧的等距线，等距线与边界距离为刀具半径。

刀具在 X 轴走刀极限边界：#8=X/2−刀半径=#1/2−#3/2。

刀具在 Y 轴走刀极限边界：#7=Y/2−刀半径=#2/2−#3/2。

⑥ 深度层切加工，一层余量 2.0mm，由程序“循环 2”完成。

⑦ 每层行切由程序中的“循环 1”完成。

（3）变量赋值

调用户宏程序指令：

```
G65 P9300 I260. J190. C30. K0 M10. R2. Q0. 5;
```

变量赋值对应关系如下：

自变量	变量号	本题赋值/mm	备注
I	#4	260	矩形 X 边长
J	#5	190	矩形 Y 边长
C	#3	30	平底立铣刀直径
K	#6	0	槽深度计数器，初赋值 0
M	#13	10	槽设计深度
R	#18	2	深度层切中的一层深度值
Q	#17	0.5	精加工余量

宏程序中使用参数变量：

#1——粗铣后矩形 X 边长；

#2——粗铣后矩形 Y 边长；

#7——Y 坐标自变量；

#8——刀具起始点的 X 坐标；

#11——行切方式的行距。

（4）加工程序

主程序

```
O1300;                                        程序号
G54 G90 G00 X0 Y0 Z50. S1000 M03;             设定工件坐标系,刀具在安全平面上定位于 O 点
G65 P6301 I260. J190. C30. K0 M10. R2. Q0.5;  调用宏程序 6301,自变量赋值,粗铣槽
G00 X0 Y0 Z50.;                               快速返回安全平面上的 O 点处(起始点)
G65 P6302 I260. J190. C30. K0 M10. R2. Q0.5;  调用宏程序 6302,自变量赋值,精铣槽
G00 X0 Y0 Z50.;                               快速返回安全平面上的 O 点处(起始点)
M30;                                          程序结束
```

宏程序

```
O6301;                           用于粗加工宏程序
#1=#4-2*#17;                     矩形长边粗铣后尺寸
#2=#5-2*#17;                     矩形宽边粗铣后尺寸
#7=-[#2/2-#3/2];                 Y 坐标自变量,初赋值:起始点坐标
#11=0.8*#3;                      计算行距
#8=#1/2-#3/2;                    计算起始点 X 坐标
G00 X#8 Y#7;                     定位于始点
Z1;                              定位于工件 R 面
N10 WHILE [#6LE#13] DO2;         切深值小于设计深度值,运行循环 2
#7=-[#2/2-#3/2];                 重置 Y 始点值
G00 X#8 Y#7 Z2.0;                快速定位于始点
#6=#6+#18;                       累加计算下切深度
G01 Z-#6;                        切削至层深
WHILE [#7 LT [#2/2-#3/2]] DO1;   Y 坐标自变量小于刀具位置 Y 最大值,运行循环 1
G01 X-#8 F500;                   由矩形右侧切削至左边
#7=#7+#11;                       计算,Y 坐标自变量递增一个行距
G1Y#7;                           Y 向移动一个行距
IF[#7GE[#2/2-#3/2]] GOTO10       Y 坐标有变量大于等于矩形 Y 边长,转移至 N10 段
X#8;                             切削至矩形右边
#7=#7+#11;                       计算,Y 坐标自变量递增一个行距
Y#7                              Y 向移动一个行距
END1;                            循环 1 结束
G00 Z50.;                        快速回到安全平面
END2                             循环 2 结束
M99;                             宏程序结束
```

粗铣图 8-8 方槽后，如需要精铣，可采用环切法铣削，精铣宏程序如 O0632。

宏程序

```
O6302;                 用于精加工宏程序
#1=#4/2-#3/2;          刀具中心 X 极限坐标
#2=#5/2-#3/2;          刀具中心 Y 极限坐标
G0 X#1 Y#2;            定位于下刀点
G1 Z-#13 F200;         下切至槽底
G1 X-#1;               切削上边界
Y-#2;                  切削左边界
X#1;                   切削下边界
Y#2;                   切削右边界
Z2.0;                  回到 R 平面
M99;
```

8.3 孔系加工宏程序

例 8-6：加工图 8-9 所示零件上两组圆环阵列孔系，共 14 个尺寸 M8 螺孔，螺孔深 15mm，孔深 20mm，孔位置沿圆周均布。简写加工程序。

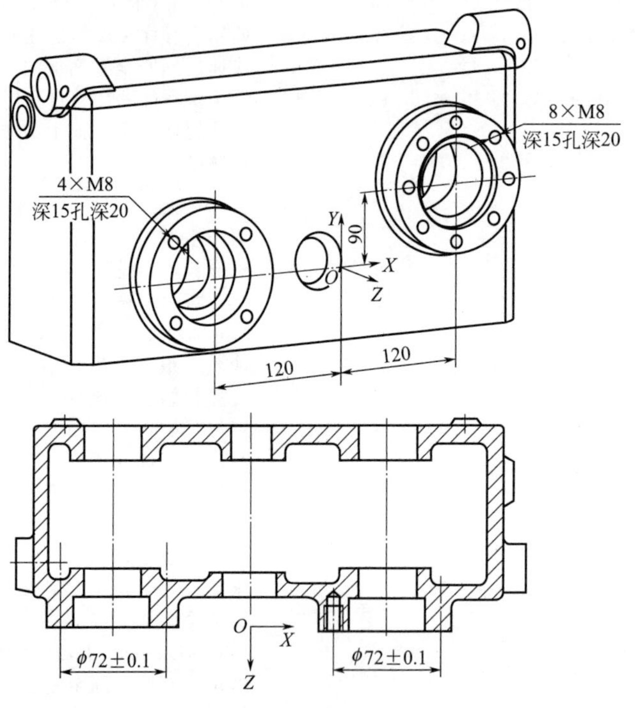

图 8-9　两组圆环阵列孔系

解：

（1）孔位置点算法

① 编程原点：如图 8-9 所示，*XY* 面在零件中间孔的圆心，*Z* 轴零点在零件圆环部位上平面。

② 螺孔加工分为两个工步：钻预制孔，攻螺纹。

钻预孔刀具选 ϕ6.7mm 麻花钻；攻螺纹选 M8 丝锥。

③ 孔位置 *X* 坐标：分布圆半径×COS（分布角度），程序计算："#11=#24+#4*COS[#1]"。

孔位置 *Y* 坐标：分布圆半径×SIN（分布角度），程序计算："#12=#25+#4*SIN[#1]"。

（2）变量赋值

变量赋值对应关系如下。

自变量	变量号	备注
A	#1	起始角度
B	#2	角度增量（孔间夹角）
I	#4	分布圆半径

续表

自变量	变量号	备注
K	#6	孔数
R	#7	*R* 平面（快速下刀）高度
F	#9	钻孔进给速度
X	#24	阵列中心位置
Y	#25	阵列中心位置
Z	#26	钻孔深度

（3）加工程序

主程序

```
O1080;
G91 G28 Z0;                                              返回参考点
M06 T1;                                                  中心钻
G54 G90 G0 G17 G40;                                      设定工件坐标系,保险程序段
G43 Z50. H1 M03 M07 S1000;                               刀具长度补偿
G65 P9080 X-120 Y0 A45. B90. I36. K4. R2. Z3. F50.;     调用宏程序 9080,参数赋值
G65 P9080 X120. Y90. A0 B45. I36. K8. R2. Z3. F50.;     调用宏程序 9080,参数赋值
G0 G49 Z120. M05 M09;                                    取消刀具长度补偿,回安全平面
G91 G28 Z0;                                              返回参考点
M06 T2;                                                  换刀(麻花钻)
G54 G90 G0 G17 G40;                                      设定工件坐标系,保险程序段
G43 Z50. H2 M03 M07 S800;                                刀具长度补偿
G65 P9080 X-120 Y0 A45. B90. I36. K4. R2. Z20. F50.;    调用宏程序 9080,参数赋值
G65 P9080 X120. Y90. A0 B45. I36. K8. R2. Z20. F50.;    调用宏程序 9080,参数赋值
G0 G49 Z50. M05 M09;                                     取消刀具长度补偿,回安全平面
G91 G28 Z0;                                              返回参考点
M06 T3;                                                  换上 M8 丝锥
G54 G90 G0 G17 G40;                                      设定工件坐标系,保险程序段
G43 Z50. H2 M03 M07 S800;                                刀具长度补偿
G65 P9080 X-120 Y0 A45. B90. I36. K4. R2. Z15. F50.;    调用宏程序 9080,参数赋值
G65 P9080 X120. Y90. A0 B45. I36. K8. R2. Z15. F50.;    调用宏程序 9080,参数赋值
G0 G49 Z50. M05 M09;                                     取消刀具长度补偿,回安全平面
G91 G28 Z0;                                              返回参考点
M30;                                                     程序结束
```

宏程序

```
O9080;
#10=1;                                                   孔计数器
WHILE [#10 LE#6] DO1;                                    加工孔的个数小于等于给定数,循环继续
#11=#24+#4* COS[#1];                                     孔位置 X 坐标
#12=#25+#4* SIN[#1];                                     孔位置 Y 坐标
G90 G81 G99 X#11 Y#12 Z-#26 R#7 F#9;                     钻孔,抬刀至 R 面
#10=#10+1;                                               孔数加 1
#1=#1+#2;                                                计算孔位置分布角
END1;
M99;
```

8.4 用宏程序铣削椭圆

8.4.1 椭圆槽加工

例 8-7：数控铣加工如图 8-10 所示的椭圆槽，材料为中碳钢。由于一般的数控系统无椭圆插补功能，可用宏程序实现编程。本例使用 ϕ20 键槽铣刀分两层铣削，每一次切削深度为 5mm。以刀具中心轨迹编程。

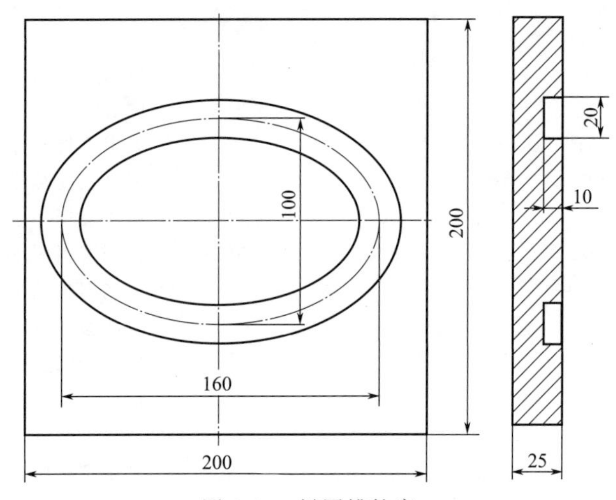

图 8-10 椭圆槽轮廓

(1) 椭圆曲线轮廓取点算法

对简单平面曲线轮廓进行加工，是采用小直线段逼近曲线完成的。具体算法为：采用某种规律在曲线上取点，然后用小直线段将这些点连接起来完成加工。数控系统无椭圆插补功能，采用直线段包络成椭圆。椭圆轨迹取点规律如下。

① X 坐标按增量 0.05mm（步长）取值，即由起始点开始：$X \leftarrow X+0.05$。

宏程序指令：“#10=#10+0.05”。

② Y 坐标由计算得到：假定椭圆长（X 向）、短半轴（Y 向）长分别为 a 和 b。

椭圆轨迹解析方程：

$$\frac{x^2}{a^2}+\frac{y^2}{b^2}=1$$

所以：$y=\mathrm{SQRT}[a \times a - x \times x] \times b/a$。

宏程序指令：`#11=SQRT [#1* #1- #10* #10] * #2/#1;`

(2) 变量赋值

调用户宏程序指令：`G65 P0100 A80.0 B50.0 C- 5.0;`

变量赋值对应关系如下。

自变量	变量号	本题赋值	备注
A	#1	80	椭圆长半轴
B	#2	50	椭圆短半轴
C	#3	5（第 2 次为 10）	Z 向下切深度

宏程序中使用参数变量如下。

#10——椭圆上点 X 坐标值；

#11——椭圆上点 Y 坐标值。

（3）加工程序

主程序

```
O0080
N0001 G92 X0.0 Y0.0 Z50.0;              工件坐标系原点设在工件中心顶面上
N0002 M03 S300;                         主轴正转,转速
N0003 G00 X-80.0;                       刀具移至椭圆左端点处
N0004 G00 Z1.0;                         快速接近工件
N0005 G01 Z0.0 F100.0;                  慢速接近工件
N0006 G65 P1000 A80.0 B50.0 C5.0;       调用宏程序,自变量赋值。Z 向下切 5mm
N0007 G65 P0100 A80.0 B50.0 C10.0;      调用宏程序,自变量赋值。Z 向下切 10mm
N0007 G00 Z50.0;                        抬刀
N0008 G00 X0.0 Y0.0;                    刀具回起点
N0009 M05;                              主轴停
N0010 M30;                              程序结束
```

宏程序

```
O1000;
#10=-#1;                                #10 为椭圆上点 X 坐标,赋值后#10 值为-80.0
N1000 G01 Z-#3;                         #3 为 Z 向进刀深度
WHILE [#10 LE #1] DO1;                  #10 值小于等于 80,循环加工上半椭圆
#11=SQRT[#1*#1-#10*#10]*#2/#1;          #11 为 Y 坐标用椭圆公式计算
N1001 G01 X#10 Y#11 F200.0;             切削
#10=#10+0.05;                           修改 X 坐标,X←X+0.05
END1;                                   循环 1 结束,此时#10 值为 80.0
#10=#1;                                 #10 为 X 坐标,赋值后#10 值为 80.0
WHILE[#10 GE-#1] DO2;                   X 坐标大于等于-80,循环加工下半椭圆
#11=-SQRT[#1*#1-#10*#10]*#2/#1;         #11 为 Y 坐标,用椭圆公式计算
N1002 G01 X#10 Y#11 F200;               切削
#10=#10-0.05;                           修改 X 坐标,每步 X←X-0.05
END2;                                   循环 2 结束,此时#10 值为-80.0
N1003 M99;                              宏程序结束,返回主程序
```

（4）编程要点说明

① 编程深度层切方法之一。运行一次宏程序，可完成切削一层深度，多次调宏程序，可实现多层切削，达到工件深度加工要求。本题椭圆 Z 向分 2 层切削，每次切深 5mm。通过程序中 N6 段和 N7 段，两次调用宏程序，每次调用深度变量赋值不同，深度变量 C 分别赋值 5 和 10，实现深度层切。

② 在 XY 面椭圆切削路径。椭圆的切削从图 8-10 中的左端开始，沿顺时针方向切削到右端，加工椭圆的上半部分。然后，从图中的右端开始，沿逆时针方向切削到左端点，加工椭圆的下半部分。

8.4.2　椭圆外轮廓加工

例 8-8： 加工图 8-11 所示椭圆外轮廓。椭圆长轴（X 向）、短轴（Y 向）分别为 90mm 和 60mm，高度 10mm。

编程条件：工件坐标系原点在椭圆中心，长半轴 $a=45$，短半轴 $b=30$，下刀点在椭圆右侧，刀具直径 ϕ18mm，加工深度 10mm。编程如下。

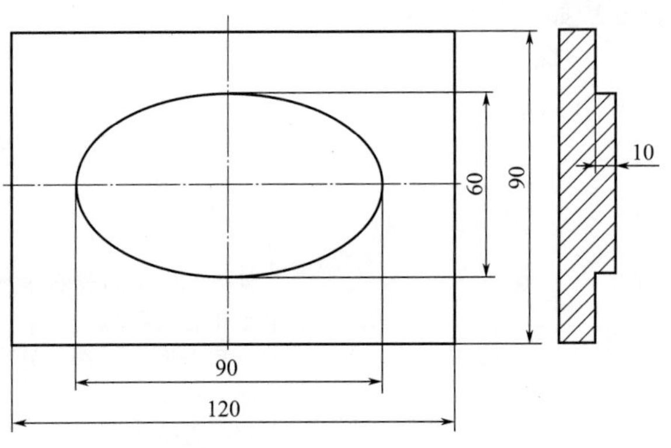

图 8-11　椭圆外轮廓

（1）椭圆曲线轮廓取点算法

计算椭圆轨迹。假定椭圆长（X 向）、短轴（Y 向）半长分别为 a 和 b，极角 θ，则椭圆的极坐标参数方程为

$$\begin{cases} x=a\cos\theta \\ y=b\sin\theta \end{cases}$$

利用此方程完成在椭圆上取点工作。

椭圆上点的取点规律如下。

X 坐标值：$X=a\times\cos\theta$。宏程序指令：#5=#1*COS[#7]；

Y 坐标值：$Y=b\times\sin\theta$。宏程序指令：#6=#2*SIN[#7]；

（2）变量赋值

调用户宏程序指令：

```
G65 P3078 A45. B30. I2.0 E0.2 H10. D0 Q2.0 F500;
```

变量赋值对应关系如下。

自变量	变量号	本题给定数值	备注
A	#1	45.	椭圆长半轴
B	#2	30.	椭圆短半轴
I	#4	2.0	Z 向下切深度变量，初值 2.0
E	#8	0.2	角度增量
H	#11	10.	椭圆加工深度
Q	#17	2.0	层切 Z 向深度增量
D	#7	0	极角变量，初值 0°
F	#9	500	进给速度

（3）加工程序

主程序

```
O0578;                                           主程序号
G54 G90 G40 G00 X0 Y0 Z50.;                      快速定位至安全平面
M03 S1200;
G65 P3078 A45. B30. I10. E0.2 H10. D90. Q2.0 F500;   调用宏程序 O3078，自变量赋值
M30;
```

宏程序

```
O3078;                                           宏程序号
G00 X0 Y0 Z50.;
WHILE [#4 LE #11] DO1;                           加工深度#4≤#11，循环 1 继续
```

```
G00 G40 X[#1+20.] Y0;          在安全平面快速定位到下刀点
Z2.0;                          Z 轴定位到 R 面,工件上面 2mm 处
G01 Z-#4 F[#9*0.2] F200;       切削至工件深度#4
#7=0;                          重置极角初值(0°)
#5=#1*COS[#7];                 切削椭圆起始点,X 值
#6=#2*SIN[#7];                 切削椭圆起始点,Y 值
G42 D01 G01 X#5 Y#6 F#9;       建立刀具半径右补偿
WHILE [#7 LE 370] DO2;         如果极角#7≤370°,循环 2 继续
#5=#1*COS[#7];                 椭圆上点的 X 坐标值
#6=#2*SIN[#7];                 椭圆上点的 Y 坐标值
G01 X#5 Y#6 F#9;               以直线段逼近椭圆
#7=#7+#8;                      极角#7 每次以#8 递增
END2;                          循环 2 结束,此时#7 等于 370°
G00 Z50.;                      上升到安全高度
#4=#4+#17;                     Z 坐标切削深度累加一个层切增量
END1;                          循环 1 结束,此时切深#4 等于#11(即 10mm)
M99;                           宏程序结束,返回
```

(4) 编程要点说明

①宏程序结构。宏程序看似复杂，其实仅由两个循环程序组成，“循环体 1”用于完成深度方向层切，“循环体 2”用于完成一层内的切削，即铣削椭圆一周。

深度层切编程方法。在宏程序中实现层切，可用循环程序实现层切。本例椭圆 Z 向去除材料分 5 层切削，每次切深 2mm。程序如下。

```
WHILE[#4 LE #11] DO1;          循环条件为切深小于等于规定值,继续循环
…
#4=#4+#17;                     每循环一次,切削深度累加一个层切增量,增量为 2mm
END1;
```

② 在 XY 面椭圆切削路径。椭圆的切削从图 8-11 中的右端极坐标极角为 0°处开始，逆铣，沿逆时针方向切削椭圆一周，为避免椭圆外表面接刀痕迹，刀具沿椭圆表面多走 10°，即极角取值范围为 0°～370°。

③ 宏程序中采用了刀具半径补偿，程序中建立刀具半径右补偿语句（“G42 D01 G01X ♯5 Y♯6 F♯9”）不能放在“循环体 2”中，如果放在循环体 2 中，每运行一次循环，则刀具补偿一次，重复执行刀具半径补偿，显然是不对的。G42 语句放在“循环 2”之外，只执行一次刀具补偿，完成整体“循环 2”程序，然后取消刀具补偿，避免重复刀具半径补偿。

④ 本程序采用逆铣，如果采用顺铣，需改变下述 2 个程序语句：

```
G42 D01 G01 X#5 Y#6 F#9;      改为：G41 D01 G01 X#5 Y-#6 F#9;
G01 X#5 Y#6 F#9;              改为：G01 X#5 Y-#6 F#9;
```

⑤ 用直线段逼近加工椭圆曲线，理论上产生过切，所以极角增量♯8 不能太大，确保曲线表面光滑和椭圆的形状精度。

第9章 FANUC系统铣床及加工中心操作

9.1 数控机床操作基础

数控机床操作人员，必须在了解加工零件的要求、工艺路线、机床特性后，方可操纵机床完成各项加工任务，操作要点如下。

9.1.1 数控机床准备

机床准备工作主要包括以下几项。

① 接通主控电源。

② 打开压缩空气阀门。

③ 接通控制系统电源（有的数控系统没有单独电源）。

④ 每天进行必要的润滑。

⑤ 各轴手动回参考点。

目前，数控机床的测量系统多为增量式测量系统，这种数控机床在开机、重新上电、急停等操作后必须手动回参考点，重新建立机床坐标系，确保机床移动位置的准确性。手动返回参考点以后，用G28返回参考点才有效。

对于使用绝对式测量系统的数控机床，开机、重新上电、急停后则无须回参考点，系统能自动确定刀具当前位置。

9.1.2 阅读工艺文件，明确加工任务

机床操作者必须认真分析工艺文件，包括零件图、数控加工工序单和数控加工程序单等，明确加工要求。

（1）分析零件图

本工序加工部位的尺寸、公差、间隙、拐角 R 尺寸及型腔深度等，为加工和自检做好准备。加工前必须先测量毛坯的尺寸，了解上工序加工内容，检查数控加工前工序是否符合图样要求，如有问题应提前发现并解决。

（2）分析数控加工程序单

加工前需理解程序单的内容，例如编程零点的确定及位置、加工顺序（加工顺序一般按程序顺序执行）等。

把工序单要求的工艺内容理解清楚，必须严格按照工序单的规定操作机床（找正操作等）。零件加工后对照零件与工序单和零件图样，检查加工质量以及是否存在尚未加工部分。

9.1.3 工件装夹找正

① 装夹时首先要考虑零件在加工过程中的稳定性，其次考虑加工中刀具移动范围，特别是刀具的长度与装夹高度，防止刀具夹头碰伤零件，防止加工刀具与夹具发生碰撞。零件尺寸较大时，注意是否超行程。

② 找正装夹工件时，必须按照工艺单要求找正。工艺单上没有要求，选取经过磨削的平面、精加工的孔或线切割加工后的成形面进行找正。打表找正时，首先要打上平面的平面度、两个基面的上下垂直度，同时注意偏心等因素的影响。

③ 荒铣余量大时，荒铣后一定要重新进行找正定位，防止因较大的切削力使工件移

动，破坏工件定位。

④ 在零件加工精度高时，应使用千分表进行找正。

9.1.4 对刀

① 在加工之前，必须明确加工步骤和所需要的刀具，刀具选用荒、精两种。一般选用最大直径刀具加工，以提高加工效率。

② 对刀时，注意 Z 方向的对刀基准。一般根据零件图样，选择零件的设计基准对刀。

9.1.5 加工过程中的主要事项

① 首先要检查机床状况。

② 加工前需检查程序。空运行一遍程序，确认走刀轨迹与工件廓形相符，然后“划线”检查，即刀具切入深度为0.03～0.05mm，刀补至少每边留1.0mm余量。最后按铣削轨迹线进行测量，测量结果符合图样后方可加工。

③ 加工时注意走刀速度与主轴转速相匹配，以达到最佳效率，保证刀具的使用寿命。要经常观察走刀情况，防止走刀过程中出现意外情况。当刀切入工件材料时，应将进给速度调低，防止啃刀现象发生，同时防止机床掉刀、产生过切等事故。

④ 加工叶片类锻模时，榫头部分要用较大直径的刀具进行荒铣，防止啃刀现象的发生。用较小直径的刀具清根，防止产生过切。

⑤ 加工模具零件，要注意模具装配间隙，是否留间隙，留多少间隙，应该根据图样及工艺要求进行加工。

⑥ 加工铝件、紫铜件时，荒铣留量要稍大些，每边一般为留余量1～1.5mm，同时加工过程中要加冷却液，防止发生粘刀现象导致缺肉。加工电火花用电极时，装夹工件需要加砂布防止装夹变形，影响表面粗糙度和尺寸以及电脉冲等后工序的使用。精加工电极、铣顶型时要多光一遍，防止发生让刀现象影响加工精度。

⑦ 加工底平面时，要先进行粗铣，底面留0.3～0.5mm。进行精铣时切削速度要高，进给要慢，刀具顶刃需磨好，以确保加工表面粗糙度。

⑧ 加工圆锻模时，要注意锻件图与锻模图的 X、Y 方向是否一致，确定后方可加工。

9.1.6 加工后工件的处理

① 打毛刺。加工后首先要利用刀具将四周毛刺铣掉（如毛刺较小则用锉刀之类的工具），然后将型腔内的冷却液及铁屑清除干净，并将零件擦拭干净。

② 自检。操作者用量具将各加工尺寸仔细检查一遍，并认真核对图纸及工艺要求，如无法用量具测量则可利用打表进行检查，做好测量结果的记录，以备交检时使用。同时为了有效控制工件的加工质量，自检过程可分为两个环节，即中间自检和最终自检。

③ 交检。自检后应及时交付检查人员检查，在加工过程中出现的问题要及时向检验人员反映，如实记录，写在图纸背面，以备下工序参考。

9.1.7 数控加工工艺守则

数控加工操作者必须遵守数控加工工艺守则。简述如下。

（1）加工前的准备

① 操作者必须根据机床使用说明书熟悉机床的性能、加工范围和精度，并要熟练掌握机床及其数控装置各部分的作用及操作方法。

② 检查机床各开关、旋钮和手柄是否在正确位置。

③ 启动机床电器部分，按规定进行预热。

④ 开动机床使其空运转，检查各开关、按钮、旋钮和手柄的灵敏度，检查润滑系统是否正常。

⑤ 熟悉被加工工件的加工程序和工件（编程）原点。

（2）刀具与工件的装夹

① 安放刀具时应注意刀具的使用顺序，刀具的安放位置必须与程序要求的顺序和位置一致。

② 工件的装夹除应牢固可靠外，还应避免工作中刀具与工件或刀具与夹具发生干涉。

（3）加工时要求

① 进行首件加工前，必须经过程序检查（程序空运行等），走刀轨迹（走刀路线）检查，单程序段试切，加工完工件，工件尺寸检查等步骤。

② 加工时，必须正确输入加工程序，不得擅自更改程序。

③ 在加工过程中操作者应随时监视显示装置，发现报警信号时，应及时停车，排除故障。

④ 工件加工完后，应将程序纸带或其他存储介质妥善保管，以备再用。

9.2 FANUC系统数控铣床、加工中心操作界面

9.2.1 数控铣床（加工中心）操作面板组成

数控机床的操作是通过操作面板完成的，操作面板分两部分，即数控系统操作面板（图9-1）和机床操作面板（图9-2）。数控系统操作面板用于对数控系统操作；机床操作面板用于对机床的操作。

9.2.2 FANUC数控系统操作面板

数控系统面板由显示屏和键盘（MDI）组成，如图9-1所示。键盘（MDI）上各键的用途如表9-1所示，设在显示器下面的一行键，称为软键。软键的用途由屏幕上最下一行的软键菜单指示，在不同的屏面下，菜单指示的软键当前用途不同。

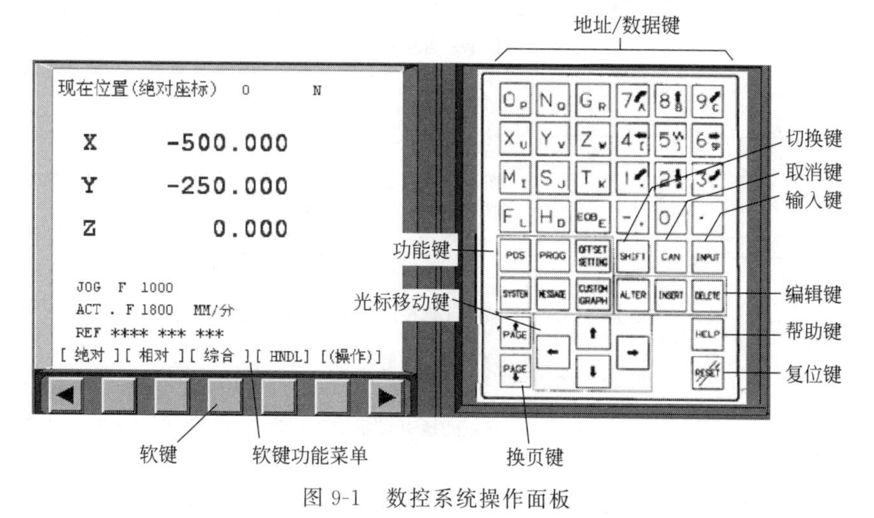

图9-1　数控系统操作面板

数控系统操作面板（MDI）上各种键的分类、用途及其英文标识如表 9-1 所示。

表 9-1 数控系统操作面板（MDI）上各键的用途

键的标识字符		键名称	键用途
RESET		复位键	用于使 CNC 复位或取消报警等
HELP		帮助键	当对 MDI 键的操作不明白时按下这个键可以获得帮助（帮助功能）
SHIFT		换挡键	在键盘上有些键具有两个功能，按下换挡键可以在这两个功能之间进行切换，当一个键右下角的字母可被输入时就会在屏幕上显示一个特殊的字符 Ê
INPUT		输入键	当按下一个字母键或者数字键时，数据被输入缓存区，并且显示在屏幕上。要将输入缓存区的数据拷贝到偏置寄存器中，必须按下 INPUT 键。这个键与软键上的“INPUT”键是等效的
← ↑ ↓ →		光标移动键	有四个光标移动键。按下此键时，光标按所示方向移动
↑PAGE PAGE↓		页面变换键	按下此键时，用于在屏幕上选择不同的页面（依据箭头方向，前一页、后一页）
功能键	POS	位置显示键	按下此键显示刀具位置界面。可以用机床坐标系、工件坐标系、增量坐标及刀具运动中距指定位置的剩下的移动量四种不同的方式显示刀具当前位置
	PROG	程序键	按下此键在编辑方式下，显示在内存中的程序，可进行程序的编辑、检索及通信；在 MDI 方式，可显示 MDI 数据，执行 MDI 输入的程序；在自动方式可显示运行的程序和指令值进行监控
	OFFSET SETTING	偏置键	按下此键显示偏置/设置 SETTING 界面，如刀具偏置量设置和宏程序变量的设置界面；工件坐标系设定界面；刀具磨损补偿值设定界面等
	SYSTEM	系统键	按下此键设定和显示运行参数表，这些参数供维修使用，一般禁止改动；显示自诊断数据
	MESSAGE	信息键	按下此键按此键显示各种信息（报警号页面等）
	CUSTOM GRAPH	图形显示键	按下此键以显示宏程序屏幕和图形显示屏幕（刀具路径图形的显示）

续表

键的标识字符		键名称	键用途
程序编辑键	DELETE	删除键	编辑时用于删除在程序中光标指示位置字符或程序
	ALTER	替换键	编辑时在程序中光标指示位置替换字符
	INSERT	插入键	编辑时在程序中光标指示位置插入字符
	EOB E	段结束符	按此键则一个程序段结束
	CAN	取消键	按下这个键删除最后一个进入输入缓存区的字符或符号。例如当键输入缓存区字符显示为：">N001 X100 Z _" 当按下 CAN 键时，*Z* 被取消并且屏幕上显示：">N001 X100 _"
N O　4 [（总计 24 个）		地址和数字键	输入数字和字母，或其他字符
〔　　〕		软键	软键功能是可变的，根据不同的界面，软键有不同的功能，软键功能的提示显示在屏幕的底端

9.2.3 机床操作面板

机床操作面板如图 9-2 所示，面板上配置了操作机床所用的按键、旋转开关等。按键分为：操作方式选择键、程序检查的键等。生产厂家不同，机床的类型不同，其机床面板上开关的配置不相同，开关的形式及排列顺序有所差异，但基本功能类似。

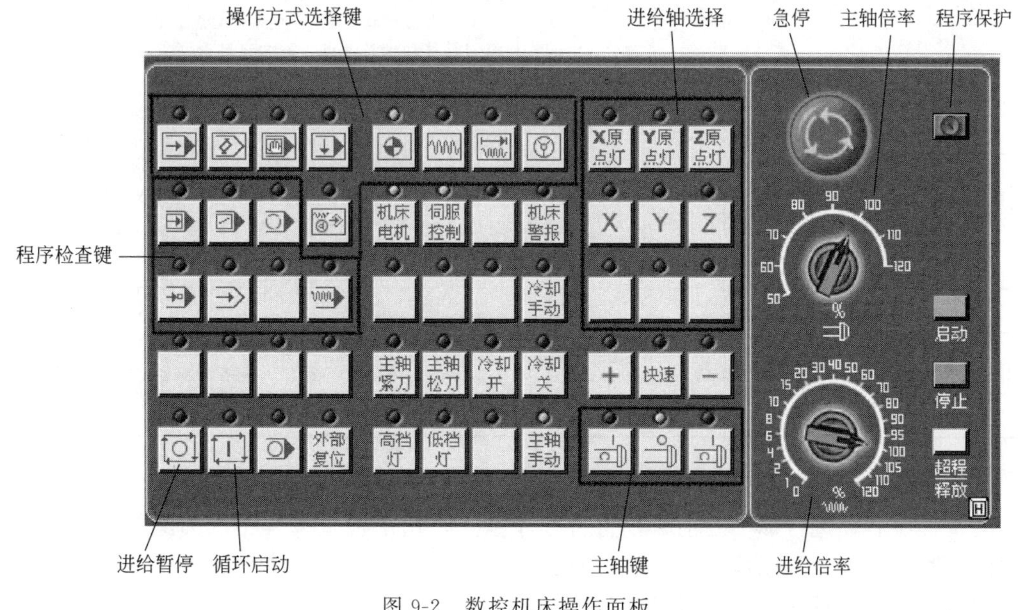

图 9-2　数控机床操作面板

（1）操作方式选择键（MODE SELECT）

操作者对机床操作时。需要先选择操作机床的操作方式。FANUC 系统机床的操作方式分为：编辑（EDIT）、自动（AUTO）、手动数据输入（MDI）、手轮（HANDLE）、手动连续进给（JOG）、增量进给方式、回参考点（ZERO）、手动示教（TEACH. H）、直接数控方式（DNC）。表 9-2 中所示的键用于选择操作方式。

表 9-2 操作方式选择键用途

键的标准符号	英文标识字符	键名称	用途
	EDIT	编辑方式	用于检索、检查、编辑加工程序
	AUTO	自动运行方式	程序存到 CNC 存储器中后机床可以按程序指令运行，该运行操作称为自动运行（或存储器运行）方式 程序选择：通常一个程序用于一种工件，如果存储器中有几个程序，则通过程序号选择所用的加工程序
	MDI	手动数据输入方式	从 MDI 键盘上输入一组程序指令，机床根据输入的程序指令运行，这种操作称为 MDI 运行方式。一般在手动输入原点偏置、刀具偏置等机床数据时也采用 MDI 方式
	HANDLE	手轮进给方式	手轮进给：摇转手轮，刀具按手轮转过的角度移动相应的距离
	JOG	手动连续进给方式	用机床操作面板上的按键使刀具沿任何一轴移动。刀具可按以下方法移动：①手动连续进给：当一个按钮被按下时刀具连续运动，抬起按键进给运动停止；②手动增量进给：每按一次按键，刀具移动一个固定距离
	ZERO RETURN	手动返回参考点（回零方式）	CNC 机床上确定机床位置的基准点叫做参考点，在这一点上进行换刀和设定机床坐标系。通常机床上电后要返回机床参考点，手动返回参考点就是用操作面板上的开关或者按钮将刀具移动到参考点。也可以用程序指令将刀具移动到参考点，称为自动返回参考点
	TEACH	示教方式	结合手动操作，编制程序。TEACH IN JOG 手动进给示教和 EACH IN HANDLE 手轮示教方式是通过手动操作获得的刀具沿 X、Y、Z 轴的位置，并将其存储到内存中作为创建程序的位置坐标。除了地址 X、Y、Z 外，地址 O，N，G，R，F，C，M，S，T，P，Q 和 EOB 也可以用 EDIT 方式同样的方法存储到内存中
	DNC	计算机直接运行方式	DNC 运行方式是加工程序不存到 CNC 的存储器中，而是从数控装置的外部输入，数控系统从外部设备直接读取程序并运行。当程序太大不需存到 CNC 的存储器中时这种方式很适用

（2）程序检查键

编辑程序后，进行加工之前必须进行程序检查，用于检查编程中的刀具轨迹，防止刀具碰撞，避免事故。程序检查的功能键有：机床锁住、辅助功能锁住、进给速度倍率、快速移动倍率、空运行和单段运行等，如表 9-3 所示。

表 9-3 程序检查键的用途

按键符号	英文标识字符	键名称	用途
	DRY RUN	空运行	将工件卸下，只检查刀具的运动轨迹。在自动运行期间按下空运行开关，刀具按参数中指定的快速速度进给运动，也可以通过操作面板上的快速速率调整开关选择刀具快速运动的速度
	SINGLE BLOCK	单段运行	按下单程序段开关进入单程序段工作方式，在单程序段方式中按下循环启动按钮，刀具在执行完程序中的一段程序后停止，通过单段方式的一段一段地执行程序，仔细检查程序
	MC LOCK	机床锁住	在自动方式下，按下的机床锁住开关刀具不再移动，但是显示界面上可以显示刀具的运动位置，沿每一轴运动的位移在变化就像刀具在运动一样
	OPT STOP	选择停止	按下选择停止开关，程序中的 M01 指令使程序暂停，否则 M01 不起作用
	BLOCK SKIP	可选程序段跳过	按下跳过程序段开关，程序运行中跳过开头标有“/”，结束标有“;”的程序段
	STOP	程序停止	程序停止（只用于输出）。按下此开关，在运行程序过程中，程序中的 M00 指令停止程序运行时，该按键显示灯亮
		程序重启动	用于由于刀具破损等原因程序自动运行停止后，程序可以从指定的程序段重新开始运行

其他常用键的用途如表 9-4 所示。

表 9-4 其他常用键的标识及用途

按键符号	英文标识字符	键名称	用途
	CYCLE START	循环启动	启动：按下循环启动按键，程序开始自动运行。当一个加工过程完成后自动运行停止
	FEED HOLD	进给暂停	在程序运行中按下进给暂停按键，自动运行暂停，是在程序中指定程序停止或者中止程序命令。程序暂停后，按下循环启动按钮，程序可以从停止处继续运行
X1 X10 X100		进给当量选择	在手轮方式时，选择手轮进给当量，即手轮每转一格，直线进给运动的距离，可以选择：1μm、10μm、100μm 或 1000μm
OFF X Y Z 4			在手轮方式时，选择用手轮进给的轴
HANDLE	HANDLE	手轮	转动在手轮，刀具进给运动。顺时针转动手轮，刀具正向运动；逆时针转动手轮，刀具负向运动
X Y Z		手动进给轴	手动进给轴选择，在手动进给方式或手动增量进给方式下，该键用于选择进给运动轴，即 X、Y、Z 轴以及第 4 轴等

续表

按键符号	英文标识字符	键名称	用途
		进给运动方向	手动进给方式或增量进给方式时，在选定了手动进给轴后，该键用于选择进给运动方向
	REPID	快速进给	快速进给。在手动进给方式下按下此开关，执行手动快速进给
	SPINDLE CW	手动主轴正转	主轴正转。按键使主轴顺时针方向旋转
	SPINDLE CCW	手动主轴反转	主轴反转。按键使主轴逆时针方向旋转
	SPINDLE STOP-	手动主轴停	主轴停。按键使主轴停止旋转
	ON OFF	数据保护键	数据保护键用于保护零件程序，刀具补偿量，设置数据和用户宏程序等 “1”——ON 接通，保护数据 “0”——OFF 断开，可以写入数据
		进给速度倍率调整	进给倍率用于在操作面板上调整程序中指定的进给速度，例如，程序中指定的进给速度是100mm/min，当进给倍率选定为20％时，刀具实际的进给速度为20mm/min。此键用于改变程序中指定的进给速度，进行试切削，以便检查程序
		主轴转速调整	进给倍率用于在操作面板上调整程序中指定的主轴转速。例如，程序中指定的主轴转速是1000r/min，当进给倍率选定为50％时，主轴实际的转速为500r/min。此键用于调整主轴转速，进行试切削，以便检查程序
	E-STOP	紧急停止	进给停，断电。用于发生意外紧急情况时的处理

9.3 手动操作数控机床

9.3.1 通电操作

（1）打开数控系统电源的步骤

① 检查数控机床的外观是否正常，如检查前门和后门是否关好。

② 按照机床制造厂商说明书中所述的步骤通电。

③ 通电后如果系统正常，则会显示位置屏幕界面，如图 9-3 所示。

④ 检查风扇电动机是否旋转。

应该注意的是，在显示位置屏幕或者报警屏幕之前，不要进行操作。因为系统键盘上有些键是用于维修保养或者具有特殊用途，如果它们被按下后会发生意外的操作结果。

（2）关闭电源

关闭数控系统电源应按下述步骤进行。

① 检查操作面板上表示循环启动的显示灯（LED）是否关闭。

② 检查数控机床的移动部件是否都已经停止

③ 如果有外部的输入/输出设备连接到机床上，应先关掉外部输入/输出设备的电源。

④ 持续按下“POWER OFF”按钮大约5s。

⑤ 参考制造厂提供的说明书，按照其中所述步骤切断机床的电源。

图 9-3 电源接通时位置显示界面

9.3.2 手动返回参考点

机床通电后必须进行手动返回参考点操作，建立机床坐标系。手动返回参考点是利用操作面板上的开关和按键，将刀具移动到机床参考点。操作步骤如表9-5所述。

表 9-5 手动返回参考点的操作步骤

顺序号	按键操作	说明
1	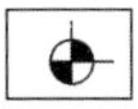	在机床操作面板上按下参考点返回键，进入返回参考点方式，然后分别按下各轴进给方向键，可使各轴分别移动到参考点位置。为防止碰撞，应先操作Z轴回参考点，然后操作其他轴回参考点 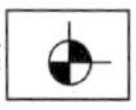
2		调整快速移动倍率，选择快速移动速度，当刀具已经回到参考点，参考点返回完毕指示灯亮
3	 Z	 按 Z 键
4	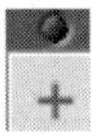 +	按键  + ，则Z轴向正方向移动，同时Z轴回零指示灯闪烁
5	 Z原点灯	Z轴移动到参考点时指示灯停止闪烁，同时Z轴回零指示灯  Z原点灯 亮，表明Z轴回到参考点，这时Z轴机械坐标值为0
6	 X原点灯 Y原点灯 和 4th轴参考点 	同上述3～5，分别操作X轴、Y轴，使X轴、Y轴、第4轴回到参考点，回零指示灯亮，这时X、Y、第4轴机械坐标值为0

9.3.3 手动连续进给（JOG）

手动连续进（JOG）给是人工手按键使坐标轴运动。在JOG方式中持续按下操作面板上的进给轴及其方向选择开关，会使刀具沿着所选轴的所选方向连续移动。JOG进给速度可以通过倍率旋钮进行调整。如果同时按下快速移动开关会使刀具以快速移动速度移动。

此时JOG进给倍率旋钮无效，该功能叫做手动快速移动。手动操作一次只能移动一个轴。操作步骤如表9-6所示。

表9-6　手动连续进给（JOG）步骤

顺序	按键操作	说明
1		在机床操作面板上选择操作方式，按下手动连续JOG键，选择手动连续方式
2	X、Y、Z	通过进给轴选择开关选择使移动的轴，可以是 X、Y、Z 等轴。按下该开关时刀具移动，释放开关移动停止
	+、−	通过进给方向选择按键，选择使刀具移动的运动方向
3		可以通过进给速度的倍率旋钮，调整进给速度
4	快速	按下进给轴和方向选择开关的同时按下快速移动键，刀具以快速移动速度移动，在快速移动过程中快速移动倍率开关有效

注：各机床操作面板有不同，以上只是一种示例。

9.3.4 手摇脉冲发生器（HANDLE）进给

手摇脉冲发生器又称为手轮，摇动手轮，使坐标轴移动。手动脉冲方式进给常用于精确调节机床。操作步骤如表9-7所示。

表9-7　手轮进给操作步骤

顺序	按键	说明
1		在机床操作面板上（图9-2）按手轮方式选择开关（HANDLE），选择手轮方式
2		使用手摇轮时每次只能单轴运动，轴选择开关用来选择用手轮运动的轴
3		选择移动增量。通过倍率选择，手摇轮旋转一格，轴向移动位移可为0.001mm、0.01mm、0.1mm、1mm
4		旋转手轮，以手轮转向对应的方向移动刀具，手轮旋转360°刀具移动的距离相当于100个刻度的对应值。手轮顺时针（CW）旋转，所移动轴向该轴的“+”坐标方向移动，手摇轮逆时针（CCW）旋转，则移动轴向“−”坐标方向移动

9.3.5 主轴手动操作

（1）加工中心刀具安装在主轴上的操作

立式加工中心在选择刀具后，刀具被放置在刀架上的，将刀具安装到主轴上的步骤如下。

① 按操作面板上手动数据输入方式按钮，切换到“MDI”模式。

② 按击系统面板上的程序键PROG。

③ 使用系统面板的键盘输入“G28 Z0.”，按插入键INSERT，再按循环启动。再输入“T01 M06”，按插入键INSERT，再按循环启动。此时系统自动将1号刀安装到主轴上。

（2）主轴转动手动操作步骤

① 将方式选择置于在手动操作模式（含HANDLE、JOG、ZERO）。

② 可由下列三个按键控制主轴运转。

主轴正转键：主轴正转，同时按键内的灯会亮。

主轴反转键：主轴反转，同时按键内的灯会亮。

主轴停止键：手动模式时按此键，主轴停止转动，任何时候只要主轴没有转动，这个按键内的灯就会亮，表示主轴在停止状态。

9.3.6 安全操作

安全操作包括急停、超程等各类报警处理。

（1）报警

数控系统对其软、硬件及故障具有自诊断能力，该功能用于监视整个加工过程是否正常，如果工作不正常，系统及时报警。报警形式常见有机床自锁（驱动电源切断）；屏幕显示出错信息；报警灯亮；蜂鸣器叫。

（2）急停处理

当加工过程出现异常情况时，按机床操作面板上的“急停”钮，机床的各运动部件在移动中紧急停止，数控系统复位。急停按钮按下后会被锁住，不能弹起。旋转该按钮，即可解锁。急停操作切断了电动机的电流，在急停按钮解锁之前必须排除故障的原因。

（3）超程处理

在手动、自动加工过程中，若机床移动部件（如刀具主轴、工作台）试图移动到由机床限位开关设定的行程终点以外时，刀具会由于限位开关的动作而减速，并最后停止，界面显示出信息“OVER TRAVEL”（超程）。超程时系统报警、机床锁住、超程报警灯亮，屏幕上方报警行出现超程报警内容（如：X向超过行程极限）。限位超程处理按表9-8所示步骤操作。

表 9-8　超程处理操作步骤

顺序	按键	说明
1		进入手轮进给操作方式（HANDLE）
2		用手摇轮使超程轴反向移动适当距离（大于 10mm）
3	RESET	按复位“RESET”键，使数控系统复位
4		超程轴原点复位，恢复坐标系统

9.4 数控机床基本信息显示

9.4.1 显示屏界面显示内容

数控系统的显示屏界面是人机对话的工具，操作者必须看懂显示屏界面的内容，显示屏界面划分五个区域，即当前显示屏界面内容显示区、数据显示区、数据设定区、CNC 运行状态/报警信息显示区和软件菜单显示区。各区域位置分布如图 9-4 所示。上述 5 个区域不总是在同一屏面中同时出现，而是根据不同功能显示屏面而有所不同。

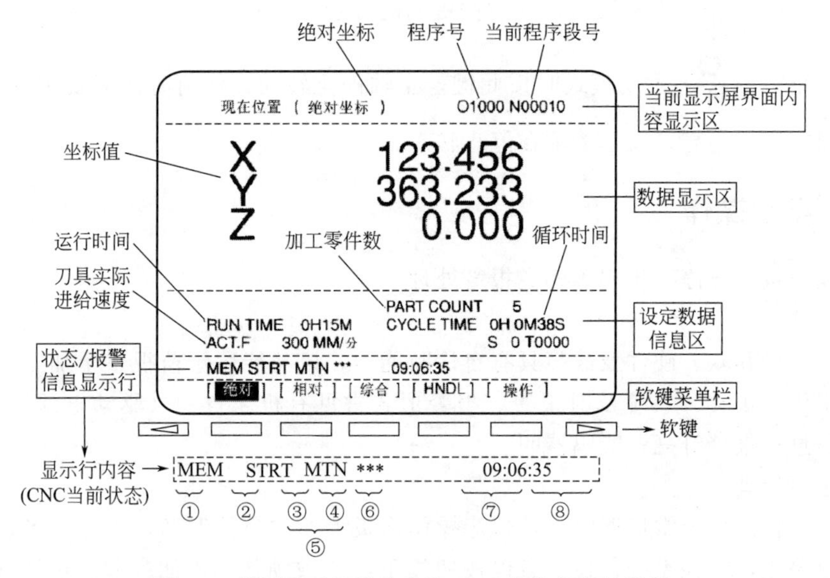

图 9-4　屏面显示区域分布和 CNC 当前状态显示行

9.4.2 显示屏界面中显示的数控系统（CNC）当前状态信息

图 9-4 界面中倒数第二行是 CNC 状态/报警信息显示行。用于实时显示 CNC 运行的状态，便于操作者在操作过程中通过屏面监视 CNC 的运行。该行在显示状态时有八个位置，分别显示的状态是：①操作方式状态；②自动运转状态；③自动运转状态；④辅助功能状态；⑤紧急停止或复位状态；⑥报警状态；⑦时间显示；⑧程序编辑状态/运转中的状态。

在这八个位置上显示的 CNC 运行的状态信息，用英文略写字符表示，每种状态下的信息字符及其含义如表 9-9 所示。

表 9-9　状态显示行显示字符的含义

在状态行中所处位置	系统所处当前状态	显示字符	含义
①	当前系统处于的操作方式	MEM MDI EDIT RMT JOG REF INC HND TJOG TEND	自动方式（存储方式） 手动数据输入/MDI 方式 程序编辑方式 远程方式 手动连续进给 回参考点 增量进给方式＝步进进给（没有手摇脉冲发生器时） 手动手轮进给方式 TEACH IN JOG（JOG 示教方式） TEACH IN HANDLE（手轮示教方式）
②	自动运转状态	STRT HOLD STOP ***	自动运转启动状态（自动运转程序执行中的状态） 自动运转暂停状态（中断 1 个程序段的执行，处于停止的状态） 自动运转停止状态（执行完一个程序段，自动运转停止的状态） 其他状态（电源接通时，自动运转结束状态）
③	自动运转状态	MTN DWL ***	根据程序进行轴移动的状态 执行程序中的暂停指令（G04）的状态 其他状态
④	辅助功能状态	FIN ***	辅助功能正在执行中的状态、等待完成信号“FIN”的状态 其他状态
⑤（显示③和④的位置）	紧急停止或复位状态	EMG RESET	紧急停止状态 CNC 复位状态（复位信号或 MDI 的“RESET”键接通的状态）
⑥	报警状态	ALM BAT 空白	检测出报警的状态 电池电压低（应该更换了） 其他状态
⑦	时间显示		时间显示：时：分：秒
⑧	程序编辑状态/运转中的状态	入力 出力 SRCH EDIT LSK MBL APC 空白	数据输入中 数据输出中 数据检索中 进行插入、变更等编辑的状态 数据输入时的标记跳跃（读取有效信息）的状态 预读控制（预读多程序段）方式中的状态 不进行编辑的状态

9.4.3　功能屏面的切换

（1）六个功能屏面的切换

数控系统的操作划分为六类功能，系统执行某一类功能，需要在相应的功能屏面上操作，“功能键”用于切换功能屏面。键盘上的“功能键”有 6 个，即位置键、程序键、刀偏/

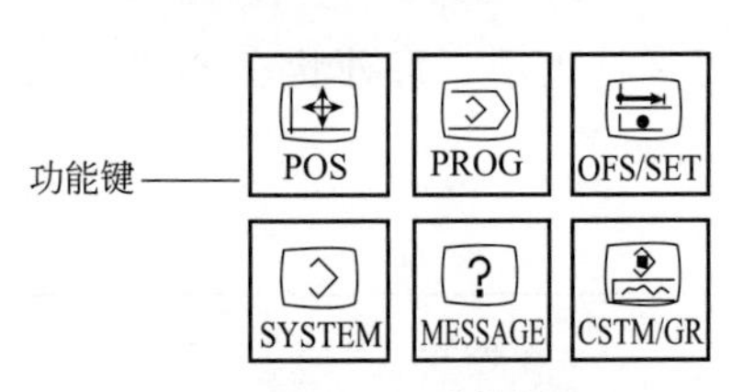

图 9-5　功能键

设定键、系统键、信息键以及用户宏或图形显示键，如图 9-5 所示。

（2）每一功能屏面下的子屏面（称为章节屏面）

在每一类功能中还包含多种子屏面，在 FANUC 操作说明书中称其为不同的章节屏面，同类功能中的各“章节”屏面用“软键”选择。软键用于切换章节，或选择操作，称为章节选择软键和操作选择软键。软键分布在显示屏下方，中间五个软键用途是可变的，在不同的功能显示屏面中，它们具有不同的当前用途，依据屏面中最下方显示的软键菜单，可以确定各软键当前用途，如图 9-6 所示。

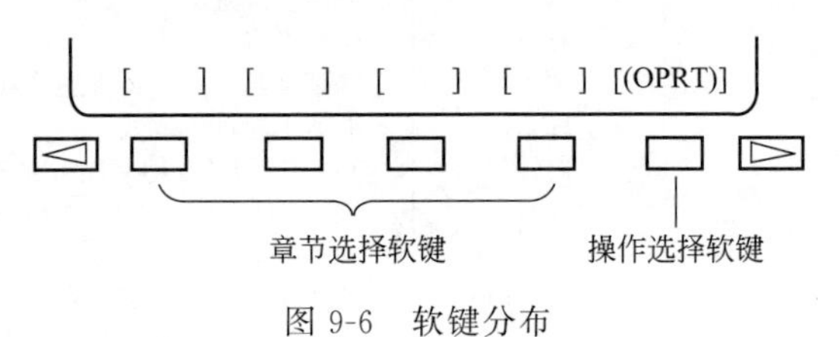

图 9-6　软键分布

如果有关一个目标章节的屏面没有显示出来，按下菜单继续键（下一菜单键），再按某一个软键就可以选择相关的显示屏面。为了重新显示章节选择软键，可按菜单返回键，如图 9-7 所示。

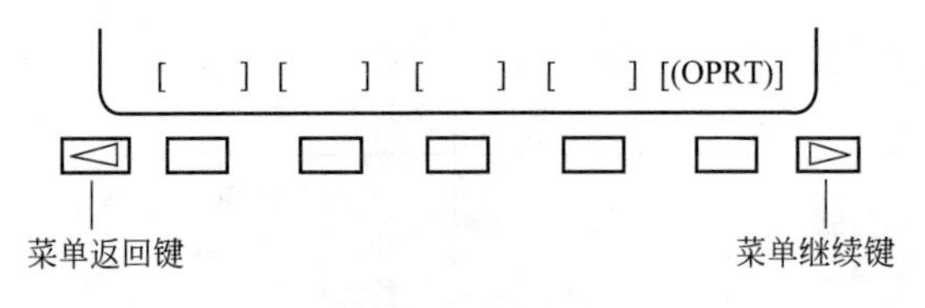

图 9-7　软键

（3）切换屏面操作

综上所述，切换屏面操作步骤如下。

① 按下 MDI 面板上的某功能键，打开该功能显示界面，同时属于该功能涵盖的软键提示在屏幕最下一行显示出来。

② 按下其中一个软键，则该软键所规定的界面显示在屏幕上，如果有某个提示菜单没有显示出来，按两端软键，可以扩展显示菜单，显出所需软键菜单。

③ 当所选界面在屏幕上显示后，按“软键”以显示要进行操作的数据。

9.4.4　在显示屏界面上显示刀具的位置

按下位置功能键 POS ，显示屏界面显示刀具的当前位置，如图 9-8 所示。刀具位置可用三种方式显示，即工件坐标系；相对坐标系；综合位置显示。三种方式之间可以通过软键“绝对”“相对”“综合”进行切换。

（1）工件坐标系位置显示操作

用工件零点为原点表示刀具位置。操作步骤如下。

① 按下位置功能键 POS 。

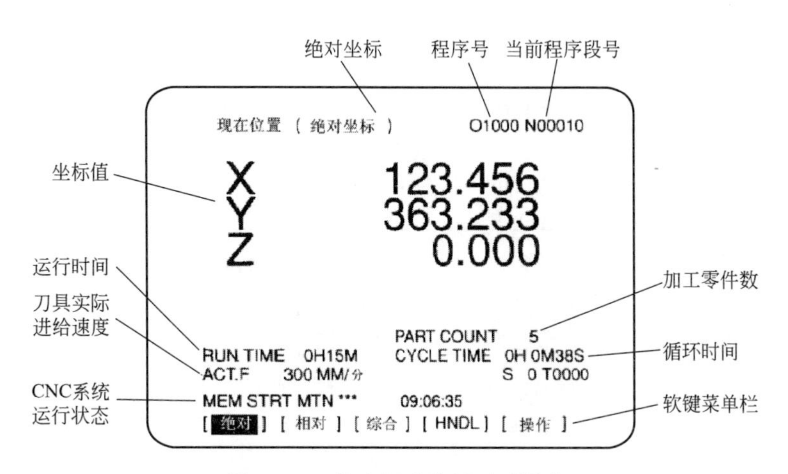

图 9-8　工件坐标系位置显示屏幕

② 按下软键“绝对”

[绝对] [相对] [综合] [HNDL] [操作]

⇧

打开工件坐标系位置显示界面，如图 9-8 所示。工件坐标系位置显示界面特点是屏幕顶部的标题标明使用的是“绝对坐标系”。

(2) 相对坐标系位置显示界面

用增量坐标值显示刀具当前位置，操作步骤如下。

① 按下位置功能键 POS 。

② 按下软键“相对”

打开相对坐标系位置显示屏幕，如图 9-9 所示。

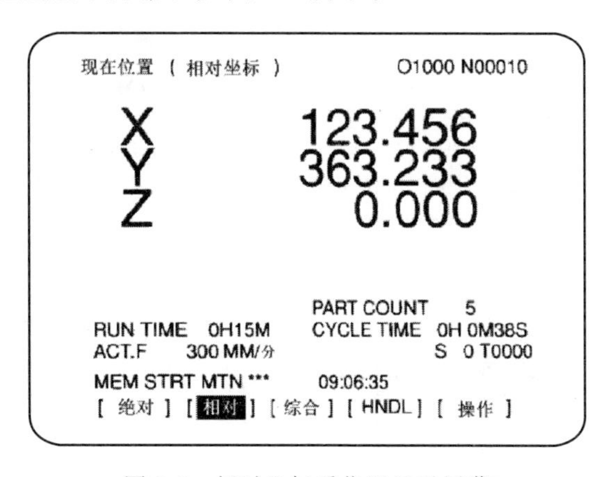

图 9-9　相对坐标系位置显示屏幕

(3) 综合位置显示界面

在综合位置屏幕上显示刀具在工件坐标系、相对坐标系和机床坐标系中的位置，以及剩余的移动量。打开综合位置显示屏界面步骤如下。

① 按下位置功能键 POS 。

② 按下软键“综合”

[绝对] [相对] [综合] [HNDL] [操作]

⇧

打开综合坐标系位置显示屏界面，如图 9-10 所示。

```
现在位置                          O1000 N00010
(相对坐标 )                (绝对坐标 )
X  246.912                 X  123.456
Y  913.780                 Y  456.890
Z  1578.246                Z  789.123
(机械坐标 )                (余移动量 )
X   0.000                  X   0.000
Y   0.000                  Y   0.000
Z   0.000                  Z   0.000
                           PART COUNT         5
RUN TIME   0H15M           CYCLE TIME  0H 0M38S
ACT.F      300 MM/分        S  0 T0000
MEM **** *** ***            09:06:35
[ 绝对 ] [ 相对 ] [综合] [ HNDL ] [ 操作 ]
```

图 9-10　打开综合坐标系位置显示屏界面

9.4.5　在显示屏界面上显示程序运行状态

数控机床在 AUTO（自动）方式下按下程序功能键 PROG，显示屏界面显示出运行中程序的信息，其子界面包括：运行中程序内容界面；当前程序段界面；下一程序段界面；程序检查界面。操作步骤如下。

（1）运行中程序内容界面

① 按下程序功能键 PROG

② 按下软键“程式”

显示当前正在运行中的程序，光标位于当前正运行的程序段上，如图 9-11 所示。

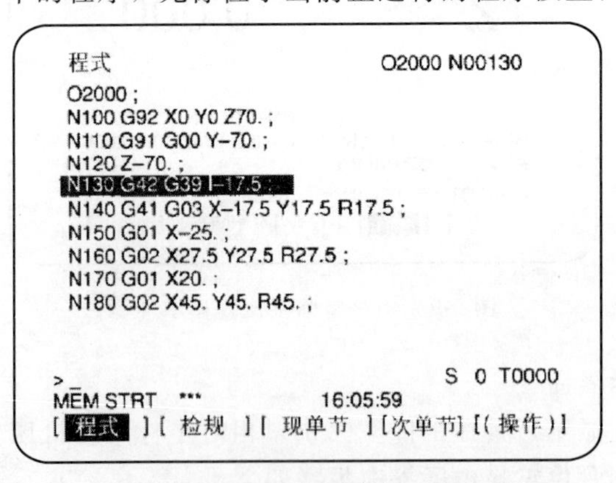

图 9-11　运行中程序内容界面

(2) 当前程序段界面

按下软键“现单节”

[程式][检规][现单节][次单节][(操作)]

显示当前正在执行的程序段及其模态数据，如图 9-12 所示。

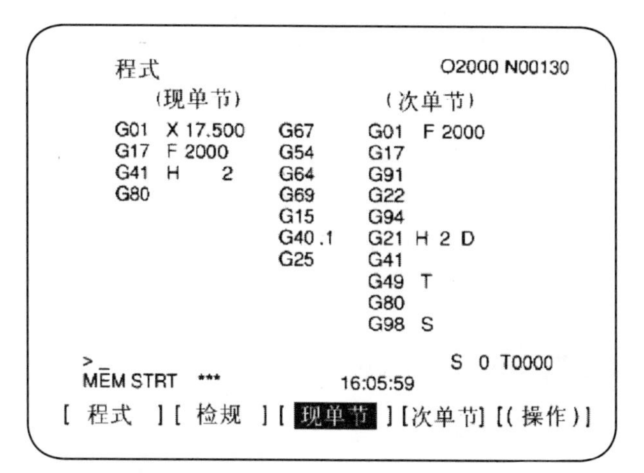

图 9-12　当前执行中的程序段及其模态数据

(3) 下一个程序段界面

按下软键“次单节”

[程式][检规][现单节][次单节][(操作)]

显示当前正在执行的程序段以及下一个将要执行的程序段，如图 9-13 所示。

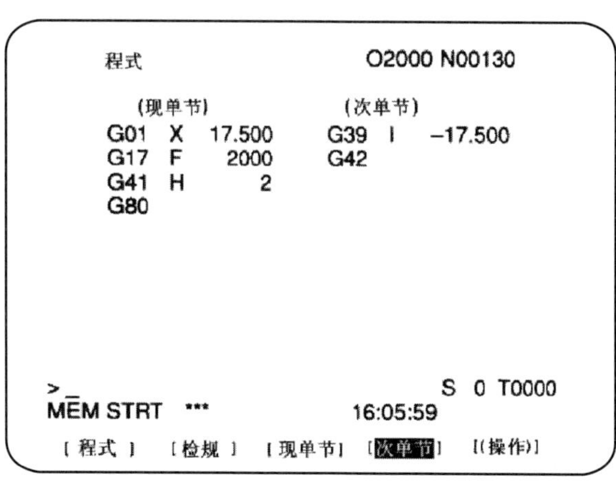

图 9-13　下一个程序段界面

(4) 程序检查界面

按下软键“检规”

[程式][检规][现单节][次单节][(操作)]

显示当前正在执行程序段的刀具位置和模态数据，如图 9-14 所示。

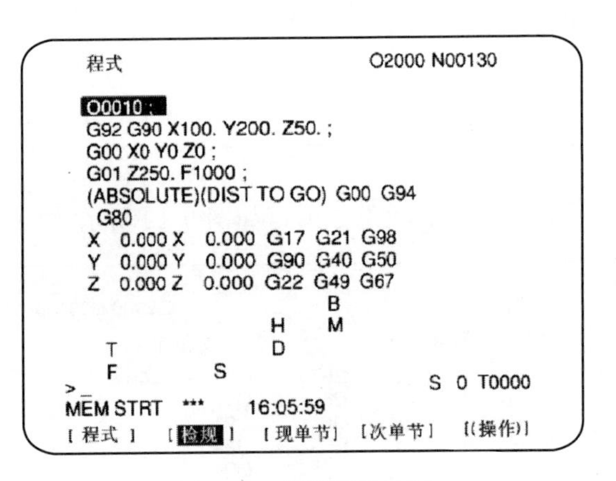

图 9-14 检查程序界面

9.5 创建、运行加工程序操作

9.5.1 创建加工程序

在数控机床上创建程序通常有 4 种方法：用键盘；在示教方式中编程；通过图形会话功能编程；用自动编程。

使用键盘创建程序的步骤如下。

① 按编辑方式键，进入编辑（EDIT）方式。

② 按下程序功能键PROG。

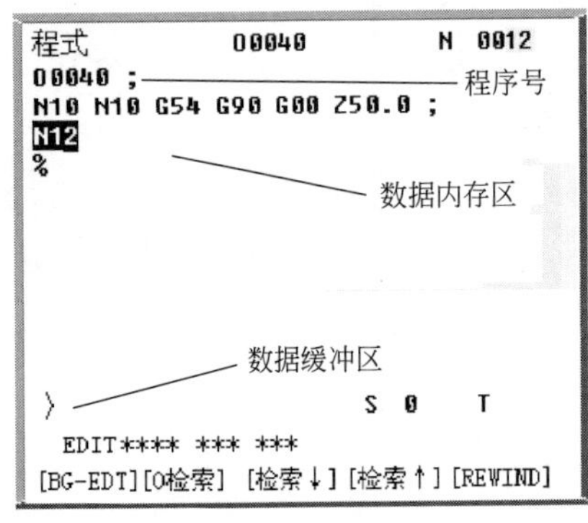

图 9-15 自动插入顺序号功能

③ 按下地址键O，输入程序号（例如 0040）。键入的数据进入缓冲区，显示在图 9-15 屏面的缓冲区。

④ 按下插入键INSERT。缓冲区的数据进入内存，显示在图 9-15 屏面的内存区。

⑤ 将“N10 G54 G90 G00 Z50.0;”键入缓冲区，显示在图 9-15 屏面的缓冲区。

⑥ 按下键插入键INSERT。缓冲区的数据进入内存，显示在屏面的内存区。

采用类似操作，0040 号程序全部输入内存。

⑦ 在上面的例子中，如果在另一个程序段中不需要 N12，则在 N12 显示后，按下删除键DELETE，可删除 N12。要在下一个程序段中插入 N100 而不是 N12，在显示 N12 后输入 N100，再按替换键ALTER，则 N100 显示在内存区，并将初始值改为 100。

9.5.2 检索数控程序

当内存中存有多个程序时可以检索出其中的一个程序，下面介绍两种检索程序号的方法。

(1) 检索程序方法一

① 按编辑键[编辑]，选择编辑方式，或[→]自动运行方式。

② 按下程序[PROG]键，显示程序屏幕界面。

③ 按地址键[O]。

④ 输入要检索的程序号，例如内存中有的程序 O0040。

⑤ 按下软键“O 检索”。

⑥ 检索结束后，检索到的程序号显示在屏幕的右上角，如果没有找到该程序，界面上就会出现 P/S 报警（报警号 71，内容是指定的程序号未检索到）。

(2) 检索程序方法二

① 选择编辑键[编辑]，或按自动运行方式键[→]。

② 按下程序[PROG]键，显示程序屏幕面。

③按下软键“O 检索”。

此时检索程序目录中的一个程序。

9.5.3 自动运行程序（自动加工）

程序事先存储到存储器中，选择了其中的一个程序，按下机床操作面板上的循环启动按钮[I]，就可以启动自动运行这一程序。在自动运行中按下机床操作面板上的进给暂停按钮[O]，自动运行被临时中止，当再次按下循环启动按钮后，自动运行又重新进行。

当 MDI 面板上的复位键[RESET]被按下后，自动运行被终止并且进入复位状态。

例如运行 2140 号程序的操作过程如下。

① 按下[→]键，选择自动方式。

②从存储的程序中选择程序 O2140，其步骤如下。

a. 按下[PROG]键以显示程序屏幕。

b. 按下地址键[O]。

c. 使用数字键输入程序号“2140”。

d. 按下软键“O 检索”。

③ 运行 2140 号程序。按下操作面板上的循环启动按钮[I]，启动自动运行，同时循环启动 LED 闪亮，当自动运行结束时指示灯熄灭。

④ 要在中途停止或者取消存储器运行，按以下步骤进行。

a. 停止存储器运行。按下机床操作面板上的进给暂停按钮[O]，进给暂停指示灯

LED 亮，并且循环启动指示灯熄灭。

b. 终止存储器运行。按下 MDI 面板上的 RESET 键，自动运行被终止并进入复位状态。当在机床移动过程中，执行复位操作时机床会减速直到停止。

9.5.4 MDI 运行数控程序

在 MDI 方式中通过键盘可以编制最多 10 行程序段，并被执行。以下的步骤给了一个 MDI 运行操作示例。

① 按手动数据输入方式键，进入手动数据输入（MDI）方式。

② 按下键盘上程序功能键 PROG，按软键 “MDI”，MDI 界面如图 9-16 所示。界面上程序号 “O0000” 是自动加入的。

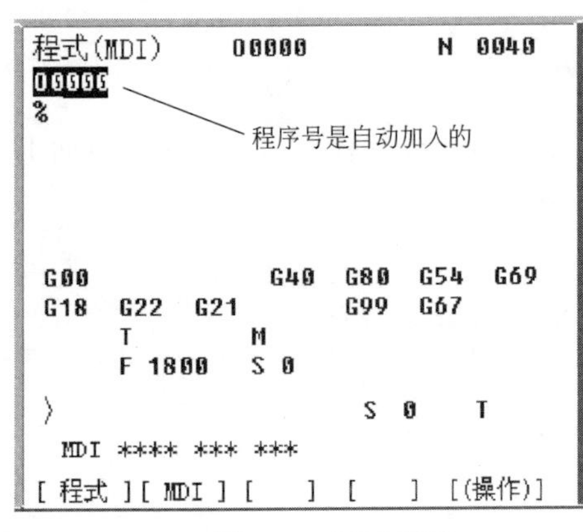

图 9-16　MDI 界面

③ 编制一个要执行的程序，在结束的程序段中加上 M99 用在程序执行完毕后，将控制返回到程序头。在 MDI 方式编制程序可以用插入、修改、删除字检索，地址检索和程序检索等操作。

④ 要完全删除在 MDI 方式中编制的程序，使用以下的方法。

a. 输入地址 O，然后按下 MDI 面板上的删除键 DELETE。

b. 或者按下复位键 RESET。

⑤ 为了启动程序，将光标移动到程序头，当然从中间点启动执行也可以，按下操作面板上的循环启动键，程序启动运行。当执行程序结束指令 M02 或 M30，或者执行 “%” 后，程序自动清除并且运行结束。通过指令 M99 控制，自动回到程序的开头。

⑥ 要在中途停止或结束 MDI 操作，按以下步骤进行。

a. 停止 MDI 操作。按下操作面板上的进给暂停开关，进给暂停指示灯亮，循环启动指示灯熄灭，当机床在运动时进给操作减速并停止。当操作面板上的循环启动按钮再次被按下时，机床重新启动运行。

b. 结束 MDI 操作。按下 MDI 面板上的 RESET 键，自动运行结束并进入复位状态。当在机床运动中执行了复位命令后，运动会减速并停止。

9.6 存储偏移参数操作

9.6.1 用 G54～G59 建立工件坐标系

例 9-1：在机床工作台上装夹三个工件，每个工件设置一个工件坐标系。用 G54～G56

指令选择工件坐标系。

解：操作步骤如下。

① 在机床工作台上装夹三个工件，使每个工件坐标轴与机床导轨（机床坐标轴）方向一致。

②对刀、测量出程序原点偏移值，实测偏移数据如图 9-17 所示，其 Z 向设为“0”。

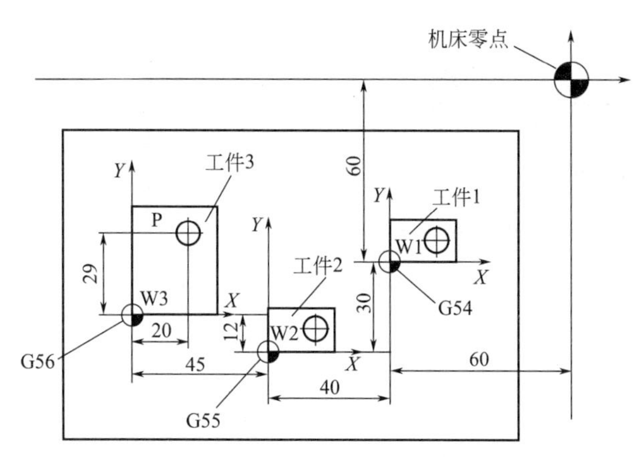

图 9-17　工件 1、工件 2、工件 3 的程序原点偏移数据

③ 显示和设定工件原点偏移数据。操作机床的数控面板，步骤如表 9-10 所示，把程序原点偏移数据分别存入地址 G54～G56，屏幕显示如图 9-18 所示，其中：

零件 1——在地址 G54，存入原点（W1）偏移数据 $X=-60.0$；$Y=-60.0$；$Z=0$

零件 2——在地址 G55，存入原点（W2）偏移数据 $X=-100.0$；$Y=-90.0$；$Z=0$

零件 3——在地址 G56，存入原点（W3）偏移数据 $X=-145.0$；$Y=-78.0$；$Z=0$

表 9-10　显示和存储工件原点偏移数据（G54～G59）**操作步骤**

步骤	按键	说明
1	OFFSET SETTING	将屏幕显示切换至“OFS/SET”（刀偏/设定）方式
2	软键“坐标系”	显示工件坐标系设定屏幕面
	或“PAGE”换页键	切换屏幕显示
3		操作面板上的数据保护键，置“0”，使得数据可以写入
4	光标移动	将光标移动到想要改变的工件原点偏移地址，例如 G54 中的“X”，如图 9-18 所示
5	数字键→软键“输入”	通过数字键输入工件原点偏移值，例如“－60.0”，显示在缓冲区（如图 9-18 所示），然后按下软键“输入”，输入的值被指定为工件原点偏移数据，如图 9-19 所示
6	重复第 4 步和第 5 步	存储其他地址的偏移数据。G54、G55、G56 存储完毕，屏显如图 9-19 所示
7		操作数据保护键，置“1”，禁止写入数据（保护数据）

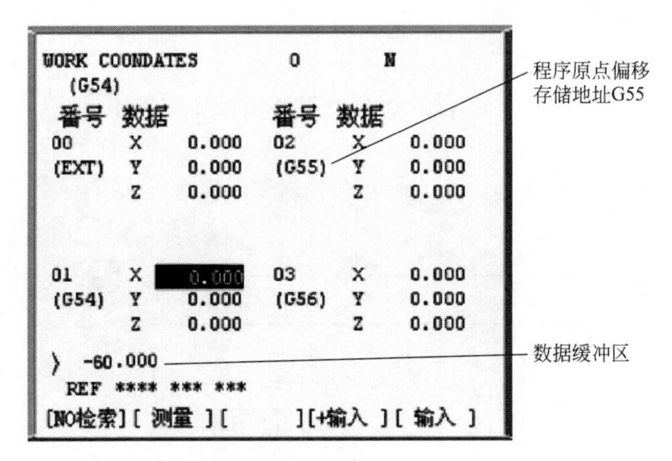

图 9-18　键入工件原点偏移值，例如“－60.0”，显示在缓冲区

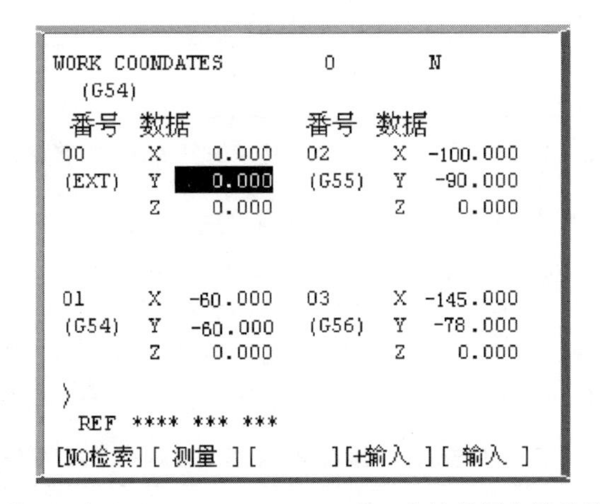

图 9-19　在地址 G54、G55、G56 中已存储的原点偏移数据

程序中给出指令（G54～G56），机床即设定当前运行的工件坐标系。程序如下。

程序	解释
N10 G90 G54;	设定工件坐标系 1 为当前坐标系(图 9-17 中 W1 为程序原点)
…	
N100 G55;	设定工件坐标系 2 为当前坐标系(图 9-17 中 W2 为程序原点)
…	
N200 G56;	设定工件坐标系 3 为当前坐标系(图 9-17 中 W3 为程序原点)
G90 G00 X20.0 Y29.0;	定位到工件坐标系 3 的 P 点(X20,Y29)位置
…	

程序段中的“;”号为程序段结束符，操作机床时按操作面板的EOB键。

9.6.2　手动对刀，存储刀具长度补偿值

在不连刀柄一起更换的铣削加工中，使用刀具长度补偿的意义不大，仅在刀具经磨损长度变短，需修正时使用。但对使用多把刀具的加工中心或刀柄整体装卸的铣床批量加工，刀具长度补偿用途很大。

在实际生产中多把刀具间长度差值采用 Z 轴对刀取得，下面说明通过对刀，存储多把刀具长度补偿值操作步骤。

（1）基准刀具对刀

目的：基准刀具定位于工件 $Z=0$ 的位置，并把该位置平屏面显示的相对坐标值设置为“0”。步骤如下。

① 把块规放置在工作台上，用手动移动基准刀具使其端面与块规上表面的指定点接触，如图 9-20 所示。操作时要慢速使刀具端面接近块规上表面，同时用手沿工作台面慢速移动块规，凭手感确认刀具端面与块规轻轻接触，手感确认刀具与块规接触目的是避免基准刀具与块规碰撞，以保证对刀精度。如果采用寻边器，使寻边器与工件表面接触，操作简单，容易保证精度。

② 按下操作面板的功能键 POS 若干次，直到显示具有相对坐标的当前位置屏幕，如图 9-21 所示。或者按下软键“相对”，显示相对坐标界面。

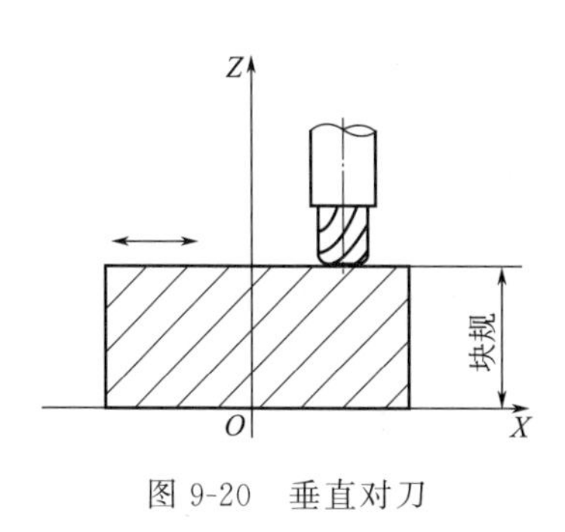

Z
O
X
块规

图 9-20　垂直对刀

现在位置（相对坐标）
O1000 N00010
X 123.456
Y 363.233
Z 230.063
PART COUNT 5
RUN TIME 0H15M
CYCLE TIME 0H 0M38S
ACT.F 3000 MM/M
S 0 T0000
MEM STRT MTN ***
09:06:35
[绝 对] [相 对] [综 合] [HNDL] [操 作]

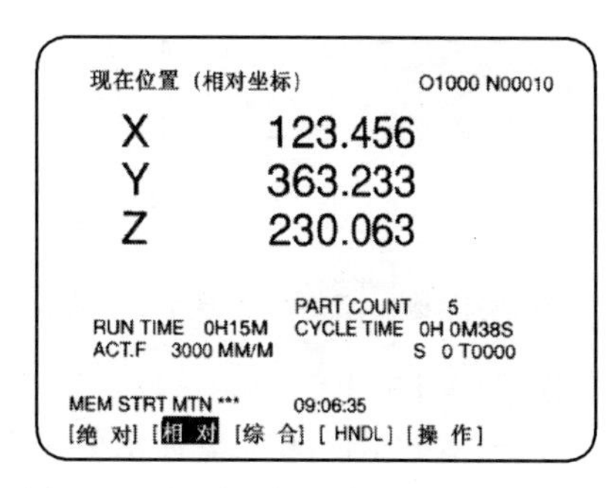

图 9-21　相对坐标的当前位置屏幕界面

③ 将 Z 轴的相对坐标值复位为 0，即基准刀具端面刃位置的相对坐标值为 0。

将某轴相对坐标复位为“0”的操作方法如下。

a. 在相对坐标界面上输入轴的 Z（或 X、Y），闪亮处（Z 轴）标明了输入所指定的轴，软键变化如图 9-22 所示。

b. 按下软键“起源”，相对坐标系中闪亮的轴的坐标值被复位为“0”。按软键“全轴”，则相对坐标全为“0”，如图 9-23 所示。

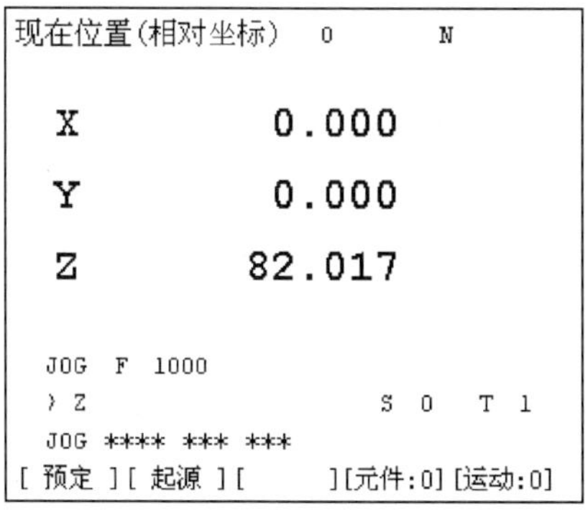

现在位置(相对坐标)　O　N
X 0.000
Y 0.000
Z 82.017
JOG F 1000
) Z
S 0 T 1
JOG **** *** ***
[预定][起源][ ][元件:0] [运动:0]

图 9-22　相对坐标下输入“Z”轴地址时的界面

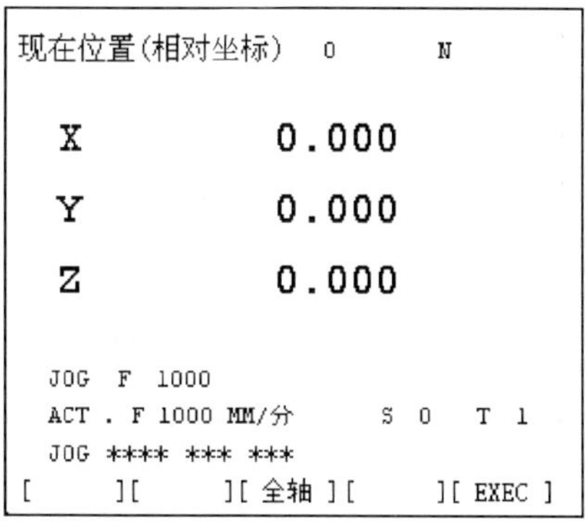

现在位置(相对坐标)　O　N
X 0.000
Y 0.000
Z 0.000
JOG F 1000
ACT . F 1000 MM/分
S 0 T 1
JOG **** *** ***
[ ][ ][全轴][ ][EXEC]

图 9-23　相对坐标系轴的坐标值被复位为“0”

（2）其他被测刀具对刀

目的：被测刀具定位于工件 $Z=0$ 的位置，同时读出屏面显示的相对坐标值，该值是被测刀相对基准刀长度差值，把该值存入相应的 H 地址。步骤如下。

① 换刀，换上被测量刀具。

② 通过手动移动被测量的刀具，使其与块规同一指定点接触，观察屏幕，屏幕的相对坐标系值即为基准刀具和被测量的刀具长度的差值，如图 9-24 所示，屏显相对坐标值为 36.183，该值是被测刀具与基准刀长度差值。

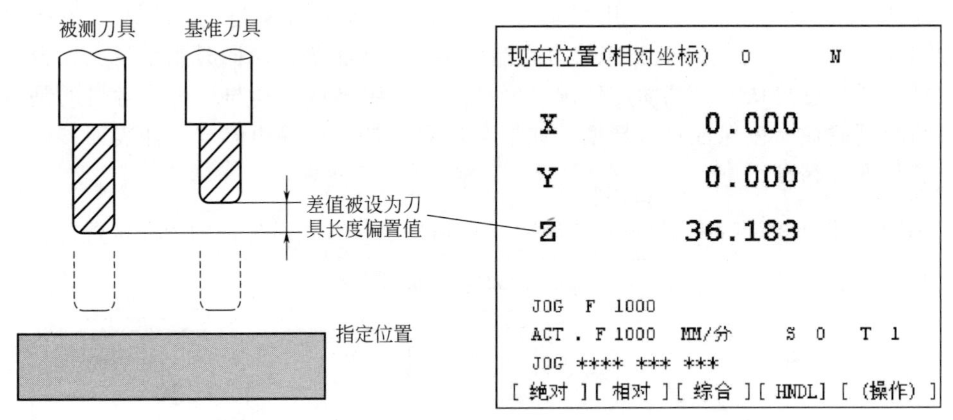

图 9-24 被测刀具在相对坐标系中 Z 轴的坐标值

③ 按下功能键 OFFSET SETTING 若干次，直到显示刀具补偿屏幕，如图 9-25 所示。将光标移动到刀具的补偿号码目标上，例如“H02”。

④ 键入屏幕显示的相对坐标系值，即键入“36.183”。数据显示在缓冲区，如图 9-25 所示。

⑤ 按下软键“输入”，36.186 作为刀具补偿值输入，并被显示为刀具长度偏置补偿值，如图 9-26 所示。

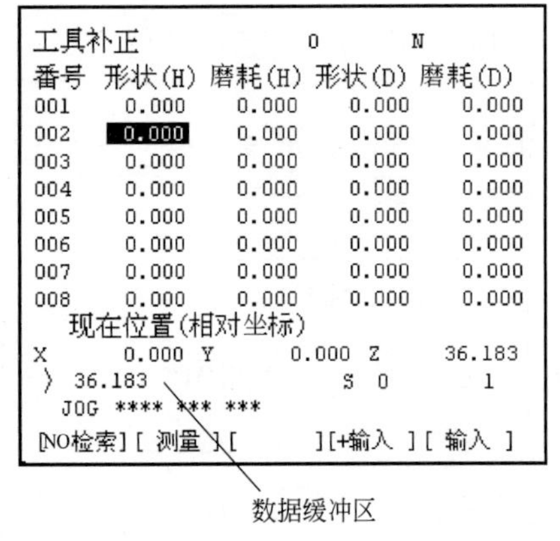

图 9-25 键入刀补值显示在数据缓冲区

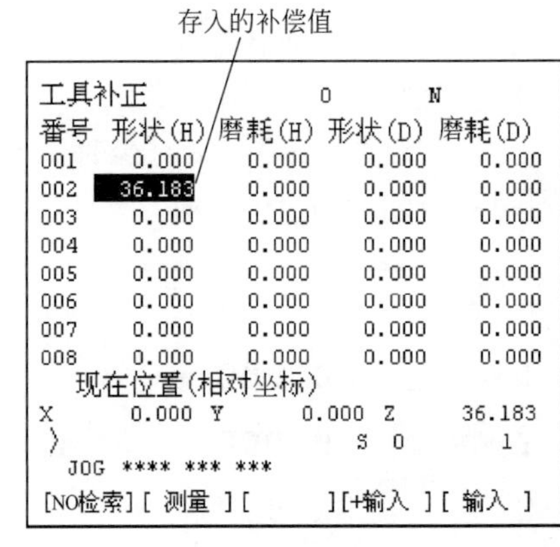

图 9-26 输入的刀具长度补偿值

小结：移动基准刀具和被测量的刀具使其接触到机床上的同一指定点，测量出刀具长度差值，并将刀具长度的偏置值存储到“H××”存储器中。采用类似的操作过程，沿 X、Y 轴方向的刀具长度补偿值也可以设定。

9.6.3 手动设定刀具半径补偿值

刀具半径补偿在程序中一般由 D 代码指定刀具偏置量。加工前需要把刀具偏置值输入到 D 地址中，即显示刀具补偿界面，并在该界面上设定刀偏值。例如在 D01 中设定补偿值 7.7mm，操作步骤如表 9-11 所示。

表 9-11 显示和设置刀具补偿值

顺序	按键	说明	显示屏
1	OFFSET SETTING	在屏幕上打开参数界面	
2	按软键“补正” 或多次按 OFFSET SETTING	显示刀具补偿界面	工具补正 O N 番号 形状(H) 磨耗(H) 形状(D) 磨耗(D) 001 0.000 0.000 0.000 0.000 002 0.000 0.000 0.000 0.000 003 0.000 0.000 0.000 0.000 004 0.000 0.000 0.000 0.000 005 0.000 0.000 0.000 0.000 006 0.000 0.000 0.000 0.000 007 0.000 0.000 0.000 0.000 现在位置(相对坐标) X -500.000 Y -250.000 Z 0.000 〉 S 0 T REF **** *** *** [补正][SETTING][坐标系][ ][(操作)]
3	用光标定位于补偿号	通过页面键和光标键将光标移到要设定和改值的补偿号位置，例如D01处	
	检索补偿号	输入补偿号码，并按下软键“NO. 检索”	
4	键入偏移值	在数据缓冲区输入一个新补偿值，如右图中“7.7”	工具补正 O N 番号 形状(H) 磨耗(H) 形状(D) 磨耗(D) 001 0.000 0.000 0.000 0.000 002 0.000 0.000 0.000 0.000 003 0.000 0.000 0.000 0.000 004 0.000 0.000 0.000 0.000 005 0.000 0.000 0.000 0.000 006 0.000 0.000 0.000 0.000 007 0.000 0.000 0.000 0.000 008 0.000 0.000 0.000 0.000 现在位置(相对坐标) X -500.000 Y -250.000 Z 0.000 〉 7.7 S 0 T REF **** *** *** [NO检索] [测量] [ ][+输入] [输入]
	软键“输入”	设定补偿值	工具补正 O N 番号 形状(H) 磨耗(H) 形状(D) 磨耗(D) 001 0.000 0.000 7.700 0.000 002 0.000 0.000 0.000 0.000 003 0.000 0.000 0.000 0.000 004 0.000 0.000 0.000 0.000 005 0.000 0.000 0.000 0.000 006 0.000 0.000 0.000 0.000 007 0.000 0.000 0.000 0.000 008 0.000 0.000 0.000 0.000 现在位置(相对坐标) X -500.000 Y -250.000 Z 0.000 〉 S 0 T REF **** *** *** [NO检索] [测量] [ ][+输入] [输入]
	键入数值→软键“+输入”	修改补偿值（输入一个将要加到当前补偿值的值，如输入负值将减小当前的值）	

第10章 数控镗铣加工工艺与编程实例

10.1　数控孔系加工(数控加工步骤)

学习要点：①详细说明数控加工的步骤；②平口钳装夹工件方法；③分中对刀设置工件坐标系原点。

例 10-1：零件图如图 10-1 所示。钻加工“4×ϕ10”孔和“4×ϕ5”孔，工件材质为 45 钢，毛坯上下平面已磨削到尺寸，四面已规方。

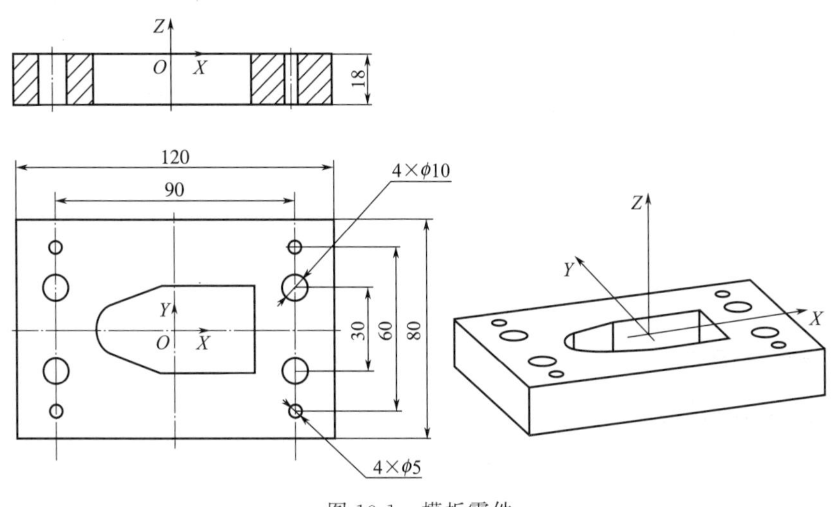

图 10-1　模板零件

10.1.1　分析零件图

工件上下平面已磨削到尺寸，四面已规方，本工序钻孔，孔的设计基准是工件中心点。

10.1.2　确定加工工艺

① 工件坐标系原点。根据基准重合原则，选择加工表面的设计基准为工件编程原点，本工序孔的设计基准是工件上表面中心点，以该点位置为工件坐标系原点。按右手定则的规定，确定加工坐标系如图 10-1 所示。

② 工件装夹。采用平口虎钳装夹工件。工件的底面和侧面已磨削，故以底面和侧面为工件的定位面。

③ 刀具选择。采用 ϕ10mm（T1）和 ϕ5mm（T2）的高速钢钻头。用弹簧夹头夹持高速钢钻头。

④ 确定切削用量。主轴转速：700r/min，进给速度：30mm/min。

10.1.3　编程序

(1) 编写程序

加工程序如下。	解释
O0423;	程序号
N10 G54 G90 G00 Z50.0 M03 S700;	设定坐标系,快速至初始高度,启动主轴
N15 G28 M06 TI;	换刀 T01(ϕ10mm)
N20 G43 Z50.0 H01;	快速至安全平面,刀具长度补偿

```
N30 G99 G81 X-45. Y-15. Z-21. R2.0 F1000;     钻孔循环，加工孔“4×φ10”
N40 X-45. Y15.;
N50 X45. Y15.;
N60 G98 X45. Y-15.;                           钻孔后返回安全平面
N90 G80 G00 Z50.0;                            取消钻孔循环，快速至安全高度
N100 G49 Z50.0;                               取消刀具长度补偿
N110 G28 M06 T2;                              换刀 T01(φ5mm)
N120 G00 X0 Y0;
N130 G43 Z50.0 H01;                           快速至安全平面，刀具长度补偿
N140 G99 G81 X-45. Y-30. Z-21. R2.0 F1000;    钻孔循环，加工孔“4×φ5”
N40 X-45. Y30.;
N50 X45. Y30.;
N60 G98 X45. Y-15.;                           钻孔后返回安全平面
N90 G80 G00 Z50.0;                            取消钻孔循环，快速至安全高度
N100 G49 Z50.0;                               取消刀具长度补偿
N110 X0 Y0 M05;                               回到起始点
N120 M30;                                     程序结束
```

（2）在数控系统中创建程序

参考本书 9.5 节。

10.1.4 检验程序

在实际加工之前检查加工程序，以确认程序编写、坐标原点的设置等是否正确。用机床锁住、空运行、单程序段运行等功能检查程序。

（1）机床锁住

机床的锁住功能是刀具不动，而在界面上显示程序中刀具位置的运行状态。其操作方法是：按下机床操作面板上的机床锁住键，此时按下循环启动键，刀具不再移动，但是屏面仍像刀具在运动一样地显示程序运行状态。

（2）空运行

空运行是刀具快速移动，与程序中给定的进给速度无关。该功能用来在机床不装工件时检查程序中的刀具运动轨迹。操作步骤是：在自动运行期间按下机床操作面板上的空运行键，刀具按编程轨迹快速移动。

（3）单程序段运行

单程序段运行工作方式是：按下循环启动按钮后刀具在执行完程序中的一段即停止。通过单程序段方式一段一段地执行程序，用于检查程序。执行单段方式操作步骤如下。

① 按下机床操作面板上的单段程序执行键，程序在执行完当前段后停止。

② 按下循环启动键，执行下一段程序，刀具在该段程序执行完毕后停止。

10.1.5 装夹工件

① 把平口钳装夹在工作台上。平口钳放在机床工作台上，在固定钳口上打百分表找正平口虎钳方向，使固定钳口与工作台的一个导轨的进给方向平行，即以固定钳口为基准，校正虎钳在工作台上的位置，如图 10-2 所示。用 T 形螺钉把平口虎钳夹紧在工作台上。

② 工件在平口虎钳上的装夹。为确保定位可靠，应确保工件的底面与平行垫铁可靠贴合。夹紧操作中应首先轻夹工件，然后以底面定位，用橡胶锤轻敲工件顶面，以确保工件

底面与平行垫铁贴合，同时用百分表测上表面找平工件。最后采用适当的夹紧力夹紧工件，不可过小，也不能过大。不允许任意加长虎钳手柄。

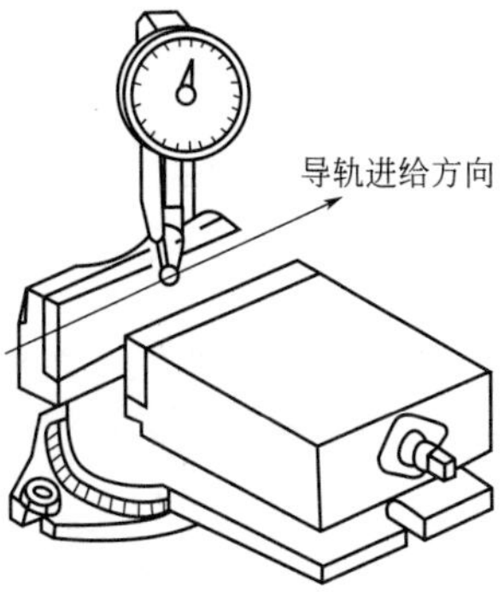

导轨进给方向

图 10-2　在固定钳口上打百分表找正平口虎钳

10.1.6　设置工件坐标系原点（分中对刀）

工件装夹在工作台上，确定工件坐标系原点相对机床原点的偏置值，称为对刀。把坯料的中间点设为工件坐标系原点，称为分中对刀。如没有寻边器和 Z 轴设定器，可以使用靠棒和塞尺分中对刀，步骤如下。

① X 轴分中，设定 G54 X 原点偏移值，如图 10-3 所示。

a. 对刀靠棒装夹在主轴（Z 轴）上，首先移动靠棒到工件的右侧并相距一定距离，此时对刀棒端面高度保持在工件上表面以下 5～10mm。

b. 移动 X 轴慢速使对刀棒靠近工件，同时凭手感使靠棒与工件接触。操作键盘，将此刻屏幕上的刀具绝对坐标（工件坐标系坐标值）X 值清零。

c. 然后将靠棒移到工件的左侧，在同样的高度使靠棒与工件接触，同时记下此时的 X 坐标值 $X_{相对}$，把此值除以 2，得到一新坐标值，即：$X_{相对}/2$。

d. 最后将对刀棒抬起，使 X 轴移到 $X=X_{相对}/2$ 处，此点对刀靠棒在机床坐标系坐标值（又称机械值）即为 X 轴零点偏置值，将该值输入相应的原点偏置寄存器中（如 G54 X 原点偏置寄存器中）。则 X 轴原点偏置操作完成，即为 X 轴分中完成。

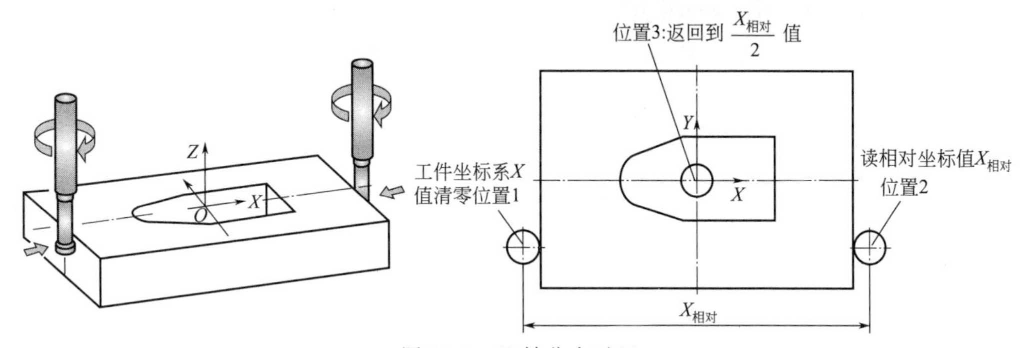

图 10-3　X 轴分中对刀

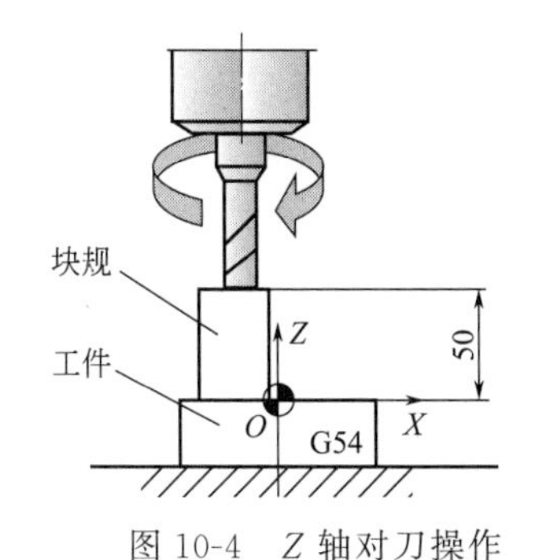

图 10-4　Z 轴对刀操作

② Y 轴分中，设定 G54 Y 原点偏移值。

③ Z 轴对刀，设定 G54 Z 原点偏移值，如图 10-4 所示，操作步骤如下。

a. 把刀具装在主轴上，进入手动模式，切换屏面显示机械坐标系。

b. 在工件上放置 50mm 对刀块（块规），在刀具端面与工件间试塞对刀块，如图 10-4 所示，调整主轴 Z 向移动，使刀具端面（刀尖）与工件上表面接触，即完成 Z 向对刀，记录机械坐标系中的 Z 坐标值，该值减去对刀块厚度（50mm）为工件坐标系“Z 轴偏移值”。注意在主轴 Z 向移动时应避免对刀块在刀具端面正下方，防止刀具与对刀块碰撞。

c. 把“Z 轴偏移值”输入偏置存储地址 G54 中，即设定了工件坐标系上表面为 Z 轴 0 点。

10.1.7 试切削

检查完程序，正式加工前，应进行首件试切，只有试切合格，才能说明程序正确，对刀无误。一般用单程序段运行方式进行首件试切。按单段运行键，选择单段方式。同时将进给倍率调低，然后按循环启动键，系统执行单程序段工作方式。每加工一个程序段，机床停止进给，查看下一段程序，确认无误后再按循环启动键，执行下一程序段。注意刀具的加工状况，观察刀具、工件有无松动，是否有异常的噪声、振动、发热等，观察是否会发生碰撞。加工时，一只手要放在急停按钮附近，一旦出现紧急情况，随时按下按钮。

10.1.8 检查测量并修调加工尺寸

整个工件加工完毕后，检查工件尺寸，如有错误或超差，应分析检查编程、补偿值设定、对刀等工作环节，有针对性地调整。例如，加工完零件孔后，发现孔深均浅，应是对刀、设置刀补或设定工件坐标系的偏差，此时可将刀长度补偿值减小或将工件坐标系原点位置向 Z 轴的负向移动，而不需重新对刀。通常在重新调整后，再加工一遍即可合格。首件加工完毕后，即可进行正式加工。

10.2 铣刀螺旋铣削加工孔

学习要点：①编制螺旋铣削孔程序；②根据工件孔找正主轴，确定工件原点偏移值；③数控铣孔尺寸修调方法。

例 10-2：工件如图 10-5 所示，工件材质为 45 钢，热处理：调质。工件坯料外部表面已精加工完毕，孔已经半精加工到尺寸 ϕ38mm，留精铣余量 1.0mm（半径量）。用数控螺旋铣精加工 ϕ40mm 通孔到设计尺寸。

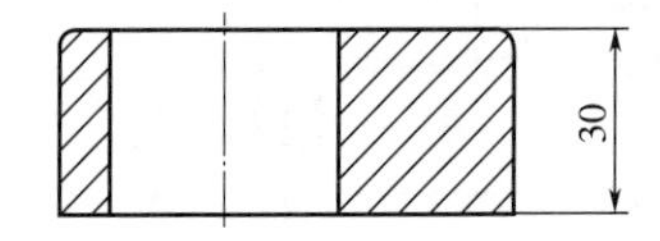

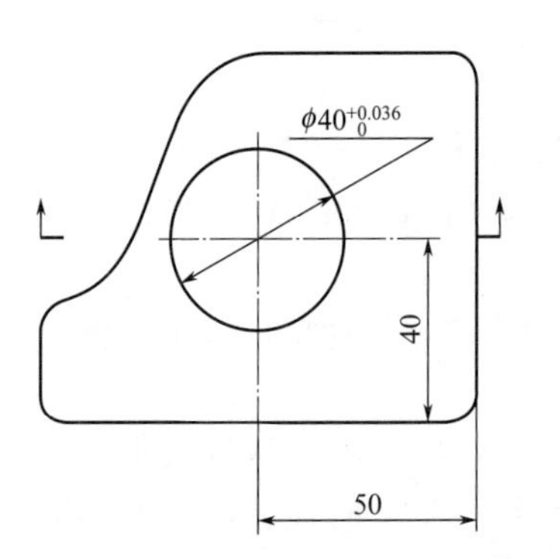

图 10-5 加工 ϕ40mm 孔零件图

10.2.1 工艺要点

① 工件装夹。采用螺钉、压板装夹工件。工件坯料外部表面已精加工完毕，本工序以底面为定位面，为防止铣刀刮伤工作台面，工件下面垫以垫铁，用百分表打表，使工件直边平行于机床导轨。然后用螺钉、压板把工件压紧在工作台上。

② 工件坐标系原点。工件孔的设计基准是底面和两侧面，由于工件已经过粗、半精加工，孔的位置精度已经由上工序保证，本工序主要保证孔的尺寸精度与表面粗糙度。孔的精加工余量为 1.0mm，为使去除余量均匀，精加工中应该采用自为基准的原则定位，即采用加工表面本身定位。用已粗加工后的 ϕ38mm 通孔的回转中心线与工件上表面交点为工件编程原点。工件装夹后，依据 ϕ38mm 通孔找正主轴位置，找正刀具主轴后，该位置机械值（机床坐标系坐标）即为编程原点偏移值。

③ 刀具选择。选择 ϕ20mm 立铣刀。用弹簧夹头夹持 ϕ20mm 立铣刀。

④ 确定切削用量。主轴转速：2000r/min，进给速度：600mm/min。

10.2.2　编程说明

（1）螺旋铣孔（镗铣孔）

螺旋铣孔要求铣刀自转，同时刀具中心做螺旋线进给运动，即铣刀刀位点以螺旋线轨迹进给，同时铣刀的自身旋转提供切削动力，铣削圆孔，如图 10-6 所示。用铣刀加工孔，可以减少孔加工刀具的规格和数量，且铣刀使用寿命和切削效率比镗刀高。

铣孔程序的动作，可以分解为以下步骤。

① 快速定位到孔中心。

② 快速定位在 *R* 点（慢速下刀高度）。

③ 刀具螺旋线切削至孔底。

④ 为保证孔壁加工质量，最后一圈沿圆表面铣削一周，回到孔中心。

⑤ 从孔底快速退回到 *R* 点（或快速退回到初始平面）。

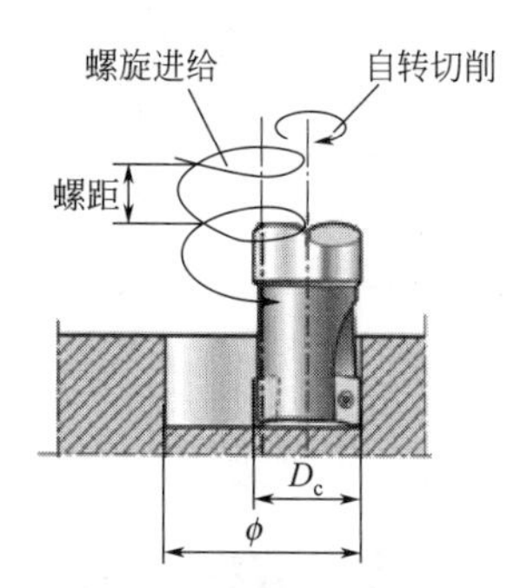

图 10-6　螺旋插补铣削加工孔

（2）螺旋铣编程要点

① 工件加工方式及路径：以工件 ϕ40mm 孔的轴线为刀具进给轨迹螺旋线的中心线。

② 不用刀具半径补偿，直接按刀具中心轨迹（立铣刀上轴线与端面交点）编程，孔的设计尺寸 $\phi 40^{+0.036}_{0}$mm，其半径编程尺寸取中值为：20.018mm。刀具半径为 10mm，按刀具中心轨迹编程，立铣刀螺旋线轨迹的半径为：20.018－10＝10.018（mm）。

③ 编程中采用子程序结构，每执行一次子程序（0012 号程序），刀位点轨迹为一个圆周的螺旋线，螺距 0.3mm。执行 106 次子程序，则沿孔轴线的加工长度为：106×0.3＝31.8mm。

④ 螺旋铣孔也可用于加工螺纹。加工螺纹时应该选用螺纹铣刀，螺旋线导程等于所加工的工件螺纹导程，用螺旋铣削法可以铣加工内、外螺纹。

10.2.3　加工程序

加工程序如下。

```
O0001;                              主程序，程序名
N10 G90 G55 G00 Z60.;               设编程坐标系，绝对坐标编程，快速至初始平面
N20 M03 S2000;                      启动主轴
N30 Z2.;                            快速至 R 平面
N40 G01 Z0. F60;                    切削进给至工件表面
N50 G01 X10. F200;                  刀位点移动至螺旋线起点
N60 M98 P1060012;                   调子程序 O0012，执行 106 次
N70 G90 G01 X0. Y0.;                绝对坐标编程，至(0,0)点
N80 G00 Z60.;                       快速退到初始平面
N90 M05;                            主轴停
N100 M30;                           程序结束

O0012                               子程序 O0012
N10 G91 G03 I-10.018 Z-0.3 F400;    增量编程，向下螺旋线插补，导程 0.3mm
N20 M99;                            子程序结束，返回主程序
```

10.2.4 建立工件坐标系（用工件孔找正主轴）

工件原点设在 ϕ40mm 孔轴线与工件上表面交点，根据孔表面找正，确定工件原点偏移值。如图 10-7 所示，操作如下。

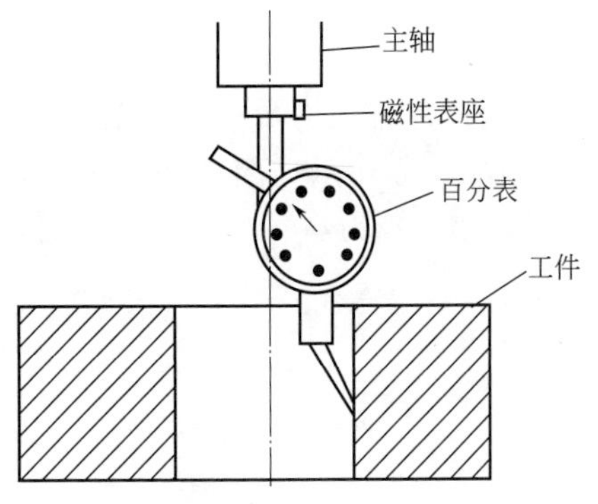

图 10-7 根据孔表面找正主轴位置

① 在主轴上放置一百分表，按工件经粗加工后 ϕ38mm 孔找正主轴位置，使主轴轴线与孔轴线重合。

② 保持主轴位置不动，观察界面显示的机床坐标值（x_M，y_M），此值即为 XY 面上工件原点相对机床原点的偏移值。

③ 再用 Z 向定位仪确定 Z 向原点位置，找出 Z 轴方向工件原点相对机床原点的偏移值 z_M。

④ 输入工件原点相对机床原点的偏移值。将偏移值（x_M，y_M，z_M）输入偏移储存地址 G54 中，这点位置就是由 G54 指令确定的工件原点。程序运行到指令 G54 时，即建立了工件坐标系。

10.2.5 数控铣孔加工尺寸修调

输入加工程序，并完成对刀操作，要进行首件试切。由于工艺系统误差等原因，使用同一程序，实际加工尺寸可能有很大的偏差。此时可根据加工后零件实测尺寸对所制定的工艺以及程序进行修正和调整，直至达到零件技术要求。

例如，加工后用内径千分尺检测 ϕ40mm 孔尺寸，如果直径尺寸偏小，修改子程序“N10 G91 G03 I-10.018 Z-0.3 F400”中的“I”指令值，可以调整工件孔径加工尺寸。

孔加工后，孔的直径小于最小极限尺寸或大于最大极限尺寸都是不合格废品，但前者可重新加工修复，而后者不能修复。本例加工后如果孔径大于 ϕ40.036mm，为不可修复废品，为避免出现不可修复废品，编程时“I”的指令值采用孔半径的最小极限尺寸 10 mm，当加工后孔径偏小，再逐渐调大“I”的指令值，直至达到尺寸要求。此方法可避免加工出不可修复的废品。

10.3 偏心弧形槽加工

学习要点：①层切编程方法；②用坐标系旋转指令编程；③在绝对尺寸的程序中插入增量编程；④三爪自定心卡盘装夹工件操作事项。

例 10-3：平底偏心圆弧槽零件，如图 10-8 所示。工件材质为 45 钢，经调质处理。零件圆柱部分已加工完，现加工工件上表面两平底偏心槽，槽深 10mm。

10.3.1 工艺要点

① 工件坐标系原点。两偏心槽设计基准在工件“ϕ110”外圆的中心，所以工件原点定在“ϕ110”轴线与工件上表面交点。

② 工件装夹。本工件外形为圆形，采用三爪自定心卡盘装夹工件。操作要领如下。

a. 把三爪卡盘夹紧在工作台上。

b. 三爪卡盘是定心夹紧装置，装夹中不需要找正工件。三爪卡盘三个卡爪是定位元件，按三卡爪中心找正刀具主轴位置，操作时，可以装夹工件外圆，按工件外圆找正刀具主轴，确定编程原点偏移量。

c. 工件外圆是其定位表面，装夹的工件不宜高出卡爪过多。确保夹紧可靠，为避免在工件上留下夹痕，可在卡爪和工件间加紫铜垫片，也可以采用软爪。

d. 为确保定位可靠，应在工件下面加垫块，确保工件的定位基准面水平，操作中应首先轻夹工件，橡胶锤轻敲工件顶面，保证工件与垫块可靠接触。然后夹紧工件，夹紧力不可过小，也不能过大。不允许任意加长扳手手柄。首件夹紧后，需打百分表检查工件上表面是否水平，确保工件上表面水平。

③ 刀具选择。槽宽 12mm，铣刀尺寸与槽宽相同，即用 $\phi12$ 高速钢键槽铣刀。

④ 切削用量。每层切深 1mm，主轴转速：500r/min，进给速度：60mm/min。

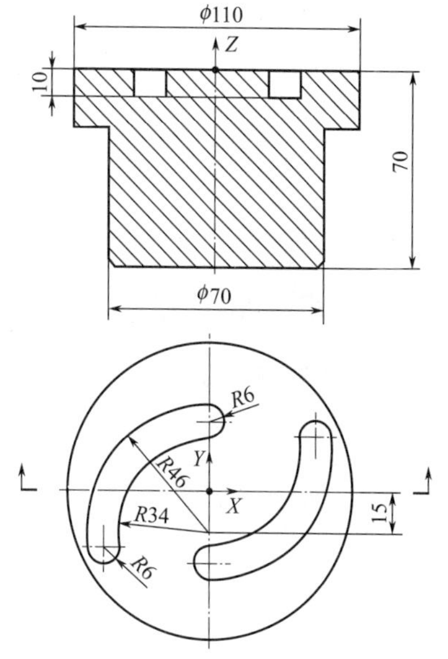

图 10-8　平底偏心圆弧槽

10.3.2　编程说明

（1）坐标系旋转指令应用

由零件图 10-8 分析，两偏心弧形槽的位置沿工件中心旋转 90°。本加工程序采用子程序嵌套结构，调用子程序 O0020 加工一个偏心槽，然后用坐标系旋转指令，使坐标系旋转 90°，调用子程序（O0020）再加工另一个偏心槽。

（2）层切编程

弧形槽编程主要数据点：(0，25)；(－39.686，－20)。工件深度尺寸采用分层切削，称为层切，子程序 O0030 中弧形槽采用层切加工，每层刀具下切 1mm，执行一次子程序，往复切削一次，下切 2 层，计 2mm，所以执行 5 次子程序就可下切 10mm，达到槽深尺寸。

（3）在绝对尺寸（G90）编程的程序中插入增量编程（G91）

水平面走刀采用绝对尺寸编程，保证圆弧槽的形状尺寸。本程序巧妙之处是 Z 轴下切走刀采用增量编程，使每次下切是在原来深度基础上再深入 1mm，保证每次刀具下切 1mm。

10.3.3　设定工件坐标系（找正三爪卡盘）

根据三爪卡盘找正主轴，设定编程原点。三爪卡盘是自定心夹紧夹具，在批量生产时把卡盘装夹在工作台上，根据卡盘位置确定编程原点偏置。卡盘对圆柱形工件夹紧即定位，不需要再找正工件。卡盘装夹在工作台上，根据卡盘找正主轴操作如下。

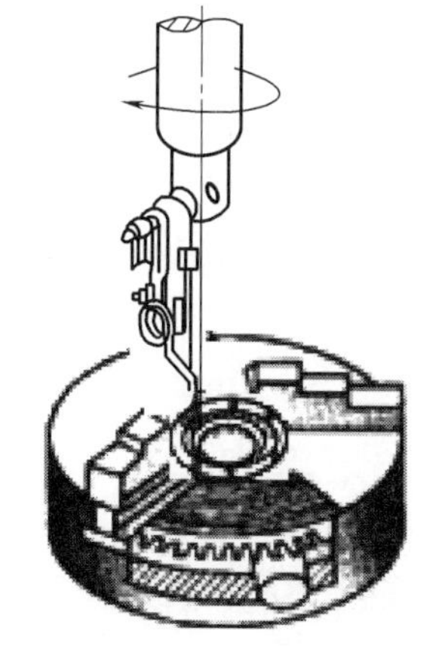
图 10-9　百分表测头接触三爪卡盘基准孔找正主轴

① 找正方法如图 10-9 所示。找正时将百分表固定在主轴刀杆上，使百分表测头接触三爪卡盘基准孔，转动数控回转工作台，使得百分表示值摆动最小，使三爪卡盘中心轴线与主轴轴线同轴，此刻主轴位置就是工件原点相对机床原点的偏移，

记下此时机床坐标系中的 $X0$、$Y0$ 坐标值，即为所找工件原点相对机床原点的偏置量。

② 用 Z 向定位仪确定 Z 向原点位置，测出 Z 向工件原点的偏置量。

③ 把 X、Y、Z 偏移值存入 G54～G59。

④ 为检验找正精度，三爪卡盘夹紧零件后，用 MDI 方式，在 G54 坐标系中使主轴移动到 $X=0$、$Y=0$ 处，然后将百分表测头接触在零件外圆，转动主轴，观察百分表示值是否超规定值，如不超差，则用三爪卡盘的基准孔设定工件原点偏置合格。

10.3.4 加工程序

加工程序如下。

```
O0010                                   主程序,程序名 O0010
N10 G54 G90 G17 G00 Z60. M03 S500;      设定工件坐标系,快速到初始平面,启动主轴
N20 M98 P0020;                          调子程序 O0020,执行一次
N30 G90 G68 X0. Y0. R180.;              坐标系旋转,旋转中心(0,0),角度位移(180°)
N40 M98 P0020;                          调子程序 O0020,执行一次
N50 G69 G00 X0 Y0 Z60.;                 取消坐标系旋转快速回到起始点
N60 M05;                                主轴停
N70 M30;                                程序结束

O0020                                   子程序 O0020(铣一个偏心槽)
N10 G90 G00 X0. Y25.;                   在初始平面上快速定位于(0,25)
N20 Z2.;                                快速下刀,到慢速下刀高度
N30 G01 Z0. F60;                        切削到工件上表面
N40 M98 P50030;                         调子程序 O0030,执行 5 次(总计切深 10mm)
N50 G90 Z60.;                           退到初始平面
N60 X0. Y0.;                            回到起始点
N70 M99;                                子程序结束,返回到主程序

O0030                                   子程序 O0030
N10 G91 G01 Z-1.0 F30.0;                增量坐标编程,每执行一次切深工件 1mm
N20 G90 G03 X-39.686 Y-20. R40. F60.0;  绝对坐标编程,逆圆插补切削 R40mm 圆弧
N30 G91 G01 Z-1.0 F30.0;                增量坐标编程,每执行一次切深工件 1mm
N40 G90 G02 X0. Y25. R40. F60.0;        绝对坐标编程,顺圆插补切削 R40mm 圆弧
N50 M99;                                子程序结束,返回
```

10.4 矩形腔数控铣削(环切法加工)

学习要点：①粗铣方腔深度方向铣削用层切法；②每层平面铣削用环切法；③精铣腔内壁刀具切入、切出路线。

例 10-4：已知某内轮廓型腔如图 10-10 所示，要求对该型腔进行粗、精加工。材料 45 钢。工件坯料已经加工规方，尺寸 100mm×80mm×32mm。

10.4.1 工艺要点

① 刀具选择。粗加工采用 ϕ20mm 的立铣刀，精加工采用 ϕ10mm 的键槽铣刀。

② 安全面高度：100mm。

③ 编程原点。编程原点设在工件下表面，中心线上，如图 10-11 所示。

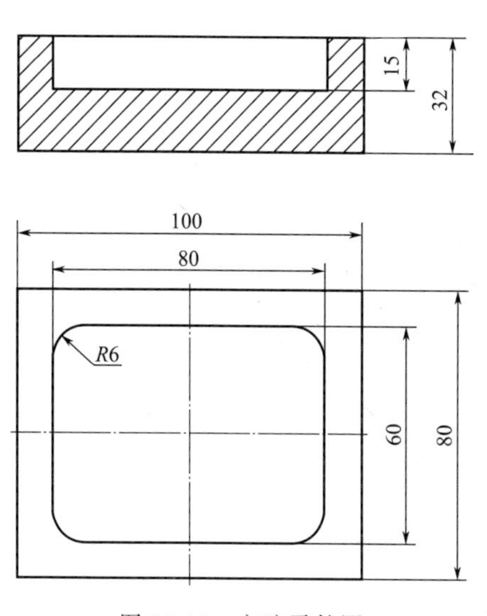

图 10-10　方腔零件图

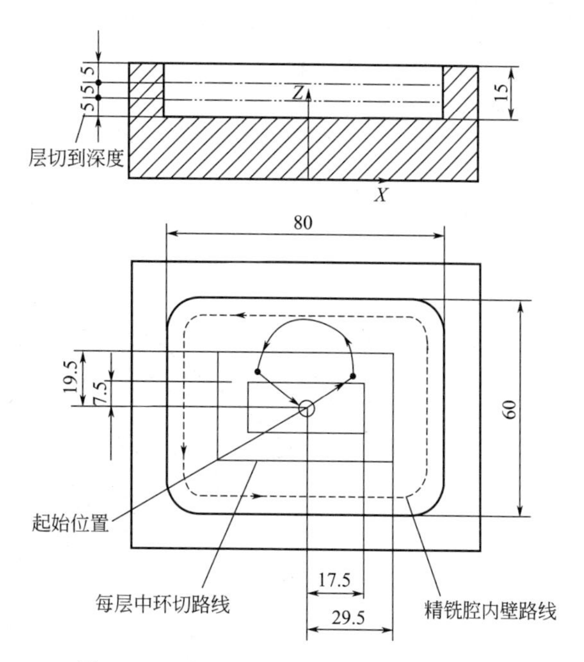

图 10-11　方形腔层切和精铣内壁走刀路线

④ 下刀/退刀方式：粗加工从中心工艺孔垂直下刀，向周边扩展，如图 10-11 中俯视图所示。首先要求在腔槽中心钻大于 ϕ20mm 工艺孔。

⑤ 装夹工件。采用平口虎钳装夹工件。

10. 4. 2　编程说明

① 走刀路线。方形槽粗加工深度方向采用层切法，分 3 层切削加工，如图 10-12（a）所示。每层中的加工采用环切法，如图 10-12（b）所示。方腔的内侧面留 0. 5mm 的精加工余量。

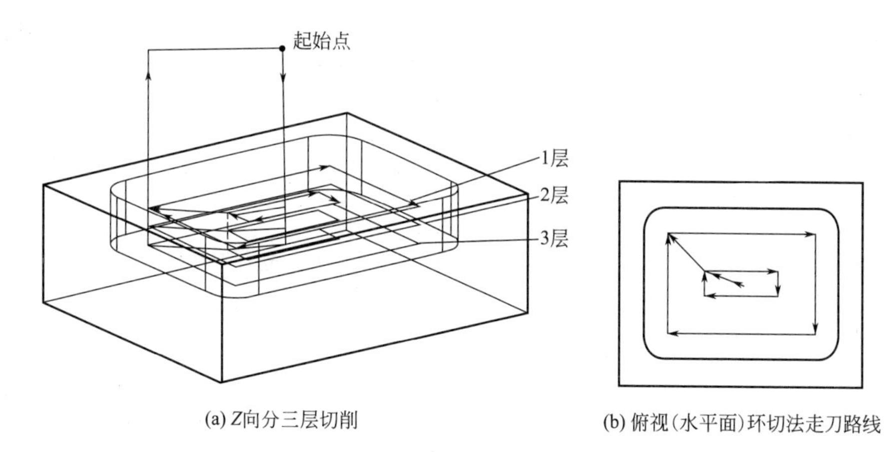

(a) Z向分三层切削　　(b) 俯视(水平面)环切法走刀路线

图 10-12　粗铣走刀路线

② 层切编程技巧。在子程序 O0100 中，程序段“G91 G01 Z-5. 0 F20. 0”采用增量坐标编程。这样每运行一次子程序，层切深度 5. 0mm，即工件槽的深度增加 5. 0mm，运行 3 次该子程序后，槽的深度加工到－15. 0mm，达到槽的设计深度要求。

③ 精铣方腔内壁进、退刀路线。沿加工表面切向进刀和退刀，可避免在工件表面产生进、退刀的刀痕，所以精铣内壁刀具切入、切出采用了 1/4 圆弧路线，如图 10-11 和图 10-13 所示。

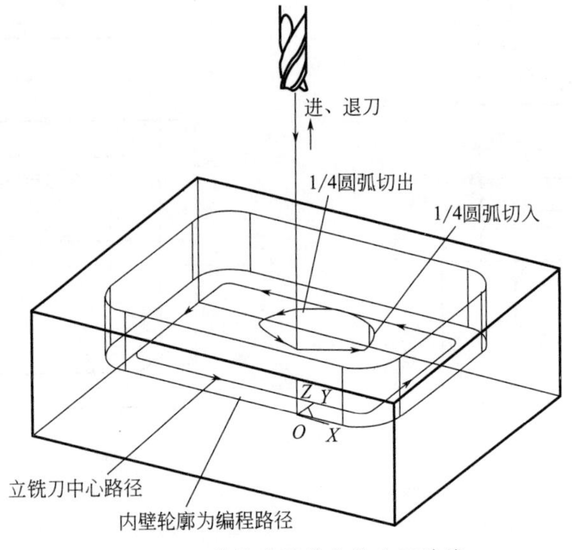

图 10-13　精铣方形腔内壁走刀路线

10.4.3　加工程序（加工中心程序）

加工程序（不包括钻工艺孔）如下。

O1025;	第 1025 号程序,铣削型腔
N10 T01 M06;	选 01 号刀具(φ20mm 立铣刀)
N20 G54 G90 G00 X0 Y0 S500 M03;	建立工件坐标系,启动主轴
N30 G43 Z100.0 H01;	刀具到安全面高度,刀具长度补偿
N40 Z34.0 F20.0 M08;	从快速垂直下刀,至 R 点高度,开冷却液
N50 G01 Z32.0 F50.0	慢速下刀至工件上表面
N60 M98 P30100;	调用子程序 O0100,执行 3 次,切削 3 层,粗加工
N100 G00 Z100.0;	抬刀至安全面高度
N105 G49 X0 Y0 Z100.0;	取消刀具长度补偿
N110 G28 Z100.0;	回参考点
N120 T02 M06;	换 02 号刀具(φ10mm 立铣刀),进入精铣内壁加工
N130 G43 X0 Y0 Z100.0 H02 S500 M03;	刀具到安全面高度,刀具长度补偿。启动主轴
N140 M08;	开冷却液
N150 Z20.0;	从中心垂直下刀至 R 面高度
N160 G01 Z17.0 F100.0;	慢速下刀至底面
N160 G01 X20.0 Y10.0;	
N170 G03 X0 Y25.0 R20.0 F30.0;	沿 1/4 圆弧轨迹切入(半径 R20mm)
N320 G01 X-34.0;	精铣型腔的周边
N340 G03 X-35.0 Y24.0 I0 J-1.0;	刀具中心轨迹圆弧半径为 1.0mm(铣圆角)
N350 G01 Y-24.0;	铣左侧面
N360 G03 X-34.0 Y-25.0 I1.0 J0;	(铣圆角)
N370 G01 X34.0;	铣下面
N380 G03 X35.0 Y-24.0 I0 J1.0;	(铣圆角)
N390 G01 Y24.0;	铣右侧面
N400 G03 X34.0 Y25.0 I-1.0 J0;	(铣圆角)

```
N410 G01 X0;                          精加工结束
N420 G03 X-20.0 Y10.0 R20.0           沿 1/4 圆弧轨迹切出(半径 R20mm),退刀
N430 G00 Z100.0;                      抬刀至安全高度
N440 G49 X0 Y0 Z100.0;                取消刀具长度补偿
N440 M30;                             程序结束并返回

O0100;                                子程序
G91 G01 Z-5.0 F20.0;                  增量编程,直线(啄钻)下切 5mm
G90 G01 X-17.5 Y7.5 F60.0;            进刀至第一圈扩槽的起点,并开始扩槽
Y-7.5;
X17.5;
Y7.5;
X-17.5;                               第一圈扩槽加工结束
X-29.5 Y19.5;                         进刀至第二圈扩槽的起点,并开始扩槽
Y-19.5;
X29.5;
Y19.5;
X-29.5;                               第二圈扩槽加工结束
X0 Y0;                                回中心,一层粗加工结束
M99;                                  子程序结束
```

10.5　形面(斜面及弧面)的数控铣精加工

学习要点：①行切法加工形面（斜面及弧面）编程；②*XZ* 面圆弧插补编程；③加工深度偏差时修调尺寸方法。

例 10-5：图 10-14 所示零件，坯料平面已加工完，形面已粗加工，在数控铣床上精加工工件上表面两斜面及一圆弧面（形面余量 0.3mm）。工件材质：1Cr18Ni9Ti。

10.5.1　工艺要点

① 工件坐标系原点。本工序所加工形面的设计基准是工件上表面角点，该点位置设为编程坐标系零点。按右手系的规定，确定编程坐标系，如图 10-15 所示。

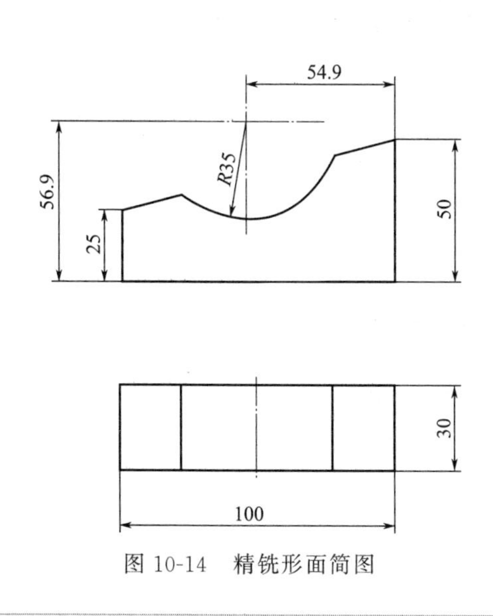

图 10-14　精铣形面简图

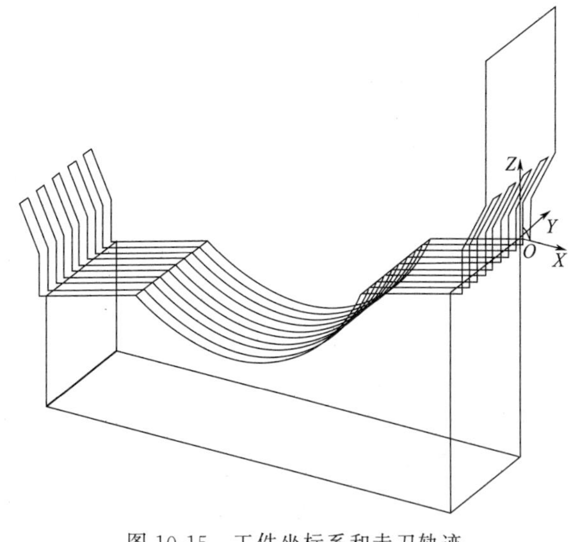

图 10-15　工件坐标系和走刀轨迹

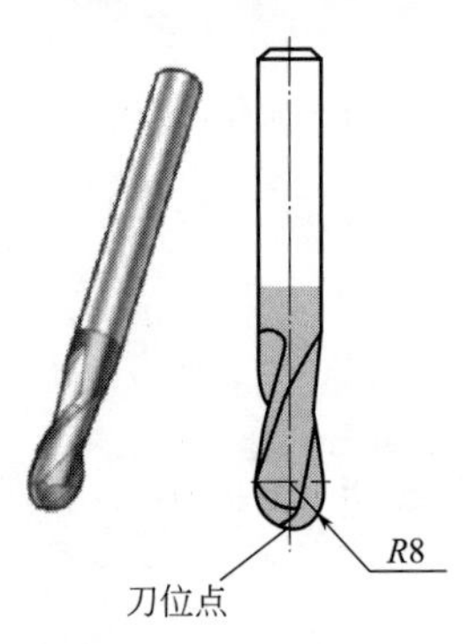

图 10-16　ϕ16mm 球头立铣刀

② 工件装夹。采用平口虎钳装夹工件。工件的底面和侧面已磨削，故以底面和侧面为定位面。平口虎钳的固定钳口是夹具的定位表面，把工件长边侧面靠实精密虎钳固定钳口，工件底面垫等高垫铁。

③ 刀具选择。采用选择整体硬质合金 ϕ16mm 球头立铣刀，如图 10-16 所示。确定切削用量：主轴转速为 3000r/min，进给速度为 1000mm/min。

10.5.2 编程说明

① 走刀路线及图形要素的数学处理。通过数学计算确定走刀路线的基点位置，也可以借助 CAD 图形软件，通过软件的查询功能，确定刀位数据，作 CAD 图时将斜面沿走向两端延伸一定长度，以保证斜面能完全被切削到。走刀轨迹如图 9-36 所示。确定刀位数据：(10，0.，2.5)；(－22.135，0，－5.534)；(－77.862，0，－19.466)；(－110.，0.，－27.5)。

② 用斜线和圆弧组合成“母线”。加工直线为母线展开的曲面，走刀路线可以采用平行轨迹，即行切法加工。本例在 *XZ* 面内，编制具有斜线和圆弧路线的子程序，作为一行的走刀轨迹，相当于一根“母线”。由这一母线沿 *Y* 轴排列，可形成工件的形面，如图 10-15 所示。

③ 采用行切法加工工件的斜面及弧面。子程序执行一次可加工形面中的一行，在 *Y* 轴方向上，等距调用子程序，从而产生等距的多行路线，近似等于由母线平移产生的表面，这就是行切法加工表面的基本原理。子程序中用增量编程，使每完成切削一行路径，下一行路径开始位置沿 *Y* 向增加－0.3mm，实现行间距为 0.3mm，调用 1 次子程序完成往复切削 2 行，调用 51 次子程序，切削了 102 行。切削宽度为 102×0.3＝30.6（mm）。满足零件切削表面 30mm 宽的尺寸要求。

10.5.3 加工程序

加工程序如下。

```
O0001;                                  主程序;程序号
N10 G90 G54 G00 X0. Y0. Z60.0;          设定编程坐标系,绝对值编程,快速到初始平面
N20 M03 S3000;                          启动主轴正转,3000r/min
N30 X10.0 Y0.3. Z20.0;                  快速到下刀点
N40 M98 P510002;                        调子程序 O0002,执行 51 次(行切 102 行)
N50 G90 G00 Z60.0;                      绝对值编程,快速到初始平面
N60 X0. Y0.;                            快速到程序起始点
N70 M05;                                主轴停
N80 M30;                                程序结束

O0002;                                  子程序(沿 X 向往复切削 2 行)
N10 G17 G91 G00 Y-0.3;                  增量值编程,沿 Y 轴移动－0.3mm(行距)
N20 G90 G18 G41 D01 G01 Z12. F2000;     选 ZX 面,建立刀具半径左补偿
N30 Z2.5 F200;                          接近工件表面
N40 X-22.135 Z-5.534 F1000;             直线切削
N50 G03 X-77.862 Z-19.466 R35.;         逆圆进给切削(R35mm 弧面)
N60 G01 X-110.0 Z-27.5;                 直线切削
N70 Z-18.0;                             切出(完成沿－X 向切削 1 行)
```

```
N80 G40 G00 Z-10.0;                    取消半径补偿
N90 M98 P0003;                         调子程序 O0003(沿+ X 向切削 1 行)
N100 M99;                              子程序结束,返主程序

O0003;                                 子程序(沿+ X 向切削 1 行)
N10 G17 G91 G00 Y-0.3;                 增量值编程,起刀点沿 Y 轴移动-0.3mm(行距)
N20 G90 G18 G42 D01 G01 Z-18. F2000;   选 ZX 面,建立刀具半径右补偿
N30 Z-27.05 F200;                      接近工件表面
N40 X-77.862 Z-19.466 F1000;           直线切削
N50 G02 X-22.135 Z-5.534 R35.0;        顺圆进给切削(R35mm 弧面)
N60 G01 X10.0 Z2.5;                    直线切削
N70 Z12.0;                             切出
N80 G40 G00 Z20.0;                     取消半径补偿
N90 M99;                               子程序结束,返回
```

10.5.4　调整 Z 轴加工尺寸

(1) 层切深度调整

用同一个程序实现多次层切。如果需粗、精两次层切铣削。通过在 *Z* 轴方向设置不同的工件原点偏置量实现。粗铣时经过手动操作调整 *Z* 轴原点偏置量，将加工坐标系 *Z* 轴原点偏置量上移（*Z* 轴正向）精加工余量。运行程序，粗加工工件后，将 *Z* 轴原点偏移量向下（*Z* 轴负向）移动精加工余量距离，再次运行程序，即可以完成全部加工。

(2) *Z* 轴加工尺寸修调

加工后如果曲面的高度尺寸偏大，可改变 G54 原点偏置存储器中偏移值 *Z* 值，重新加工，即可修正加工尺寸，想一想偏移值 *Z* 值应该沿正向还是沿负向调整？（答：*Z* 值沿负向绝对值增大，刀具向下伸长。）

10.6　精密铣削键槽(V 形槽定位)

学习要点：①粗铣键槽轨迹与编程；②精铣键槽轨迹与编程。

例 10-6：精密铣键槽。键槽尺寸如图 10-17 所示。

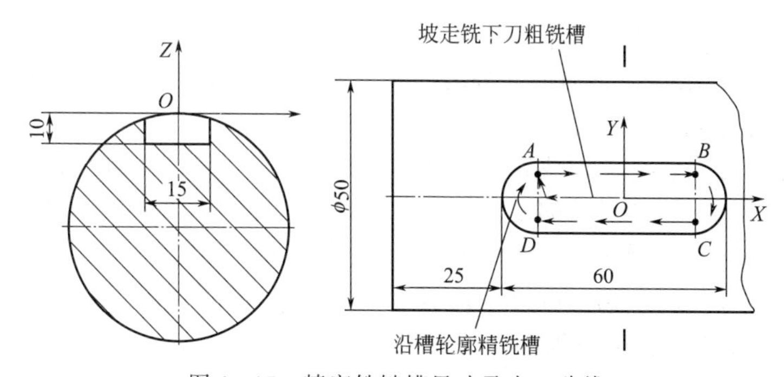

图 10-17　精密铣键槽尺寸及走刀路线

10.6.1　工艺要点

① 工件坐标系原点。以轴的上母线，键槽中点为编程原点，如图 10-17 中的 *O* 点。

② 刀具选择。采用 ϕ14mm 键槽铣刀，如图 10-18（a）所示。

③ 工件装夹。把V形块放在工作台上，用百分表打表找正，使V形口方向与机床 X 轴（或 Y 轴）平行，将V形块夹紧在工作台上。工件轴采用V形块定位，采用螺母和压板将轴件夹紧在V形块上。如图10-18（b）所示。

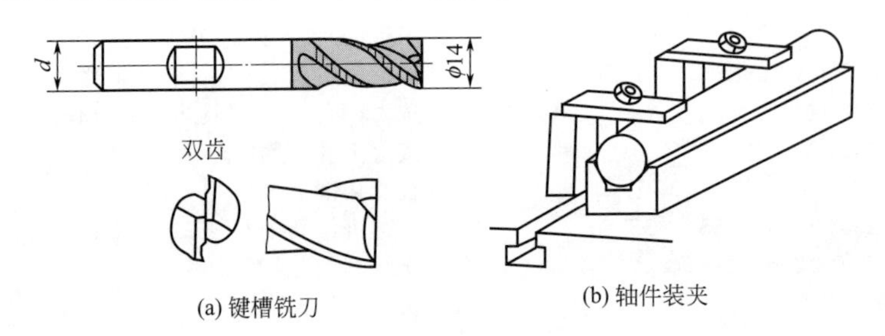

图10-18　刀具与夹具

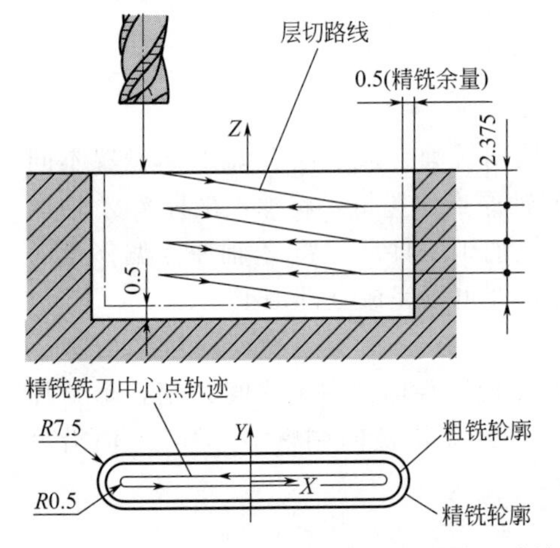

图10-19　坡走下刀精密铣削键槽走刀路线

④ 加工余量。精密铣键槽，Z 轴方向坡走下刀，采用粗、精两次铣加工。

粗铣键槽，采用层切法，粗铣后槽宽14mm，留精铣单边余量0.5mm。

粗铣后用该键槽铣刀沿槽周边走刀一周，铣去0.5mm余量，加工键槽到设计尺寸。

⑤ 走刀路线。粗铣键槽采用层切法。铣键槽下刀时刀具定位于点（$X-22.5$，Y0，Z0）处，坡走下刀，层切法走刀路线如图10-19所示。每一次切削一层，每层背吃刀量（Z 轴方向层间距离）$a_p=2.375$mm，切削4层，完成粗铣槽。主轴转速：1000r/min；进给速度：50mm/min。

精铣槽走刀路线是在 XY 面上插补切削，采用刀具中心轨迹编程，刀具轨迹为“$A \to B \to C \to D \to A$”。在 XY 面刀具中心轨迹（图10-19）基点坐标：A（-23，0.5），B（23，0.5），C（23，-0.5），D（-23，-0.5）。

10.6.2　粗、精铣键槽轨迹

铣削平键槽，一般采用与键槽宽度尺寸相同的键槽铣刀，键槽铣刀如图10-18（a）所示。键槽 Z 向深度采用层切法加工，分层切削，Z 向层间采用啄钻下切或坡走铣下切，铣削出平键槽长度尺寸和深度尺寸。

由于数控铣能够精密铣削曲线轮廓，使数控铣具有高精度铣键槽的手段。精密铣平键槽工艺特点是采用小于键宽尺寸的键槽铣刀，分粗、精铣两步完成键槽切削。首先粗铣键槽，采用层切法，铣削到槽深度，由于键槽铣刀直径小于键槽宽度，所以槽的宽度和长度尺寸均小于设计尺寸。然后精铣键槽，在 XY 面键槽铣刀沿键槽轮廓走刀，精铣槽至设计尺寸，粗、精铣轨迹如图10-19所示。

10.6.3　加工程序

加工程序如下。

```
O0532;                      程序名
N05 G90 G56 G00 Z60.0;      设定编程坐标系,绝对坐标编程,快速至安全平面
N10 M03 S1000;              启动主轴
```

```
N20 X-22.5 Y0;                刀具在安全平面,定位于下刀点
N30 Z2.0;                     快速至 R 平面
N40 G01 Z0. F60;              切削进给至工件上表面
N50 G01 X22.5 Y0 Z-2.375 F50; 坡走下刀
N55 X-22.5;                   切削第 1 层
N60 X22.5 Z-4.75;             坡走下刀
N6 X-22.5                     切削第 2 层
N70 X22.5 Z-7.125;            坡走下刀
N75 X-22.5;                   切削第 3 层
N80 X-22.5 Z-9.5;             坡走下刀
N90 X-22.5;                   切削第 4 层(槽低面)
N100 X-23.0 Y0.5 Z-10.0;      切入工件到 A 点
N110 X23.0;                   直线切削到 B 点
N120 G02 Y-0.5 R0.5;          切削圆弧至 C 点
N130 G01 X-23.0;              直线切削到 D 点
N140 G02 Y0.5 R0.5;           切削圆弧至 A 点
N150 X-22.5 Y0;               切出工件
N160 G00 Z60.0;               快速回到安全平面
N170 X0 Y0;                   回到起始点
N180 M05;                     主轴停
N190 M30;                     程序结束
```

10.7 用球刀切削加工圆弧槽(用弯板装夹工件)

学习要点：①球头铣刀在 XZ（或 YZ）面的上山式切削；②调整原点偏置（G54 中的 Z 值），实现层切加工；③调整原点偏置（G54 中的 Y 值），实现相同型面加工。

例 10-7：图 10-20 所示弯管模，坯料平面已加工完，且已规方，要求数控加工“$R5$”沟槽，工件材质为 W18Cr4V。

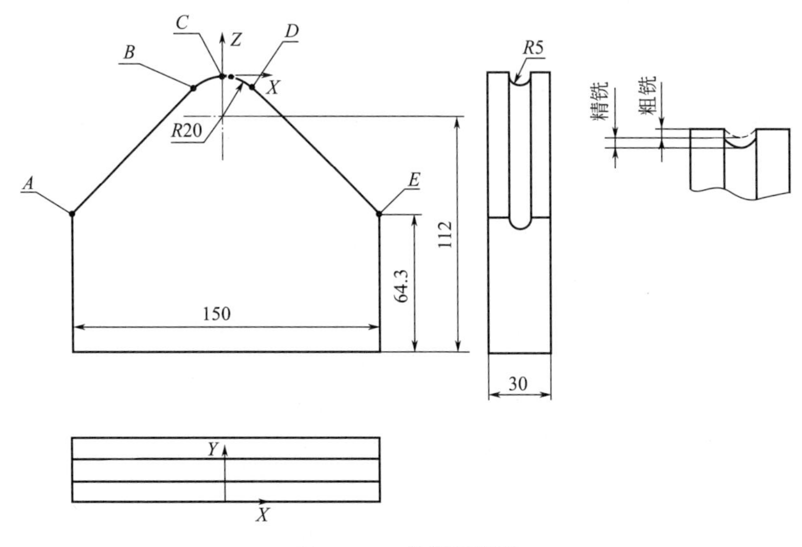

图 10-20 弯管模简图

10.7.1 工艺要点

① 工件坐标系原点。编程坐标系原点选“$R20$”弧顶点，以“$R20$”弧顶点所形成曲线的平面为 XZ 面，坐标轴方向如图 10-20 所示。

② 工件装夹。工件坯料的底面和侧面已经过加工磨削，故以底面和侧面为定位面，用直角弯板装夹工件，以工件大侧面靠在直角弯板上，工件底面（150mm×30mm）平面靠在铣床工作台面上，用螺钉、压板将工件夹紧在直角拐铁上。用百分表拉表找正工件大侧面，校正直角弯板在工作台上的装夹方向，使工件大侧面与机床坐标 X 轴平行，使直角拐铁在机床上定位。用 T 形螺钉把直角拐铁夹紧在工作台上，如图 10-21 所示。

③ 刀具选择。选择整体硬质合金 ϕ10mm 球头立铣刀，刀位点如图 10-22 所示，确定切削用量：主轴转速为 700r/min，进给速度为 30mm/min。

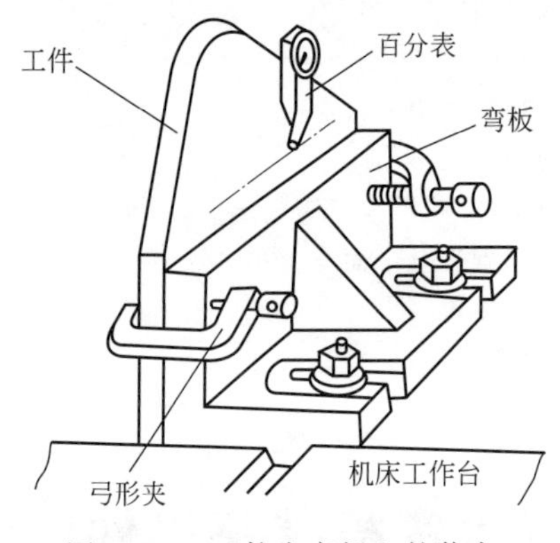

图 10-21　工件在弯板上的装夹

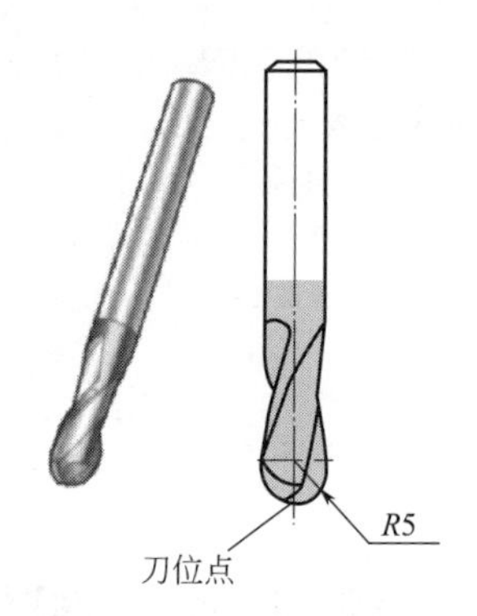

图 10-22　ϕ10 球头立铣刀

④ 铣削方法：采用全槽铣加工“$R5$”沟槽，Z 轴余量分 2 次铣削，精铣余量：1mm。其余余量粗铣一次切除。

⑤ 图形要素的数学处理。利用零件轮廓尺寸编程，需要确定刀位数据，即确定曲线交点坐标，本例借助 CAD 图形软件绘制零件图，根据已知条件，“$R20$”弧顶 C 点为 Z 轴 0 点，B 和 C 点是切点，A 和 B 是端点。通过 CAD 图形软件的查询功能，确定沟槽图形中心线位置尺寸。编程所需数据点：A（−80，14.642，−72.874）；B（−14.265，14.642，−5.982）；C（0，14.642，0）；D（14.265，14.642，−5.982）；E（80，14.642，−72.874）。

⑥ 走刀路线。确定工件加工方式及路径：“$R5$”弯管槽采用上山式铣削。由两侧沟槽中心线的 Z 向最低点（A 和 B）向 $Z0$（C）点走刀切削，注意圆弧插补时的平面选择（选择 ZX 面）。

球头铣刀在 XZ（或 YZ）面的上山式切削。立铣刀在 XZ（或 YZ）面由低向高进给称为“上山式”切削，反之为下山式切削。球头铣刀球面刃上各点切削速度不同，在刀具径向旋转切削中，球面刃旋转中心顶点处切削速度为零。下山式切削，切削刃顶点（速度值为零）先与工件接触，端面中心切削刃是挤入工件，所以切削效率低，刀刃磨损快。上山式切削可避免这一缺点。上山式切削时，切削刃边缘先与工件接触，参与切削，球面刃的边缘处切削速度较大，切削刃上顶点（速度值为零）不参与切削，切削效率高，刀具磨损小。本例题采用上山式切削，效果较好。

⑦ 加工 Z 向尺寸。在进行加工时，为保证加工的沟槽加工精度，加工时分粗、精两次铣削。

a. 粗铣。将坐标系偏置存储地址 G54 中的 Z 轴原点上移＋1mm。运行程序，粗铣加工。

b. 精铣。完成粗加工后在 Z 向留下 1mm 的精加工余量。精加工时将 G54 坐标系原点调回，再一次运行程序即可切除精铣余量，完成精铣加工。

10.7.2 由调整程序原点偏移值重新加工形面

(1) 调整原点偏置（G54 中的 Z 值），实现层切加工

分层切削加工称为层切。如果所加工的表面形状复杂，在加工中，通过手动操作改变存储地址 G54 中的 Z 值（增大），从而改变编程原点 Z 轴位置，这样，不用修改程序，可以在逐层向下的深度完成工件层切。

加工后，经检查零件深度尺寸偏小，调整存储地址 G54 中的 Z 值（增大 Z 值），再次加工，直到达到尺寸要求。

(2) 调整原点偏置（G54 中的 Y 值），实现同形面加工

实现多件加工的方法。如果一次装夹加工多件，可以使工件 XZ 面沿 Y 向排列定位，采用多件夹紧。第一次切削加工位于 Y0 处的工件，然后通过操作面板，改动偏置存储地址 G54 中的 Y 轴原点偏移值（新的 Y 轴偏移值=Y 轴原偏移值±19.4），再次运行程序，可以加工其他工件上的沟槽。

10.7.3 加工程序

加工程序如下。

```
O0001;                            程序号
N10 G90 G54 G00 Z20.0;            设定编程坐标系,绝对坐标编程,快速到初始平面
N20 M03 S1000;                    启动主轴正转,1000r/min
N30 G00 X-80.0 Y14.642;           快速到下刀点
N40 Z-62.0;                       快速下刀
N50 G01 Z-72.874 F30.0;           铣刀切削到 A 点
N60 X-14.265 Z-5.982;             上山式切削直线 AB
N70 G18 G03 X0. Z0. R20.0;        选择 XZ 面,逆圆插补切削圆弧 BC
N80 G00 Z20.0;                    快速到安全平面
N90 G00 X80.0 Y14.642;            快速到下刀点
N100 Z-62.0;                      快速下刀
N110 G01 Z-72.874 F30.0;          铣刀切削到 E 点,进给速度:30mm/min
N120 X14.265 Z-5.982;             上山式切削直线 ED
N130 G18 G02 X0. Z0. R20.0;       选择 XZ 面,逆圆插补切削圆弧 DC
N140 G00 Z20.0;                   快速到安全平面
N150 X0. Y0.;                     快速回到起始点
N160 M05;                         主轴停
N170 M30;                         程序结束
```

10.8 坐标系旋转加工相同形面(用 CAD 查询功能确定点坐标)

学习要点：①运用 CAD 查询功能，查出相关点坐标；②用坐标系旋转编程加工相同型面加工。

例 10-8：联轴器零件如图 10-23 所示。零件已经车削加工"ϕ90""ϕ71"圆，两端平面，均已达到零件尺寸要求。且在一端已铣削成 20mm×10mm 形面，要求在数控机床上铣削工件上的 5 个槽。

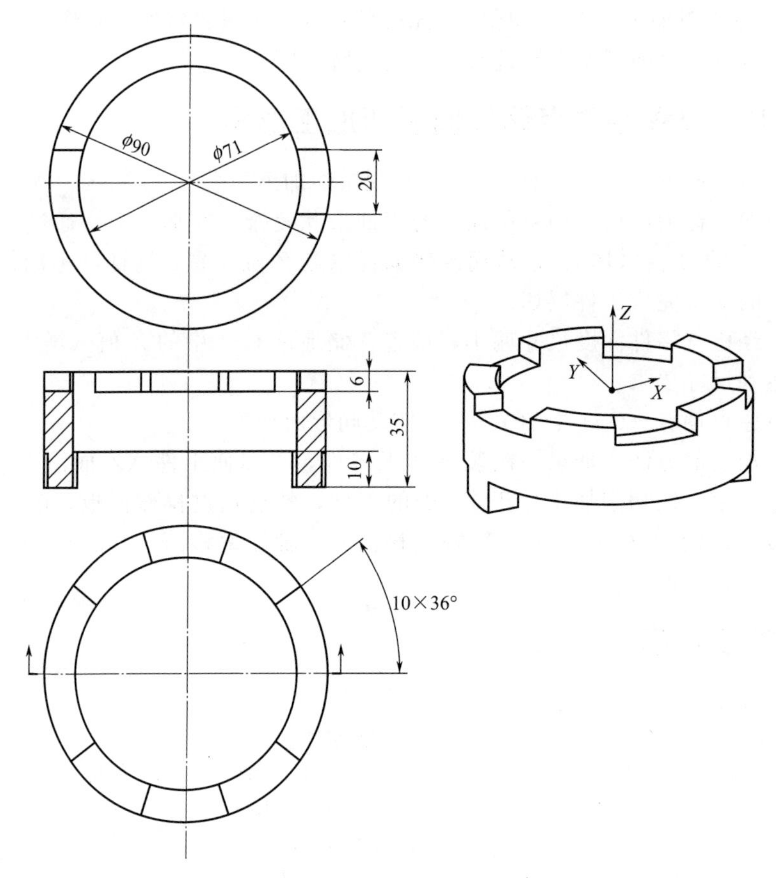

图 10-23　联轴器零件图

10.8.1　工艺要点

① 工件坐标系原点。零件的设计基准是工件上表面中心点，该点位置设为编程坐标系零点。确定编程坐标系如图 10-23 所示。

② 刀具选择。用 ϕ10mm 方肩立铣刀。

③ 安全面高度：50mm。

④ 走刀路线。利用坐标系旋转指令 G68、G69，使坐标系旋转，然后调用子程序。每调用一次子程序，铣削一个槽。

⑤ 坐标尺寸计算。子程序用于加工一个齿槽，用刀具中心编程。为获取刀具轨迹数据，采用 CAD 制图，画出子程序刀具中心在 XY 面内路径。查找出编程所需位置点坐标，步骤如下。

a. 打开 CAD 零件图（图 10-23）。选俯视图，与槽边相距 5mm（铣刀半径 5mm），画槽边等距线 AB，AD，两线相交于 A 点。

b. 相距槽边线 8mm，画槽边等距线 BD。作延长线，成封闭形 ABD，如图 10-24 所示。

c. 画 BD 中点 C。得到刀具位置点 $ABCD$，如图 10-24 所示。走刀路线中的走刀方向如图 10-24 中箭头所指，切削一边为 $A \rightarrow B \rightarrow C \rightarrow A$，切削另一边为 $A \rightarrow D$。

d. 运用 CAD 查询功能，查出相关点坐标：A（15.388，5.0），B（52.764，5.0），C（49.025，15.984），D（45.626，26.450），如图 10-25 所示。

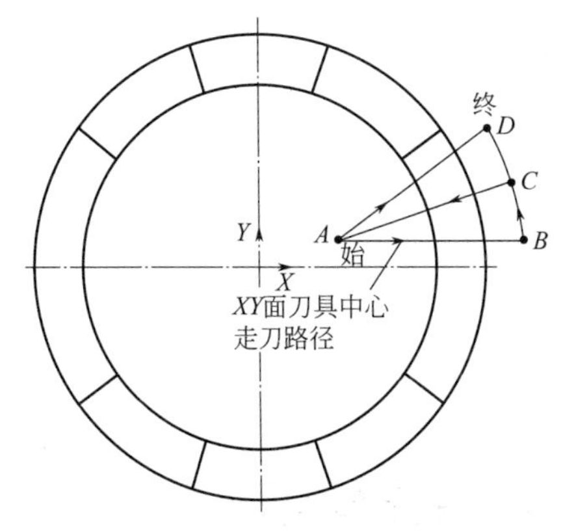

图 10-24 XY 面走刀路径（$A \to B \to C \to D$）

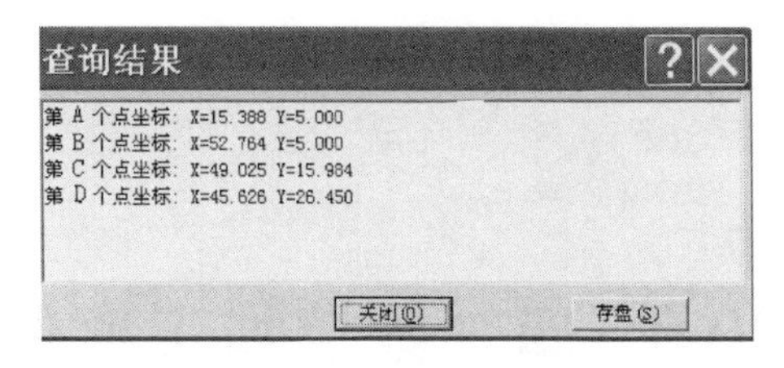

图 10-25 点坐标查询显示

⑥ 加工一个齿槽的走刀路线如图 10-26 所示，即 $P \to A \to B \to C \to D \to P$。$P$（15.388，5.0，50.0）点为安全平面上刀具始点。

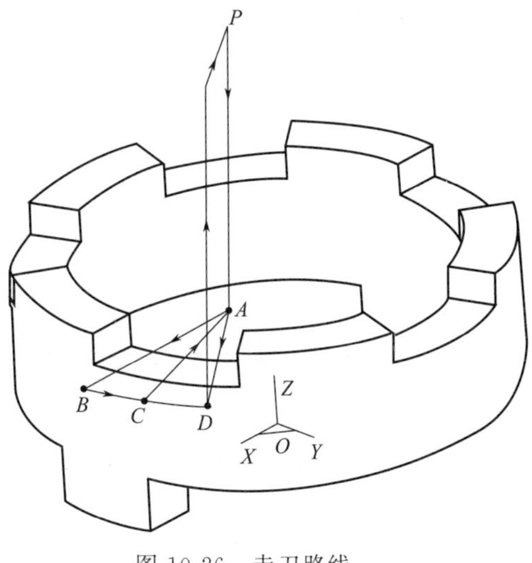

图 10-26 走刀路线

10.8.2 编程特点

（1）用刀具中心点编程

本例题中切削轨迹是直线，采用刀具中心编程，避免了刀具半径补偿，程序简单。

（2）运用 CAD 查询功能，查所需数据

用刀具中心点编程，数据计算繁琐。采用 CAD 查询功能获取数据，即用 CAD 画出切削中的刀具中心轨迹，通过软件的查询功能，查出编程所需点的位置坐标，使读者避开繁琐的数据计算，是一种可行的处理数据方法。

（3）坐标系旋转指令的应用

零件上的铣削的 5 个槽，槽的形状、尺寸相同，均匀分布在圆周上，每个槽的位置角度 72°，用子程序切削一个槽，其他槽用坐标系旋转指令，实现相同图形的加工。

编程技巧是子程序中坐标系旋转角度用增量编程，使得每执行一次子程序，坐标轴在原角度基础上旋转 72°，转到下个槽的加工位置，整体程序简单、明确，不易出错。

10.8.3 加工程序

加工程序如下。

```
O0504;                               主程序,铣外圆周 5 槽
N10 G90 G54 G00 X0. Y0. Z50.0;       设定编程坐标系,绝对坐标编程,快速到安全平面
N20 M03 S1000;                       启动主轴正转,1000r/min
N30 G00 X15.388 Y5.0 Z50.0;          快速到下刀点 P
N50 M98 P50104;                      调子程序 O0104,执行 5 次(切 5 个槽)
N60 G69;                             取消坐标系旋转
N70 G00 Z50.0;                       回到安全平面
N80 X0 Y0;                           快速到程序起始点
N90 M05;                             主轴停
N100 M30;                            程序结束
```

```
O0104;                          子程序(铣一个槽)
G90 G00 Z-6.0;                  绝对数值编程,由 P 点下刀至 A 点(Z- 6.0)
G01 X52.764 Y5.0 F200;          切 AB
X49.025 Y15.984;                切 BC
X15.388 Y5.0;                   切 CA
X45.626 Y26.450;                切 AD
G00 Z50.0;                      快速上至安全平面
X15.388 Y5.0;                   回 P 点
G68 X0. Y0. G91 R72.0;          增量方式,坐标系从原角度位置始,旋转 72°
M99;                            子程序结束
```

10.9 四轴数控加工实例(采用列表曲线编程)

学习要点：①四轴数控加工；②铣削螺旋槽，采用列表曲线的编程方法；③一夹一顶装夹工件的操作。

例 10-9：制造弹簧使用的夹具——靠模，如图 10-27 所示，由靠模螺旋槽顶点构成的螺旋线是列表曲线，其设计数据如表 10-1 所示。工件坯料外圆已经过车削，直径达到设计尺寸要求，现要求数控加工螺旋圆弧沟槽，保证表 10-1 中的设计尺寸。

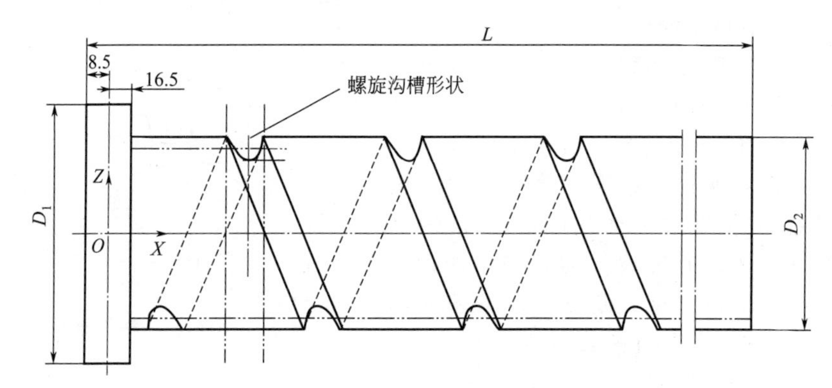

图 10-27 汽车弹簧靠模

表 10-1 弹簧靠模槽的设计数表

沟槽转角/(°)	累积圈数	槽中心高 X/mm	槽底半径 Z/mm	节距/360°
0	0	0	76.0	0
180	0.5	0	76.0	0
225	0.63	0	76.0	0
245	0.68	0	73	0
281	0.78	4	66.5	40
360	1	19.6	55.6	71.1
405	1.13	28.5	50	71.2
540	1.5	55.1	50	70.9
720	2	90.8	50	71.4
900	2.5	126.3	50	71

续表

沟槽转角/(°)	累积圈数	槽中心高 X/mm	槽底半径 Z/mm	节距/360°
1080	3	161.8	50	71
1260	3.5	197.4	50	71.2
1440	4	232.9	50	71
1620	4.5	268.5	50	71.2
1800	5	304	50	71
1908	5.3	325.4	50	71.3
1980	5.5	339.7	50	71.5
2088	5.8	361	50	71
2133	5.93	366.8	50	46.4
2146	5.96	366.8	50	0
2160	6	366.8	50.78	0
2268	6.3	366.8	50.78	0
2326	6.46	366.8	60	0
2376		366.8	66.5	0

10.9.1 工艺要点

(1) 选择数控加工用机床

本工序加工表面是螺旋沟槽。加工螺旋沟槽设备可以选用数控车床，也可以用数控铣床或加工中心。本例现场加工采用了4轴数控加工中心铣削螺旋沟槽，加工中心的第4轴是一个独立的旋转工作台，即旋转轴 A。

程序中选定圆弧槽的设计基准为编程原点，即图10-27中所示的 O 点。

(2) 工件装夹方式

机床第4轴是回转工作台的旋转轴线，安装回转工作台时，需保证回转工作台旋转轴线与机床 X 轴平行。在机床上安装尾座时，尾座顶尖应与回转工作台（A 轴）旋转轴线等高，并同轴，如图10-28所示。

采用一夹一顶方式装夹工件。工件一端采用专用夹具固定，夹具安装在回转工作台上。工件另一端钻有中心孔，用尾座上的顶尖顶住工件，加工时工件随机床 A 轴旋转，如图10-29所示。

图10-28 安装数控回转工作台与尾座

图10-29 装夹工件

（3）端面夹具

为把工件装夹在回转工作台上，设计了专用端面夹具，如图 10-30 所示。夹具上外圆面 ϕD_3 和端面 P 是工件定位面。

（4）刀具选择

加工螺旋沟槽用两把刀具完成，一把用于粗加工，选择球头铣刀；另一把用于精加工，是根据工件沟槽的形状设计的专用成形铣刀，成形铣刀形状如图 10-31 所示。

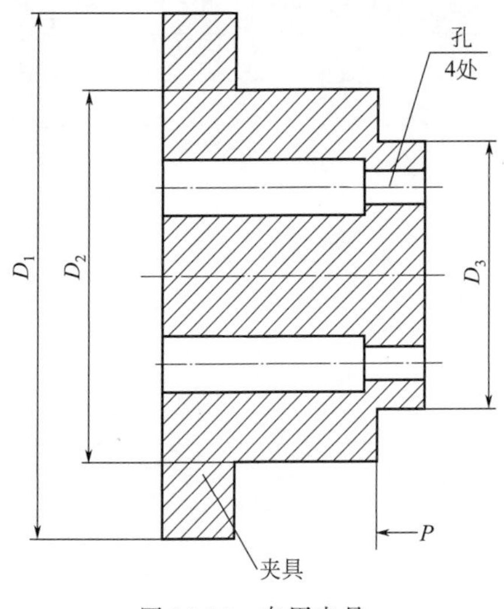

图 10-30　专用夹具

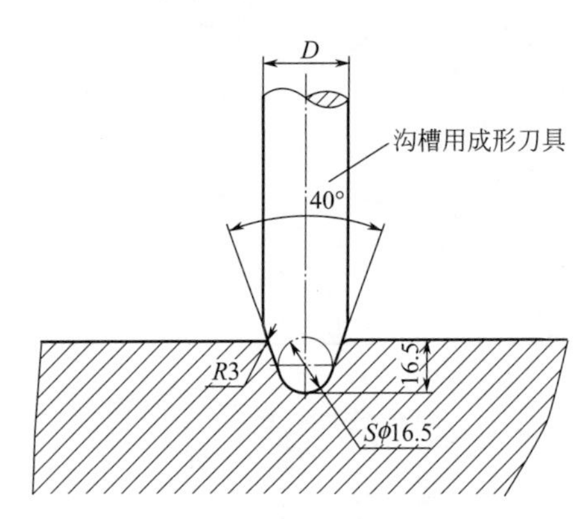

图 10-31　铣削沟槽专用成形刀具

10.9.2　加工靠模的数控工艺文件

① 工件数控加工工序单，如图 10-32 所示。

数控加工清单									
零件名称	汽车弹簧靠模		图号				加工程序		
零件材料	5CrNiMo	温度T	测量方式		竣工号			程序	刀具
申请单位			日期		数量		1		
							2		
							3		
							4		
							5		
							6		
							操作员		编程员
数据仅此一份，妥善保管，以备查用。							室主任		主任

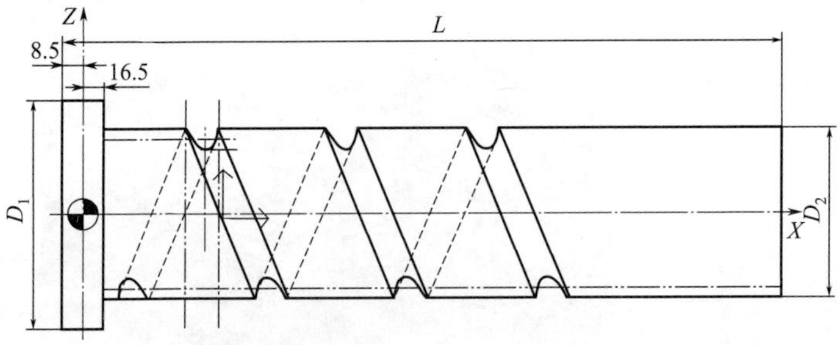

图 10-32　汽车弹簧靠模加工工序单

② 工件螺旋槽加工使用刀具，如表 10-2 所示。

表 10-2 加工靠模用刀具卡片

产品名称及代号		汽车弹簧靠模	零件名称		零件图号	
序号	刀具编号	刀具规格/名称	数量	加工内容	刀具半径/mm	刀具材料
1	T01	ϕ16mm 球头铣刀	1	粗铣沟槽	8	HSS
2	T02	成形铣刀	1	精铣沟槽		HSS

10.9.3 数控加工程序

加工程序如下。

```
O0200;                                   主程序编号
N2 G0 G90 G54 X0. Y0. Z150. F100;        设置 G54 坐标原点
N3 T01 M06;                              调用 T01 号刀具
N4 T02;                                  准备 T02 号刀具
N5 S46 M03;                              设置主轴转速
N6 G43 Z100. H01;                        在安全平面上为 T01 刀具增加长度补偿
N7 M98 P0050;                            调用 O0050 沟槽加工子程序,进行荒加工
N8 G0 X0. Y0.;                           快速定位到"X0. Y0."
N9 T02 M06;                              换取 T02 刀具
N10 S60 M03;                             设置主轴转速
N11 G43 Z100. H02;                       在安全平面上为 T02 刀具增加长度补偿
N12 M98 O0002;                           调用 O0002 沟槽加工子程序,进行精加工
N13 M30;                                 主程序结束

N1 O0050;                                加工沟槽子程序
N2 G01 A0.;                              A 轴初始位置为 0°
N3 G01 Z72.5;                            沟槽在 0°起始位置半径为 72.5mm
N4 G01 X0. Z76.0 A-180.;                 沟槽为顺时针螺旋,旋转轴逆时针旋转
N5 G01 X0. Z76.0 A-225.;                 在 0°～225°范围,半径为 72.5mm
N6 G01 X0. Z73. A-245;                   在 225°～245°范围,半径从 72.5mm 变化到 70.0mm
N7 G01 X4. Z66.5 A-281.;
N8 G01 X19.6 Z55.6 A-360.;
N9 G01 X28.5 Z50. A-405.;
N10 G01 X55.1 Z50. A-540.;
N11 G01 X90.8 Z50. A-720.;
N12 G01 X126.3 Z50. A-900.;
N13 G01 X161.8 Z50. A-1080.;
N14 G01 X197.4 Z50. A-1260.;
N15 G01 X232.9 Z50. A-1440.;
N16 G01 X268.5 Z50. A-1620.;
N17 G01 X304. Z50. A-1800.;
N18 G01 X325.4 Z50. A-1908.;
N19 G01 X339.7 Z50. A-1980.;
N20 G01 X361. Z50. A-2088.;
N21 G01 X366.8 Z50. A-2133.;
N22 G01 X366.8 Z50. A-2146.;
N23 G01 X366.8 Z50.78 A-2160.;
N24 G01 X366.8 Z50.78 A-2268.;
N25 G01 X366.8 Z60. A-2326.;
N26 G01 X366.8 Z66.5 A-2376.;
```

```
N27 G0 Z150.;           快速抬刀
N28 M99;                子程序返回
```

10.9.4 数控加工操作要点

(1) 刀具预调和参数设定

使用对刀仪在机外对刀具直径、长度或者在机床上使用专门的高度对刀块进行预调，并将刀具预调结果记录下来，待用。

(2) 安装分配刀号

将刀具按照数控加工顺序，加工程序中使用的两把刀具安装到刀库中。然后通过加工中心机床操作面板，将刀具的相关参数输入数控系统中。

(3) 工件装夹定位

① 工件坯料。工件经过前工序加工后，本工序工件坯料如图 10-33 所示。

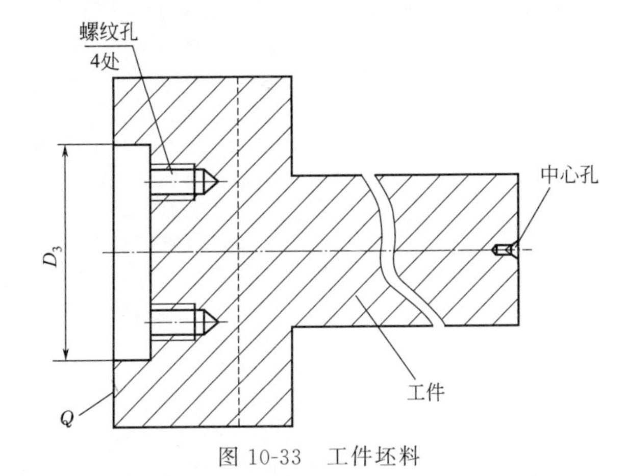

图 10-33 工件坯料

② 夹具安装。夹具（图 10-33）上的 D_3 外圆面和端面 P 是工件定位面，把夹具安装到回转工作台上，需依照外圆面 D_3 找正夹具位置，用百分表打 D_3 外圆面，转动回转工作台，同时调整夹具位置，使表的跳动最小，即令 D_3 的几何轴线与工作台旋转轴线同轴。然后把夹具夹紧在回转工作台上。

③ 工件装夹。初步定位工件。工件左端 D_3 圆孔和端面 Q 是工件定位面。将工件左端靠在夹具定位面上，夹紧工件，如图 10-34 所示。

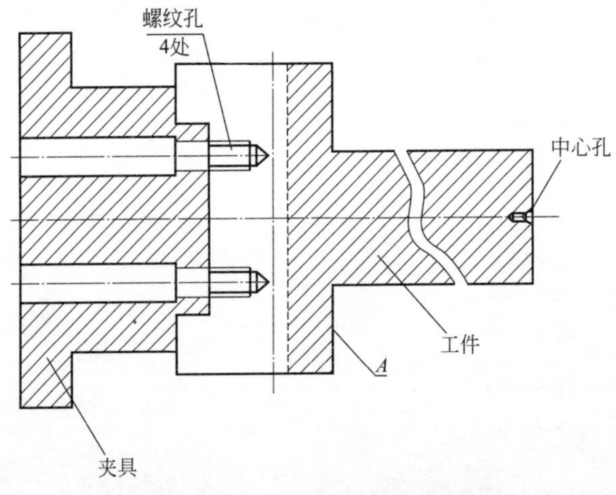

图 10-34 夹具和工件装配图

尾座套筒伸出，顶尖顶住工件中心孔，初步定位工件。

精确定位工件。在机床上安装百分表找正工件，旋转工作台，在工件外圆上打表，观察表针的摆动方向，顺时针走表时说明此点处高，工件应向相反方向移动。逆时针走表时与顺时针走表相反，调整方法相似，工件向相反方向移动。

找正工件后，压紧工件，在工件 A 处找到零点，设定工件编程原点偏移量。

（4）装入程序与试运行

使用专门的程序传输软件或者借助 CAD/CAM 软件本身的传输功能，例如 V.24、Procomm 或 MasterCAM 软件的传输功能，通过操作面板在编辑（EDIT）方式下将程序输入控制系统中。

对程序的格式、书写等进行简单校验，然后对程序进行试运行，目的是检查程序的正确性，防止出现过切等。

（5）程序规范固化

对加工程序进行试运行检查后，应保存加工程序，进行程序锁定，以提高后续工件的加工效率。

（6）自动加工

待所有的准备工作做完后，就可以直接加工工件。加工完毕，需要对工件进行测量检验。如没有达到图样要求的尺寸，对工件在可修复的情况下重新加工，直至符合图样的技术要求。

10.9.5 数控加工经验与技巧

① 对于槽类加工，要安排好刀具的切出与切入，要尽量避免交接处的重复加工，否则会出现明显的界限痕迹。

② 对于深槽的加工，要注意刀具的选择和切削用量的选择。

③ 铣刀材料和几何参数是根据零件材料切削加工性，工件表面几何形状和尺寸大小来选择，切削用量是根据工件材料的特点、刀具性能及加工精度要求来确定的。通常在进行槽加工时，为了提高切削效率，采用大直径数控铣刀来去除余量，侧吃刀量一般取刀具直径的 1/2 或 1/3。

第11章 数控机床维护与数控系统实用操作

11.1　数控机床维修与保养

11.1.1　数控机床的维修工作内容

与普通设备一样，数控机床的使用寿命和效率高低，不仅取决于机床本身的精度和性能，很大程度上也取决于使用及维护。正确使用和精心维护能防止设备非正常磨损，可使设备保持良好的技术状态，避免突发故障；可以延长机床使用寿命，防止恶性事故的发生，从而保障安全运行。

数控机床的维护工作如下。

（1）机床机械部件的维修

如主轴箱的冷却和润滑，齿轮副、导轨副和丝杠螺母副的间隙调整和润滑，轴承的预紧，液压和气动装置的压力、流量的调整等。

（2）伺服驱动电路

主要指与坐标轴进给驱动和主轴驱动的连接电路。数控机床从电气角度看，最明显的特征就是用电气驱动替代了普通机床的机械传动，相应的主运动和进给运动由主轴电动机和伺服电动机执行完成，而电动机的驱动必须有相应的伺服驱动装置及电源配置。由于受切削状态、温度及各种干扰因素的影响，使伺服性能、电气参数变化或电气元件失效，从而引起故障。

（3）位置反馈电路

数控系统与位置检测装置之间的连接电路。数控机床最终是以位置控制为目的，所以位置检测装置维护的好坏将直接影响到机床的运动精度和定位精度。

（4）电源及保护电路

电源及保护电路由数控机床强电线路中的电源控制电路构成。强电线路由电源变压器、控制变压器、各种断路器、保护开关、接触器、熔断器等连接而成，用于为交流电动机（如液压泵电动机、冷却泵电动机及润滑泵电动机等）、电磁铁、离合器和电磁阀等执行元件供电。

（5）开、关信号连接电路

开、关信号是数控系统与机床之间的输入、输出控制信号，数控系统中开关量信号用二进制数据位的“1”或“0”来表示。数控系统中由可编程控制器（PLC）对开关量处理，所以通过对PLC的I/O接口状态的检测，就可初步判断发生故障的范围和原因。可编程控制器替代了传统普通机床强电柜中大部分的机床电器，从而实现对主轴、进给、换刀、润滑、冷却、液压和气动等系统的开关量控制。特别要注意的是机床上各部位上的按钮、限位开关及继电器、电磁阀等机床电器开关，因为这些开关信号作为可编程控制器的输入量和输出量，开关的可靠性将直接影响机床能否正确执行动作，这类故障是数控机床的常见故障。

（6）数控系统

数控系统属于计算机产品，其硬件结构是将电子元器件焊（贴）到印制电路板上成为板、卡级产品，由多块板、卡通过接插件等连接，再连接外设就成为系统级最终产品。其关键技术发展，如元器件筛选、印制电路板的焊接和贴附、生产过程及最终产品的检验和整机的考机等都极大地提高了数控系统的可靠性。有资料表明：由操作、保养和调整不当产生的故障占数控机床故障的57%，伺服系统、电源及电气控制部分的故障占数控机床故障的37.5%，而数控系统的故障只占数控机床故障的5.5%。

电气系统的故障诊断及维护，内容多，涉及面广，发生率高，是数控机床维护和故障诊断的重点，也是本书的重点内容。

11.1.2 机床本体的维护

机床本体的维护主要指数控机床机械部件的维护，由于机械部件处于运动摩擦过程中，因此，对它的维护和维修对保证机床精度是很重要的，如主轴箱的冷却和润滑，齿轮副、导轨副和丝杠螺母副的间隙调整和润滑，轴承的预紧，液压和气动装置的压力和流量的调整等。数控机床因其功能、结构及系统的不同，其维护保养的内容和规则也各有其特色，具体应根据其机床种类、型号及实际使用情况，并参照该机床说明书要求，制订和建立必要的定期、定级保养制度。

（1）使机床保持良好的润滑状态

定期检查清洗自动润滑系统，添加或更换油脂、油液，使丝杠、导轨等各运动部位始终保持良好的润滑状态，降低机械磨损速度。

（2）定期检查液压、气压系统

对液压系统定期进行油质化验检查，更换液压油，并定期对各润滑、液压、气压系统的过滤器或过滤网进行清洗或更换，对气压系统还要注意及时对分水滤气器放水。

（3）定期进行机床水平和机械精度检查并校正

机床机械精度的校正方法有软、硬两种。软方法主要是通过系统参数补偿，如丝杠反向间隙补偿、各坐标定位精度定点补偿、机床回参考点位置校正等。而硬方法一般在机床大修时进行，如进行导轨修刮、滚珠丝杠螺母副预紧，调整其反向间隙、齿轮副的间隙等。

（4）适时对各坐标轴进行超程限位试验

尤其是对于硬件限位开关，由于切削液等原因使其产生锈蚀，平时又主要靠软件限位起保护作用，但关键时刻如因硬件限位开关锈蚀不起作用将产生碰撞，甚至损坏滚珠丝杠，严重影响其机械精度。试验时只要用手按一下限位开关，看是否出现超程警报，或检查相应I/O接口输入信号是否变化。

（5）数控机床日常保养

日常保养的周期、检查部位和要求，见数控机床定期保养表（表11-1）。

表11-1 数控机床定期保养表

序号	检查周期	检查部位	检查要求
1	每天	导轨润滑	检查润滑油的油面、油量，及时添加油，润滑油泵能否定时启动、泵油及停止。导轨各润滑点在泵油时是否有润滑油流出
2	每天	X，Y，Z及回转轴的导轨	清除导轨面上的切屑、脏物、冷却水剂，检查导轨润滑油是否充分，导轨面上有无划伤、损坏及锈斑，导轨防尘刮板上有无夹带铁屑，如果是安装滚动滑块的导轨，当导轨上出现划伤时应检查滚动滑块
3	每天	压缩空气气源	检查气源供气压力是否正常，含水量是否过大
4	每天	机床进气口的油水自动分离器和自动气干燥器	及时清理分水器中滤出的水分，加入足够润滑油；检查空气干燥器是否能自动切换工作，干燥剂是否饱和
5	每天	气液转换器和增压器	检查存油面高度并及时补油

续表

序号	检查周期	检查部位	检查要求
6	每天	主轴箱润滑恒温油箱	恒温油箱正常工作，由主轴箱上油标确定是否有油润滑，调节油箱制冷温度能正常启动，制冷温度不要低于室温太多［相差2～5℃，否则主轴容易“出汗”（空气水分凝聚）］
7	每天	机床液压系统	油箱、润滑油泵无异常噪声，压力表指示正常工作压力，油箱工作油面在允许范围内，回油路上背压不得过高，各管路接头无泄漏和明显振动
8	每天	主轴箱液压平衡系统	平衡油路无泄漏，平衡压力表指示正常，主轴箱在上下快速移动时压力表波动不大，油路补油机构动作正常
9	每天	数控系统的输入/输出	光电阅读机的清洁，机械结构润滑良好，外接快速穿孔机及程序盒连接正常
10	每天	各种电气装置及散热通风装置	数控柜、机床电气柜进排风扇工作正常，风道过滤网无堵塞，主轴电动机、伺服电动机、冷却风道正常，恒温油箱、液压油箱的冷却散热片通风正常
11	每天	各种防护装置	导轨、机床防护罩动作灵活而无漏水，刀库防护栏杆、机床工作区防护栏检查门开关动作正常，在机床四周各防护装置上的操作按钮、开关、急停按钮工作正常
12	每周		清洗各电柜进气过滤网
13	半年	滚珠丝杠螺母副	清洗丝杠上旧的润滑脂，涂上新油脂，清洗螺母两端的防尘圈
14	半年	液压油路	清洗溢流阀、减压阀、滤油器、油箱油底，更换或过滤液压油，注意在向油箱加入新油时必须经过过滤和去水分
15	半年	主轴润滑恒温油箱	清洗过滤器，更换润滑油，检查主轴箱各润滑点是否正常供油
16	每年	检查并更换直流伺服电动机电刷	从电刷窝内取出电刷，用酒精棉清除电刷窝内和整流子上炭粉，当发现整流子表面有被电弧烧伤时，抛光表面、去毛刺，检查电刷表面和弹簧有无失去弹性，更换长度过短的电刷，并跑合后才能正常使用
17	每年	润滑油泵、滤油器等	清理润滑油箱池底，清洗更换滤油器
18	不定期	各轴导轨上镶条，压紧滚轮，丝杠，主轴传动带	按机床说明书上规定调整间隙或预紧
19	不定期	冷却水箱	检查水箱液面高度，冷却液各级过滤装置是否工作正常，冷却液是否变质，经常清洗过滤器，疏通防护罩和床身上各回水通道，必要时更换并清理水箱底部
20	不定期	排屑器	检查有无卡位现象等
21	不定期	清理废油池	及时取走废油池中废油以免外溢，当发现油池中突然油量增多时，应检查液压管路中漏油点

11.1.3 数控机床电气控制系统日常维护

电气控制系统包括输入和输出装置、数控系统、伺服系统、机床电器柜（也称强电柜）及操作面板等。电气控制系统的维护主要有以下几点。

（1）对直流电动机定期进行电刷和换向器检查、清洗和更换

如果换向器表面脏，应用白布蘸酒精予以清洗；若表面粗糙，用细金相砂纸予以修整；若电刷长度在10mm以下时，予以更换。

（2）定期检查电气部件

检查各插头、插座、电缆、各继电器的触点是否接触良好。检查各印制电路板是否干净。检查主电源变压器、各电机的绝缘电阻，应在 1 MΩ 以上。平时尽量少开电气柜门，以保持电气柜内清洁，夏天用开门散热是不可取的。定期对电气柜和有关电器的冷却风扇进行卫生清扫，更换其空气过滤网等。另外，纸带光电阅读机的受光部件太脏，可能发生读数错误，应及时清洗。印制电路板上太脏或受湿，可能发生短路现象，因此，必要时对各个印制电路板、电气元件采用吸尘法进行卫生清扫等。

（3）数控机床长期不用时的维护

数控机床不宜长期封存不用，购买数控机床以后要充分利用起来，尽量提高机床的利用率，尤其是投入使用的第一年，更要充分使用，使其容易出故障的薄弱环节尽早暴露出来，使故障的隐患尽可能在保修期内得以排除。有了数控机床舍不得用，这不是对设备的爱护，反而由于受潮等原因加快电子元件的变质或损坏。如数控机床长期不用时要定期通电，并进行机床功能试验程序的完整运行。要求每 1～3 周通电试运行一次，尤其是在环境湿度较大的季节，应每周通电 2 次，每次空运行 1h 左右，以利用机床本身的发热来降低机内湿度，使电子元件不致受潮。同时，也能及时发现有无电池报警发生，以防系统软件、参数的丢失等。

（4）定期更换存储器用电池

一般数控系统内对 CMOS RAM 存储器器件设有可充电电池维持电路，以保证系统不通电期间能保持其存储器的信息。在一般情况下，即使电池尚未失效，也应每年更换一次，以确保系统能正常工作。电池的更换应在 CNC 装置通电状态下进行，以防更换时 RAM 内信息丢失。

（5）备用印制电路板的维护

印制电路板长期不用是很容易出故障的。因此，对于备用的印制电路板应定期装到 CNC 装置上通电运行一段时间，以防损坏。

（6）经常监视 CNC 装置用的电网电压

CNC 装置通常允许电网电压在额定值的－15%～＋10%的范围内波动，如果超出此范围就会造成系统不能正常工作，甚至会引起 CNC 系统内的电子元器件损坏。因此要经常监视 CNC 装置用的电网电压。

11.2 屏幕显示数控系统构成

11.2.1 数控系统构成

FANUC 0*i* 系统 CNC 单元按其 LCD 显示屏与 CNC 单元是否分离，分为内装式（图 11-1）和分离式（图 11-2）。CNC 单元硬件配置有主板、存储器板、I/O 板、伺服轴控制板和数控电源板等，如图 11-3 所示。对应 FANUC 0*i* 系列电路板生产型号如表 11-2 所示。

数控系统控制单元（图 11-3）中印制电路板有以下用途。

① CPU 中央处理器。负责整个系统的运算，管理控制等。

② 存储器 F-ROM、S-RAM、D-RAM。其中 F-ROM（只读存储器）存放着 FANUC 公司的系统软件。S-RAM（静态随机存储器）存放着机床厂及用户数据，如系统参数、加工程序、用户宏程序、PMC 参数、刀具补偿及工件坐标补偿数据、螺距误差补偿数据。D-RAM（动态随机存储器）为工作存储器，在控制系统中起缓存作用。

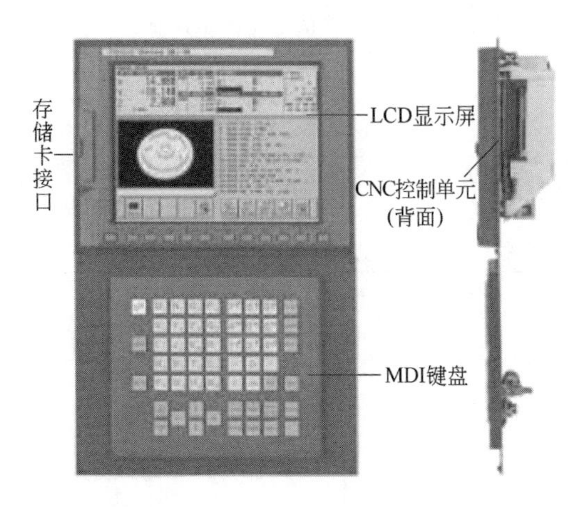

图 11-1　FANUC 0i 系统 CNC 单元（内装式）

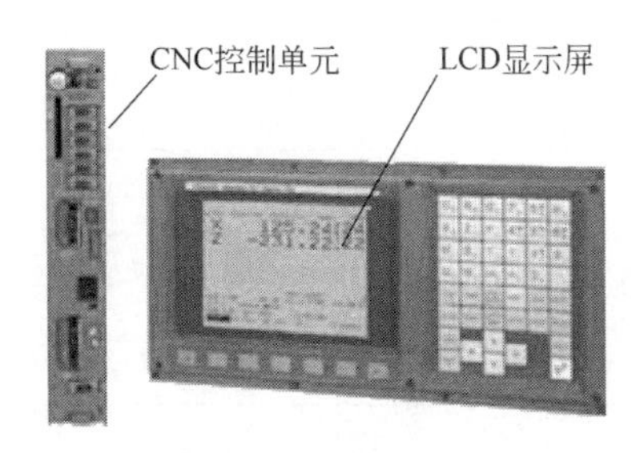

图 11-2　FANUC 0i 系统 CNC 单元（分离式）

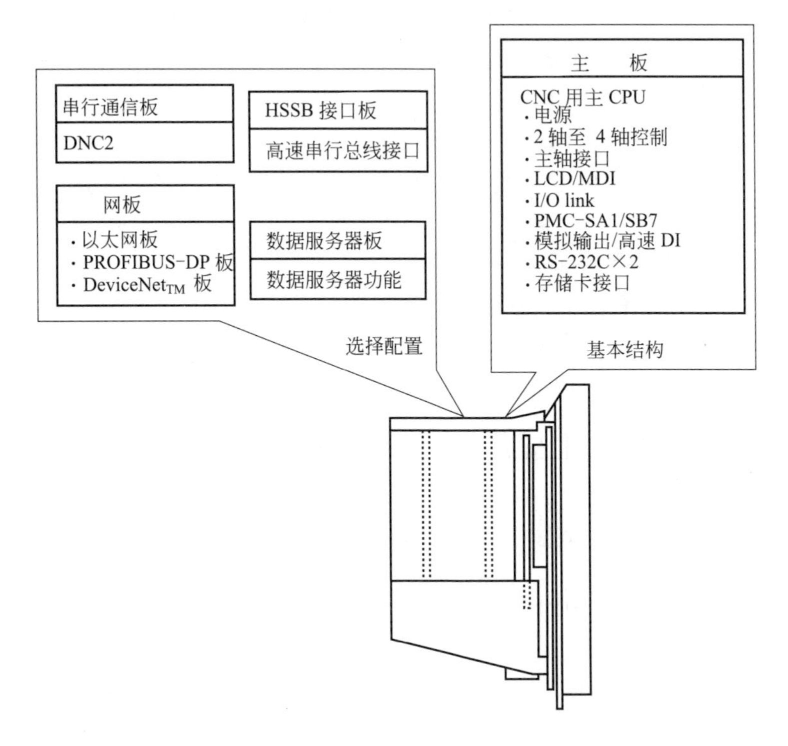

图 11-3　控制单元硬件配置概况

表 11-2　FANUC0*i*-C 数控系统印刷电路板（部分）规格

品名	规格号	ID
0*i*-C 主板（PMC-SB7）	A20B-8101-0281	1×18
0*i* Mate-C 主板（PMC-SB7）	A20B-8101-0285	0×19
电源单元	A20B-8101-0180	
CPU 卡（32MB D-RAM 奔腾）	A20B-3300-0313	CPU：11 D-RAM：AA
2 轴轴控制卡（C5410）	A20B-3300-0393	08 02 0×
4 轴轴控制卡（C5410）	A20B-3300-0392	08 02 1×
F-ROM/S-RAM 存储卡 H	A20B-3900-0163	F-ROM：C1 S-RAM：03
模拟主轴模块	A20B-3900-0170	
DNC2 控制用串行通信板	A20B-8100-0262	2×CD
DNC2 控制用串行通信板用 D-RAM 模块	A20B-3900-0042	85

③ 数字伺服轴控制卡。目前广泛采用全数字伺服交流同步电动机控制。简称轴控制卡。

④ 主板。包含 CPU 外围电路、I/O link（串行输入输出转换电路）、数字主轴电路、模拟主轴电路、RS-232C 数据输入输出电路、MDI（手动数据输入）接口电路、High Speed Skip（高速输入信号）、闪存卡接口电路等。

⑤ 显示控制卡。含有子 CPU 以及字符图形处理电路。

⑥ 电源。主要提供 5V 和 24V 直流电源。5V 直流电源用于各板的供电，24V 直流电源用于单元内继电器控制。

⑦ RS-232C 串行口及数据通信。

除上述这些板外，还有图形控制板、PMC（即 PLC）板等，用户可根据需求选订。同时为增加系统功能，0*i* 系统控制单元上有两个选择插槽，可以根据用户需要，增加选择配置，如串行通信板（DNC2）、网卡等。

11.2.2　在显示屏界面上显示数控系统构成

数控系统正常启动后，可以显示系统构成的界面，由此可以知道系统安装的印制电路板及软件的种类。FANUC 0*i* 数控系统显示系统构成的操作步骤如下。

① 使机床停止，在机床操作面板上选 MDI（手动数据输入）操作方式，即按[MDI]键。

② 数控系统操作面板上有六个功能键：功能键 [POS] [PROG] [OFS/SET] [SYSTEM] [MESSAGE] [CSTM/GR]，按其中的[SYSTEM]功能键，可重复按几次直至显示参数界面：

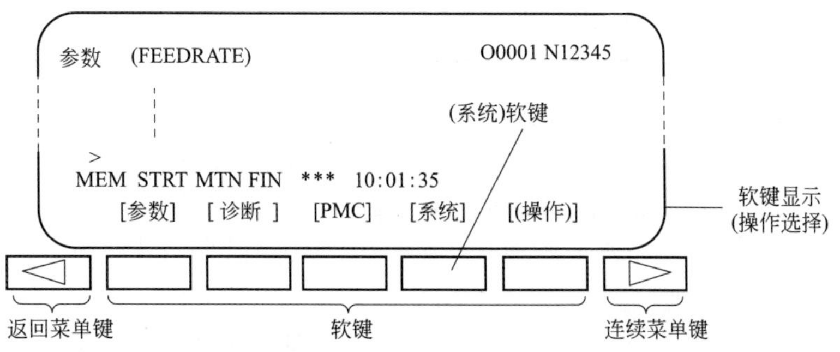

③ 在参数界面下按“系统”软键，显示出一页系统构成界面。

④ 按PAGE↑或PAGE↓键，分别调出系统构成的三种界面：印制电路板构成界面（图11-4）、软件构成界面（图11-5）、模块构成界面（图11-6）。

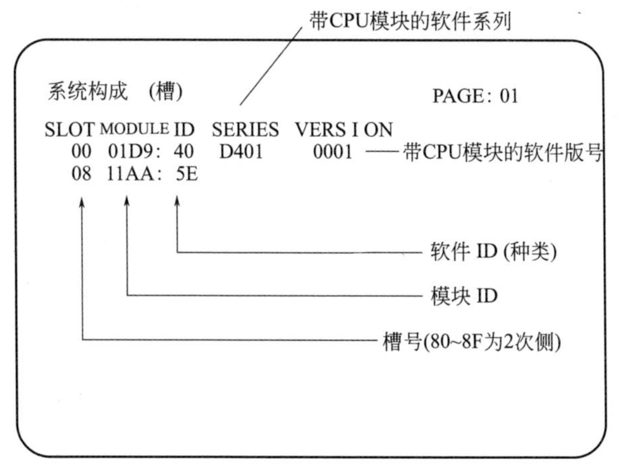

图 11-4　印制电路板构成界面

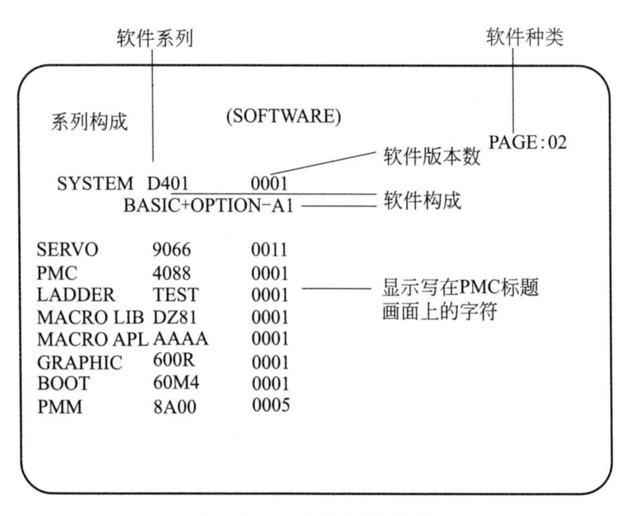

图 11-5　软件构成界面

在图11-4所示的界面上，通过数字（ID）显示CNC各插槽中安装的PCB模块（硬件）的信息，包括模块类型（模块ID）和模块功能（软件ID）。其ID号的含义分别见表11-3、表11-4。

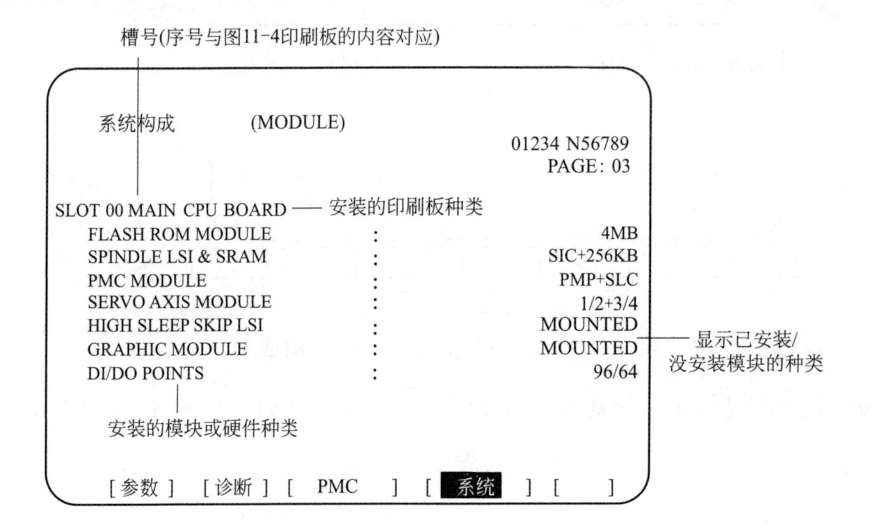

图 11-6 模块构成界面

表 11-3 模块 ID

ID 值	名称
18	0*i*-C 主 CPU 板
19	0*i* Mate-C 主 CPU 板
8E	快速以太网，Data Server 板
CD	串行通信板/DNC2
AA	HSSB 接口板

表 11-4 软件 ID

ID 值	名称
40	主 CPU
5E	HSSB 接口（带 PC）
6D	快速以太网，大 DATA SERVER

11.3 FANUC 0*i* 系统数据备份与数据恢复

11.3.1 数控系统软件组成

数控系统只有硬件并不能工作，还必须有系统软件，数控系统软件分为四类，如表11-5 所示，表中第 2 类和第 3 类所列出的程序和数据，是针对机床的，存储在数控系统的随机存储器中，机床断电时由电池对存储器供电，保存这些数据，如果电池失效，这些数据就会丢失。

表 11-5 数控机床的软件及数据

分类	名称	简要说明	存储器	编制者
1	启动程序	启动系统程序，引导系统建立工作状态	CPU 模块上的 E-PROM	数控系统制造单位
	基本系统程序	NC 与 PLC 的基本系统程序，NC 的基本功能和选择功能，显示语种	存储器模块上的 E-PROM 子模块	
	加工循环	用于实现某些特定加工功能的子程序软件包		
	测量循环	用于配接快速测量头的测量子程序软件包，是选件		

续表

分类	名称	简要说明	存储器	编制者
2	NC 机床数据	数控系统的 NC 部分与机床适配所需设置的各方面数据	RAM 数据存储器子模块	机床生产厂家
	PLC 机床数据	系统的集成式 PLC 在使用时需要设置的数据		
	PLC 用户程序	用 PLC 专用语言编制的 PLC 逻辑控制程序块和报警程序块，处理数控系统与机床的接口和电气控制		
	报警文本	结合 PLC 用户程序设置的 PLC 报警和 PLC 操作提示的显示文本		
	系统设定数据	进给轴的工作区域范围、主轴限速、串行接口的数据设定等		
3	工件程序	工件加工程序	存储在 ROM 中	数控加工编程人员
	刀补参数	刀具补偿参数（含刀具几何值和刀具磨损值）		
	工件零点偏移补偿	可设定零偏 G54～G59 等		
4	其他			

11.3.2　数据备份与数据恢复

（1）数据备份与数据恢复

将机床数据输出，存储在快闪存储卡、手持文件盒、软盘等外部 I/O 设备中，以备需要时使用，称为数据备份。要定期做好机床数据备份（机外备份），若不慎造成机床数据丢失，或者在更换了系统中的某些硬件如存储器模块时，必须重新向数控系统输入这些数据，称为恢复机床数据。通过数据恢复保证机床的正常运行。

在 F-ROM 中的数据相对稳定，一般情况下不易丢失，但是如果遇到更换 CPU 板或存储器板时，在 F-ROM 中的数据均有可能丢失，其中 FANUC 系统文件在购买备件或修复时会由 FANUC 公司恢复，但是机床厂文件 PMC 程序及 Manual Guide 或 CAP 程序也会丢失，因此机床厂数据的保留也是必要的。机床数据的备份与数据恢复操作是维修数控机床必备的技能。

（2）数据的备份和恢复方式

数据的备份和恢复有两种方式，即“引导画面数据备份”和“数据输入/输出”，如图 11-7 所示。

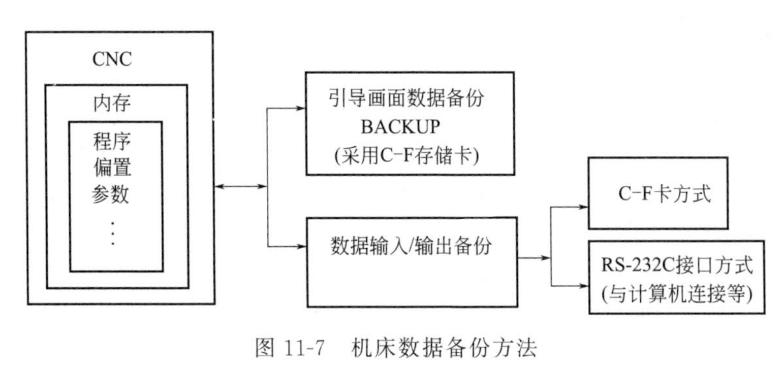

图 11-7　机床数据备份方法

(3)“引导画面数据备份”方式

把C-F存储卡插在数控系统专用插口上，通过打开引导程序屏面，实现数据备份。用引导屏面备份保存的数据不能用写字板或WORD文件打开，即不能用文本格式阅读数据。

(4) 数据通信方式

通过数控系统与机床通信，实现数据备份或恢复。数控系统装备有接口（如RS-232接口等），数控系统通过接口和外部设备之间连接，实现数控系统与外部设备之间通信。

11.3.3 屏显本机系统软件

数控机床配置的软件，可显示在显示屏上，按本书11.2.2节中的操作步骤可打开系统软件配置界面（图11-5），显示出本机数控系统软件配置信息。

机床数据包括参数的丢失会引发数控机床故障。检查软件可以避免拆卸机床而引发的许多麻烦，由软件引起的故障只要把相应的软件恢复正常之后，就可排除。因此软件故障也称为可恢复性故障。

11.3.4 由引导画面进行数据备份与恢复

FANUC数控系统可以使用快闪存储卡C-F卡（Compact Flash卡，工作电压为5V），在引导系统屏面进行数据备份和恢复。C-F卡及卡座如图11-8所示。

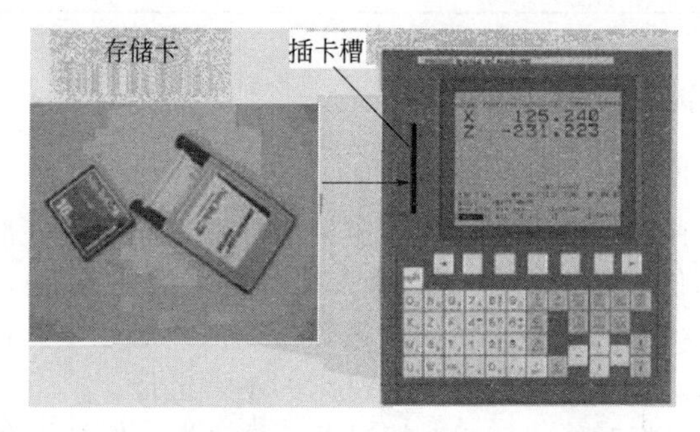

图11-8 C-F卡及卡座

数控系统的启动和PC计算机的启动一样，会有一个引导过程。在通常情况下，使用者不会看到引导画面。使用引导画面进行数据备份与恢复，需要打开引导画面，系统一旦进入“引导画面”，数控系统处于高级中断，PMC及驱动等停止工作，所以MDI键盘无法操作，在“引导画面”方式下，只能操作显示器下面的软键。

用引导画面进行数据备份时，要准备一张符合FANUC系统要求的快闪存储卡（C-F卡）。

11.3.5 数据备份操作

数据备份操作（把系统文件、用户文件读到快闪存储卡中）步骤如下。

① 将快闪存储卡（C-F卡）插入存储卡接口上（NC单元上，在显示器旁边）。

② 进入“引导画面”。按下显示器下端最右面两个软键，如图11-9所示，同时接通系统电源，直至出现“引导画面”。

③“引导画面”如图11-10所示。

④ 在系统“引导画面”上用软键“UP”或“DOWN”选择第5项对SRAM的备份和回复，然后按软键“SELECT”。

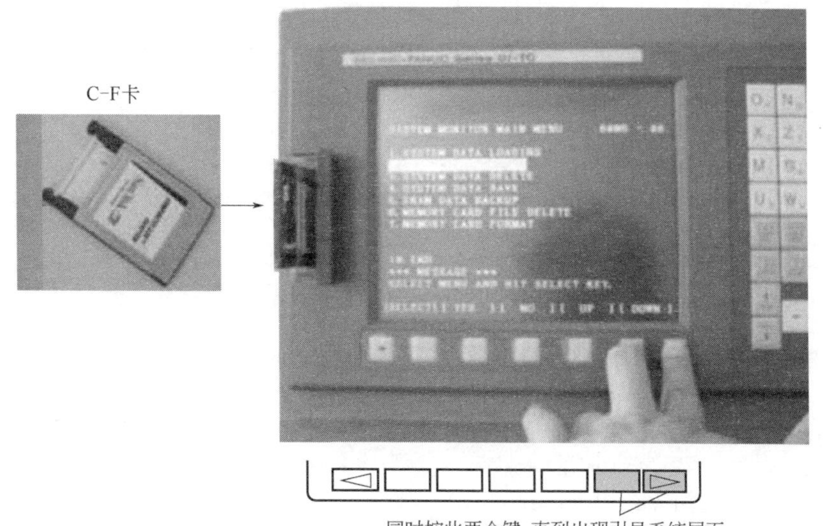

图 11-9　进入“引导画面”

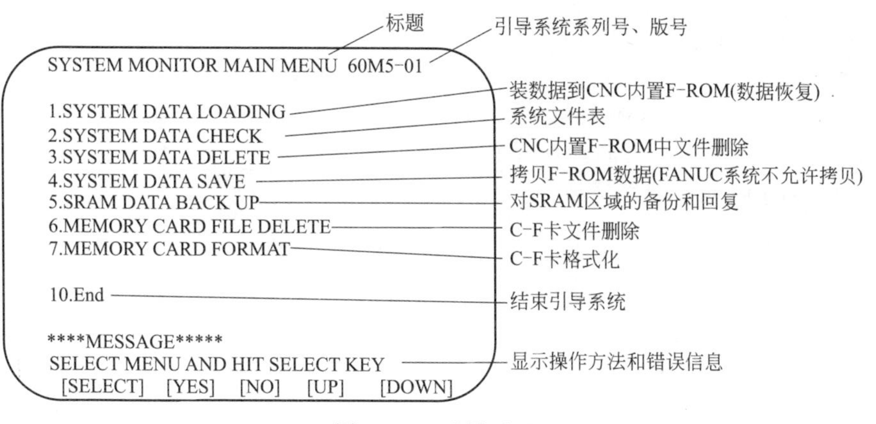

图 11-10　引导画面

[SELECT]　[YES]　[NO]　[UP]　[DOWN]

⇧

进入系统数据备份界面，如图 11-11 所示。

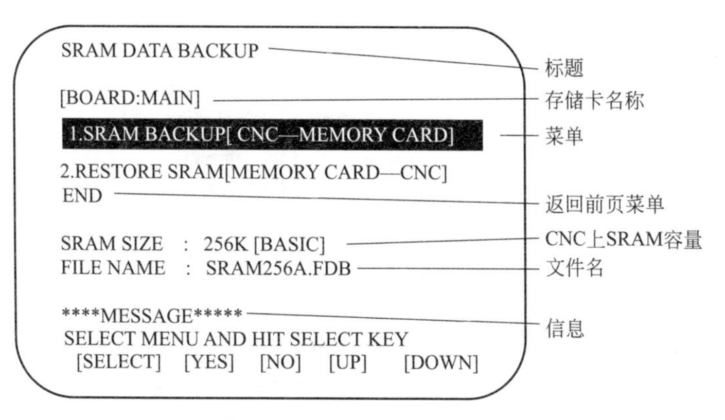

图 11-11　系统数据备份界面

⑤ 在系统数据备份界面（图 11-11）上，按软键“UP”或“DOWN”，把光标移到屏面菜单的第 1 项“SRAM BACKUP［CNC ——MEMORY CARD］”，按软键“SELECT”：

[SELECT] [YES] [NO] [UP] [DOWN]

选择该文件后，屏显：

确认是否备份 SRAM数据?

*** MESSAGE ***
BACKUP SRAM DATA OK ? HIT YES OR NO.

⑥ 按软键“YES”：

[SELECT] [YES] [NO] [UP] [DOWN]

确认后，数据开始备份到 C-F 存储卡中，按“NO”中止。备份过程中屏显：

正在写入的文件名

SRAM SIZE : 512K
FILE NAME : SRMA0_5A.FDB→MEMORY CARD —— 保存中的显示

*** MESSAGE ***
SRAM DATA WRITING TO MEMORY CARD.

⑦ 备份传输结束时，屏显：

SRAM数据备份完成

SRAM RACKUP COMP LETE. HIT SELECT KEY.

[SELECT] [YES] [NO] [UP] [DOWN]

按软键“SELECT”：

[SELECT] [YES] [NO] [UP] [DOWN]

退出备份过程。

11.3.6 数据恢复操作

数据恢复操作（把快闪存储卡上的文件写入 CNC 的 S-RAM 上）步骤如下。

① 进行数据的恢复，按照 11.3.5 节①～④的步骤进入系统数据备份界面（图 11-11）。

② 在系统数据备份界面（图 11-11）中选择第 2 项“2. RESTORE SRAM”，按软键“SELECT”：

[SELECT] [YES] [NO] [UP] [DOWN]

选择该文件，屏显：

确认是否恢复数据

*** MESSAGE ***
RESTORE SRAM DATA OK ? HIT YES OR NO.

③ 按下软键“YES”：

[SELECT] [YES] [NO] [UP] [DOWN]

确认后，数据恢复开始，按“NO”中止。数据恢复中，屏显：

从存储卡中恢复数据到SRAM

*** MESSAGE ***
RESTORE SRAM DATA FROM MEMORY CARD.

④ 传输正常结束时，屏显信息：

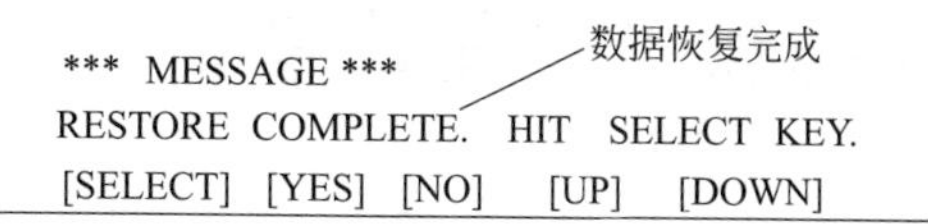

⑤ 按软键“SELECT”：

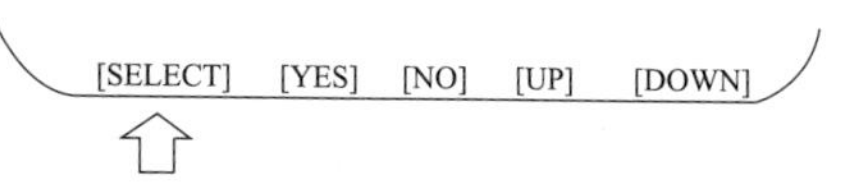

退出数据恢复过程。

11.3.7　C-F 存储卡格式化

第 1 次使用 C-F 存储卡或存储卡的内容损坏时，需要进行格式化。格式化操作步骤如下。

① 照 11.3.5 节①～②的步骤打开“引导画面”，如图 11-10 所示。

② 在图 11-10 上移动光标，选择“7. MEMORY CARD FORMAT”，按软键“SELECT”：

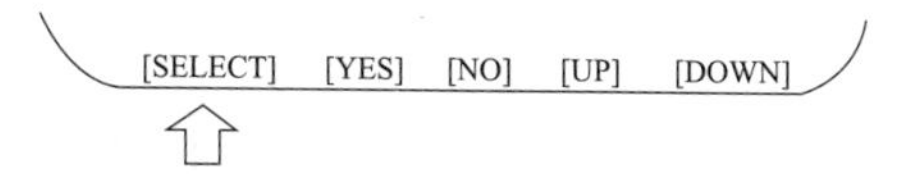

屏显：

*** MESSAGE ***
MEMORY CARD FORMAT OK ? HIT YES OR NO.
是否格式化存储卡

③ 按软键“YES”：

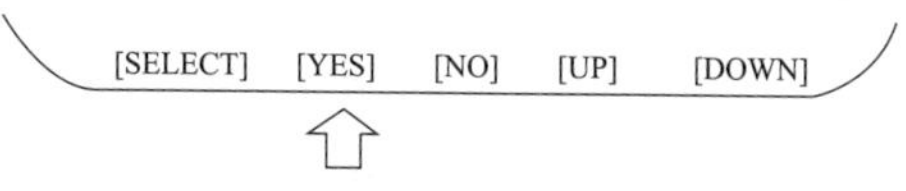

确认格式化，则系统开始格式化，格式化中，屏显：

*** MESSAGE ***
FORMATTING MEMORY CARD.
存储卡格式化进行中

④ 格式化结束时，屏显：

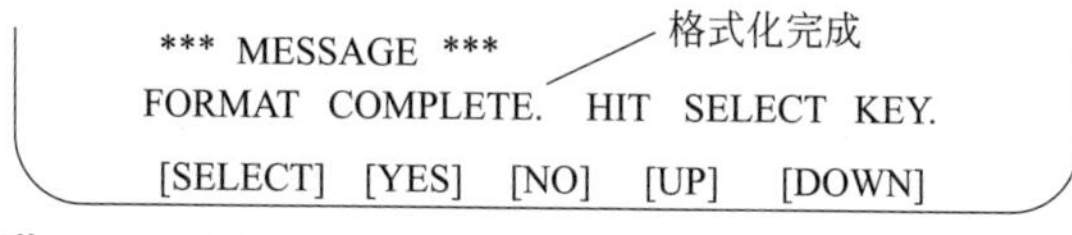

按软键“SELECT”：

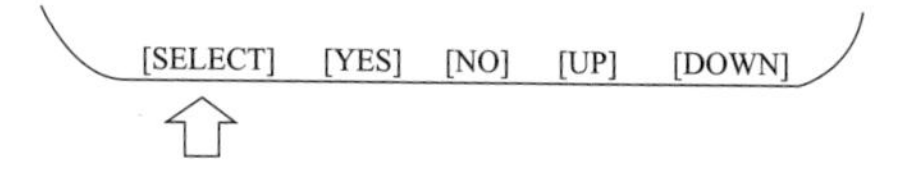

结束操作。

11.3.8　引导画面备份数据注意事项

一张 C-F 存储卡只能保存一台机床的数据文件，不同机床的 SRAM 备份文件名是相同的，用同一张存储卡备份两台机床的 SRAM 数据，先备份的机床数据会被后一台的数据覆盖。

SRAM 备份数据的文件名不可修改，否则在进行 RESTORE（恢复数据）时，系统找不到文件。

11.4 手动 MDI 键盘设定机床参数

11.4.1 参数用途

（1）参数用途

为了使机床处于最佳工作状态并具备最好的工作性能，在数控装置与机床连接时，必须设定系统（包括 PLC）参数。即使数控装置属于同一型号，同一类型，其参数设置也因机床而异。显示参数的方法有多种，但大多数可通过 MDI/CRT 单元上的 PARAM 键来显示已存入系统存储器的参数。

不同的参数用参数号区分，每一参数号可以存入参数值，参数值简称为参数。参数决定着数控机床的性能，系统参数是机床出厂时通过调整确定的，机床参数显示值应与随机附带的参数明细表一致，一般不需要改动。由于参数存放在磁泡存储器或由电池保持的 CMOS RAM 中，一旦电池不足或由于外界的某种干扰等，会使个别参数丢失或变化，使系统发生混乱，机床无法正常工作。此时，通过核对、修正参数，就能将故障排除。

（2）参数分类

参数按数据类型分为两类：字型与位型，位型包括位型和位轴型；字型包括字节型等六种，详见表 11-6。字型与位型参数在屏幕上显示，如图 11-12 所示。

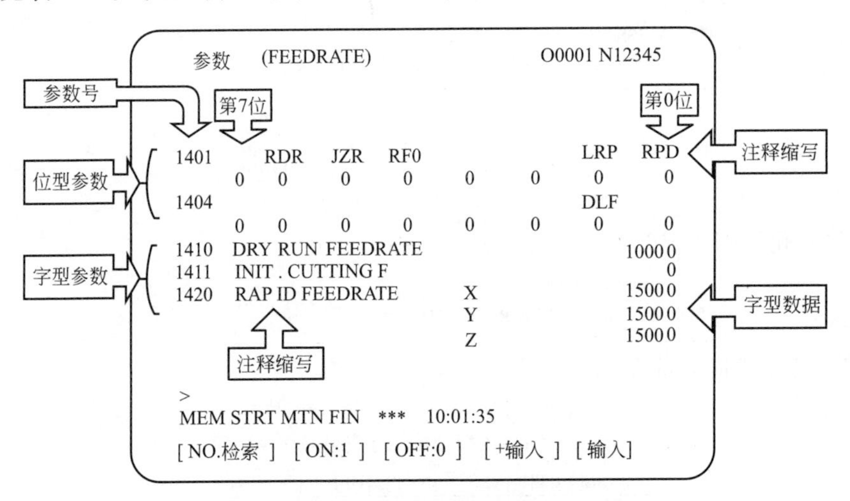

图 11-12 位型参数与字型参数显示形式

表 11-6 参数分类

数据形式		数值范围	说明
位型	位型	0 或 1	
	位轴型		
字型	字节型	−128～127 0～255	有些参数中不使用符号
	字节轴型		
	字型	−32768～32767 0～65535	有些参数中不使用符号
	字轴型		
	双字型	−99999999～99999999	
	双字轴型		

① 位型和位轴型参数每个参数由八位二进制数标注，每一位均有各自的含义：

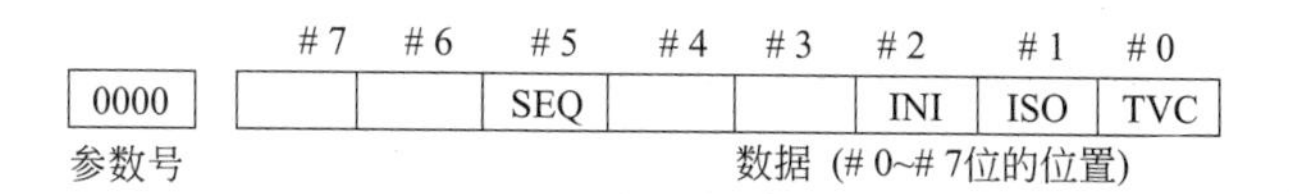

② 字型参数，采用十进制数：

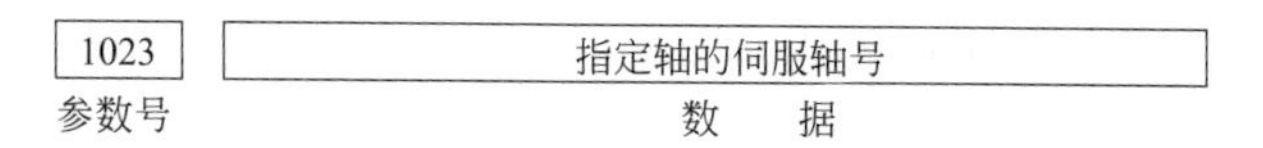

11.4.2 屏显参数

参数值可以通过显示屏界面显示，以便进行检查、设定和更改。显示参数界面的操作步骤如下。

① 使机床停止，在机床操作面板上选择 MDI（手动数据输入）方式，即按 MDI 键，系统进入 MDI 方式；或使机床处于急停状态，

② 按功能键 SYSTEM 几次，或按软键“参数”：

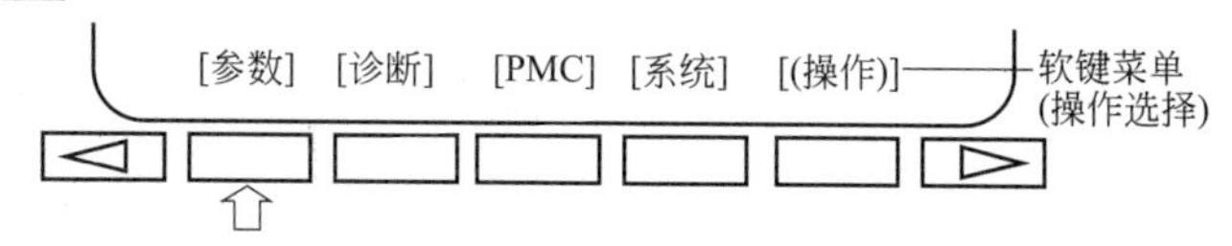

显示参数界面，如图 11-13 所示。

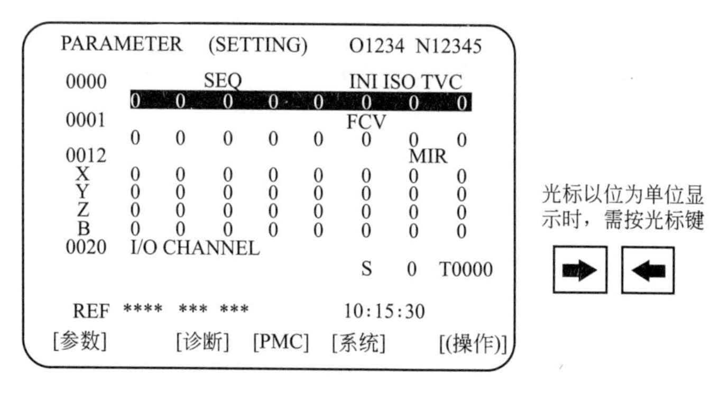

图 11-13 参数界面

③ 参数界面由多页组成。按 PAGE↑ 或 PAGE↓ 键，显示所需要的页面。由于参数界面有很多页，检索操作繁琐。

④也可以从键盘输入欲检索的参数号，然后按软键“NO. 检索”。可显示包括指定参数所在的页面，光标同时出现在指定参数的位置。

例如，检索“参数 1410”的操作如下。

a. 在图 11-13 所示界面中，按软键“操作”：

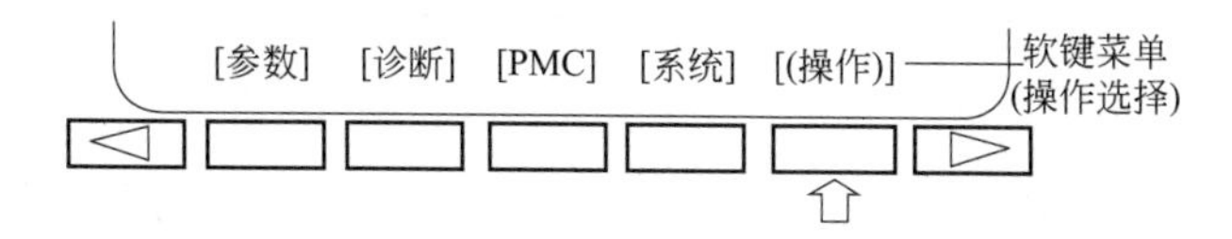

屏显操作选择软键菜单，如图 11-14 所示。软键菜单中各软键用途如表 11-7 所示。

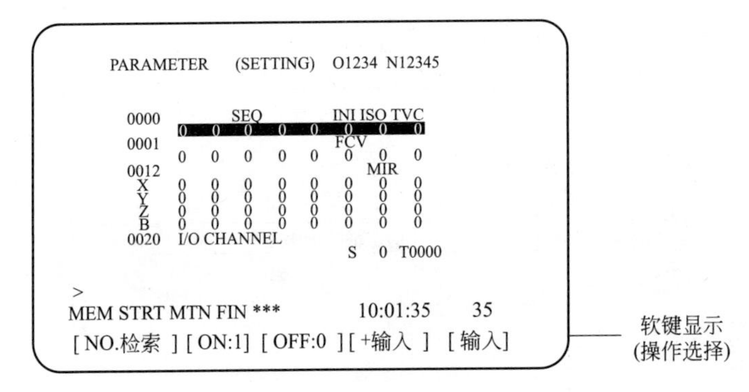

图 11-14 操作选择软键菜单（参数界面）

表 11-7 参数用软键说明

软键菜单	软键用途
> S 0 T MDI **** *** *** [NO.检索] [接通:1] [断开:0] [+输入] [输入]	NO. 检索——参数号检索 接通：1——光标处设为“1”（用于位参数） 断开：0——光标处设定为“0”（用于位参数） ＋输入——键入值加到光标处的数据上（用于字节型） 输入——键入值输入到光标处（用于字节型）

b. 输入参数号。在键盘上依次按下数字键：[1]→[4]→[1]→[0]。数据显示在数据缓冲区，如图 11-15 所示。

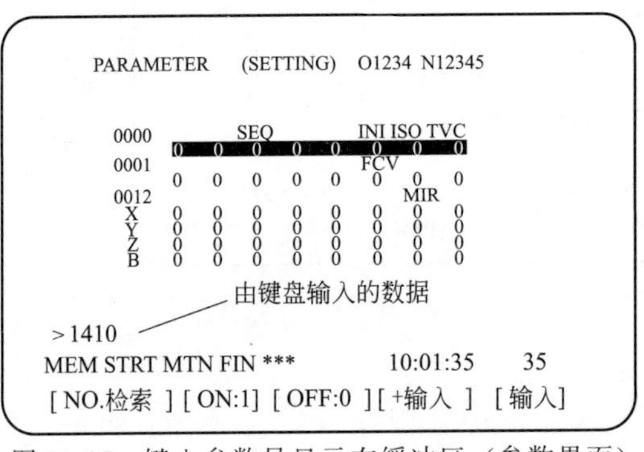

图 11-15 键入参数号显示在缓冲区（参数界面）

c. 按下软键“NO. 检索”：

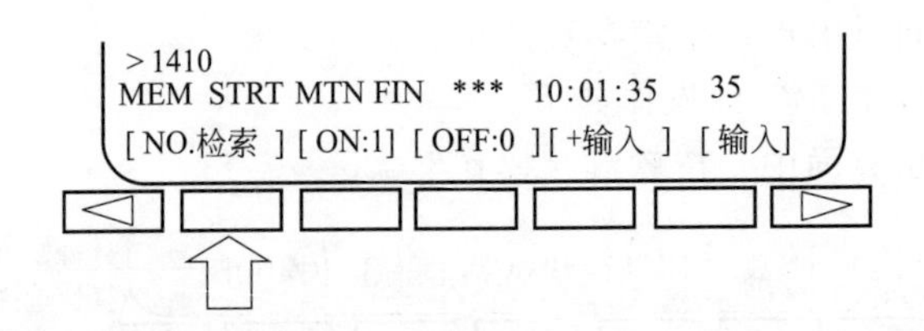

检索到所需参数号，光标同时出现在检索到的参数位置，屏幕显示如图 11-16 所示：

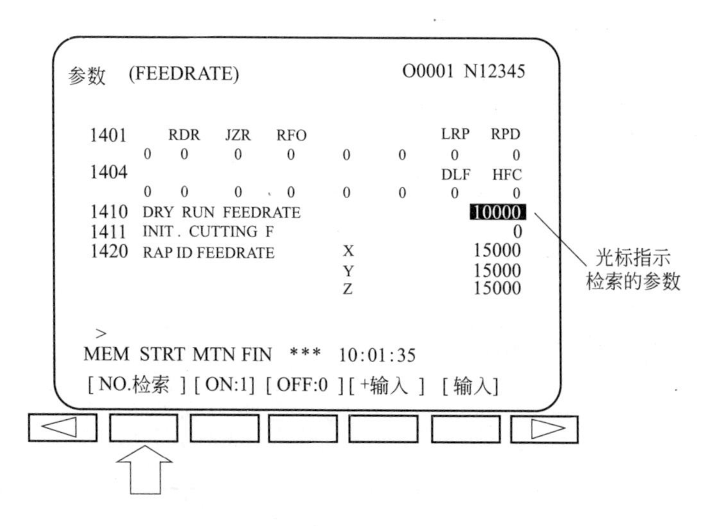

图 11-16　检索到的参数

11.4.3　设置 (SETTING)界面功能

按下功能键OFFSET SETTING，显示偏置功能界面，此功能界面可操作的数据有：刀具偏置值，设置（SETTING），工件原点偏移值，用户宏程序公共变量，格式菜单和格式数据，软操作面板，刀具寿命管理数据等。下面介绍设置（SETTING）界面。

设置（SETTING）界面能够确定数控系统的特定性能。在此界面上可以设置：参数输入的禁止/使能功能；程序编辑中顺序号自动插入的禁止/使能功能；顺序号比较和停止功能；TV 校验标志和穿孔代码等，如图 11-17 所示。图中设置系统数据的功能如表 11-8 所示。

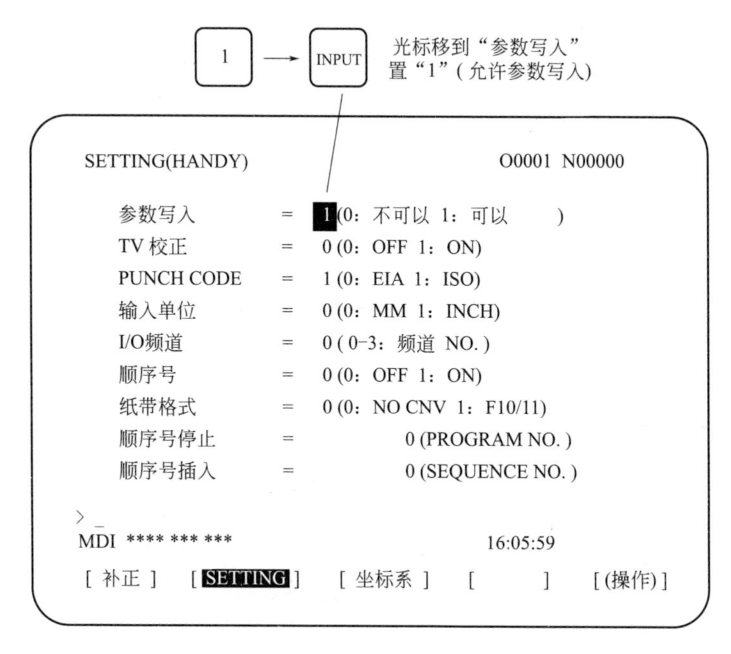

图 11-17　设置（SETTING）界面

表 11-8　系统性能 SETTING 数据功能

项目	含义	设定	项目	含义	设定
参数写入开关	设定是否允许参数的写入	0——禁止写入 1——可以写入	I/O 通道	阅读机/纸带机接口使用的通道	0——通道 0 1——通道 1 2——通道 2
TV 校验	执行 TV 校验的设定	0——不执行 TV 校验 1——执行 TV 校验	顺序号插入	在 EDIT 方式中编辑程序时是否自动插入顺序号	0——不自动插入段顺序号 1——自动插入段顺序号
穿孔代码	当数据通过纸带穿孔机接口输出时的设定数据	0——EIA 代码输出 1——ISO 代码输出	纸带格式	设置 F10/11 纸带格式转换	0——纸带格式不转换 1——纸带格式转换
输入单位	设定程序的输入单位英制或者公制	0——公制 1——英制	顺序号停止	停止自动运行的顺序号和所用程序的程序号	

11.4.4　用 MDI 键盘设定参数

通过键盘设定 CNC 参数也称为参数的写入。设定参数时，需要在 MDI 方式或急停状态下进行。设定参数操作流程，如图 11-18 所示。具体操作步骤如下。

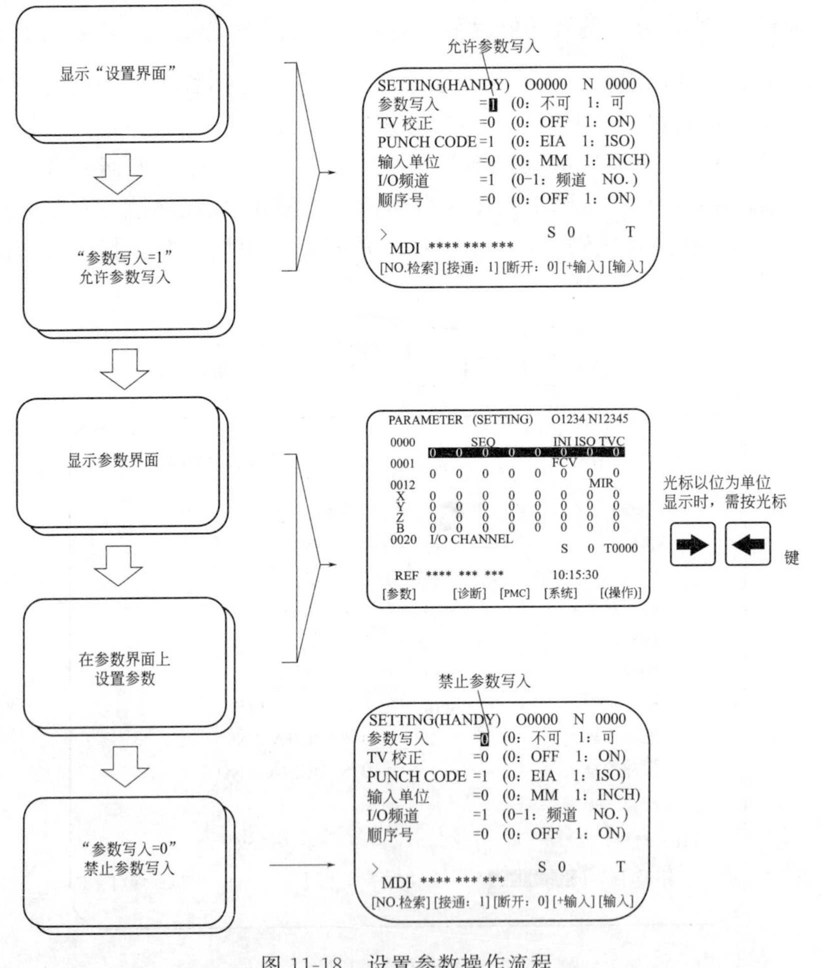

图 11-18　设置参数操作流程

① 择 MDI 方式或急停状态。

② 按[OFS/SET]键几次，或按[OFS/SET]键一次后，按软键“SETTING”，出现设置（SETTING）界面，如图 11-17 所示。

③ 在设置（SETTING）界面上移动光标至“参数写入”开关处。按下软键“接通：1”。

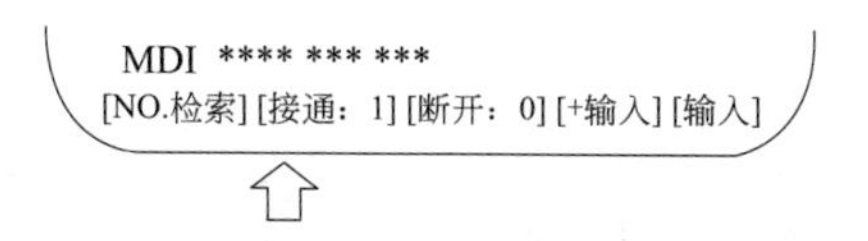

或依次按键[1]→[INPUT]，将参数写入开关置 1，即“参数写入＝1”，屏显如图 11-17 所示。同时 CNC 发生 P/S 报警 100，表明系统允许参数写入，屏显如图 11-19 所示。

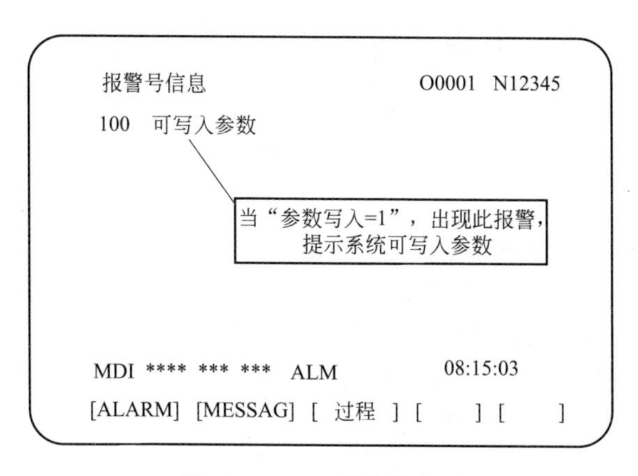

图 11-19 100 号报警屏面

④ 按 11.4.2 节操作，显示参数界面，检索所需参数号，光标出现在检索参数的位置。

⑤ 键盘上键入设定的数据，按[INPUT]键，或按软键“输入”：

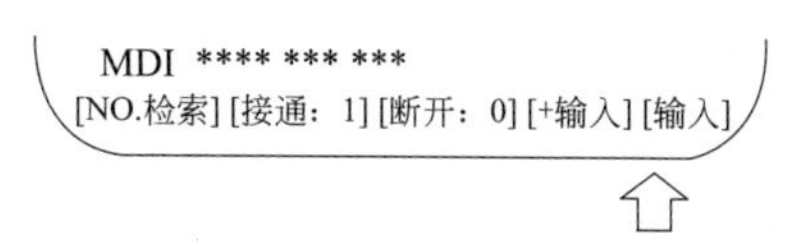

设定的数据输入光标指定的参数号中。

⑥ 输入参数后，打开设定界面，将“参数写入”开关设定为“0”：

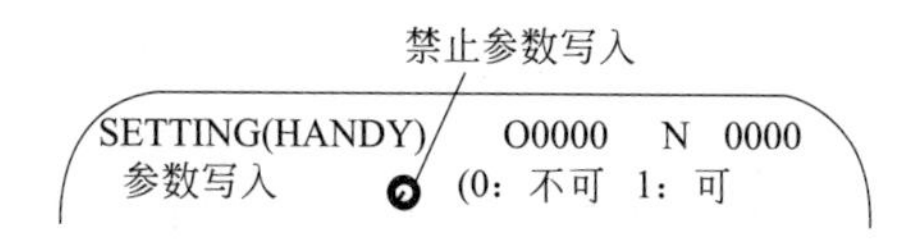

即禁止参数写入。

⑦ 按复位键[RESET]，使 CNC 复位，解除屏幕上“100 号报警”（图 11-19）。

写入参数后，有时会出现 P/S 报警“000”号，报警含义为：需切断电源。因为输入了要求断电源之后才生效的参数，需要系统重新启动，参数才能生效，如图 11-20 所示，此时请关掉电源再开机。

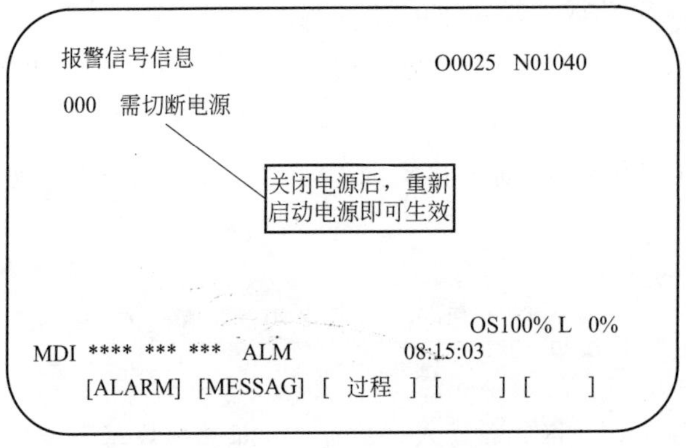

图 11-20 “000”号报警屏面

11.4.5 数控机床基本功能参数

(1) 参数 8130（确定数控机床总控制轴数，设定了此参数后，要切断一次电源）

8130	总控制轴数

数据形式：字节型。

用途：设定 CNC 总控制轴数。

数据范围：2～4［车床：2；铣床：3（或 4）］。

操作：显示参数 8130。把参数 8130 设定为“3”。

(2) 参数 8131（设定了此参数后，要切断一次电源）

	#7	#6	#5	#4	#3	#2	#1	#0
8131					AOV	EDC	FID	HPG

数据形式：位型。

说明：

#0 HPG——手轮进给是否使用（0：不使用；1：使用）。

#1 FID——F1 位的进给是否使用（0：不使用；1：使用）。

#2 EDC——外部加减速是否使用（0：不使用；1：使用）。

#3 AOV——自动拐角倍率是否使用（0；不使用；1：使用）。

操作：按 4.2.3 节所述步骤显示参数 8131。将参数 8131 第#0 位设定为“1”。

(3) 参数 8132（设定了此参数后，要切断一次电源）

	#7	#6	#5	#4	#3	#2	#1	#0
8132			SCL	SPK	IXC	BCD		TLF

数据形式：位型。

说明：

#0 TLF——是否使用刀长寿命管理（0：不使用；1：使用）。

#2 BCD——是否使用第 2 辅助功能（0：不使用；1：使用）。

#3 IXC——是否使用分度工作台分度（0：不使用；1：使用）。

#4 SPK——是否使用小直径深孔钻削循环（0：不使用；1：使用）。

#5 SCL——是否使用缩放（0：不使用；1：使用）。

注：不能同时选择使用小直径深孔钻削循环和缩放功能。

操作：把参数 8132 第#3 位设定为“0”。

(4) 参数 8133（设定了此参数后，要切断一次电源）

	#7	#6	#5	#4	#3	#2	#1	#0
8133				SYC		SCS		SSC

数据形式：位型。

说明：

＃0 SSC——是否使用恒定表面切削速度控制（0：不使用；1：使用）。

＃2 SCS——是否使用 Cs 轮廓控制（0：不使用；1：使用）。

＃4 SYC——是否使用主轴同步控制（0：不使用；1：使用）。

操作：显示参数 8133。将参数 8133 第＃0 位设定为 0（不使用恒定表面切削速度）。

（5）是否使用图形对话编程功能——参数 8134（设定了此参数时，要切断一次电源）

	#7	#6	#5	#4	#3	#2	#1	#0
8134								IAP

数据形式：位型。

说明：

＃0 IAP——是否使用图形对话编程功能（0：不使用；1：使用）。

操作：显示参数 8134。将参数 8134 第＃0 位设定为“1”。

思考：经设定上述参数后，你能确认机床的下述功能吗？

1. 本机床系统是车床还是铣床？
2. 本机床能够使用手轮吗？
3. 本机床能够使用回转工作台吗？
4. 本机床使用恒定表面切削速度吗？
5. 本机床使用图形对话编程功能吗？

11.4.6　参数在维修中的使用

FANUC 系统有很丰富的机床参数，使用机床参数便于对数控机床的安装调试和日常维护。例如：

（1）暂时不用手摇脉冲发生器

FANUC 0TD 数控车床，手摇脉冲发生器出现故障，不能进行微调，需要更换或修理故障件。若暂时没有合适的备件，可以先将参数“900＃3”置“0”，将手摇脉冲发生器不用，改为用点动按钮单脉冲发生器操作来进行刀具微调工作。待手摇脉冲发生器修好后再将该参数置“1”。

（2）解除风扇报警

FANUC 16 系统数控车床，开机后不久出现 ALM701 报警，该报警为控制箱上部的风扇过热，打开机床电气柜，发现风扇电动机不动作，检查风扇电源正常，可判定风扇损坏，因一时购买不到同类型风扇，即先将参数“RRM8901＃0”改为“1”，先释放 ALM701 报警，然后再强制冷风冷却，待风扇购到后，再将 PRM8901 改为“0”。

（3）重新设置参考点

一台 FANUC 0MC 立式加工中心，由于绝对位置编码电池失效，导致 X、Y、Z 丢失参考点，必须重新设置参考点。操作如下。

① 将参数写入 PWE“0”改为“1”，更改参数 76.1 为“1”，参数 22 改为“00000000”，此时 CRT 显示“300”报警，即 X、Y、Z 轴必须手动返回参考点。

② 关机再开机，利用手轮将 X、Y 移至参考点位置，参数 22 改为“00000011”，则表示 X、Y 已建立了参考点。

③ 将 Z 轴移至参考点附近，在主轴上安装一刀柄，然后手动机械手臂，使其完全夹紧

刀柄。此时将参数 22 改为“00000111”，即 Z 轴建立参考点。将参数 76.1 设为“00”，参数写入 PWE 改为“0”。

④ 关机再开机，用“G28 X0 Y0 Z0”核对机械参考点。

（4）是否使用硬超程

维修时，为了方便，可以去掉硬超程报警。方法是用参数设定，把相应的参数设为“0”。16 系统类参数是：3004＃4（OTH）；0 系统参数是：15＃2（车床）；57＃5（铣床和加工中心）。

（5）报警的显示

当产生报警时，CNC 显示屏面可以直接切换至报警界面，该功能由参数确定，把相应的参数设为“1”。16 系统类的参数是：3111＃7（NAP）；0 系统参数是：64＃5（NAP）。设定该参数，系统产生报警时切换至报警屏面。

11.5 数控系统与计算机通信

11.5.1 数控系统通信

（1）数控系统与外部设备连接

FANUC 数控系统装备了接口（如 RS-232 接口等），用串行通信电缆连接外部设备（计算机等），如图 11-21 所示。一定要在断电情况下连接，不允许带电热拔插，否则会烧坏 RS-232 接口硬件。

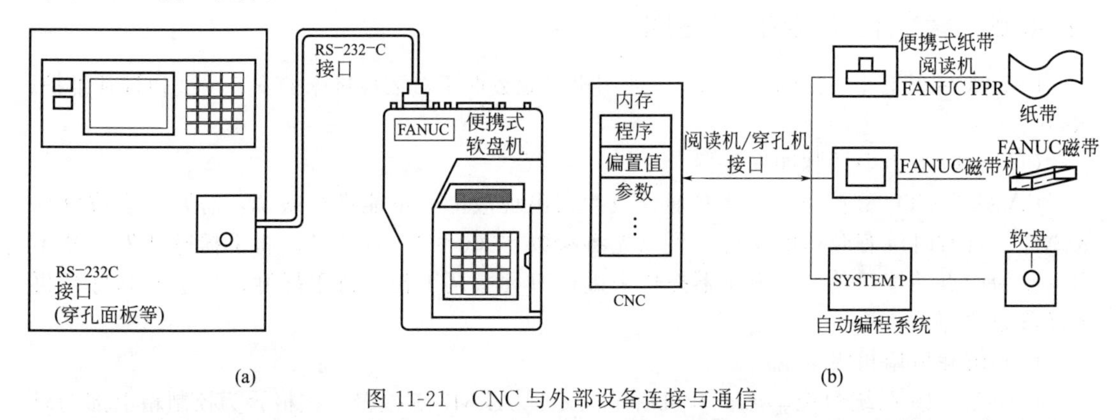

图 11-21 CNC 与外部设备连接与通信

数控系统与外部设备（计算机等）通信可以保存和恢复数据，包括数控程序、偏置数据、参数、螺距误差补偿数据、用户宏程序变量等。

（2）系统与外设通信需设定参数

实现数控系统与外部设备通信需要在数控系统中设定相应参数。参数的数据形式分为位型和字节型。位型数据采用二进制数设定；而字节型数据采用十进制数设定。

11.5.2 数控系统与计算机通信所需参数设定

数控系统与计算机通信所需设定的参数如下。

（1）确定数据输出所使用的代码——设定参数 PRM0000

	#7	#6	#5	#4	#3	#2	#1	#0
0000			SEQ			INI	ISO	TVC

数据形式：位型。

说明：

#0 TVC——是否进行 TV 检查（0：不进行；1：进行）。

#1 ISO——数据输出时的代码（0：用 EIA 代码输出；1：用 ISO 代码输出）。

#2 INI——输入单位（0：公制输入；1：英制输入）。

#5 SEQ——是否自动插入顺序号［0：不进行；1：进行（插入增量在 NO. 3216 中设定）］。

实际设定操作：选择用 ISO 代码，所以将参数“0000”的第#1 位设定为“1”。

（2）选择 I/O 通道——设定参数 PRM0020

CNC 与外部设备连接通道如图 11-22 所示。

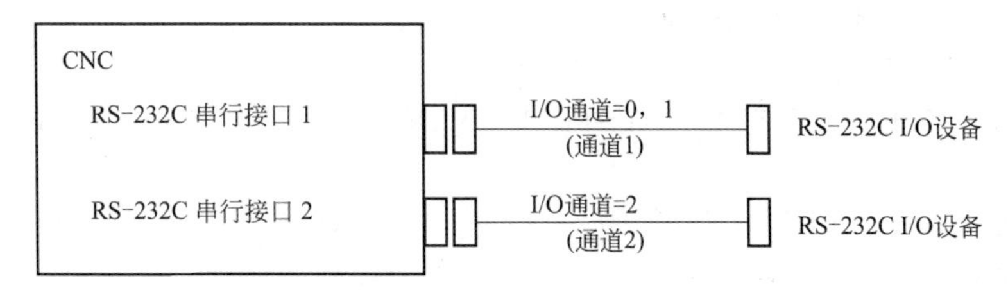

图 11-22　CNC 与外部设备连接通道

通过设定参数 0020 选择 I/O 通道，即选择使用 RS-232C 串行接口 1（通道 1），还是 RS-232C 串行接口 2（通道 1）。在使用不同的通道时，对于所选定的通道还应设定对应各通道的参数，通过设定相应参数，确认与各通道相连的外部设备规格，即 I/O 设备号、波特率、停止位以及其他参数。

0020	选择I/O通道

数据形式：字节型。

数据范围：0～2。

说明：

PRM0020——用于选择 I/O 通道。各通道的输入、输出设备及相关设定参数如下。

PRM0020 = 0——通道 1：停止位、其他（PRM0101），输入输出设备规格（PRM0102），波特率（PRM0103）

PRM0020 = 1——通道 1：停止位、其他（PRM0111），输入输出设备规格（PRM0112），波特率（PRM0113）

PRM0020 = 2——通道 2：停止位、其他（PRM0121），输入输出设备规格（PRM0122），波特率（PRM0123）

实际设定操作：把 PRM0020 设定为“0”，即选择通道 1。

对应通道 1，规定用参数 0101 设定停止位、其他；用参数 0102 设定输入输出设备规格；用参数 0103 设定波特率。

（3）确定停止位、其他——设定参数 PRM0101

	#7	#6	#5	#4	#3	#2	#1	#0
0101	NFD				ASI			SB2

数据形式：位型。

说明：

#0 SB2——停止位（0：停止位是 1 位；1：停止位是 2 位）。

#3 ASI——数据输入时的代码（0：用 EIA 或 ISO 代码，自动识别。1：用 ASCII 代码）。

＃7 NFD——NFD（0：输出数据时，输出同步孔；1：输出数据时，不输出同步孔）。
实际设定操作：把 PRM 0101 第＃0 位设定为“0”，即停止位是 1 位。
（4）确定输入/输出设备的规格——设定参数 PRM0102
数据形式：字节型。
数值范围：0～6。
0——RS-232C（使用代码 DC1～DC4）。
1——FANUC 磁泡盒。
2——FANUC Floppy cassette adapter F1。
3——PROGRAM FILE Mate，FANUC FA card adapter，FANUC Floppy cassette adapter，FANUC Handy file，FANUC SYSTEM P-MODEL H。
4——RS-232C（不使用代码 DC1～DC4）。
5——手提式纸带阅读机。
6——FANUC PPR，FANUC SYSTEM P-MODEL G，FANUC SYSTEM P-MODEL H。
实际设定操作：把 PRM0102 第＃0 位设定为“0”，即采用 RS-232 传输数据。
（5）设定传送速度——设定参数 PRM0103（波特率）
数据形式：字节型。
数值范围：1～12。
1——50；2——100；3——110；4——150；5——200；6——300；7——600；8——1200；9——2400；10——4800；11——9600；12——19200。
实际设定操作：PRM0103 设定为“10”，即传送速度为 4800 波特率。
综上，数控系统与计算机通信设定参数如下。
PRM0000 设定为“00000010”。
PRM0020 设定为“0”。
PRM0101 设定为“00000001”。
PRM0102 设定为“0”（用 RS-232 传输）。
PRM0103 设定为“10”（传送速度为 4800 波特率）。

11.5.3 由数控系统与计算机通信输入/输出参数

（1）输出 CNC 参数操作
① 在数控系统中选择 EDIT（编辑）方式。
② 按 SYSTEM 键，再按下软键“PARAM”，出现参数屏面。
③ 按“操作”软键，再按连续菜单扩展键 ▷。
④ 启动计算机上的传输软件，准备好所需要的程序画面（操作方法参照所使用的通信软件说明书），使之处于等待输入状态。
⑤ 在数控系统中按“PUNCH”软键，再按“EXEC”软键，开始输出参数。同时显示屏下部的状态显示上的“OUTPUT”闪烁，直到参数输出完成。按 RESET 键可停止参数的输出。
（2）输入 CNC 参数操作
① 进入急停状态。

② 按数次“SETTING”键，可显示设置界面。

③ 确认“参数写入＝1”。当将“参数写入＝1”后，出现报警 P/S 100，表明参数可写。

④ 按菜单扩展键[▷]。

⑤ 按“READ”软键，再按“EXEC”软键后，系统处于等待输入状态。

⑥ 在计算机中找到相应数据，启动传输软件，执行输出，系统就开始输入参数。同时数控显示屏下部的状态显示上的“INPUT”闪烁，直到参数输入停止。按[RESET]键可停止参数的输入。

⑦ 输入完参数后，关断一次电源，再打开。

11.5.4　由数控系统与计算机通信输入/输出数控程序

（1）输出零件程序操作

① 选择 EDIT（编辑）方式。

② 按功能键[PROG]，再按软键“程序”，显示程序内容。

③ 先按软键“OPRT”（中文为“操作”键），再按下最右边的软键[▷]（菜单扩展键）。

④ 用 MDI 输入地址“O”，再输入程序号。要全部程序输出时，按键“0-9999”。

⑤ 启动计算机上的传输软件，准备好所需要的程序画面，使之处于等待输入状态。

⑥ 按软键“PUNCH”，然后按“EXEC”键后，开始输出程序。同时显示屏下部的状态显示上的“OUTPUT”闪烁，直到程序输出停止，按[RESET]键可停止程序的输出。

（2）输入零件程序操作

① 选择 EDIT（编辑）方式。

② 将程序保护开关置于“ON”位置。

③ 按[PROG]键，再按软键“程序”，选择程序内容显示屏面。

④ 按软键“操作”，再按菜单扩展键[▷]。

⑤ 按软键“READ”，再按“EXEC”软键后，系统处于等待输入状态。

⑥ 在计算机中找到相应程序，启动传输软件，执行输出，系统就开始输入程序。同时显示屏下部的状态显示上的“INPUT”闪烁，直到程序输入停止，按[RESET]键可停止程序的输入。

11.5.5　数控系统与计算机通信应注意的问题

为避免传输数据出现错误和烧坏 RS-232 接口，CNC 系统与计算机通信时应注意以下事项。

① 计算机的外壳与 CNC 系统同时接地。

② 不要在通电的情况下插拔连接电缆。

③ 不要在打雷时进行通信作业。

④ 通信电缆不能太长。

11.5.6 数控系统与计算机通信常见故障

(1) 系统通信错误报警 085

① 系统参数设定与计算机设定不符，CNC 系统波特率、停止位等参数的设定不正确。

② 计算机硬件故障。

(2) 计算机动作准备信号断开报警 086

① 通信参数设定不正确。

② 外部通信设备未通电。

③ 计算机及接口故障，电缆连接不正确，插错插口等。

④ CNC 系统通信接口板故障。

(3) 系统缓冲器溢出报警 087

① 计算机参数设定错误。

② 数控系统故障，CNC 的通信接口已坏。

③ 外部传输设备不良。

(4) 烧坏系统通信接口的原因

① 计算机的主机外壳不接地。计算机的外壳不接地而引起的漏电流，会导致烧通信接口，应在机床上安装独立的接地体，并将接地体用良好的接地线与计算机的外壳连接，即计算机与数控装置采用同一点接地，可避免该类故障的发生。

② 通信电缆接口焊接不良或采用非标准通信电缆。

③ 数控系统或计算机带电状态下进行拔插电缆操作。

④ 通信电缆没有防护措施，系统通信过程中，人为导致通信电缆断线或短路。

11.6 数控机床的安装调试

11.6.1 机床开箱的检查工作

在机床到达之前，应该按照机床厂家提供的图样，特别是规格尺寸及地基要求尺寸打好机床安装基础，并留地脚螺栓预置孔，按照安装清单逐个清点备品、配件、资料及附件。对所有的随机文件要由专人专项保管（特别是数控机床参数设置明细表等文件）。按照说明书上的介绍，将机床各大部件在现场地基上就位，对各个紧固件必须一一对号安装。

11.6.2 机床的组装

(1) 机床组装前的准备工作

机床的各个部件在组装前，应先去除安装连接面、导轨及各运动部件表面上的防锈涂料，做好各部件外表的清洁工作。

(2) 机床组装

准备工作完成后，就可以开始将机床各部件组装成整机，如将立柱、数控柜、电气柜装在床身上，刀库机械手装到立柱上，在床身上装上接长床身等。组装时必须使用原有的定位销、定位块及定位元件，使安装位置恢复到机床拆卸之前的状态，便于下一步的精度调试。

(3) 电缆、油管和气管的连接

机床部件组装完成后，进行电缆、油管和气管的连接。应根据机床说明书中的电气接线图和气、液压管路图，把有关电缆和管道按标记一一对号连接好。连接时要特别注意清洁工作和可靠的接触及密封，并检查是否有松动和损坏。电缆插上后一定要拧紧紧固螺钉，保证其相互接触可靠。油管、气管连接中要特别防止异物从接口中进入管路，造成整个液压系统故障。管路连接时每个接头都要拧紧，否则在试车时，如有一根管子渗漏油，往往需要拆下一批管子检修，造成返修工作量很大。电缆和油管连接完毕，应做好各线路的就位固定，安装好防护罩壳，保证数控机床整齐的外观。

11.6.3　数控系统的连接与调整

机床数控系统连接与调整时应注意以下几点。

（1）数控系统的开箱检查

对于数控系统，无论是单独购入或是随机床配套购入均应在到货后进行开箱检查，检查系统本体和与之配套的进给速度控制单元和伺服电动机、主轴控制单元和主轴电动机，看包装是否完整无损，实物和订单是否相符。此外还应检查数控柜内各插件有无松动，接触是否良好。

（2）数控系统电源线的连接

应先切断控制柜电源开关，连接数控柜电源变压器原边输入电缆。检查电源变压器与伺服变压器的绕组抽头连接是否正确，尤其是引进的国外数控系统或数控机床更需如此，因为，有些国家的电源电压等级与我国有所不同。

（3）外部电缆的连接

外部电缆连接是指数控装置与外部 MDI/CRT 单元、强电柜、机床操作面板、进给伺服电动机动力线与反馈线、主轴电动机动力线与反馈信号线的连接以及手摇脉冲发生器等的连接。应使这些连接符合随机提供的连接手册的规定。最后还应进行地线连接。地线要采用一点接地法，即辐射式接地法，如图 11-23 所示。

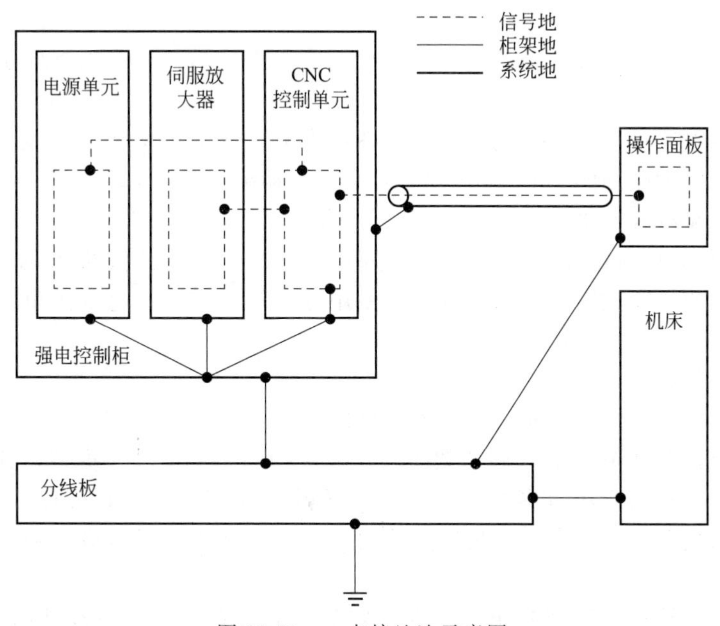

图 11-23　一点接地法示意图

这种接地法要求将数控机床中的信号地、柜架地、系统地和机床地等，连接到一个公共接地点上，而且数控控制柜与强电控制柜之间应该保证有足够粗的保护接地电缆。例如，采用面积为 5～14mm^2 的接地电缆，其公共接地点必须与大地接触良好，一般要求接地电阻小于 4～7Ω。

（4）线路板上短路设定点的确认

数控系统内的印制电路板上有许多用短路棒短路的设定点，需要对其设定以适应各种型号机床的不同要求。一般来说，用户购入的整台数控机床，这项设定已由机床制造厂完成，用户只需要确认即可。但对于单独购入的 CNC 系统，用户则需要自行设定。确认工作应按随机维修说明书要求进行。

① 先确认控制部分印制电路板上的设定。确认主板、ROM 板、连接单元、附加轴控制板和旋转变压器或感应同步器控制板上的设定。它们与机床返回基准点的方法、速度反馈用检测元件、检测增益调节及分度精度调节有关。

② 要确认速度控制单元印制电路板上的设定。无论是直流或交流速度控制单元上皆有一些设定点，用于选择元件种类、回路增益以及各种报警等。

③ 要确认主轴控制单元印制电路板上的设定。上面有用于选择主轴电动机电流极限与主轴转速等的设定点（除数字式交流主轴控制单元上已用数字设定代替短路棒设定，所以只有通电时才能设定与确认，其他交、直流主轴控制单元上均有）。

（5）输入电源电压、频率及相序的确认

① 检查电压波动是否在允许范围之内。

② 检查确认变压器的容量是否能满足控制单元与伺服系统的电耗。

③ 对采用晶体管控制元件的速度控制单元与主轴控制单元的供电电流，一定要严格检查相序，否则会使熔丝熔断。

（6）数控控制柜通电，检查各输出电压

在接通电源之前，为了确保安全，可先将电动机动力线断开，这样，在系统工作时不会引起机床运动。但必须根据维修说明书的介绍对速度控制单元作一些必要的设定，才能不至于因为断开电机动力线而造成报警。

接通电源后，首先检查数控控制柜中各个风扇是否旋转，风扇的旋转也可以确认电源是否已接通。

检查各印制电路板上的电压是否正常，各种直流电压是否在允许的波动范围之内，一般来说，供给逻辑电路用的＋5V 电源要求较高，波动范围在±5%。

（7）确认直流电源的电压输出端是否对地短路

各种数控系统的内部都有直流稳压电源单元，为系统提供所需的＋5V，±15V，±24V 等直流电压，因此在系统通电前，应使用万用表检查这些电源的负载是否有对地短路的现象。

（8）数控系统各种参数的设定

为了使机床处于最佳工作状态并具备最好的工作性能，在数控装置与机床连接时，必须设定系统（包括 PLC）参数。即使数控装置属于同一型号，同一类型，其参数设置也因机床而异。显示参数的方法有多种，但大多数可通过 MDI/CRT 单元上的“PARAM”键来显示已存入系统存储器的参数。机床安装调试完毕时其参数显示应与随机附带的参数明细表一致。

如果所用的进给和主轴控制单元是数字式的，那么它的设定也都是用数字设定参数，而不是用短路棒。此时，必须根据随机所带的说明书，一一加以确认。

（9）确认数控系统与机床侧的接口

现代数控机床的数控系统都具有自诊断功能。在显示屏 CRT 画面上可以显示数控系统与机床可编程序控制器 PLC 的信息，反映从 NC→PLC、从 PLC→机床（MT 侧）以及从 MT 侧→PLC 侧、从 PLC 侧→NC 侧的各种信号状态。各信号的含义及相互逻辑关系，随每个 PLC 的梯形图而异，用户可根据机床厂提供的程序顺序单（即梯形图）说明书（内含诊断地址表），通过自诊画面确认数控机床与数控系统之间接口信号是否正确。

11.6.4　通电试车

系统安装好，就可以开始通电试车了，具体操作如下。

① 接通机床总电源，检查 CNC 电箱、主轴电动机冷却风扇、机床电器箱冷却风扇的转向是否正确？润滑、液压等处的油标指示以及机床照明灯是否正常？各熔断器有无损坏？如有异常应立即停电检修，无异常可以继续进行。

② 观察各部位有无漏油现象，特别是供转塔转位、卡紧、主轴换挡以及卡盘卡紧等处的液压缸和电磁阀，如有漏油应立即停电维修或更换。

③ 测量强电部分的电压，特别是供 CNC 及伺服单元用的电源变压器的初、次级电压，并做好详细记录。

④ 按 CNC 电源通电按钮，接通 CNC 电源，观察显示屏 CRT 显示，直到出现正常画面为止。如出现“ALARM”显示，应立即停电，寻找故障并排除。重新送电检查。

⑤ 打开 CNC 电箱，根据有关资料上给出的测试端子的位置测量各级电压，有偏差的应调整到给定值，并做好详细记录。

⑥ 将状态开关置于适当位置。

⑦ 将状态选择开关置于“JOG”位置，将点动位置放在最低挡，分别进行各坐标正、反方向的点动操作，同时用手按与点动方向相对应的超程保护开关，验证其保护作用的可靠性。然后，再进行慢速的超程试验，验证超程撞块安装的正确性。

⑧ 将状态开关置于回零位置，完成回零操作，无特殊说明时，一般数控机床的回零方向是在坐标的正方向，观察回零动作的正确性。

有些机床在设计时就规定不首先进行回零操作，参考点返回的动作不完成就不能进行其他操作。因此，遇此情况应首先进行本项操作，然后再进行⑦的点动操作。

⑨ 将状态开关置于“JOG”位置或“MDI”位置，进行手动变挡（变速）试验，验证后将主轴调速开关放在最低位置，进行各挡主轴的正、反转试验，观察主轴运转情况和速度显示的正确性。

⑩ 进行手动导轨润滑试验，使导轨有良好的润滑。

⑪ 逐渐变化快移超调开关和进给倍率开关，随意点动刀架，观察速度变化的正确性。

⑫ 将机床锁住开关放在接通位置，用手动数据输入指令，进行主轴任意变挡、变速试验，测量主轴实际转速，并观察主轴速度显示值。调整其误差，限定在±5%之内。此时应对主轴调速系统进行相应的调整。

⑬ 进行转塔和刀座的选刀试验，其目的是检查刀座正转、反转和定位精度的正确性。

11.6.5　机床精度检测及调试

数控机床在安装后，需要调试机床的安装精度和机床功能，具体操作有下述几点。

（1）调整机床几何精度

数控机床进行验收时，要对机床的几何精度进行激光检查，包括工作台的平面度、各坐标方向移动工作台的平行度及相互垂直度。必须仔细检测主轴孔的径向跳动及主轴的轴向窜动量是否在允许的公差范围内，主轴在 Z 坐标方向移动的直线度以及主轴回转轴心线对工作台面的垂直度是否符合要求。

目前，检测机床几何精度的常用检测工具有：精密水平仪、直角尺、精密方箱、平尺、平行光管、千分表或测微仪、高精度主轴心棒及千分表杆等。

以下列出一台普通立式加工中心的几何精度检测内容。

① 工作台面的平面度；

② 各坐标方向移动的相互垂直度；

③ *X*、*Y* 坐标方向移动时工作台面的平行度；

④ *X* 坐标方向移动时工作台面 T 形槽侧面的平行度；

⑤ 主轴的轴向窜动；

⑥ 主轴孔的径向跳动；

⑦ 主轴箱沿 *Z* 坐标方向移动时主轴轴心线的平行度；

⑧ 主轴回转轴心线对工作台面的垂直度；

⑨ 主轴箱在 *Z* 坐标方向移动的直线度。

从上述精度要求中可以看出，一类精度是对机床各大运动部件，如床身、立柱、溜板、主轴箱等运动的直线度、平行度、垂直度要求；另一类是对执行切削运动主要部件，如主轴的自身回转精度及直线运动精度要求。

对各项精度调整的顺序：首先要对机床主床身的水平度进行精确调整。采用水平仪，通过调整固定床身的地脚螺栓与垫铁，完成机床主床身水平位置的调整。在主床身已经处于水平位置后，再移动机床床身上的主立柱、溜板、工作台等运动部件，并仔细观察各运动部件在各坐标全行程内的水平情况，同时将其精度调整到允许误差范围之内。

(2) 调整换刀装置

采用 MDI 方式，用程序指令“G28 Y0”或“G30 Y0 Z0”，把刀具自动移动到换刀位置。以手动方式调整装刀机械手和卸刀机械手相对于机床主轴的位置。操作时需要利用校对心棒进行检测，根据检测的误差调整机械手行程或修改换刀位置点的设定值，即改变数控系统内的参数设定。调整好后，必须紧固各调整螺钉及刀具库的地脚螺栓，这时，才允许装几把刀柄（重量应在允许范围内）进行测试，多次进行从刀库到主轴的往复运动并交换刀具，交换动作必须准确无误，不产生冲击，保证不会掉刀。

对带有 APC（自动工作台交换）装置的机床应将工作台移动到交换位置，调整好托盘与工作台的相对位置，使工作台自动交换时平稳、可靠、动作无误、准确到位。再在工作台上加额定负载的70%～80%工作物进行重复多次交换，当反复试验无误后，再紧固调整螺钉与地脚螺栓。

(3) 数控系统与机床联机通电试车

在数控系统与机床联机通电试车时，应该首先通过对数控系统的通电观察，通过数控系统确认，工作正常无任何报警。然后进行机床通电，为了预防万一，应在接通机床电源的同时，做好按压“急停”按钮的准备，以备随时切断电源。例如，伺服电动机的反馈信号线接反了或断线，均会出现机床“飞车”现象，这时就要立即切断电源，检查接线是否正确。在正常情况下，电动机首先通电的瞬时，可能会有微小转动，但系统的自动漂移补偿功能会使电动机轴立即返回。此后，即使电源再次断开、接通，电动机轴也不会转动。可以通过多次通、断电源或按“急停”按钮的操作，观察电动机是否转动，从而可以确认系统是否有自动漂移补偿功能。

在检查机床各轴的运转情况时，采用手动连续进给方式移动各坐标轴，通过 CRT 或 DPL（数字显示器）的显示值检查机床部件运动方向是否正确，如方向相反，则应将电动机动力线及检测信号线反接。然后检查各轴移动距离是否与移动指令相符，如不符，应检查有关指令、反馈参数以及位置控制环增益等参数设定是否正确。

用手动进给，以低速转动各轴，并使它们碰到超程开关，检查超程限位是否有效，数控系统是否在超程时发出报警。

最后还应进行一次返回基准点操作，机床的基准点是机床运行加工的程序基准位置，应确保返回基准点操作准确无误。

11.6.6 机床验收

机床验收工作主要是对机床工作精度的试验和定位精度的检测。工作精度的试验能综合反映出机床在实际切削加工条件下所能达到的精度水平。定位精度一般可以用刻线基准尺和读数显微镜、激光干涉仪、光栅、感应同步器等测量工具进行检测。

验收工作重要的一项内容就是通过机床试切工件，并通过试切工件对机床的整体性能进行评测。

工作精度的主要检测项目是：镗孔孔距精度，它属于点位控制加工，主要反映 X，Y 两坐标的定位精度；斜线铣削精度及铣圆精度，属于连续控制加工，试件的轮廓形状精度除了受机床的定位精度、微量位移精度的影响外，还受机床的进给伺服系统跟随特性的影响。

例如，加工中心这类以镗铣为主的切削机床，主要单项精度有以下几项。

① 镗孔精度；

② 端铣刀铣削平面精度（XY 平面）；

③ 镗孔的孔距精度和孔径分散度；

④ 直角的直线铣削精度；

⑤ 斜线铣削精度；

⑥ 圆弧铣削精度；

⑦ 箱体掉头镗孔同轴度（对卧式机床）；

⑧ 平转台回转 90°铣四方加工精度。

对有高效切削要求的机床，要做单位时间金属切削量的试验等。切削加工试件材料除特殊要求以外，一般都使用一级铸铁，使用硬质合金刀具按标准切削用量切削。

参考文献

[1] 张霞荣等．车工技能实战训练．北京：机械工业出版社，2004.
[2] 田春霞．数控加工工艺．北京：机械工业出版社，2006.
[3] 刘蔡保．数控编程从入门到精通．北京：化学工业出版社，2019.